わかるをつくる

中学

数学

問題集

GAKKEN PERFECT COURSE
MATHEMATICS

はじめに

　問題集の基本的な役割とは何か。こう尋ねたとき，多くの人がテスト対策や入試対策を一番に思い浮かべるのではないでしょうか。また，問題を解くための知識を身につけるという意味では，「知識の確認と定着」や「弱点の発見と補強」という役割もあり，どれも問題集の重要な役割です。

　しかしこの問題集の役割は，それだけにとどまりません。知識を蓄積するだけではなく，その知識を運用して考える力をつけることも，大きな役割と考えています。この観点から，「知識を組み合わせて考える問題」や「思考力・表現力を必要とする問題」を多く収録しています。この種の問題は，最初から簡単には解けないかもしれません。しかし，じっくり問題と向き合って，自分で考え，自分の力で解けたときの高揚感や達成感は，自信を生み，次の問題にチャレンジする意欲を生みます。みなさんが，この問題集の問題と向き合い，解くときの喜びや達成感をもつことができれば，これ以上嬉しいことはありません。

　知識を運用して問題を解決していく力は，大人になってさまざまな問題に直面したときに，それらを解決していく力に通じます。これは，みなさんが将来，主体的に自分の人生を生きるために必要な力だといえるでしょう。『パーフェクトコース　わかるをつくる』シリーズは，このような，将来にわたって役立つ教科の本質的な力をつけてもらうことを心がけて制作しました。

　この問題集は，『パーフェクトコース　わかるをつくる』参考書に対応した構成になっています。参考書を活用しながら，この問題集で知識を定着し，運用する力を練成していくことで，ほんとうの「わかる」をつくる経験ができるはずです。みなさんが『パーフェクトコース　わかるをつくる』シリーズを活用し，将来にわたって役立つ力をつけられることを祈っています。

学研プラス

学研パーフェクトコース
わかるをつくる 中学数学問題集

この問題集の特長と使い方

特長

本書は、参考書『パーフェクトコース わかるをつくる 中学数学』に対応した問題集です。
参考書とセットで使うと、より効率的な学習が可能です。
また、3ステップ構成で、基礎の確認から実戦的な問題演習まで、
段階を追って学習を進められます。

構成と使い方

STEP01 要点まとめ

その章で学習する基本的な内容を、穴埋め形式で確認できるページです。数や式などを書き込んで、基本事項を確認しましょう。問題にとりかかる前のウォーミングアップとして、最初に取り組むことをおすすめします。

STEP02 基本問題

その章の内容の理解度を、問題を解きながらチェックするページです。サイドに問題を解くヒントや、ミスしやすい内容についての注意点を記載しています。行き詰まったときは、ここを読んでから再度チャレンジしましょう。

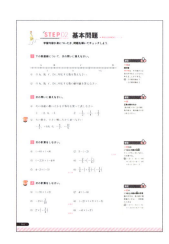

STEP 03 実戦問題

入試レベルの問題で、ワンランク上の実力をつけるページです。表やグラフを読み解く、思考力を使って結論を導くなど、新傾向の問題も掲載しているので、幅広い学力が身につきます。

アイコンについて

 よく出る
定期テストや入試でよく出る問題です。

 難問
やや難易度が高い問題です。

 超難問
特に難易度が高い問題です。

 思考力
問題文の読解力、思考力などが問われる問題です。

 新傾向
問題文の読解力、思考力などが問われる問題で、近年注目の話題を扱うなど、今までにない手法を使った問題です。

 総合問題 入試予想問題

複数の領域をまたぐ問題や、高校入試を想定したオリジナルの問題を掲載しています。実際の入試をイメージしながら、取り組んでみましょう。

別冊 解答・解説

解答は別冊になっています。詳しい解説がついていますので、間違えた問題や理解が不十分だと感じた問題は、解説をよく読んで確実に解けるようにしておきましょう。

※入試問題について…●編集上の都合により、解答形式を変更したり、問題の一部を変更・省略したりしたところがあります。(「改」または「一部」と表記)。●問題指示文、表記、記号などは、問題集全体の統一のため、変更したところがあります。●問題の出典の「19」などの表記は、出題年を示しています。(例: 19⇒2019年に実施された入試で出題された問題)

PERFECT COURSE

学研パーフェクトコース
わかるをつくる 中学数学問題集

目次

はじめに ... 003
この問題集の特長と使い方 ... 004
監修者紹介 ... 008

数と式編

1 正の数・負の数 ... 010
2 文字と式 ... 016
3 整数の性質 ... 022
4 式の計算 ... 028
5 多項式 ... 034
6 平方根 ... 040

方程式編

1 1次方程式 ... 048
2 連立方程式 ... 054
3 2次方程式 ... 062

関数編

1 比例・反比例 ... 070
2 1次関数 ... 076
3 関数 $y=ax^2$ ... 084

図形編

1 平面図形 　092
2 空間図形 　098
3 平行と合同 　104
4 図形の性質 　112
5 円 　120
6 相似な図形 　128
7 三平方の定理 　138

データの活用編

1 資料の整理 　148
2 確率 　156
3 標本調査 　162

総合問題 　165
入試予想問題 　175

監修者紹介

柴山 達治
（開成中学校・高等学校教諭）

数学の学習の流れはおおむね,
【概念→結果→応用】
という順番になります。
結果を用いて応用問題を解くことの練習も大切ですが, 概念の意味を知り, そこから得られる結果が正しい理由を理解することのほうがより重要です。

数と式編

1	正の数・負の数
2	文字と式
3	整数の性質
4	式の計算
5	多項式
6	平方根

1 正の数・負の数

 STEP01 要点まとめ ➡ 解答は別冊001ページ

 00_____ にあてはまる数や記号・式を書いて，この章の内容を確認しよう。

最重要ポイント

同符号の2数の和	絶対値の和に，共通の符号をつける。
異符号の2数の和	絶対値の差に，絶対値の大きいほうの符号をつける。
減法	ひく数の符号を変えて加法になおして計算する。
同符号の2数の積（商）	絶対値の積（商）に正の符号＋をつける。
異符号の2数の積（商）	絶対値の積（商）に負の符号－をつける。

1 正の数・負の数

1 $-\dfrac{4}{5}, -\dfrac{3}{4}, -0.85$ の大小を不等号を使って表しなさい。

▶▶▶ 負の数は絶対値が大きいほど小さい。

小数になおして比べる。$-\dfrac{4}{5}=$ 01_____ ，$-\dfrac{3}{4}=$ 02_____ で，$0.75<0.8<0.85$ だから，

$-0.85<-0.8<-0.75$ で，$-0.85<$ 03_____ $<$ 04_____

2 加法と減法

● 加法

2 $(-6)+(-8)$ ▶▶▶ 絶対値の和に，共通の符号をつける。

$(-6)+(-8)=$ 05_____ $(6+8)=$ 06_____

3 $(+1)+(-5)$ ▶▶▶ 絶対値の差に，絶対値の大きいほうの符号をつける。

$(+1)+(-5)=$ 07_____ $(5-1)=$ 08_____

● 減法

4 $(+2)-(+9)$ ▶▶▶ ひく数の符号を変えて加法になおす。

$(+2)-(+9)=(+2)$ 09_____ $(-9)=$ 10_____ $(9-2)=$ 11_____

　　　　　　　　　　　↑絶対値の大きい　　↑絶対値の差
　　　　　　　　　　　　ほうの符号

POINT 減法の符号

$-(+●) ⇒ +(-●)$
$-(-●) ⇒ +(+●)$

3 乗法と除法

●乗法

5 $(-14)×(-3)$ ▸▸▸絶対値の積に，正の符号＋をつける。

$(-14)×(-3) = \underline{}_{12} (14×3) = \underline{}_{13}$ ←答えが正の数の場合，＋を省いてもよい。

6 $(-4)×(+7)$ ▸▸▸絶対値の積に，負の符号－をつける。

$(-4)×(+7) = \underline{}_{14} (4×7) = \underline{}_{15}$

⚠ 注意　絶対値の大きいほうの符号ではない。

●除法

7 $(-28)÷(-4)$ ▸▸▸絶対値の商に，正の符号＋をつける。

$(-28)÷(-4) = \underline{}_{16} (28÷4) = \underline{}_{17}$

8 $(+72)÷(-9)$ ▸▸▸絶対値の商に，負の符号－をつける。

$(+72)÷(-9) = \underline{}_{18} (72÷9) = \underline{}_{19}$

4 四則の混じった計算

9 $(-7)×(-2)^2+(1-16)÷(-5)$

▸▸▸**かっこの中・累乗➡乗除➡加減**の順に計算する。

$(-7)×(-2)^2+(1-16)÷(-5) = (-7)×\underline{}_{20} + (\underline{}_{21})÷(-5)$

⚠ 注意　$(-2)^2=-4$ ではない。

$= \underline{}_{22} + \underline{}_{23} = \underline{}_{24}$

5 正の数・負の数の利用

10 下の表は，A～E の 5 人の生徒の体重を，55kg を基準として，それより重い場合は正の数，軽い場合は負の数で表したものです。この 5 人の体重の平均を求めなさい。

生徒	A	B	C	D	E
基準の体重 55kg との差(kg)	+7	-2	-12	+3	-1

▸▸▸基準との差の平均を求めてから，基準の量にたす。

基準の量 55kg との差の合計を求めると，

$(+7)+(\underline{}_{25})+(-12)+(\underline{}_{26})+(\underline{}_{27}) = \underline{}_{28}$ (kg)

差の合計を，生徒の人数 5 でわって，差の平均を求めると，

$(\underline{}_{29})÷5 = \underline{}_{30}$ (kg) ← (平均)＝(合計)÷(個数)

したがって，5 人の体重の平均は，基準の量 55kg より，$\underline{}_{31}$ kg 軽いから，

基準の量 55kg に，差の平均をたして，$55+(\underline{}_{32}) = \underline{}_{33}$ (kg)

STEP 02 基本問題

→ 解答は別冊001ページ

学習内容が身についたか, 問題を解いてチェックしよう。

---

1 下の数直線について, 次の問いに答えなさい。

(1) 点 A, B, C, D に対応する数を答えなさい。

(2) 点 A, B, C, D に対応する数の絶対値を答えなさい。

確認

→ **1**(2)
絶対値
絶対値は, その数から正負の符号をとったものと考えることができる。
例 -3 の絶対値は3, $+2$ の絶対値は2

---

2 次の問いに答えなさい。

(1) 次の各組の数の大小を不等号を使って表しなさい。

① $-2, 0, -5$　　② $-\dfrac{1}{2}, -\dfrac{1}{4}, -\dfrac{2}{3}$

(2) 次の数を, 小さい順に左から並べなさい。

$-\dfrac{4}{5}, +0.9, 0, -\dfrac{6}{7}, +\dfrac{10}{9}$

確認

→ **2**
正負の数の大小
(負の数)<0<(正の数)
負の数は, 絶対値が大きいほど小さい。

---

3 次の計算をしなさい。

(1) $(+6)+(+8)$

(2) $5-(-2)$ 〈石川県〉

(3) $(+2.3)+(-4.9)$

(4) $-\dfrac{2}{5}+\left(-\dfrac{7}{6}\right)$

(5) $4-2+(-5)$

(6) $\dfrac{1}{6}-\left(+\dfrac{2}{3}\right)-\left(-\dfrac{1}{4}\right)$ 〈香川県〉

確認

→ **3**(5)(6)
3つ以上の数の加減
かっこのない式になおして計算する。
例 $(+3)-(-4)-(+10)$
$=(+3)+(+4)+(-10)$
$=3+4-10=-3$

---

4 次の計算をしなさい。

(1) $(+9)\times(+2)$

(2) $4\times(-6)$

(3) $-15\times\dfrac{3}{10}$

(4) $(-2)\times(+7)\times(-5)$ 〈佐賀県〉

(5) $2^3\times\left(-\dfrac{3}{4}\right)$

(6) $-4^2\times(-3^2)$ 〈長野県〉

確認

→ **4**(4)
3つ以上の数の積の符号
積の符号は, 負の数が偶数個のときは$+$, 奇数個のときは$-$
例 $(+4)\times(-3)\times(-6)$
$=+(4\times3\times6)=+72$

5 次の計算をしなさい。

(1) $(-54)\div(-9)$　　(2) $(-12)\div3$ 〈栃木県〉

(3) $\frac{3}{10}\div(-9)$　　(4) $\frac{3}{4}\div\left(-\frac{9}{2}\right)$ 〈鳥取県〉

(5) $-3^2\div\left(-\frac{3}{5}\right)$　　(6) $\frac{5}{12}\div\left(-\frac{1}{4}\right)^2$

よく出る

6 次の計算をしなさい。

(1) $8+3\times(-2)$ 〈富山県〉　　(2) $6-4\div(-2)$ 〈18 埼玉県〉

(3) $-5\times(3-6)$　　(4) 3^2-2^2 〈駿台甲府高(山梨)〉

(5) $(-12)\times\frac{1}{9}+\frac{5}{3}$ 〈山梨県〉　　(6) $\left(\frac{3}{4}-2\right)\div\frac{5}{6}$ 〈香川県〉

(7) $3+3^4\div(-9)$ 〈大分県〉　　(8) $2-\left(-\frac{3}{4}\right)\times(-4)^2$

(9) $\{9-(27-29)\}\times1.5$　　(10) $-4^2\times\left(\frac{5}{2}-\frac{2}{3}\right)\div\frac{11}{9}$

7 次の問いに答えなさい。

(1) 次の表は，生徒 A から生徒 J までの生徒 10 人が 1 か月に読んだ本の冊数を調べ，整理したものです。平均値(へいきんち)が 3.6 冊であるとき，□にあてはまる数を求めなさい。 〈宮崎県〉

生徒	A	B	C	D	E	F	G	H	I	J
読んだ本の冊数(冊)	3	4	7	2	□	1	6	0	5	4

よく出る

(2) 次の表は，あるお店の月曜日から金曜日までの 5 日間のお客の人数を，40 人を基準にして，それより多い場合を正の数，少ない場合を負の数で表したものです。このとき，次の問いに答えなさい。 〈三重県〉

曜日	月	火	水	木	金
基準との差(人)	+5	−7	+2	−3	+13

① お客の人数が最も多い日は，最も少ない日より何人多いか，求めなさい。

② 5 日間のお客の人数の平均を求めなさい。

確認

→ 5
除法(じょほう)と逆数(ぎゃくすう)
正負の数でわることは，その数の**逆数をかける**ことと同じである。
例 $\div2\rightarrow\times\frac{1}{2}$
$\div\frac{3}{4}\rightarrow\times\frac{4}{3}$

ミス注意

→ 5(4)
逆数の求め方
$-\frac{9}{2}$の逆数は$-\frac{2}{9}$であり，$\frac{2}{9}$のように，符号(ふごう)まで逆にして答えないようにする。逆数ともとの数は，**同符号(どうふごう)**である。

確認

→ 7
平均
いくつかの数量を，等しい大きさになるようにならしたもの。
(平均)＝(合計)÷(個数)

ヒント

→ 7(2)
基準との差から平均を求める
(平均)＝(基準)
　＋(基準との差の平均)

STEP 03 実戦問題

→ 解答は別冊003ページ

入試レベルの問題で力をつけよう。

1 次の問いに答えなさい。

(1) $-\dfrac{7}{3}$ と $\dfrac{9}{4}$ の間には，整数は何個あるか，答えなさい。

(2) A市におけるある日の最高気温と最低気温の温度差は19℃でした。この日のA市の最高気温は15℃でした。最低気温は何℃ですか。求めなさい。 〈滋賀県〉

(3) 次の□□の中に正しい答えを入れなさい。
1から9までの9個の整数の中から3個選ぶとき，どの2つの差も絶対値が3以上となるような選び方は□□通りある。 〈大阪星光学院高（大阪）〉

(4) a が正の数，b が負の数であるとき，次の5つの数を大きい順に並べた場合，4番目に大きい数はどれですか。ア〜オの記号で答えなさい。
ア a　　イ b　　ウ $a+b$　　エ $a-b$　　オ $b-a$

2 次の計算をしなさい。

(1) $(-6^2)\div 12$ 〈長野県〉

(2) $\left(-\dfrac{2}{3}\right)^2$ 〈大阪府〉

(3) $-6\div 3^2\times 2$ 〈宮城県〉

(4) $\dfrac{5}{12}\div\left(-\dfrac{25}{3}\right)\times(-3)^2$

(5) $4\div(-3)^2\times(-6)\div(-8)$ 〈和洋国府台女子高（千葉）〉

(6) $-\dfrac{1}{3^2}\div(-2^2)\times(-6)^2$ 〈日本大第三高（東京）〉

3 次の計算をしなさい。

(1) $(-3)\times 4-(-6)\times 4$ 〈茨城県〉

(2) $-\dfrac{1}{3}+\dfrac{11}{12}-\dfrac{1}{18}\div\dfrac{2}{9}$ 〈都立産業技術高専〉

(3) $(-2)^3\div 4-3^2$ 〈大分県〉

(4) $7-\left(-\dfrac{3}{4}\right)\times(-2)^2$ 〈千葉県〉

(5) $(-4)^2\div 2+(-12)\times\dfrac{3}{2}$

(6) $-3^2+\left(\dfrac{1}{2}-\dfrac{1}{3}\right)\div\left(-\dfrac{1}{3}\right)^2$ 〈明治学院高（東京）〉

4 次の計算をしなさい。

(1) $\{4^2+(-3)^2\}\div(-7-2^3)\times\dfrac{3}{5}$

(2) $\left(\dfrac{3}{17}+\dfrac{4}{3}\right)\div\left\{\dfrac{5}{2}+0.6\div\left(1.5-\dfrac{1}{5}\right)\right\}$

〈福岡大附大濠高(福岡)〉　　〈中央大杉並高(東京)〉

(3) $-\dfrac{5}{8}+\left(-\dfrac{1}{3}\right)^3\times\left(\dfrac{9}{4}\right)^2+\dfrac{3}{32}$

(4) $\left(\dfrac{1}{18}-\dfrac{5}{12}\right)^2\div\dfrac{13}{6^2}-\left(\dfrac{5}{6}\right)^2$

〈青雲高(長崎)〉　　〈函館ラ・サール高(北海道)〉

(5) $\left\{\dfrac{1}{2}\div 0.25-\left(-\dfrac{3}{4}\right)^2\right\}\times\left(1-\dfrac{7}{23}\right)$

〈法政大高(東京)〉

(6) $\{2^3\div(-5)^3\}\times\{5^2\div(-2)^2\}+\left(\dfrac{5}{2}-\dfrac{2}{5}\right)\div\left(\dfrac{2}{5}-\dfrac{5}{2}\right)$

5 次の問いに答えなさい。

(1) $\dfrac{1}{42}=\dfrac{1}{6\times 7}=\dfrac{1}{6}-\dfrac{1}{7}$ であることを用いて，$\dfrac{1}{42}+\dfrac{1}{56}+\dfrac{1}{72}+\dfrac{1}{90}$ を計算しなさい。

(2) 次のア～エのうち，2つの自然数 a, b を用いた計算の結果が，自然数になるとはかぎらないものはどれですか。1つ選んで，その記号を書きなさい。　〈香川県〉

ア　$a+b$　　　イ　$a-b$　　　ウ　ab　　　エ　$2a+b$

(3) 右の図のように，自然数を1から順に規則的に並べていきます。縦，横に並んでいる自然数の個数がどちらも10個になったとき，最も大きい自然数は何ですか。また，その自然数は1からみて，上下，左右で考えるとどの位置にありますか。例えば，「右上」のように答えなさい。

```
17 18 19 20 21
16  5  6  7  ・
15  4  1  8  ・
14  3  2  9  ・
13 12 11 10  ・
```

(4) Aさんは数学のテストを5回受けたところ，1回目は74点でした。下の表は，2回目から5回目までに受けた数学のテストの得点について，それぞれの1回前の得点を基準にして，1回前よりも高いときは正の数，低いときは負の数で表したものです。表のように，3回目の得点は不明ですが，1回目から5回目までの得点の平均は75点であることがわかっています。このとき，5回目のテストの得点を求めなさい。

回	1回目	2回目	3回目	4回目	5回目
得点		+3		−5	−3

2 文字と式

STEP 01 要点まとめ　→解答は別冊005ページ

00_____ にあてはまる数や記号・式を書いて，この章の内容を確認しよう。

最重要ポイント

- **文字を使った式**……………乗法は記号×を省く。除法は記号÷は使わず，分数の形で書く。同じ文字の積は累乗の指数を使って表す。
- **代入**…………………………式の中の文字を数におきかえること。
- **式の加減**……………………＋( )はそのままかっこをはずす。－( )は各項の符号を変えてかっこをはずす。
- **項が1つの式と数の乗除**……数どうしの積・商に文字をかける。

1 文字を使った式

●文字式の表し方

1 $y×(-3)×x$ を，文字式の表し方にしたがって表しなさい。

▶▶▶数を文字の前に，**文字はアルファベット順**にして，×の記号をはぶく。

$y×(-3)×x =$ (01_____) × 02_____ × 03_____ = 04_____

●式の値

2 $x=-5$ のとき，$x+x^2$ の値を求めなさい。▶▶▶負の数は，かっこをつけて代入する。

$x+x^2=$ (05_____) + (06_____) × (07_____) = 08_____

! 注意
$x+x^2=-5-5×5=-30$ ではない。

2 数量の表し方

3 1本60円の鉛筆を a 本，1本90円の色鉛筆を b 本買ったときの代金の合計を，文字を使った式で表しなさい。▶▶▶まず，ことばの式をつくり，その式に文字や数をあてはめる。

（代金の合計）＝（鉛筆の代金）＋（色鉛筆の代金）で，（代金）＝（単価）×（個数）より，

60× 09_____ ＋90× 10_____ ＝ 11_____ （円）

4 定価 x 円のおにぎりを定価の 3 割引きで買ったときの代金を，文字を使った式で表しなさい。▸▸▸ (**比べられる量**)＝(**もとにする量**)×(**割合**)の式を用いる。

3 割引きにあたる割合は $1-\underline{}_{12}=\underline{}_{13}$ だから，

代金は，$x\times\underline{}_{14}=\underline{}_{15}$ (円) ↑p 割は $0.1p$ だから，p 割引きは $1-0.1p$ となる。

3 1次式の計算

5 $4x-7-2x+6$ ▸▸▸ 文字の項どうし，数の項どうしをそれぞれまとめる。

$4x-7-2x+6=4x-2x-7+6=(4-\underline{}_{16})x-7+\underline{}_{17}=\underline{}_{18}$

6 $6x\times(-4)$ ▸▸▸ 数どうしの積を求め，それに文字をかける。

$6x\times(-4)=6\times(\underline{}_{19})\times x=\underline{}_{20}$ ←答えの式の係数は，もとの式の係数と数の乗除になり，文字の部分は変わらない。

7 $3(x-6)+2(3x-5)$

▸▸▸ 分配法則でかっこをはずし，文字の項，数の項をそれぞれまとめる。

$3(x-6)+2(3x-5)=\underline{}_{21}-18+\underline{}_{22}-\underline{}_{23}$

$=(3+\underline{}_{24})x-18-\underline{}_{25}=\underline{}_{26}$

POINT 分配法則

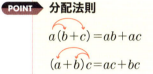

4 1次式の計算の利用

8 $x=-1$ のとき，$5(x-3)-2(x-6)$ の値を求めなさい。

▸▸▸ 式を簡単にしてから，数を代入する。

$5(x-3)-2(x-6)=\underline{}_{27}-15-\underline{}_{28}+12=\underline{}_{29}$

この式に $x=-1$ を代入すると，$3\times(\underline{}_{30})-3=\underline{}_{31}$ ←直接，代入しても求められるが，式が複雑になり，ミスしやすい。

5 関係を表す式

9 100 枚の画用紙を 20 人の生徒に 1 人 a 枚ずつ配ったら，b 枚余りました。この数量の間の関係を，等式で表しなさい。▸▸▸ 全部の枚数(100 枚)を，a，b の式で表す。

(全部の枚数)＝(1 人あたりに配る枚数)×(人数)＋(余った枚数)より，

$100=\underline{}_{32}\times 20+\underline{}_{33}$，すなわち $100=\underline{}_{34}$

10 x m の道のりを分速 60m で歩いたら，y 分かかりませんでした。この数量の間の関係を，不等式で表しなさい。▸▸▸ かかった時間と y の関係を不等号を使って表す。

(かかった時間)＝(道のり)÷(速さ)だから，

(かかった時間)$<y$ で，$x\div\underline{}_{35}<y$，

すなわち $\underline{}_{36}<y$

⚠ 注意 わり算は分数の形で表す。

POINT 不等号(≧，≦，＞，＜)

- a は b 以上 ⇒ $a\geq b$，$b\leq a$
- a は b より大きい ⇒ $a>b$，$b<a$
- a は b 以下 ⇒ $a\leq b$，$b\geq a$
- a は b より小さい ⇒ $a<b$，$b>a$

STEP02 基本問題 ➡ 解答は別冊005ページ

学習内容が身についたか,問題を解いてチェックしよう。

1 次の式を,文字式の表し方にしたがって表しなさい。
(1) $a \times a \times (-2) \times a$
(2) $(x-y) \div 3$
(3) $-3 \times x - y \div 2$
(4) $x \times x + y \times y \times (-0.1)$

2 次の問いに答えなさい。
(1) $a=2$ のとき,$6a-4$ の値を求めなさい。〈大阪府〉
(2) $x=-3$ のとき,$-2x^2$ の値を求めなさい。
(3) $x=-\dfrac{2}{3}$ のとき,x^2-9x の値を求めなさい。

3 次の問いに答えなさい。
(1) 十の位の数が a,一の位の数が b の 2 けたの自然数を a,b を使って表しなさい。
(2) 500mL のジュースを x 人で同じ量だけ分けたときの 1 人分のジュースの量を x を使って表しなさい。
(3) 濃度 7% の食塩水 ag の中にふくまれている食塩の重さを,a を使った式で表しなさい。
(4) 家から図書館に向かって自転車で一定の速さで x 分間走りましたが,図書館に到着しませんでした。家から図書館までの道のりが ym,自転車で進む速さが毎分 210m であるとき,残りの道のりは何 m ですか。x,y を使った式で表しなさい。〈愛知県〉

4 次の計算をしなさい。
(1) $\dfrac{3}{4}x - \dfrac{1}{2}x$ 〈栃木県〉
(2) $7x - 2x - 5x$
(3) $-4x + 8 - x - 5$
(4) $(6a-5) + (-7a+4)$
(5) $(3x+2) - (x-4)$ 〈沖縄県〉
(6) $(9-4y) - (-5y+2)$

確認
➡ **1**
文字式の表し方
● 同じ文字の積は**累乗**の**指数**を使って表す。
 例 $a \times a \times a = a^3$
● 記号÷を使わず,分数の形で書く。

確認
➡ **2**(2)
式の値
$-2x^2 = -2 \times x \times x$ と表してから,数を代入する。負の数を代入するときは,かっこをつける。

ヒント
➡ **3**
数量の表し方
(2)(1人分の量)
 =(全部の量)÷(人数)
(3)(食塩の重さ)
 =(食塩水の重さ)
  ×(濃度)
(4)(道のり)
 =(速さ)×(時間)

ミス注意
➡ **4**(5)
−( )をはずすとき,後ろの項の符号を変えるのを忘れやすい。
$-(x-4) = -x-4$ としないように注意する。

数と式

5 次の計算をしなさい。

(1) $6a \times (-3)$

(2) $18x \div \left(-\dfrac{2}{3}\right)$ 〈16 埼玉県〉

(3) $-5(x-2)$

(4) $(28a-14) \div (-7)$

(5) $2(a+5)+(7a-8)$ 〈山口県〉

(6) $4(2x-1)-3(2x-3)$ 〈鳥取県〉

(7) $\dfrac{2x-7}{4}+\dfrac{x-3}{3}$

(8) $\dfrac{5x+3}{3}-\dfrac{3x+2}{2}$ 〈愛知県〉

6 次の数量の関係を等式または不等式で表しなさい。

(1) a 本の鉛筆を，5本ずつ b 人に配ると3本余る。 〈青森県〉

(2) 水が200L 入った浴槽から，毎分 aL の割合で水をぬく。水をぬき始めてから3分後の浴槽の水の量は bL より少なかった。 〈茨城県〉

(3) 底辺の長さが $x$cm，高さが $y$cm の平行四辺形の面積は Scm² である。

(4) 時速4km で a 時間歩いたときの道のりは，9km 未満であった。 〈富山県〉

7 次の問いに答えなさい。

(1) $A=5x-6$, $B=x-\dfrac{x-3}{4}$ のとき，$3A-B$ を計算しなさい。

(2) $x=-\dfrac{1}{5}$ のとき，$\dfrac{2}{3}(12-9x)-\dfrac{2}{5}(10x+25)$ の値を求めなさい。

8 下の図のように，1辺の長さが5cm の正方形の紙 n 枚を，重なる部分がそれぞれ縦5cm，横1cm の長方形となるように，1枚ずつ重ねて1列に並べた図形を作ります。正方形の紙 n 枚を1枚ずつ重ねて1列に並べた図形の面積を n を使って表しなさい。 〈三重県〉

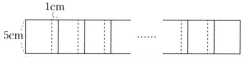

正方形の紙 n 枚を1枚ずつ重ねて1列に並べた図形

ヒント

→ **6**
等式, 不等式
(1)(全部の数)
＝(1人に配る数)×(人数)
＋(余る数)
(2)(4)「x は y より少ない」，または「x は y 未満である」という関係は，不等式 $x<y$ で表す。

ミス注意

→ **7**
複雑な式の値
●式を代入するとき，式全体にかっこをつけて代入する。特に，うしろの式にかっこをつけないミスが多い。
(1) $3A-B$
$=3(5x-6)-x\times\dfrac{x-3}{4}$
(2) $\dfrac{2}{3}\{12-9\times\left(-\dfrac{1}{5}\right)\}$
$-\dfrac{2}{5}\{10\times\left(-\dfrac{1}{5}\right)+25\}$
のように，直接 x の値を代入すると，式が複雑になり，ミスしやすい。

ヒント

→ **8**
正方形の紙が2枚，3枚，…のとき，横の長さは，
$5\times2-1$(cm)，
$5\times3-2$(cm)，…となる。
このことから，n 枚のときの横の長さを n を使った式で表す。

STEP 03 実戦問題

→ 解答は別冊006ページ

入試レベルの問題で力をつけよう。

1 次の問いに答えなさい。

(1) $a=-3$ のとき，a^2-2a の値を求めなさい。 〈鳥取県〉

(2) $x=7$，$y=-5$ のとき，$(y+2x)^2$ の値を求めなさい。

(3) $a=2$，$b=-1$ のとき，a^2-2b の値を求めなさい。 〈宮城県〉

2 次の問いに答えなさい。

(1) 男子20人，女子16人のクラスでテストを行ったところ，男子の平均点が x 点で，女子の平均点が y 点でした。このクラスのテストの合計点は何点ですか。x, y を使った式で表しなさい。

〈愛知県〉

(2) あるスーパーでは，通常，袋に300gのお菓子をつめて販売しています。今日は特売日で，通常の重さの $a\%$ 増しで売っています。特売日におけるお菓子の重さを，a を使った式で表しなさい。

(3) ある美術館では，中学生1人の入館料は x 円で，大人1人の入館料は y 円です。このとき，$4x+2y$(円)はどんな数量を表しているか答えなさい。

3 次の計算をしなさい。

(1) $\dfrac{1}{4}a-\dfrac{5}{6}a+a$

(2) $\dfrac{7x+2}{3}+x-3$ 〈滋賀県〉 〈高知県〉

(3) $(0.4x+3)+(0.9x-6)$

(4) $(15a-6b-9)\div(-3)$

(5) $\dfrac{1}{2}(3x-6)-\dfrac{1}{6}(12x-7)$

(6) $\dfrac{3x+2}{4}-\dfrac{5x-7}{2}+\dfrac{8x-13}{3}$

4 次の数量の関係を不等式で表しなさい。

(1) 重量の制限が 500kg のエレベーターに，体重が 75kg の人 1 人と 1 個 20kg の荷物 a 個を，すべて乗せて移動することができた。

(2) $x$cm のリボンから 15cm のリボンを a 本切り取ることができる。 〈愛知県〉

(3) a ページの小説を毎日 15 ページずつ読んでいたが，b 日間では，全体の半分も読み終わらなかった。

 5 同じ大きさの立方体の積み木があります。このとき，次の問いに答えなさい。 〈沖縄県〉

(1) 積み木を，**図1**のように□1は1個，□2は3個，□3は5個，…と規則的においていきます。□5を作るときに必要な積み木の個数を求めなさい。

図1

 ……

(2) 次の**図2**のように，**図1**の積み木を
1段 は □1 の 1 段
2段 は □1 と □2 の 2 段
3段 は □1 と □2 と □3 の 3 段

と規則的に積み上げます。

図2

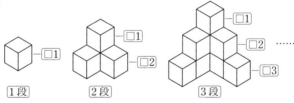 ……

このとき，次の問いに答えなさい。
① 5段 を作るときに必要な積み木の個数を求めなさい。

② n段 を作るときに必要な積み木の個数を，文字式の表し方にしたがって n を使った式で表しなさい。

③ 積み木が全部で 2018 個あるとき，最大 ア 段まで積み上げることができ， イ 個余る。 ア ， イ にあてはまる数を求めなさい。

整数の性質

STEP01 要点まとめ　→解答は別冊007ページ

　00_____ にあてはまる数や記号・式を書いて、この章の内容を確認しよう。

最重要ポイント

素因数分解……………$12=2^2×3$ のように、自然数を素因数だけの積で表すこと。
公約数、最大公約数………いくつかの整数に共通な約数(いくつかの整数をすべてわり切る整数)を、それらの数の公約数、公約数のうちで最大のものを最大公約数という。
公倍数、最小公倍数………いくつかの整数に共通な倍数を、それらの数の公倍数、公倍数のうちで最小のものを最小公倍数という。

1 整数の性質

1 2けたの自然数のうち、4の倍数は何個ありますか。

▶▶▶ 1以上99以下の4の倍数の個数から、1以上9以下の4の倍数の個数をひく。

$99÷4=$ 01_____ 余り3だから、1以上99以下の4の倍数の個数は 02_____ 個。

$9÷4=$ 03_____ 余り1だから、1以上9以下の4の倍数の個数は 04_____ 個。

したがって、求める4の倍数の個数は 05_____ － 06_____ ＝ 07_____ (個)

2 36を素因数分解しなさい。

▶▶▶ 36を2、3などの小さい素数から順にわっていき、商が素数になったら、わり算をやめて、わった数と最後の商を積の形で表す。

POINT　素数
1とその数のほかに約数をもたない数のこと。1は素数ではない。

右のわり算より、$36=2^2×$ 10_____^{2}

3 1008の約数の個数を求めなさい。

▶▶▶ 1008を素因数分解する。$a^x×b^y×c^z×…$の約数の個数は、$(x+1)×(y+1)×(z+1)×…$(個)

$1008=2^4×3^2×$ 11_____ だから、1008の約数の個数は、

$(4+1)×($ 12_____ $+1)×(1+1)=$ 13_____ (個)
　　↑x　　　　↑y　　　↑z

!注意
1008の約数の個数は、4×2×1=8(個)ではない。

4 90にできるだけ小さい自然数をかけて，ある整数の2乗になるようにします。どんな数をかければよいですか。

▶▶▶ 素因数の累乗の指数がすべて偶数になるような数をかけると，（ある整数）^{2} になる。

POINT 指数法則
- $(a^m)^n = a^{m \times n}$
- $(ab)^n = a^n b^n$
- $a^m \times a^n = a^{m+n}$

90を素因数分解すると，$90 = 2 \times 3^2 \times$ __14__ だから，これに $2 \times$ __15__ をかけると，

$(2 \times 3^2 \times 5) \times (2 \times$ __16__ $) = 2^2 \times 3^2 \times 5^2 = (2 \times 3 \times$ __17__ $)^2 = 30^2$ になる。

したがって，かける数は，$2 \times$ __18__ $=$ __19__

2 公約数と公倍数

5 60，105の最大公約数を求めなさい。

▶▶▶ 2つの数に共通な素因数でわっていき，わった素因数をかけ合わせる。

```
 20 ) 60   105
  5 ) 20    35
    21       7
```

最大公約数は，__22__ $\times 5 =$ __23__

⚠️ **注意** 2つの数に共通な素因数の積に，最後に残った数をかけてはいけない。最小公倍数の求め方との違いに注意する。

6 60，90の最小公倍数を求めなさい。

▶▶▶ 2つの数に共通な素因数でわっていき，わった素因数と最後に残った素因数をかけ合わせる。

```
   2 ) 60   90
  24 ) 30   45
   5 ) 10   15
       2   25
```

最小公倍数は，$2 \times$ __26__ $\times 5 \times 2 \times 3 =$ __27__

7 縦56cm，横96cmの長方形の床があります。この床を同じ大きさの正方形のタイルで，すき間なくしきつめたいと思います。できるだけ大きなタイルにするには，1辺が何cmの正方形のタイルにすればよいですか。

▶▶▶ 「縦，横の2数の最大公約数」を1辺にもつ正方形とすればよい。

56を素因数分解すると，$56 = 2^3 \times$ __28__

96を素因数分解すると，$96 = 2^5 \times$ __29__

よって，56，96の最大公約数は $2^3 =$ __30__

したがって，求める正方形の1辺の長さは，__31__ cm

STEP 02 基本問題 → 解答は別冊008ページ

学習内容が身についたか，問題を解いてチェックしよう。

1 次の問いに答えなさい。

(1) 3けたの自然数のうち，4の倍数の個数を求めなさい。

(2) 3けたの自然数のうち，12の倍数の個数を求めなさい。

(3) 3けたの自然数のうち，4の倍数であって，12の倍数でないものの個数を求めなさい。

2 次の数を素因数分解しなさい。

(1) 24
(2) 90 〈島根県〉
(3) 100
(4) 540 〈専修大附高（東京）〉

3 次の問いに答えなさい。

(1) 75にできるだけ小さい自然数をかけて，ある整数の2乗になるようにするとき，どんな数をかければよいか求めなさい。

(2) $460-20n$ の値が，ある自然数の2乗となるような自然数 n の値をすべて求めなさい。 〈大分県〉

(3) 135をできるだけ小さい自然数でわって，ある整数の2乗になるようにするとき，どんな数でわればよいか求めなさい。

4 次の各組の数の最大公約数を求めなさい。

(1) 28, 70
(2) 144, 162
(3) 90, 120, 210
(4) $2^3 \times 3 \times 5$, $2^2 \times 3^3 \times 7$

ヒント

→ **1**(3)
倍数
12の倍数は4の倍数に含まれるから，4の倍数の個数から12の倍数の個数をひいて求める。

確認

→ **2**
素因数分解
2, 3, 5など，なるべく小さい素数から順にわっていき，商が素数になるまで続けていく。1は素数ではない。

確認

→ **3**(1)
ある整数の2乗の数
素因数の累乗の指数がすべて偶数になれば，(ある整数)² となる。

確認

→ **4**
公約数，最大公約数
いくつかの整数に共通な約数を，それらの数の**公約数**といい，そのうち最大のものを**最大公約数**という。

5 次の問いに答えなさい。

(1) ある自然数 x で 89 をわっても 125 をわっても，余りが 17 となります。この自然数 x をすべて求めなさい。

(2) ある自然数 x で 58 をわると 4 余り，この自然数で 88 をわると 7 余ります。この自然数 x をすべて求めなさい。

ヒント
→ 5
公約数の利用
2 つの数から余りの分だけひけば，2 つの数とも x でわり切れるのだから，x はその 2 つの数の公約数である。

6 次の各組の数の最小公倍数を求めなさい。

(1) 18, 45 　　(2) 36, 48

(3) 32, 42, 60 　　(4) $2 \times 3^2 \times 5$, $3^2 \times 7 \times 11$

確認
→ 6
最小公倍数
最小公倍数を求めたい数を横に並べて書き，2 つ以上の数に共通な素因数で順にわっていき，わり切れない数は下に書く。わった素因数と最後に残った商の積を求める。

7 次の問いに答えなさい。

(1) 10 でわっても 15 でわっても，3 余る 2 けたの自然数をすべて求めなさい。

(2) 3 つの整数 4, 6, 9 のどの数でわっても 1 余る 2 けたの自然数をすべて求めなさい。

(3) 360 の約数で，6, 8 の公倍数である 2 けたの自然数をすべて求めなさい。

ヒント
→ 7 (1)
公倍数の利用
10, 15 でわってわり切れる数を考え，それに 3 をたした数で 2 けたのものを求める。

8 次の問いに答えなさい。

(1) 縦 120cm，横 144cm の長方形の床に 1 辺の長さが a cm の正方形のマットをすき間なくしきつめたいと思います。しきつめるマットの大きさをできるだけ大きくするには，a の値をいくつにすればよいか求めなさい。

(2) 縦 42cm，横 90cm の長方形のタイルがたくさんあります。このタイルを縦横同じ向きにすき間なくしきつめて正方形を作るとき，最も小さい正方形の 1 辺の長さは何 cm になるか求めなさい。

ヒント
→ 8
問題文を次のキーワードに着目して読み取る。
(1)「できるだけ大きく」
　…2 つの数の最大公約数を考える。
(2)「最も小さい」
　…2 つの数の最小公倍数を考える。

STEP 03 実戦問題 → 解答は別冊009ページ

入試レベルの問題で力をつけよう。

1 次の問いに答えなさい。

(1) 3^{2019} の一の位の数を求めなさい。　　〈立命館高(京都)〉

(2) 2016を素因数分解しなさい。　　〈専修大附高(東京)〉

(3) 素因数分解を利用して，225の約数をすべて求めなさい。

(4) 1872の約数の個数を求めなさい。

(5) 16から30までの整数のうち，約数の個数が8個である数をすべて求めなさい。

(6) ある自然数を素因数分解すると，$2^5×3^4×5^3×7^2$ となりました。この自然数の正の約数のうち，一の位が1となるものをすべて求めなさい。　　〈同志社高(京都)〉

2 次の問いに答えなさい。

(1) $\dfrac{60}{2n+1}$ が整数となるような自然数 n をすべて求めなさい。　　〈16 埼玉県〉

(2) n を自然数とするとき，$\dfrac{n+110}{13}$ と $\dfrac{240-n}{7}$ の値がともに自然数となる n の値をすべて求めなさい。求め方も書くこと。　　〈大阪府〉

(3) $\dfrac{n}{28}$ が整数になり，$\dfrac{2016}{n}$ が素数となるような，最も小さい自然数 n の値を求めなさい。　　〈中央大杉並高(東京)〉

3 次の問いに答えなさい。

(1) 自然数 a と 48 の最大公約数が 12 で，最小公倍数が 144 であるとき，a の値を求めなさい。

 (2) 2 つの整数 A, B $(A>B)$ があり，A と B の最小公倍数が 1134，A と B の最大公約数が 27 です。$A-B$ が最小となるように，A の値を求めなさい。〈法政大高（東京）〉

(3) 次の□に適する数を記入しなさい。〈愛光高（愛媛）〉
7 でわると 3 余り，4 でわると 1 余る自然数を小さいほうから順に並べるとき，いちばん小さい数は ア であり，2019 以下に イ 個ある。

 4 次の問いに答えなさい。

(1) n は正の整数とします。$1\times2\times3\times\cdots\times49\times50$ が 5^n でわり切れるとき，n の最大の値を求めなさい。〈明治学院高（東京）〉

 (2) 1 から 100 までの自然数の積 $1\times2\times3\times\cdots\times100$ を計算したとき，その末尾には 0 が連続して何個並びますか。

(3) n を自然数とするとき，1 から n までのすべての自然数の積を $n!$ で表します。例えば，
$1!=1$, $2!=1\times2$, $3!=1\times2\times3$, $4!=1\times2\times3\times4$ です。このとき，
$1!+2!+3!+4!+5!+\cdots+18!+19!+20!$ を計算した結果の末尾 2 けたの数を求めなさい。ただし，末尾 2 けたの数とは，1234 の場合は 34，108 の場合は 08，のことです。〈巣鴨高（東京）〉

 5 x は 10 から 2017 までの自然数とします。この x のそれぞれの位の数の積を $\langle x\rangle$ で表します。例えば，$\langle 29\rangle=2\times9=18$, $\langle 773\rangle=7\times7\times3=147$ です。このとき，次の問いに答えなさい。〈函館ラ・サール高（北海道）〉

(1) $\langle 2017\rangle$ の値を求めなさい。

(2) $\langle x\rangle=7$ となる x は全部で何個ありますか。

(3) $\langle x\rangle=6$ となる x は全部で何個ありますか。

4 数と式 式の計算

STEP 01 要点まとめ
➡ 解答は別冊011ページ

00_____ にあてはまる数や記号・式を書いて、この章の内容を確認しよう。

最重要ポイント

- **単項式の次数**……………かけ合わされている文字の個数。
- **多項式の次数**……………各項の次数のうち最も大きいもの。
- **同類項**……………………多項式で、同じ文字が同じ個数だけかけ合わされている項どうし。
- **多項式の加減**……………＋( )は、そのままかっこをはずす。－( )は、かっこ内の各項の符号を変えてかっこをはずす。
- **数と多項式の乗除**………乗法は、分配法則を使って、数を多項式のすべての項にかける。除法は、わる数の逆数をかけて計算する。

1 単項式と多項式

1 多項式 $3x^2-2x-5$ の項を答えなさい。▶▶▶単項式の和の形に表す。

$3x^2-2x-5=3x^2+($ 01____ $)+($ 02____ $)$ だから、項は、$3x^2$, 03____ , -5

2 単項式 $4a^2b^3c$ の次数を答えなさい。▶▶▶×の記号を使った式になおして調べる。

$4a^2b^3c=4\times a\times$ 04____ $\times b\times b\times$ 05____ $\times$ 06____ で、かけ合わされている文字の個数は 07____ 個だから、次数は 08____

> ⚠ 注意
> 文字の種類が3種類あるから、「次数は3」とするのは間違い。

2 多項式の計算

3 $5x+6y-3x-2y$ ▶▶▶分配法則を使って、同類項をまとめる。

$5x+6y-3x-2y=5x-$ 09____ $x+6y-$ 10____ y
$=(5-$ 11____ $)x+(6-$ 12____ $)y$
$=$ 13____

> **POINT 分配法則**
> $mx+nx=(m+n)x$

4 $(7x+3y)-(2x-4y)$ ▶▶▶ひくほうの多項式の各項の符号を変えて加える。

$(7x+3y)-(2x-4y)=7x+3y-$ 14____ $x+$ 15____ y
$=7x-$ 16____ $x+3y+$ 17____ $y=$ 18____

5 $-6(x-5y)$ ▶▶▶ 数を，多項式のすべての項にかける。

$$-6(x-5y)=-6\times \underline{\quad}_{19}+(\underline{\quad}_{20})\times(-5y)$$
$$=\underline{\quad}_{21}$$

POINT 分配法則
$$a(b+c)=ab+ac$$

6 $(12x^2-9x)\div 3$ ▶▶▶ わる数の逆数を多項式にかける。

$$(12x^2-9x)\div 3=12x^2\times \underline{\quad}_{22}+(\underline{\quad}_{23})\times\frac{1}{3}=\underline{\quad}_{24}$$

3 単項式の乗法と除法

7 $-4x\times(-xy)$ ▶▶▶ 係数の積に文字の積をかける。

$$-4x\times(-xy)=-4\times(\underline{\quad}_{25})\times x\times x\times \underline{\quad}_{26}=\underline{\quad}_{27}$$
↑ $-xy$ の係数

8 $24xy\div(-6y)$ ▶▶▶ わる式の逆数をかける乗法になおす。

$$24xy\div(-6y)=24xy\times\left(-\frac{1}{\underline{\quad}_{28}}\right)=-\frac{24xy}{\underline{\quad}_{29}}=\underline{\quad}_{30}$$

4 文字式の利用

9 $x=-1$，$y=2$ のとき，$24x^2y\times y\div(-8xy)$ の値を求めなさい。
▶▶▶ 式を簡単にしてから，数を代入する。

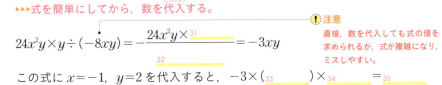

!注意 直接，数を代入しても式の値を求められるが，式が複雑になり，ミスしやすい。

この式に $x=-1$，$y=2$ を代入すると，$-3\times(\underline{\quad}_{33})\times \underline{\quad}_{34}=\underline{\quad}_{35}$

10 $3x-2y=4$ を y について解きなさい。
▶▶▶ 等式の性質を使って，(解く文字)＝〜の形に変形する。

$$3x-2y=4, \quad -2y=\underline{\quad}_{36}+4, \quad y=\frac{\underline{\quad}_{37}}{2}x-2$$

POINT 等式の性質
$A=B$ ならば，
- $A+C=B+C$
- $A-C=B-C$
- $A\times C=B\times C$
- $\dfrac{A}{C}=\dfrac{B}{C}$ ($C\neq 0$ のとき)

5 整数の性質の説明

11 5の倍数どうしの和は，5の倍数になります。そのわけを説明しなさい。
▶▶▶ 2つの5の倍数をそれぞれ文字式で表し，5×(整数)の形の式を導く。

m，n を整数とすると，2つの5の倍数は，$5m$，$5\underline{\quad}_{38}$ と表される。

2つの5の倍数の和は，$5m+\underline{\quad}_{39}=5(\underline{\quad}_{40})$

!注意 2つの5の倍数をともに $5m$ とおくのは，間違い。

$m+n$ は $\underline{\quad}_{41}$ だから，$5(m+n)$ は5の倍数である。

したがって，5の倍数どうしの和は，5の倍数になる。

STEP 02 基本問題 → 解答は別冊011ページ

学習内容が身についたか，問題を解いてチェックしよう。

1 次の問いに答えなさい。

(1) 次の式は単項式，多項式のどちらか答えなさい。
   ① $a+4$　② $-x^2$　③ $-a^2b+3ab-2b^2$　④ $0.1x$

(2) 多項式 $x^2-\dfrac{x}{5}-\dfrac{2}{3}$ の項を答えなさい。

(3) 次の式の次数を答えなさい。
   ① $-a$　② $6x^2$　③ $a^2-7a+10$　④ x^2-2xy^2

ミス注意
→ **1**(3)
多項式の次数
③や④では，各項の次数の和を求めて，それぞれ「次数3」，「次数5」などと答えてはいけない。多項式の次数は，各項の次数のうちでもっとも大きいものである。

2 次の式の同類項をまとめて簡単にしなさい。

(1) $6x-3y-4x+7y$ 〈大阪府〉

(2) $3a^2-a+4a^2-5a$

(3) $5xy+2x-9xy+8x$

(4) $\dfrac{2}{5}a-\dfrac{1}{3}b-a+\dfrac{5}{3}b$

ミス注意
→ **2**
同類項
(2)で，$3a^2$ と $-a$ は，文字は同じであるが，次数が異なるので，同類項ではない。したがって，まとめて簡単にすることはできない。

3 次の計算をしなさい。

(1) $(3a-7b)+(a+6b)$

(2) $(8a-2b)-(3a-2b)$ 〈秋田県〉

(3) $7x+y-(5x-8y)$ 〈熊本県〉

(4) $\begin{array}{r} a+3b-2 \\ -)\,a-\ b+4 \\ \hline \end{array}$ 〈青森県〉

(5) $-6(x-2y)$

(6) $(16x^2-12x-8)\div(-4)$

確認
→ **4**
分配法則
● $a(b+c)=ab+ac$
このように，かっこの外の数をかっこの中のすべての項にかける。

4 次の計算をしなさい。

(1) $4(2a+b)+(a-2b)$ 〈北海道〉

(2) $-(2x-y)+3(-5x+2y)$ 〈愛媛県〉

(3) $2(7x-4y)+6(6x-y)$

(4) $3(3a+4b)-2(4a-b)$ 〈新潟県〉

(5) $(7x+y)-4\left(\dfrac{1}{2}x+\dfrac{3}{4}y\right)$ 〈千葉県〉

(6) $\dfrac{x+y}{6}+\dfrac{2x-y}{3}$ 〈熊本県〉

(7) $\dfrac{a+2b}{6}-\dfrac{a-b}{8}$

(8) $\dfrac{x+y}{2}+\dfrac{3x-y}{6}+x-y$

ミス注意
→ **4**(7)
分母を24で通分するとき，
$\dfrac{a+2b}{6}-\dfrac{a-b}{8}$
$=\dfrac{4(a+2b)-3(\text{✗}\,a-b)}{24}$
としないこと。

数と式

5 次の計算をしなさい。

(1) $3a \times (-2ab)$

(2) $(-5a)^2$ 〈沖縄県〉

(3) $10ab \div (-2a)$ 〈岩手県〉

(4) $-12x^3 \div 3x^2$

(5) $-16xy \div \dfrac{3}{4}x$

(6) $\dfrac{5}{6}xy^2 \div \left(-\dfrac{2}{3}xy\right)$

(7) $3a^2b \times 4ab \div (-2b)$ 〈香川県〉

(8) $16a^2b \div (-10ab^2) \times 5b$ 〈山梨県〉

(9) $18x^2y \times (-4x)^2 \div (3xy)^2$

(10) $-\dfrac{x^3}{18} \times (-2y)^2 \div \left(-\dfrac{2}{3}xy\right)^3$ 〈中央大附高(東京)〉

6 次の式の値を求めなさい。

(1) $x = \dfrac{1}{5}$, $y = 3$ のとき, $3(x-5y) - 2(4x-7y)$ の値 〈秋田県〉

(2) $a = 3$, $b = -4$ のとき, $(-ab)^3 \div ab^2$ の値 〈群馬県〉

7 次の等式を( )の中の文字について解きなさい。

(1) $5a + 9b = 2$ 〔b〕 〈宮城県〉

(2) $y = \dfrac{x-7}{5}$ 〔x〕 〈栃木県〉

(3) $V = \dfrac{abc}{4}$ 〔c〕

(4) $\ell = 2a + 2\pi r$ 〔a〕

8 次の問いに答えなさい。

(1) n を整数とするとき,次のア〜エの式のうち,その値がつねに奇数になるものはどれですか。1つ選び,記号で答えなさい。 〈大阪府〉

ア $n+1$ イ $2n$ ウ $2n+1$ エ n^2

(2) 8, 9, 10, 11, 12 の和は50で,5の倍数です。このように,連続する5つの整数の和は5の倍数になります。そのわけを説明しなさい。

(3) 4けたの自然数について,下3けたが125の倍数ならば,その自然数は125の倍数になります。そのわけを説明しなさい。

ミス注意

→ 5 (5)

$\dfrac{3}{4}x$ の逆数

$\dfrac{3}{4}x$ の逆数を $\dfrac{4}{3}x$ とするミスに注意する。単項式の逆数を求めるには,1つの分数の形になおし,分母と分子を入れかえる。

$\dfrac{3}{4}x = \dfrac{3x}{4}$ だから,逆数は $\dfrac{4}{3x}$

確認

→ 6

やや複雑な式の値

はじめに文字に数を代入しても式の値は求められる。しかし,式が複雑になり,計算ミスをしやすい。式を簡単にしてから代入したほうが計算が楽になる場合が多い。

ミス注意

→ 8 (3)

自然数の表し方

たとえば,89は $10 \times 8 + 9$ だから,十の位の数が a, 一の位の数が b の2けたの自然数は $10a + b$ と表される。ab としないこと。ab は $a \times b$ の意味である。千の位の数が a であり,下3けたが125の倍数である4けたの自然数は $1000a + 125n$ (n は整数)と表される。

STEP 03 実戦問題 →解答は別冊014ページ

入試レベルの問題で力をつけよう。

1 次の計算をしなさい。

(1) $2(2a-b)+(-a+2b)$ 〈宮崎県〉

(2) $4(-x+3y)-5(x+2y)$ 〈茨城県〉

(3) $\dfrac{2}{3}(5a-3b)-3a+4b$ 〈千葉県〉

(4) $3(2x-y)-5(-x+2y)$ 〈島根県〉

(5) $\dfrac{5x+2y}{6}+\dfrac{-4x+y}{8}$

(6) $\dfrac{3x^2-4x}{4}-\dfrac{-2x^2+6x}{7}$

(7) $\dfrac{x+y}{2}-\dfrac{3x-y}{6}+x-2y$ 〈和洋国府台女子高(千葉)〉

(8) $\dfrac{5x-3}{3}-\dfrac{4x-9y}{6}+\dfrac{3y+4}{2}$ 〈東京工業大附科技高(東京)〉

2 次の計算をしなさい。

(1) $(-4x^2y)\div x^2\times 2y$ 〈福島県〉

(2) $(-xy)^2\times 10xy^2\div 5x^2$ 〈鳥取県〉

(3) $\dfrac{1}{3}x^2y\div\dfrac{5}{8}x\times(-6y)$

(4) $6a^4b^2\div(-2ab)^3\times\dfrac{4}{3}b^2$ 〈都立産業技術高専〉

(5) $-2b^2\div\left(-\dfrac{3}{2}ab\right)^2\times a^2$ 〈日本大第二高(東京)〉

(6) $\left(\dfrac{5}{2}xy^2\right)^3\div\dfrac{5}{8}x^2y^3\times\left(\dfrac{2}{5}xy\right)^2$ 〈同志社高(京都)〉

(7) $\left(-\dfrac{2}{3}x^3y\right)^3\div\left(-\dfrac{1}{6}x^2y^3\right)^2\times\left(-\dfrac{3}{2}y\right)^5$ 〈中央大杉並高(東京)〉

(8) $\left(\dfrac{bc^2}{2a^2}\right)^4\times\left(-\dfrac{2a^2b}{3}\right)^3\div\left(\dfrac{c}{6ab}\right)^2$ 〈関西学院高等部(兵庫)〉

3 次の式の値を求めなさい。

(1) $x=-9$, $y=8$ のとき, $4(7x-6y)-10(2x-3y)$ の値

(2) $ab^2=30$ のとき, $-(2ab)^4\times 3a^3b\div(-2a^2b)^3$ の値 〈洛南高(京都)〉

(3) $x=-2$, $y=5$ のとき, $\left(-\dfrac{x^2y^3}{3}\right)^3\div\left(\dfrac{x^3y^6}{2}\right)\div(-x^2y)^2$ の値 〈西大和学園高(奈良)〉

4 次の式を，〔 〕の中の文字について解きなさい。

(1) $12x-3y=5(2x+3y)$ 〔y〕

(2) $a=\dfrac{3b-4c}{2}$ 〔c〕 〈日本大第三高（東京）〉

(3) $S=\dfrac{1}{2}h(a+b)$ 〔b〕

(4) $y=\dfrac{1}{2x-3}$ 〔x〕 〈鳥取県〉

思考力 (5) $\dfrac{1}{x}+\dfrac{1}{y}+\dfrac{1}{z}=0$ 〔x〕

難問 (6) $\dfrac{a(c-d)}{c+d}+\dfrac{b(c+d)}{c-d}=a+b$ 〔c〕 〈お茶の水女子大附高（東京）〉

5 次の問いに答えなさい。

(1) $-7x^2 \times \left(-\dfrac{1}{3xy^2}\right) \div \boxed{} = \dfrac{7}{9}xy$ の $\boxed{}$ にあてはまる式を求めなさい。 〈青雲高（長崎）〉

(2) 面積が 15cm^2 の三角形の底辺の長さを $a\text{cm}$，高さを $b\text{cm}$ とします。このとき，b を a の式で表しなさい。 〈高知県〉

(3) 自然数 a を 7 でわると，商が b で余りが c となりました。b を a と c を使った式で表しなさい。 〈香川県〉

思考力 **6** 右の図のように，運動場に大きさの違う半円と，同じ長さの直線を組み合わせて，陸上競技用のトラックをつくりました。直線部分の長さは $a\text{m}$，もっとも小さい半円の直径は $b\text{m}$，各レーンの幅は 1m です。また，もっとも内側を第1レーン，もっとも外側を第4レーンとします。ただし，ラインの幅は考えないものとします。なお，円周率は π とします。次の(1)，(2)に答えなさい。 〈和歌山県〉

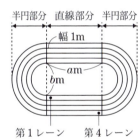

(1) 第1レーンの内側のライン1周の距離を ℓm とすると，ℓ は次のように表されます。
$\ell = 2a + \pi b$
この式を，a について解きなさい。

(2) 図のトラックについて，すべてのレーンのゴールラインの位置を同じにして，第1レーンの走者が走る1周分と同じ距離を，各レーンの走者が走るためには，第2レーンから第4レーンのスタートラインの位置を調整する必要があります。第4レーンは第1レーンより，スタートラインの位置を何 m 前に調整するとよいか，説明しなさい。ただし，走者は，各レーンの内側のラインの 20cm 外側を走るものとします。

5 多項式

数と式

STEP01 要点まとめ
→ 解答は別冊016ページ

00_____ にあてはまる数や記号・式を書いて，この章の内容を確認しよう。

最重要ポイント

乗法公式
① $(a+b)(c+d)=ac+ad+bc+bd$
② $(x+a)(x+b)=x^2+(a+b)x+ab$ 〔$x+a$ と $x+b$ の積〕
③ $(x+a)^2=x^2+2ax+a^2$ 〔和の平方〕
④ $(x-a)^2=x^2-2ax+a^2$ 〔差の平方〕
⑤ $(x+a)(x-a)=x^2-a^2$ 〔和と差の積〕

因数分解の公式……乗法公式を逆にみると，因数分解の公式になる。

1 単項式と多項式の乗除

1 $-3x(x^2-2x+6)$ ▶▶▶ 単項式を，多項式のすべての項にかける。

$-3x(x^2-2x+6)=(-3x)\times x^2+(-3x)\times ($ 01_____ $)+(-3x)\times$ 02_____

$=$ 03_____

⚠ 注意
符号のミスに注意する。$-3x^2 \times 6x^2-18x$ ではない。

2 $(8x^2y-6xy^2)\div 2xy$ ▶▶▶ わる式の逆数をかける形になおす。

$(8x^2y-6xy^2)\div 2xy=(8x^2y-6xy^2)\times \dfrac{1}{2xy}$

$=8x^2y\times \dfrac{1}{\underline{}} -6xy^2\times \dfrac{1}{\underline{}}$

$=$ 06_____

⚠ 注意
約分できるときは，係数は係数どうし，文字は文字どうしで約分すること。

2 乗法公式

3 $(3x+7)(2x-1)$ を展開しなさい。

▶▶▶ 公式 $(a+b)(c+d)=ac+ad+bc+bd$ を利用して展開し，同類項をまとめる。

$(3x+7)(2x-1)=3x\times$ 07_____ $+$ 08_____ $\times(-1)+$ 09_____ $\times 2x+7\times($ 10_____ $)$

$=$ 11_____

4 $(x-8)(x-3)$ を展開しなさい。▶▶▶公式 $(x+a)(x+b)=x^2+(a+b)x+ab$ を利用する。

$(x-8)(x-3)=x^2+(-8-\underline{}_{12})x+(-8)\times(\underline{}_{13})$

$=\underline{}_{14}$

5 $(x+9)^2$ を展開しなさい。▶▶▶公式 $(x+a)^2=x^2+2ax+a^2$ を利用する。

$(x+9)^2=x^2+2\times\underline{}_{15}\times x+9^2=\underline{}_{16}$

6 $(x-8)^2$ を展開しなさい。▶▶▶公式 $(x-a)^2=x^2-2ax+a^2$ を利用する。

$(x-8)^2=x^2-2\times\underline{}_{17}\times x+8^2=\underline{}_{18}$

7 $(x+7)(x-7)$ を展開しなさい。▶▶▶公式 $(x+a)(x-a)=x^2-a^2$ を利用する。

$(x+7)(x-7)=x^2-7^2=\underline{}_{19}$

3 因数分解

8 $x^2-7x+12$ を因数分解しなさい。▶▶▶公式 $x^2+(a+b)x+ab=(x+a)(x+b)$ を利用する。

積が 12，和が -7 となる 2 つの数は -3, $\underline{}_{20}$ だから，

$x^2-7x+12=(x-3)(x-\underline{}_{21})$

↑乗法公式を利用すれば，$(x-3)(x-4)=x^2-7x+12$ となることが確かめられる。

9 $x^2-12x+36$ を因数分解しなさい。▶▶▶公式 $x^2-2ax+a^2=(x-a)^2$ を利用する。

$x^2-12x+36=x^2-2\times\underline{}_{22}\times x+6^2=\underline{}_{23}$

! 注意 符号のミスに注意する。$(x \times 6)^2$ ではない。

10 x^2-225 を因数分解しなさい。▶▶▶公式 $x^2-a^2=(x+a)(x-a)$ を利用する。

$x^2-225=x^2-15^2=\underline{}_{24}$

4 多項式の計算の利用

11 1005^2 をくふうして計算しなさい。▶▶▶公式 $(x+a)^2=x^2+2ax+a^2$ を利用する。

$1005^2=(\underline{}_{25}+5)^2$

$=1000^2+2\times\underline{}_{26}\times1000+5^2=\underline{}_{27}$

12 奇数どうしの積は，奇数になります。そのわけを説明しなさい。

▶▶▶2 つの奇数をそれぞれ文字式で表し，$2\times$(整数)$+1$ の形の式を導く。

m, n を整数とすると，2 つの奇数は，$2m+1$, $\underline{}_{28}+1$ と表される。

このとき，$(2m+1)(2n+1)=4mn+\underline{}_{29}+2n+1=2(\underline{}_{30})+1$

$2mn+m+n$ は $\underline{}_{31}$ だから，$2(2mn+m+n)+1$ は奇数である。

したがって，奇数どうしの積は，奇数になる。

STEP 02 基本問題 ➡ 解答は別冊016ページ

学習内容が身についたか, 問題を解いてチェックしよう。

1 次の計算をしなさい。
(1) $x(2x-3y)$
(2) $(24x^2y-15xy)\div(-3xy)$ 〈山形県〉
(3) $(x-2y)\times(-4x)$ 〈山口県〉
(4) $(4x^2y-32xy^2)\div\left(-\dfrac{4}{5}xy\right)$

2 次の式を展開しなさい。
(1) $(2x-7)(3x+8)$
(2) $(x-2y)(4x+y)$
(3) $(x+2y-3)(3x-y+1)$
(4) $(x+y+z)(x-y)$

3 次の式を展開しなさい。
(1) $(x+8)(x-6)$ 〈栃木県〉
(2) $(x+2)(x-7)$
(3) $(x+5)^2$
(4) $(a-6b)^2$
(5) $(x-9)(x+9)$
(6) $\left(\dfrac{m}{2}+\dfrac{n}{3}\right)\left(\dfrac{m}{2}-\dfrac{n}{3}\right)$

4 次の式を展開しなさい。
(1) $(a+b-2)(a+b-3)$
(2) $(2x-y+6)(2x+y-6)$
(3) $(x-y-z)^2$
(4) $(3a+b-2)^2$

5 次の計算をしなさい。
(1) $x(3x-2)+2x$ 〈山梨県〉
(2) $(a+2)(a-1)-(a-2)^2$ 〈和歌山県〉
(3) $(x-1)^2-(x+2)(x-6)$ 〈青森県〉
(4) $(2x-3)(x+2)-(x-2)(x+3)$ 〈愛知県〉
(5) $(2x-7)(2x+7)+(x+4)^2$ 〈京都府〉
(6) $x(x+2y)-(x+3y)(x-3y)$ 〈和歌山県〉

確認

➡ **1**(2)(4)
多項式の除法
わる式の逆数をかける乗法になおして計算する。
(2) $\div(-3xy)$
  ➡ $\times\left(-\dfrac{1}{3xy}\right)$
(4) $\div\left(-\dfrac{4}{5}xy\right)$
  ➡ $\times\left(-\dfrac{5}{4xy}\right)$

ミス注意

➡ **3**(2)
乗法公式
(2)では, x の項や定数項の符号のミスに注意する。
$(x+2)(x-7)$
$=x^2+\{2+(-7)\}x$
$\qquad+2\times(-7)$
$=x^2 ✱ 5x ✱ 14$

確認

➡ **4**
式のおきかえによる展開
(1) $a+b$ を M とおく。
(2) $y-6$ を M とおく。
(3) $x-y$ を M とおく。
(4) $3a+b$ を M とおく。

6 次の式を因数分解しなさい。

(1) $a^2bc - 2ac$

(2) $5xy^2 - 15x^2y$

(3) $6a^2b - 4ab^2 + 8ab$

(4) $3a^3 + 21a^2 - 18a$ 〈和歌山県〉

7 次の式を因数分解しなさい。

(1) $x^2 + 6x + 8$ 〈長崎県〉

(2) $x^2 - x - 30$ 〈三重県〉

(3) $x^2 + 5x - 36$ 〈茨城県〉

(4) $x^2 + 6x + 9$

(5) $x^2 - 12x + 36$

(6) $x^2 - 16$ 〈岩手県〉

8 次の式を因数分解しなさい。

(1) $ab - 3a + b - 3$ 〈専修大高(東京)〉

(2) $(a+b)^2 - 16$ 〈兵庫県〉

(3) $6x^2 - 54$

(4) $(x+5)^2 + (x+5) - 12$

(5) $(a+2b)^2 + a + 2b - 2$ 〈大阪府〉

(6) $(x^2-2x)^2 - 7(x^2-2x) - 8$ 〈関西学院高(兵庫)〉

9 次の問いに答えなさい。

(1) $103^2 - 97^2$ を計算すると，答えは 1200 となります。この式は，因数分解を利用することや文字でおきかえることによって，くふうして計算することができます。$103^2 - 97^2$ を，くふうして計算しなさい。ただし，答えを求める過程がわかるように，途中の式や計算なども書くこと。 〈高知県〉

(2) 連続する2つの奇数の積に，大きいほうの奇数を2倍した数を加えると，その和は，大きいほうの奇数の2乗になることを証明しなさい。

(3) 右の図のように，運動場に大きさの異なる半円と，同じ長さの直線を組み合わせて，陸上競技用のトラックをつくりました。内側の半円の直径を pm，直線部分の長さを qm，トラックの幅を am，トラックのまん中を通る線の長さを ℓm，トラック全体の面積を Sm² とするとき，$S = a\ell$ となることを証明しなさい。

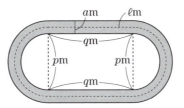

STEP 03 実戦問題

→ 解答は別冊018ページ

入試レベルの問題で力をつけよう。

1 次の計算をしなさい。

(1) $(-2x^2)^2\left(\dfrac{3}{x^2}-\dfrac{1}{x}\right)$

(2) $(8x^2y-12xy^2)\div\left(-\dfrac{4}{7}xy\right)$ 〈法政大国際高（神奈川）〉

(3) $(-3x^2y+xy^2)\div 4xy-\dfrac{5y-2x}{3}$ 〈國學院久我山高（東京）〉

(4) $\dfrac{(-4x^2y)^3-4xy^2}{2xy^2}$

2 次の計算をしなさい。

(1) $(3x-1)^2+6x(1-x)$ 〈熊本県〉

(2) $(4x+y)(4x-y)-(x-5y)^2$ 〈大阪府〉

(3) $(x^2+2x-8)(x^2+2x+2)$

(4) $(x+1)(x-1)(x+4)(x-4)$

(5) $(a+b-c)(a-b-c)$

(6) $(x+y-z)^2-(x-y+z)^2$

3 次の問いに答えなさい。

(1) $(x^2-9x+2)(x^2+7x-3)$ を展開したときの x^2 の項の係数を求めなさい。

(2) $2022\times 2016-2019\times 2018$ を計算しなさい。 〈大阪教育大附高〔池田校舎〕〉

(3) $x+\dfrac{1}{x}=-3$ のとき，$x^2+\dfrac{1}{x^2}$ の値を求めなさい。

4 次の式を因数分解しなさい。

(1) $(6-x)^2+9(x-6)-90$ 〈19 都立日比谷高〉

(2) $(2x-y)^2-(z-x)^2$ 〈青雲高（長崎）〉

(3) $x(x-2)+3(x-4)$ 〈駿台甲府高（山梨）〉

(4) $(x+y)(x+y-4)-5$

(5) $x^3-13x^2y-48xy^2$ 〈近畿大附高（大阪）〉

(6) $(x-3)(x-1)(x+5)(x+7)-960$ 〈慶應義塾高（神奈川）〉

5 次の式を因数分解しなさい。

(1) $a^2b^2 - a^2 - 2ab + 1$ 〈関西学院高等部(兵庫)〉

(2) $x^2 - 2x - 3 - y^2 - 4y$ 〈法政大第二高(神奈川)〉

(3) $12a^3 - 4a^2c - 75ab^2 + 25b^2c$ 〈開成高(東京)〉

(4) $x^2 + 4xy + 4y^2 - 2x - 4y - 3$ 〈愛光高(愛媛)〉

[難問] (5) $a^3b - ab^3 - a^3 + ab^2 + a^2b - b^3$

6 $a + b = -3$, $ab = 2$ のとき，次の式の値を求めなさい。

(1) $a^2 + b^2$

(2) $a^2b + ab^2$

(3) $a^2 + 6ab + b^2$

(4) $\dfrac{b}{a} + \dfrac{a}{b}$

7 2つの自然数 a, b があります。a を4でわると1余り，b を6でわると2余ります。このとき，$3a^2 + 2b^2$ を 24 でわったときの余りを求めなさい。

8 自然数を1から順に9個ずつ各段に並べ，縦，横3個ずつの9個の数を□で囲み，□内の左上の数を a，右上の数を b，左下の数を c，右下の数を d，まん中の数を x とします。たとえば，右の**表**の□では，$a = 5$，$b = 7$，$c = 23$，$d = 25$，$x = 15$ です。次の(1), (2)の問いに答えなさい。 〈鹿児島県〉

表

1段目	1	2	3	4	5	6	7	8	9
2段目	10	11	12	13	14	15	16	17	18
3段目	19	20	21	22	23	24	25	26	27
4段目	28	29	30	31	…				
⋮									

(1) a を x を使って表しなさい。

(2) $M = bd - ac$ とするとき，次の①，②の問いに答えなさい。

① a, b, c, d をそれぞれ x を使って表すことで，M の値は4の倍数になることを証明しなさい。

② a が1段目から10段目までにあるとき，一の位の数が4になる M の値は何通りありますか。次の□□の **ア**〜**ウ** に適当な数を入れ，求め方を完成させなさい。

〔求め方〕

①より M の値は4の倍数だから，M の値の一の位の数が4になるのは x の一の位の数が **ア** または **イ** になるときである。
x は2段目から11段目までにあり，各段の両端をのぞく自然数であることに注意して，M の値の個数を求めると **ウ** 通りである。

039

6 数と式 平方根

STEP01 要点まとめ　→解答は別冊021ページ

_____00_____ にあてはまる数や記号・式を書いて，この章の内容を確認しよう。

最重要ポイント

- **平方根**…………2乗すると a になる数。正の数 a の平方根は2つあり，正のほうを $\sqrt{a}$，負のほうを $-\sqrt{a}$ で表す。
- **平方根の大小**…………$a>0$，$b>0$ で，$a<b$ ならば，$\sqrt{a}<\sqrt{b}$
- **根号をふくむ式の乗除**……$a>0$，$b>0$ のとき，$\sqrt{a}\times\sqrt{b}=\sqrt{a\times b}$，$\sqrt{a}\div\sqrt{b}=\sqrt{\dfrac{a}{b}}$
- **根号のついた数の変形**……$a>0$，$b>0$ のとき，$a\sqrt{b}=\sqrt{a^2 b}$
- **分母の有理化**…………分母に根号をふくむ数を，分母に根号をふくまない形に変形すること。$\dfrac{a}{\sqrt{b}}=\dfrac{a\times\sqrt{b}}{\sqrt{b}\times\sqrt{b}}=\dfrac{a\sqrt{b}}{b}$ のように有理化する。

1 平方根

1 25の平方根を求めなさい。▶▶▶ 2乗して25になる数を考える。

$5^2=$ ___01___ ，$(-5)^2=$ ___02___ だから，25の平方根は，5 と ___03___

!注意
平方根の負のほうを忘れないこと。

2 3，$\sqrt{11}$ の大小を，不等号を使って表しなさい。

▶▶▶「$a>0$，$b>0$ で，$a<b$ ならば，$\sqrt{a}<\sqrt{b}$」を用いる。

3を根号を使って表すと，$3=$ ___04___

___05___ <11 だから，$\sqrt{9}$ ___06___ $\sqrt{11}$　すなわち，3 ___07___ $\sqrt{11}$

3 $\sqrt{28n}$ が整数になるような最も小さい自然数 n の値を求めなさい。

▶▶▶ 根号の中の数が，ある自然数の2乗になる場合を考える。

28を素因数分解すると，$28=2^2\times$ ___08___

$\sqrt{28n}=\sqrt{2^2\times}$ ___09___ $\times n$ だから，$n=$ ___10___ のとき，

$\sqrt{28n}=\sqrt{2^2\times 7\times}$ ___11___ $=\sqrt{2^2\times 7^2}=\sqrt{(2\times 7)^2}=\sqrt{14^2}=$ ___12___

より，整数となる。したがって，$n=$ ___13___

↑n が7未満のとき，この形に変形できないので，$\sqrt{28n}$ は整数にならない。

数と式

4 次の数を有理数と無理数に分けなさい。

$5, \sqrt{7}, -0.6, -\pi$

▶▶▶ 有理数は分数で表すことができる数，無理数は分数で表すことができない数。

$5 = \dfrac{5}{1}$, $-0.6 = -\dfrac{3}{5}$ と表されるから，5，-0.6 は _____[14]_____ である。

$\sqrt{7}$，$-\pi$ は分数で表すことができないから，$\sqrt{7}$，$-\pi$ は _____[15]_____ である。

2 根号をふくむ式の乗除

5 $\sqrt{6} \times \sqrt{7}$ ▶▶▶ $\sqrt{}$ の中の数どうしの積を求め，それに $\sqrt{}$ をつける。

$\sqrt{6} \times \sqrt{7} = \sqrt{6 \times \text{[16]}} = \text{[17]}$

6 $\sqrt{40} \div \sqrt{5}$ ▶▶▶ $\sqrt{}$ の中の数どうしの商を求め，それに $\sqrt{}$ をつける。

$\sqrt{40} \div \sqrt{5} = \sqrt{\dfrac{40}{\text{[18]}}} = \sqrt{\text{[19]}} = \text{[20]}$

↑ $\sqrt{8} = \sqrt{2^2 \times 2}$

⚠ 注意 $\sqrt{8}$ のまま答えとしないこと。$\sqrt{a^2 b} = a\sqrt{b}$ のように表せないか確認する。

7 $\dfrac{5}{\sqrt{2}}$ を有理化しなさい。 ▶▶▶ 分母と分子に分母と同じ数をかけて変形する。

⚠ 注意 分子にも分母と同じ数 $\sqrt{2}$ をかけるのを忘れないこと。

$\dfrac{5}{\sqrt{2}} = \dfrac{5 \times \text{[21]}}{\sqrt{2} \times \text{[22]}} = \text{[23]}$

3 根号をふくむ式の計算

8 $2\sqrt{7} + 6\sqrt{7}$ ▶▶▶ $m\sqrt{a} + n\sqrt{a} = (m+n)\sqrt{a}$ を使って計算する。

$2\sqrt{7} + 6\sqrt{7} = (2 + \text{[24]})\sqrt{7} = \text{[25]}$

9 $\sqrt{48} - 5\sqrt{3}$ ▶▶▶ $m\sqrt{a} - n\sqrt{a} = (m-n)\sqrt{a}$ を使って計算する。

$\sqrt{48} - 5\sqrt{3} = \sqrt{4^2 \times \text{[26]}} - 5\sqrt{3} = \text{[27]}\sqrt{3} - 5\sqrt{3} = (4 - \text{[28]})\sqrt{3}$

$= \text{[29]}$

↑ 根号の中の数を簡単にする。

10 $(\sqrt{6} - \sqrt{3})^2$ ▶▶▶ 各項を1つの文字とみて，乗法公式を利用する。

$(\sqrt{6} - \sqrt{3})^2 = (\sqrt{\text{[30]}})^2 - 2 \times \text{[31]} \times \sqrt{6} + (\sqrt{\text{[32]}})^2$

$= \text{[33]} - 2\sqrt{18} + 3 = \text{[34]}$

11 $x = \sqrt{5} - \sqrt{2}$, $y = \sqrt{5} + \sqrt{2}$ のとき，$x^2 - y^2$ の値を求めなさい。

▶▶▶ 因数分解の公式を使って，式変形してから代入する。

$x^2 - y^2 = (x + \text{[35]})(x - \text{[36]})$ に代入すると，

$\{(\sqrt{5} - \sqrt{2}) + (\text{[37]})\}\{(\sqrt{5} - \sqrt{2}) - (\sqrt{5} + \sqrt{2})\} = 2\sqrt{5} \times (\text{[38]}) = \text{[39]}$

STEP 02 基本問題

→ 解答は別冊021ページ

学習内容が身についたか、問題を解いてチェックしよう。

1 次の数の平方根を求めなさい。
(1) 11
(2) 121
(3) 0.0036
(4) $\dfrac{25}{49}$

2 次の数を根号を使わずに表しなさい。
(1) $\sqrt{25}$
(2) $-\sqrt{0.81}$
(3) $-\sqrt{\dfrac{64}{225}}$
(4) $-\sqrt{(-0.3)^2}$

確認
→ **2**
平方根の性質
次の数の違いに注意する。$a>0$ のとき、
$\sqrt{a^2}=a$, $-\sqrt{a^2}=-a$,
$-\sqrt{(-a)^2}=-a$

3 次の各組の数の大小を、不等号を使って表しなさい。（よく出る）
(1) $\sqrt{26}$, $\sqrt{23}$
(2) -7, $-\sqrt{44}$
(3) -5, $-\sqrt{27}$, $-\sqrt{23}$
(4) $\sqrt{\dfrac{1}{3}}$, $\dfrac{1}{3}$, $\sqrt{\dfrac{1}{5}}$

ミス注意
→ **3**(2)(3)
平方根の大小
$0<a<b$ のとき、$-a<-b$ とするミスに注意する。負の数は、絶対値が大きいほど小さくなる。

4 次の問いに答えなさい。
(1) $2<\sqrt{a}<3$ をみたす自然数 a を、小さい順にすべて書きなさい。〈群馬県〉
(2) $3<\sqrt{7a}<5$ をみたす自然数 a をすべて求めなさい。〈奈良県〉
(3) $x<\sqrt{91}<x+1$ をみたす自然数 x を求めなさい。
(4) $\sqrt{7}$ より大きく、$3\sqrt{5}$ より小さい整数は何個あるか求めなさい。〈駿台甲府高(山梨)〉

ヒント
→ **4**(1)
平方根と数の大小
$2<\sqrt{a}<3$ の各辺を2乗しても大小関係は変わらないことを利用して、数と a との大小を比べる。

5 次の問いに答えなさい。
(1) $\sqrt{48n}$ が整数となるようなもっとも小さい自然数 n の値を求めなさい。
(2) $\sqrt{120-5n}$ が整数となるような自然数 n の値をすべて求めなさい。

ヒント
→ **5**(1)
平方根を整数にする数
$\sqrt{48n}$
$=\sqrt{2^2\times2^2\times3\times n}$
と変形し、根号の中の数がある数の2乗となるような n を求める。

6 次の問いに答えなさい。

(1) 優花さんが電子体温計で自分の体温を測ってみたところ，36.4℃と表示されました。この数値は小数第2位を四捨五入して得られた値です。このときの優花さんの体温の真の値をa℃としたとき，aの範囲を不等号を使って表しなさい。〈広島県〉

(2) 距離の測定値6150mの有効数字が上から3けたの6，1，5のとき，整数部分が1けたの数と10の累乗の積の形で表しなさい。〈秋田県〉

7 次の計算をしなさい。

(1) $\sqrt{3} \times \sqrt{7}$

(2) $\dfrac{\sqrt{125}}{\sqrt{5}}$

(3) $\sqrt{12} \times \sqrt{18}$

(4) $\sqrt{54} \div \sqrt{3} \times \sqrt{2}$

8 次の計算をしなさい。

(1) $\sqrt{18}+\sqrt{50}-3\sqrt{8}$ 〈島根県〉

(2) $\sqrt{27}-\sqrt{12}$ 〈鳥取県〉

(3) $\sqrt{48}-\dfrac{9}{\sqrt{3}}$ 〈宮城県〉

(4) $\dfrac{\sqrt{75}}{3}-\sqrt{\dfrac{49}{3}}$

9 次の計算をしなさい。

(1) $\sqrt{18}+2\sqrt{6} \div \sqrt{3}$ 〈石川県〉

(2) $\sqrt{12} \times \sqrt{6}-\dfrac{8}{\sqrt{2}}$

(3) $\sqrt{6}\left(\sqrt{8}+\dfrac{1}{\sqrt{2}}\right)$ 〈青森県〉

(4) $\sqrt{3}(\sqrt{8}-\sqrt{6})-\dfrac{10}{\sqrt{6}}$

10 次の計算をしなさい。

(1) $(\sqrt{5}+\sqrt{6})^2$

(2) $(3-2\sqrt{2})^2$

(3) $(\sqrt{8}+3)(\sqrt{8}-4)$

(4) $(\sqrt{7}-2\sqrt{5})(\sqrt{7}+2\sqrt{5})$ 〈三重県〉

(5) $(2+\sqrt{2})^2-\sqrt{18}$ 〈山形県〉

(6) $(\sqrt{12}-\sqrt{8})^2+\dfrac{10\sqrt{3}}{\sqrt{2}}$ 〈都立国分寺高〉

確認 → 6(1)
真の値の範囲
ある位までの近似値は，その位の1つ下の位の数を四捨五入して得られた値である。

確認 → 8
根号のついた数の加減
$\sqrt{a^2 b}=a\sqrt{b}$を用いて変形し，根号の中が同じ数ならば，
$m\sqrt{a}+n\sqrt{a}=(m+n)\sqrt{a}$
$m\sqrt{a}-n\sqrt{a}=(m-n)\sqrt{a}$
を使って計算する。

確認 → 9
乗除の混じった計算
根号をふくむ数の計算も，これまでの数の計算と同様に，かっこの中・累乗→乗除→加減の順に計算する。

確認 → 10
乗法公式を利用する計算
各項を1つの文字とみて，乗法公式を利用する。

STEP 03 実戦問題

➡ 解答は別冊023ページ

入試レベルの問題で力をつけよう。

1 次の問いに答えなさい。

(1) 下のア〜エの数の中で、無理数はどれですか。その記号を書きなさい。〈広島県〉

ア $-\dfrac{3}{7}$　イ 2.7　ウ $\sqrt{\dfrac{9}{25}}$　エ $-\sqrt{15}$

(2) 3つの数 $\dfrac{\sqrt{6}}{5}$, 0.4, $\dfrac{1}{\sqrt{5}}$ の中から最も小さい数を答えなさい。

(3) 次のア〜エの中から正しいものを1つ選び、記号で答えなさい。

ア　49の平方根は7だけである。
イ　$\sqrt{23}$ は5より大きい。
ウ　$\dfrac{\sqrt{3}}{\sqrt{2}}$ は $\dfrac{\sqrt{6}}{2}$ に等しい。
エ　$\sqrt{26.4}=5.138$ のとき、$\sqrt{264}=51.38$ である。

2 次の問いに答えなさい。

(1) n は自然数で、$8.2<\sqrt{n+1}<8.4$ です。このような n をすべて求めなさい。〈愛知県〉

(2) $\dfrac{\sqrt{72n}}{7}$ が自然数となるような整数 n のうち、最も小さい値を求めなさい。〈秋田県〉

(3) n を1以上の整数とします。$\sqrt{\dfrac{2016}{n+4}}$ の値が整数となるとき、最も小さい n の値は ☐ です。☐ にあてはまる数を記入しなさい。〈福岡大附大濠高(福岡)〉

(4) 自然数 a, b が $\sqrt{2018+a}=b\sqrt{2}$ をみたすとき、最小の a の値は ☐ です。☐ にあてはまる数を記入しなさい。〈成城高(東京)〉

(5) $\sqrt{5}=2.236$, $\sqrt{10}=3.162$ として、$\dfrac{\sqrt{50}+2}{\sqrt{5}}$ の近似値を四捨五入して、小数第3位まで求めなさい。

3 次の問いに答えなさい。

(1) $\sqrt{2019}$ を小数で表したとき，整数部分を求めなさい。

(2) $\sqrt{12}$ の小数部分を a とするとき，$(a+1)(a+4)$ の値を求めなさい。

(3) $\sqrt{5}-1$ の整数部分を a，小数部分を b とするとき，$b^2+3ab+2a^2$ の値を求めなさい。
〈法政大高（神奈川）〉

(4) $\sqrt{11}$ の小数部分と $7-\sqrt{11}$ の小数部分との積を求めなさい。
〈明治大附中野高（東京）〉

(5) 正の数 x について，x の整数部分を $[x]$，小数部分を $\langle x \rangle$ で表すことにします。このとき，$[\sqrt{21}]-\langle 3\sqrt{11}\rangle$ の値を求めなさい。
〈中央大附高（東京）〉

4 次の問いに答えなさい。

(1) $\dfrac{2}{7}$ を小数で表すと，$0.\dot{2}8571\dot{4}$ と続く循環小数です。このとき，小数第 16 位の数字は何ですか。

(2) 循環小数 $0.\dot{3}\dot{2}$ をもっとも簡単な分数で表しなさい。また，$0.\dot{3}\dot{2} \div 0.\dot{0}\dot{4}$ を計算しなさい。

(3) $\sqrt{17}$ の値を有効数字 4 けたの近似値で表すと，4.123 であることがわかっています。$\sqrt{17}$ の真の値を a としたとき，a の範囲を不等号を使って表しなさい。また，$\sqrt{17}$ を有効数字 2 けたの近似値で表すとどうなりますか。

5 次の計算をしなさい。

(1) $4\sqrt{3} \div \sqrt{2} + \sqrt{54}$

(2) $\sqrt{6} \div \sqrt{18} \times \sqrt{24}$
〈高知県〉

(3) $\sqrt{3}(\sqrt{27}-2\sqrt{6}-\sqrt{48})$

(4) $\sqrt{108}+\sqrt{48}-\sqrt{75}-\sqrt{27}$

(5) $(\sqrt{5}+\sqrt{3})(5\sqrt{3}-3\sqrt{5})+(\sqrt{3}-\sqrt{5})^2$
〈東京電機大高（東京）〉

(6) $\dfrac{\sqrt{2}}{3}(\sqrt{90}-\sqrt{8})+(\sqrt{5}-1)^2$
〈青雲高（長崎）〉

(7) $-3\sqrt{27}+\sqrt{60} \times 2\sqrt{5}-\sqrt{5}$
〈大阪教育大附高［平野校舎］〉

(8) $\sqrt{2}\left(\dfrac{3}{\sqrt{6}}-\dfrac{2}{\sqrt{2}}\right)-\sqrt{2}\left(\dfrac{3}{\sqrt{6}}+\dfrac{2}{\sqrt{2}}\right)$
〈和洋国府台女子高（千葉）〉

(9) $\dfrac{\sqrt{12}}{4}-\dfrac{2}{\sqrt{6}}-\dfrac{\sqrt{48}}{6}+\dfrac{\sqrt{2}}{\sqrt{3}}$
〈都立国分寺高〉

(10) $(\sqrt{2}+\sqrt{3})^2-\sqrt{8} \times \dfrac{\sqrt{15}}{\sqrt{5}}$
〈愛媛県〉

6 次の計算をしなさい。

(1) $(\sqrt{5}-\sqrt{2}+1)(\sqrt{5}+\sqrt{2}+1)(\sqrt{5}-2)$ 〈慶應義塾女子高(東京)〉

(2) $\{(\sqrt{2}-1)^2+(\sqrt{2}+1)^2\}^2+\{(\sqrt{3}+1)^2-(\sqrt{3}-1)^2\}^2$ 〈関西学院高等部(兵庫)〉

(3) $\dfrac{\sqrt{2}+\sqrt{3}-\sqrt{5}}{\sqrt{2}-\sqrt{3}+\sqrt{5}}$

(4) $\dfrac{2(1+\sqrt{3})}{\sqrt{12}}-\dfrac{(\sqrt{2}-1)^2}{\sqrt{18}}-\dfrac{(\sqrt{6}-3)(\sqrt{2}+2\sqrt{6})}{6}$ 〈関西学院高等部(兵庫)〉

(5) $\left\{\left(\dfrac{\sqrt{3}}{\sqrt{2}+1}\right)^2+\left(\dfrac{\sqrt{3}}{\sqrt{2}-1}\right)^2\right\}^2-\left\{\left(\dfrac{\sqrt{3}}{\sqrt{2}+1}\right)^2-\left(\dfrac{\sqrt{3}}{\sqrt{2}-1}\right)^2\right\}^2$ 〈久留米大附設高(福岡)〉

7 次の問いに答えなさい。

(1) $\dfrac{\sqrt{2}\times\sqrt{3}\times\sqrt{4}\times\sqrt{5}\times\sqrt{6}}{\sqrt{7}\times\sqrt{8}\times\sqrt{9}\times\sqrt{10}}$ を有理化しなさい。 〈明治学院高(東京)〉

(2) $\dfrac{\{(1+\sqrt{3})^{50}\}^2(2-\sqrt{3})^{50}}{2^{50}}$ を計算しなさい。 〈立命館高(京都)〉

(3) 次の□をうめなさい。

$\left(\dfrac{\sqrt{6}}{3}a^2b\right)^2\times \boxed{ア}a^{\boxed{イ}}b^{\boxed{ウ}}\div\dfrac{14}{3}a^3b^3=a^3b^2$ 〈日本大習志野高(千葉)〉

8 次の式の値を求めなさい。

(1) $a=\sqrt{7}-3$ のとき, a^2+6a+6 の値 〈市川高(千葉)〉

(2) $x=\sqrt{3}+1$, $y=\sqrt{3}-1$ のとき, $xy+x$ の値 〈青森県〉

(3) $x=1+2\sqrt{3}$, $y=-1+\sqrt{3}$ のとき, $x^2-xy-2y^2$ の値 〈都立立川高〉

(4) $a=\sqrt{5}+\sqrt{3}$, $b=\sqrt{5}-\sqrt{3}$ のとき, $a^3b+2a^2b^2+ab^3$ の値 〈函館ラ・サール高(北海道)〉

(5) $x=\dfrac{\sqrt{5}+\sqrt{3}}{\sqrt{5}-\sqrt{3}}$, $y=\dfrac{\sqrt{5}-\sqrt{3}}{\sqrt{5}+\sqrt{3}}$ のとき, x^2+y^2 の値

方程式編

1	1次方程式
2	連立方程式
3	2次方程式

1 1次方程式

STEP 01 要点まとめ　→解答は別冊027ページ

00_____ にあてはまる数や記号・式を書いて，この章の内容を確認しよう。

最重要ポイント

方程式，方程式の解……式の中の文字に特定な値を代入すると成り立つ等式を方程式，方程式を成り立たせる文字の値を方程式の解という。
1次方程式……整理すると $ax+b=0$ の形になる方程式。
移項……等式の一方の辺の項を符号を変えて他方の辺に移すこと。

1 1次方程式の解き方

1 $5x=-20$ を解きなさい。▶▶▶等式の両辺を同じ数でわっても等式は成り立つ。

$5x=-20$ の両辺を 01_____ でわると，

$5x \div 5 = -20 \div$ 02_____　よって，$x=$ 03_____

2 $x-6=5x+18$ を解きなさい。▶▶▶文字の項を左辺に，数の項を右辺に移項する。

$x-6=5x+18$ の 04_____ を左辺に，05_____ を右辺に移項すると，

$x-$ 06_____ $=18+$ 07_____　⚠注意 移項するとき，符号を変えるのを忘れずに。

$-4x=$ 08_____　よって，$x=$ 09_____

2 いろいろな1次方程式

3 $x+6=3(x-4)$ を解きなさい。
▶▶▶分配法則を使ってかっこをはずし，移項してから解く。

$x+6=3(x-4)$　右辺のかっこをはずすと，$x+6=$ 10_____ $-$ 11_____

$x-$ 12_____ $=-12-$ 13_____ ，$-2x=$ 14_____　よって，$x=$ 15_____

4 $0.2x-0.8=0.5x-1.1$ を解きなさい。
▶▶▶両辺に適当な数をかけて，係数を整数にする。

$0.2x-0.8=0.5x-1.1$ の両辺に 16_____ をかけると，

$2x-$ 17_____ $=5x-$ 18_____ ，$2x-$ 19_____ $=-11+$ 20_____

$-3x=$ 21_____　よって，$x=$ 22_____

5 $\frac{1}{4}x - 7 = \frac{5}{6}x$ を解きなさい。

▶▶▶ 両辺に分母の最小公倍数をかけて分母をはらう。

$\frac{1}{4}x - 7 = \frac{5}{6}x$ の両辺に 4 と 6 の最小公倍数 ___23___ をかけると，

$3x - $ ___24___ $= $ ___25___

$3x - $ ___26___ $= $ ___27___

$-7x = $ ___28___

よって，$x = $ ___29___

!注意 数の項にも最小公倍数をかけるのを忘れずに。

6 $x : 12 = 8 : 3$ を解きなさい。

▶▶▶ 比の性質「$a : b = m : n$ ならば，$an = bm$」を利用する。

$x : 12 = 8 : 3$，$x \times $ ___30___ $= 12 \times $ ___31___

___32___ $x = $ ___33___

よって，$x = $ ___34___

!注意 $x \times 12 = 3 \times 8$ ではない。

3 1次方程式の利用

7 1本 60 円の鉛筆を何本かと，120 円のノートを 1 冊買ったら，代金の合計は 420 円でした。買った鉛筆の本数は何本か求めなさい。

▶▶▶ 鉛筆の本数を文字でおき，代金についての方程式をつくる。

鉛筆の本数を x 本とすると，方程式は，___35___ $+ 120 = 420$

これを解くと，$x = $ ___36___

鉛筆の本数は正の整数だから，$x = 5$ は問題に合っている。←解の確かめをする。

答 鉛筆の本数 ___37___ 本

8 家から駅まで行くのに，自転車を使うと，徒歩よりも 6 分早く駅に着きます。自転車の速さを分速 210m，歩く速さを分速 70m とするとき，家から駅までの道のりは何 m か求めなさい。

▶▶▶ 家から駅までの道のりを文字でおき，かかった時間についての方程式をつくる。

家から駅までの道のりを x m とすると，

方程式は，$\frac{x}{\text{___38___}} = \frac{x}{70} - $ ___39___

これを解くと，$x = $ ___40___

家から駅までの道のりは正の数だから，$x = 630$ は問題に合っている。←解の確かめをする。

答 家から駅までの道のり ___41___ m

POINT 速さ，時間，道のり
- （速さ）＝（道のり）÷（時間）
- （時間）＝（道のり）÷（速さ）
- （道のり）＝（速さ）×（時間）

↑「6 分早い」は，かかった時間が「6 分少ない」といいかえられる。

STEP 02 基本問題

→ 解答は別冊027ページ

学習内容が身についたか，問題を解いてチェックしよう。

1 Pさんは，方程式 $4x-11=-3$ の解を，等式の性質を使って次のようにして求めました。このとき，①，③の式変形はそれぞれ下のア〜エのどの性質を用いているか答えなさい。

【Pさんの解答】

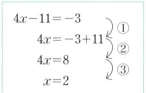

【等式の性質】

ア　等式の両辺に11をたしても等式は成り立つ。
イ　等式の両辺から11をひいても等式は成り立つ。
ウ　等式の両辺に4をかけても等式は成り立つ。
エ　等式の両辺を4でわっても等式は成り立つ。

2 次の方程式を解きなさい。

(1) $x-7=-2$

(2) $x+\dfrac{2}{3}=\dfrac{1}{3}$

(3) $\dfrac{x}{6}=-3$

(4) $8x=-20$

(5) $2x-7=5$

(6) $9=4x-7$

3 次の方程式を解きなさい。

(1) $x=3x-10$ 〈岩手県〉

(2) $4x-5=x-6$ 〈18 東京都〉

(3) $2x-15=3+5x$

(4) $7x+3=-7x+3$

4 次の方程式を解きなさい。

(1) $4x+6=5(x+3)$ 〈19 東京都〉

(2) $x+2(x-3)=-12$

(3) $3x-24=2(4x+3)$ 〈福岡県〉

(4) $6(x-2)=5(x-2)$

確認

→ **1**

等式の性質

$A=B$ ならば，
① $A+C=B+C$
② $A-C=B-C$
③ $AC=BC$
④ $\dfrac{A}{C}=\dfrac{B}{C}$ $(C\neq 0)$

ミス注意

→ **2**

移項と符号

移項するときは，必ず項の符号を変えること。

(1) $x-7=-2$
　　　$x=-2\ \text{✗}\ 7$

(2) $x+\dfrac{2}{3}=\dfrac{1}{3}$
　　　$x=\dfrac{1}{3}\ \text{✗}\ \dfrac{2}{3}$

確認

→ **4**

分配法則

かっこをはずすには，分配法則を使う。

$a(b+c)=ab+ac$
$a(b-c)=ab-ac$

5 次の方程式を解きなさい。
(1) $0.6x = 0.2x - 0.8$
(2) $0.7x - 1 = 0.3x - 2$
(3) $0.12x - 0.23 = 0.17 - 0.08x$
(4) $0.6(3x - 1) = 0.4x$

 6 次の方程式を解きなさい。
(1) $\dfrac{2x+9}{5} = x$ 〈熊本県〉
(2) $\dfrac{3}{4}x - 7 = \dfrac{2}{5}x$
(3) $\dfrac{3x-4}{4} = \dfrac{x+2}{3}$ 〈秋田県〉
(4) $\dfrac{2x-1}{3} - \dfrac{x+3}{2} = 2$

7 次の比例式を解きなさい。
(1) $6 : x = 2 : 3$
(2) $x : 16 = 5 : 4$ 〈長崎県〉
(3) $(x-6) : 9 = 5 : 3$
(4) $4 : (x-6) = 8 : 6$

8 重さが異なる3個のおもりA, B, Cと重さが120gのおもりDがあります。A, B, Cの3個のおもりの重さは, A, B, Cの順に50gずつ重くなっています。また, A, B, C, Dの重さの合計は540gです。このとき, Cの重さを求めなさい。 〈茨城県〉

 9 箱に入っているりんごを, 何人かの子どもで同じ数ずつ分けることにしました。1人6個ずつ分けると7個たりず, 1人5個ずつ分けると4個余ります。このとき, 箱に入っているりんごの個数を求めなさい。

10 あきこさんは, 1.8km離れた駅に向けて家を出発しました。それから14分後に, お父さんは自転車で家を出発し, 同じ道を通って駅に向かいました。あきこさんは分速60m, お父さんは分速200mでそれぞれ一定の速さで進むとすると, お父さんが家を出発してから何分後に追いつくか, 求めなさい。 〈千葉県〉

11 ある中学校の2年生の生徒数は322人で, 1年生の生徒数よりも15%多いそうです。この中学校の1年生の生徒数を求めなさい。

→ 6
分母をはらうときの注意
分母をはらうとき, かけられる数が整数のときのかけ忘れのミスに注意する。
(2) $\dfrac{3}{4}x - 7 = \dfrac{2}{5}x$
両辺に20をかけると,
$\left(\dfrac{3}{4}x - 7\right) \times 20$
$\qquad = \dfrac{2}{5}x \times 20$
$15x - \cancel{7} = 8x$

→ 8, 9, 10, 11
方程式の文章題の解き方
① どの数量をxで表すか決める。
② 問題の中の等しい数量関係をみつけ, 方程式に表す。
③ ②でつくった方程式を解く。
④ 解が問題に適しているかどうか調べる。

→ 10
速さに関する公式
● (道のり)
　　=(速さ)×(時間)
● (速さ)
　　=(道のり)÷(時間)
● (時間)
　　=(道のり)÷(速さ)

STEP03 実戦問題

→解答は別冊029ページ

入試レベルの問題で力をつけよう。

1 次の方程式や比例式を解きなさい。

(1) $6x-7=4x+11$

(2) $4-3t=7t-26$ 〈大阪府〉

(3) $5(2x+7)+20=3(1-x)$

(4) $0.46x+8.2=1.26x+23.2$

(5) $0.6(x-1.5)=0.4x+1$

(6) $\dfrac{9}{500}x+\dfrac{1}{3000}=0$

(7) $\dfrac{2}{3}(2x-5)=\dfrac{3}{4}(x-6)$

(8) $\dfrac{x-6}{8}-0.75=\dfrac{1}{2}x$ 〈日本大第三高(東京)〉

(9) $\dfrac{2}{3}:\dfrac{4}{5}=x:8$

(10) $4:5=(2x-3):(3x-5)$

2 次の問いに答えなさい。

(1) x についての方程式 $5x+2a=8-x$ の解が -3 のとき，a の値を求めなさい。

(2) x についての方程式 $ax-12=5x-a$ の解が 6 であるとき，a の値を求めなさい。

(3) 比例式 $x:3=(x+4):5$ が成り立つ x について，$\dfrac{1}{4}x-2$ の値を求めなさい。 〈島根県〉

(4) x についての方程式 $\dfrac{3x-a}{6}=\dfrac{2a-x}{2}$ の解が -7 であるとき，a の値を求めなさい。

3 2つの数 $a,\ b$ について，$a*b=a+b-ab$ とします。次の問いに答えなさい。

(1) $4*3$ の値を求めなさい。

(2) $x*2=3$ のとき，x の値を求めなさい。

(3) $2*(3*x)=-2$ のとき，x の値を求めなさい。

方程式

 4 ある店で定価が同じ2枚のハンカチを3割引きで買いました。2000円支払ったところ，おつりは880円でした。このハンカチ1枚の定価は何円か，求めなさい。 〈愛知県〉

 5 次の表は，ある週の日曜日から土曜日までの7日間の毎日の最低気温を表したものです。木曜日から土曜日までの3日間における最低気温の平均値は，日曜日から水曜日までの4日間における最低気温の平均値より2.4℃高かったです。表中の x の値を求めなさい。 〈大阪府〉

	日曜日	月曜日	火曜日	水曜日	木曜日	金曜日	土曜日
最低気温(℃)	6.0	3.9	4.1	4.8	7.4	6.6	x

 6 ある金額をA，B2人に分けると，Aは全体の $\frac{3}{4}$ よりも300円少なく，Bは全体の $\frac{1}{3}$ よりも100円多くなりました。ある金額を求めなさい。 〈江戸川学園取手高(茨城)〉

 7 ある水そうを満水にするのにじゃ口Aだけで水を入れると90分かかります。また，同じ水そうを満水にするのにじゃ口Bだけでは120分かかります。あるとき両方のじゃ口を同時に開いて水を入れ始め，しばらくたった後にじゃ口Bから毎分出る水の量を半分にし，さらにその5分後にじゃ口Aから毎分出る水の量も半分にしたところ，60分で満水になりました。このとき，じゃ口Bから毎分出る水の量を半分にしたのは水を入れ始めてから何分後ですか。 〈関西学院高等部(兵庫)〉

8 留美さんは，学校に登校するときに，弟を幼稚園に送りとどけています。弟といっしょに7時50分に家を出て，学校の前を通り過ぎ，幼稚園に着くとすぐに引き返し，8時18分に学校に到着します。家から学校までの道のりは1kmで，弟といっしょのとき歩く速さは時速3km，留美さん1人のとき歩く速さは時速5kmです。幼稚園から学校までの道のりを求めなさい。

9 2つの容器A，Bがあり，容器Aには10%の食塩水100g，容器Bには5%の食塩水200gが入っています。この2つの容器からそれぞれ x g の食塩水を取り出した後に，容器Aから取り出した食塩水を容器Bに，容器Bから取り出した食塩水を容器Aに入れ，それぞれよくかき混ぜる作業をしました。次の問いに答えなさい。 〈慶應義塾高(神奈川)〉

(1) この作業後の容器Aの食塩水に含まれる食塩は何gですか。 x を用いた式で表しなさい。【答えのみでよい】

 (2) この作業後，容器Aの食塩水の濃度が容器Bの食塩水の濃度の1.5倍になりました。 x の値を求めなさい。

2 方程式 連立方程式

STEP 01 要点まとめ　→ 解答は別冊031ページ

00_____ にあてはまる数や記号・式を書いて，この章の内容を確認しよう。

最重要ポイント

連立方程式……………$\begin{cases} x-y=2 \\ 2x+y=7 \end{cases}$ のように，2つ以上の方程式を組にしたもの。

連立方程式の解………組み合わせたどの方程式も成り立たせる文字の値の組。

加減法…………………2式の辺どうしを加えるかひくかして，1つの文字を消去して，1次方程式にして解く方法。

代入法…………………2式のうち，一方の式を他方の式に代入して1つの文字を消去して，1次方程式にして解く方法。

1 連立方程式の解き方

●加減法

1 $\begin{cases} 5x-2y=-1 & \cdots\cdots① \\ x+3y=-7 & \cdots\cdots② \end{cases}$ を解きなさい。

▶▶▶ x の係数をそろえて，x を消去する。

①－②×_01____ より，$-17y=$ _02____

よって，$y=$ _03____

これを②に代入すると，$x+3\times(\_04\_\_\_\_)=-7$

したがって，$x=$ _05____

POINT 加減法での解き方
$$\begin{array}{r} ① \quad 5x-2y=-1 \\ ②\times5 \quad -)5x+15y=-35 \\ \hline -17y=34 \\ y=-2 \end{array}$$

!注意
y を消去するためには，①×3＋②×2 としなければならない。この場合，計算が大変なので，x を消去するほうが計算が楽。

●代入法

2 $\begin{cases} y=2x-1 & \cdots\cdots① \\ 2x+3y=21 & \cdots\cdots② \end{cases}$ を解きなさい。

▶▶▶ ①の式を②の式に代入して，y を消去する。

①を②に代入すると，$2x+3(\_06\_\_\_\_)=21$

$2x+$ _07____ $-3=21$，$8x=$ _08____　よって，$x=$ _09____

これを①に代入すると，$y=2\times$ _10____ $-1=$ _11____

!注意
連立方程式を解くとき，加減法，代入法のどちらを利用してもよい。

!注意
式を代入するときは，式全体にかっこをつけて代入すること。

2 いろいろな連立方程式

3 $\begin{cases} x+2(x+2y)=10 & \cdots\cdots① \\ x+y=2 & \cdots\cdots② \end{cases}$ を解きなさい。 ▶▶▶ 分配法則を利用してかっこをはずし，式を整理してから解く。

①のかっこをはずすと，$x+2x+\underline{}_{12}=10$，$3x+\underline{}_{13}=10\cdots\cdots①'$

①′$-$②$\times\underline{}_{14}$ より，$y=\underline{}_{15}$ ← x を消去する。

これを②に代入すると，$x+\underline{}_{16}=2$　したがって，$x=\underline{}_{17}$

4 $\begin{cases} 2x+y=4 & \cdots\cdots① \\ 0.7x-0.2y=2.5 & \cdots\cdots② \end{cases}$ を解きなさい。 ▶▶▶ ②の両辺に適当な数をかけて，係数を整数にする。

②の両辺に $\underline{}_{18}$ をかけると，$7x-\underline{}_{19}=\underline{}_{20}\cdots\cdots②'$

①$\times\underline{}_{21}+$②′より，$11x=\underline{}_{22}$　よって，$x=\underline{}_{23}$

これを①に代入すると，$2\times\underline{}_{24}+y=4$　したがって，$y=\underline{}_{25}$

5 $\begin{cases} \dfrac{x}{3}-\dfrac{y}{4}=5 & \cdots\cdots① \\ 2x+y=-10 & \cdots\cdots② \end{cases}$ を解きなさい。 ▶▶▶ ①の両辺に分母の最小公倍数をかけて分母をはらう。

①の両辺に 3 と 4 の最小公倍数 $\underline{}_{26}$ をかけると，

$\underline{}_{27}-3y=\underline{}_{28}\cdots\cdots①'$　　①′$-$②$\times\underline{}_{29}$ より，$-5y=\underline{}_{30}$

よって，$y=\underline{}_{31}$　⚠注意　数の項にも最小公倍数をかけるのを忘れずに。

これを②に代入すると，$2x+(\underline{}_{32})=-10$　したがって，$x=\underline{}_{33}$

3 連立方程式の利用

6 A 地点から 14km 離れた B 地点へ行きます。A 地点から，途中の C 地点までは時速 18km の自転車で走り，C 地点から B 地点までは時速 4km で歩いたら，全体で 1 時間 10 分かかりました。A 地点から C 地点まで，C 地点から B 地点までの道のりはそれぞれ何 km ですか。

▶▶▶ A 地点から C 地点まで，C 地点から B 地点までの道のりをそれぞれ文字でおき，等しい関係式を 2 つつくる。

A 地点から C 地点までを $x$km，C 地点から B 地点までを $y$km とすると，

道のりの関係から，$x+y=\underline{}_{34}\cdots\cdots①$

時間の関係から，$\dfrac{x}{\underline{}_{35}}+\dfrac{y}{\underline{}_{36}}=\dfrac{7}{6}\cdots\cdots②$　↑1 時間 10 分 → $1\dfrac{10}{60}=\dfrac{70}{60}=\dfrac{7}{6}$（時間）

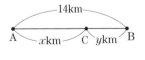

①，②を連立方程式として解くと，$x=\underline{}_{37}$，$y=\underline{}_{38}$

A 地点から C 地点までと，C 地点から B 地点までの道のりは，ともに正の数で 14km よりも短いから，$x=12$，$y=2$ は問題に合っている。←解の確かめをする。

答 A 地点から C 地点まで $\underline{}_{39}$ km，C 地点から B 地点まで $\underline{}_{40}$ km

STEP02 基本問題 → 解答は別冊031ページ

学習内容が身についたか, 問題を解いてチェックしよう。

1. 2つの2元1次方程式を組み合わせて, $x=4$, $y=-2$ が解となるような連立方程式をつくります。このとき, 組み合わせる2元1次方程式はどれとどれですか。下のア〜エの中から2つ選び, 記号で答えなさい。

   ア $x+y=-2$　　イ $2x-y=10$　　ウ $4x-2y=4$　　エ $x+8y=-12$

2. 次の連立方程式を解きなさい。

   (1) $\begin{cases} 2x+y=12 \\ 3x-y=8 \end{cases}$　　　　(2) $\begin{cases} x+4y=-1 \\ x-3y=6 \end{cases}$

   (3) $\begin{cases} 2x+3y=-1 \\ -4x-5y=-1 \end{cases}$〈秋田県〉　　(4) $\begin{cases} 2x+y=-9 \\ 3x+5y=-3 \end{cases}$

   (5) $\begin{cases} 7x-y=8 \\ -9x+4y=6 \end{cases}$〈18 東京都〉　　(6) $\begin{cases} 3x-5y=7 \\ 2x-3y=4 \end{cases}$

3. 次の連立方程式を解きなさい。

   (1) $\begin{cases} 2x-y=17 \\ y=-2x-5 \end{cases}$　　(2) $\begin{cases} 2x-3y=11 \\ y=x-4 \end{cases}$〈18 埼玉県〉

   (3) $\begin{cases} x=2+y \\ 9x-5y=2 \end{cases}$〈京都府〉　　(4) $\begin{cases} 2y=-x-9 \\ 7x+2y=9 \end{cases}$

4. 次の連立方程式を解きなさい。

   (1) $\begin{cases} -x+y=-2 \\ 2x-(x-y)=16 \end{cases}$　　(2) $\begin{cases} 2(x+y)-5y=4 \\ 5x-(x-2y)=-8 \end{cases}$

   (3) $\begin{cases} 0.2x-0.3y=1.9 \\ -0.1x+0.2y=-1.1 \end{cases}$　　(4) $\begin{cases} \dfrac{x}{6}-\dfrac{y}{4}=-2 \\ 3x+2y=3 \end{cases}$〈長崎県〉

   (5) $\begin{cases} \dfrac{1}{6}(x-3)+y=\dfrac{5}{3} \\ -(x+y)=x+7 \end{cases}$〈都立国分寺高〉　　(6) $\begin{cases} 0.3x-0.2y=0.6 \\ x+\dfrac{1}{2}(y-1)=\dfrac{3}{2} \end{cases}$〈都立墨田川高〉

確認

→ 2

加減法
x または y の係数の絶対値を等しくし, 1つの文字を消去する。
(1) y の係数の絶対値が等しいので, y を消去する。
(3) 上の式の両辺を2倍すると, x の係数の絶対値が等しくなる。
(6) 上の式の両辺を2倍, 下の式の両辺を3倍すると, x の係数の絶対値が等しくなる。

確認

→ 3

代入法
$x=$〜 または $y=$〜 の形の式があれば, 一方の式を他方の式に代入し, 1つの文字を消去する。
(1) 下の式を上の式に代入して, y を消去する。
(3) 上の式を下の式に代入して, x を消去する。

ミス注意

→ 4

かっこをふくむ連立方程式
(1) 下の式のかっこをはずすとき, 符号のミスに注意する。
$2x-(x-y)=16$
→ $2x-x \not{\times} y=16$

分数をふくむ連立方程式
(4) 分母をはらうとき, 右辺や整数の項への数のかけ忘れに注意する。
$\dfrac{x}{6}-\dfrac{y}{4}=-2$
→ $2x-3y=\not{2}$

5 次の方程式を解きなさい。
(1) $3x+y=2x-y=5$
(2) $2x+y=x-5y-4=3x-y$
〈奈良県〉

 6 次の問いに答えなさい。

(1) x, y についての連立方程式 $\begin{cases} ax+by=1 \\ bx-2ay=8 \end{cases}$ の解が，$x=2$，$y=3$ であるとき，a，b の値をそれぞれ求めなさい。
〈島根県〉

(2) 次の2つの連立方程式の解が等しいとき，a，b の値を求めなさい。
$\begin{cases} ax+by=36 \\ 3x+y=-2 \end{cases}$ $\begin{cases} bx+ay=-4 \\ x-y=-10 \end{cases}$

7 最初に，姉は x 本，弟は y 本の鉛筆を持っています。最初の状態から，姉が弟に3本の鉛筆を渡すと，姉の鉛筆の本数は，弟の鉛筆の本数の2倍になります。また，最初の状態から，弟が姉に2本の鉛筆を渡すと，姉の鉛筆の本数は，弟の鉛筆の本数よりも25本多くなります。x，y の値をそれぞれ求めなさい。
〈新潟県〉

 8 ある中学校の生徒数は180人です。このうち，男子の16％と女子の20％の生徒が自転車で通学しており，自転車で通学している男子と女子の人数は等しいです。このとき，自転車で通学している生徒は全部で何人か，求めなさい。
〈愛知県〉

9 ある学校ではリサイクル活動として，毎月，古新聞と古雑誌を分別して回収しています。3か月前は，古新聞と古雑誌を合わせて1150kg回収しました。今月は3か月前に比べて，古新聞が30％増え，古雑誌が20％減り，合わせて1190kg回収しました。3か月前の古新聞と古雑誌の回収量は，それぞれ何kgであったか，求めなさい。

10 あおいさんの自宅からバス停までと，バス停から駅までの道のりの合計は3600mです。ある日，あおいさんは自宅からバス停まで歩き，バス停で5分間待ってから，バスに乗って駅に向かったところ，駅に到着したのは自宅を出発してから20分後でした。あおいさんの歩く速さは毎分80m，バスの速さは毎分480mでそれぞれ一定とします。このとき，あおいさんの自宅からバス停までの道のりを x m，バス停から駅までの道のりを y m として連立方程式をつくり，自宅からバス停までとバス停から駅までの道のりをそれぞれ求めなさい。ただし，途中の計算も書くこと。
〈栃木県〉

ヒント

➡ 6
文字定数をふくむ連立方程式
(2) 解が同じだから，解は4つの方程式を成り立たせる。そこで，第1式の下の式と第2式の下の式を連立させ，まず解を求める。

確認

➡ 7, 8, 9, 10
連立方程式の文章題の解き方
① どの数量を x，y で表すか決める。
② 問題の中の等しい数量関係を2つみつけ，方程式に表す。
③ ②でつくった連立方程式を解く。
④ 解が問題に適しているかどうか調べる。

ミス注意

➡ 8, 9
増減の表し方
次の違いに注意する。
$a\%$ ➡ $a \times 0.01$
$a\%$ 増 ➡ $a \times (1+0.01)$
$a\%$ 減 ➡ $a \times (1-0.01)$

STEP 03 実戦問題 ➡ 解答は別冊034ページ

入試レベルの問題で力をつけよう。

1 次の連立方程式を解きなさい。

(1) $\begin{cases} 5x+y=14 \\ x-4y=7 \end{cases}$

(2) $\begin{cases} 2x+3y=-1 \\ 7x+6y=-17 \end{cases}$

(3) $\begin{cases} 4x+3y=1 \\ 3x-2y=-12 \end{cases}$

(4) $\begin{cases} 3x+7y=4 \\ 5x+4y=-1 \end{cases}$ 〈同志社高(京都)〉

(5) $\begin{cases} x-2y=11 \\ y-2x=-16 \end{cases}$

(6) $\begin{cases} 17x+19y=-13 \\ 19x+17y=-23 \end{cases}$

(7) $\begin{cases} -x+y=5 \\ x=-2y+7 \end{cases}$

(8) $\begin{cases} 2x-5y=-2 \\ y=x-5 \end{cases}$ 〈奈良県〉

(9) $\begin{cases} 7x-6y=-2 \\ 2y=3x-2 \end{cases}$

(10) $\begin{cases} x=y+5 \\ x=3y-1 \end{cases}$

2 次の連立方程式を解きなさい。

(1) $\begin{cases} 3(x+y)-(x-9)=25 \\ 2x-y=8 \end{cases}$

(2) $\begin{cases} 5(x-y)+6y=-17 \\ 8x-5(x+y)=-27 \end{cases}$

(3) $\begin{cases} \left(x+\dfrac{1}{3}\right)+2\left(y+\dfrac{1}{3}\right)=6 \\ 4\left(x+\dfrac{1}{3}\right)+5\left(y+\dfrac{1}{3}\right)=8 \end{cases}$

(4) $\begin{cases} 2(x-y)+5(x+y)=18 \\ 4(x-y)-(x+y)=58 \end{cases}$

(5) $\begin{cases} (x+4):(y+1)=5:2 \\ 3(x-y)+8=2x+5 \end{cases}$

(6) $\begin{cases} 3x+2y=7 \\ (x+y+2):(x-2y+4)=4:9 \end{cases}$

3 次の連立方程式を解きなさい。

(1) $\begin{cases} \dfrac{x}{2} - \dfrac{y}{4} = 1 \\ \dfrac{x}{3} + \dfrac{y}{2} = 2 \end{cases}$ 〈江戸川学園取手高(茨城)〉

(2) $\begin{cases} 1.2x - 0.8y = -3.2 \\ \dfrac{x-1}{3} = \dfrac{-3+y}{2} \end{cases}$ 〈東海大附浦安高(千葉)〉

(3) $\begin{cases} 1.25x + 0.75y = 1 \\ 2.1x - 1.4y = 7 \end{cases}$ 〈中央大附高(東京)〉

(4) $\begin{cases} 0.3x + 0.2y = 1 \\ \dfrac{x}{36} - \dfrac{y}{9} = 1 \end{cases}$ 〈和洋国府台女子高(千葉)〉

(5) $\begin{cases} \dfrac{2}{x} - \dfrac{3}{y} = 12 \\ \dfrac{5}{x} + \dfrac{2}{y} = 11 \end{cases}$ 〈法政大女子高(神奈川)〉

(6) $\begin{cases} \dfrac{1}{2x-3y} + \dfrac{2}{x+2y} = 3 \\ \dfrac{3}{2x-3y} - \dfrac{2}{x+2y} = 5 \end{cases}$ 〈久留米大附設高(福岡)〉

(7) $5x + 4y = 7x + 5y = 1$ 〈土浦日本大高(茨城)〉

(8) $x - y + 1 = 3x + 7 = -2y$ 〈大阪府〉

4 次の連立方程式を解きなさい。

(1) $\begin{cases} (\sqrt{2}+3)x + 6y = -2 \\ (3\sqrt{2}-2)x - 4y = 16 \end{cases}$ 〈巣鴨高(東京)〉

(2) $\begin{cases} 0.3(x-1) + 0.4y = \dfrac{1}{5} \\ \dfrac{x}{4} - \dfrac{y}{3} = \dfrac{5}{6} \end{cases}$ 〈青雲高(長崎)〉

(3) $\begin{cases} x + 0.5y = 0.25 \\ \dfrac{1}{5}(x - 3y) = \dfrac{3}{4} \end{cases}$ 〈都立墨田川高〉

(4) $\begin{cases} \dfrac{1}{4}(x+1) - \dfrac{y-2}{3} = 1 \\ 0.3(x+3) - 0.1y = 1 \end{cases}$ 〈広島大附高(広島)〉

(5) $\begin{cases} \dfrac{2x-y}{3} = \dfrac{y}{2} - 1 \\ (x+1) : (y-2) = 3 : 4 \end{cases}$ 〈日本大第二高(東京)〉

(6) $\begin{cases} \dfrac{x-y}{3} + \dfrac{2}{5}(y-2) = 0.2(1-3y) \\ (3-2x) : y = 5 : 2 \end{cases}$ 〈都立国立高〉

5 次の問いに答えなさい。

(1) 連立方程式 $\begin{cases} (3-x) : (y+1) = 5 : 2 \\ 3y + 2z = 1 \\ 5x + 2y + z = 1 \end{cases}$ を解くと, $x = \boxed{}$, $y = \boxed{}$, $z = \boxed{}$ です。

(2) 連立方程式 $\begin{cases} 3x + 6y - z = 9 \\ 6x - 5y + z = 18 \end{cases}$ をみたす自然数 x, y, z の値をすべて求めなさい。

6 次の問いに答えなさい。

(1) x, y についての連立方程式 $\begin{cases} x+2y=15 \\ ax+y=14 \end{cases}$ の解が，ともに自然数になるとき，自然数 a の値をすべて求めると _____ です。
〈福岡大附大濠高（福岡）〉

(2) 連立方程式 $\begin{cases} 2x+y=5a-13 \\ 3x-2y=-2a+1 \end{cases}$ の解は，y が x の 2 倍になっています。このとき，a の値を求めなさい。
〈近畿大附高（大阪）〉

(3) x, y の連立方程式 $\begin{cases} 9x+2ay=6 \\ \dfrac{x}{2}-ay=-1 \end{cases}$ の解の比は $x:y=2:7$ です。x，y の値，および定数 a の値を求めなさい。
〈関西学院高等部（兵庫）〉

(4) x, y についての連立方程式 $\begin{cases} 2x-y+1=0 \\ ax+3y-5=0 \end{cases}$ は $a=$ _____ のとき，解をもちません。
〈國學院大久我山高（東京）〉

(5) x, y についての 2 組の連立方程式 $\begin{cases} 2x-\dfrac{2}{7}y+2=ax+by=x+1 \\ bx+ay+2=\dfrac{x+9y}{4}=16 \end{cases}$ が，同じ解をもつとき，a，b の値を求めなさい。また，連立方程式の解も求めなさい。
〈立命館高（京都）〉

7 3組（K組，E組，I組）の生徒 120 人に対して数学の試験を行ったところ，3組全体の平均点は 51.8 点でした。各組の平均点は K組 51 点，E組 52 点，I組 53 点であり，K組と E組の生徒人数比は 5：6 です。このとき，各組の生徒数を求めなさい。
〈慶應義塾高（神奈川）〉

8 ゆうきさんは，家族の健康のためにカロリーを控えめにしたおかずとして，ほうれん草のごま和えを作ろうと考えています。食事全体の量とカロリーのバランスを考えて，ほうれん草のごま和え 83g で，カロリーを 63kcal にします。上の表は，ほうれん草とごまのカロリーを示したものです。このとき，ほうれん草とごまは，それぞれ何 g にすればよいですか。その分量を求めなさい。ただし，用いる文字が何を表すかを示して方程式をつくり，それを解く過程も書くこと。

食品名	分量に対するカロリー
ほうれん草	270g あたり 54kcal
ごま	10g あたり 60kcal

〈岩手県〉

9 2つの商品A，Bをそれぞれ何個かずつ仕入れました。1日目は，A，Bそれぞれの仕入れた数の75％，30％が売れたので，AとBの売れた総数は，AとBの仕入れた総数の半分より9個多かったです。2日目は，Aの残りのすべてが売れ，Bの残りの半分が売れたので，2日目に売れたAとBの総数は273個でした。仕入れたA，Bの個数をそれぞれ求めなさい。答えのみでなく求め方も書くこと。
〈桐朋高（東京）〉

 10 A，B 2つの容器に，それぞれa％の食塩水900gと，b％の食塩水500gが入っています。最初にAから100gの食塩水を取り出しBに加えました。 〈19 青山学院高等部（東京）〉

(1) このとき，Bの容器に含まれる食塩は何gですか。a，bを用いて表しなさい。

(2) その後，Bから100gの食塩水を取り出してAに加えたところ，Aの濃度は8.50％，Bの濃度は2.50％になりました。a，bの値を求めなさい。

 11 3けたの正の整数Nがあります。Nを100でわった余りは百の位の数を12倍した数に1加えた数に等しいです。また，Nの一の位の数を十の位に，Nの十の位の数を百の位に，Nの百の位の数を一の位にそれぞれおきかえてできる数はもとの整数Nより63大きいです。このとき，正の整数Nを求めなさい。
〈西大和学園高（奈良）〉

 12 周囲1.8kmの池のまわりを，P地点からA君は分速am，B君は分速bmの一定の速さで移動します。ただし，$a<b$です。

① A君とB君が同時に出発し反対方向に回ると，8分後に2人は初めて出会います。
② A君とB君が同時に出発し同じ方向に回ると，40分後にB君はA君より1周多く移動し追いつきます。
このとき，次の□をうめなさい。
〈土浦日本大高（茨城）〉

(1) ①より，$a+b=$□ です。

(2) ①，②より，$b=$□ です。

(3) A君が先に出発し，P地点にもどる前に，B君は同じ方向に回りA君を追いかけます。B君が出発してから10分後にA君に追いつきました。このとき，A君が移動していた時間は□分です。

13 長さ280mの鉄橋を渡り始めてから渡り終えるまで25秒かかる貨物列車が，速さが毎秒18mで長さが145mの特急列車と，出会ってからすれ違い終わるまでに10秒かかりました。貨物列車の長さは何mで，速さは毎秒何mですか。それぞれ求めなさい。

3 方程式 — 2次方程式

STEP01 要点まとめ
→ 解答は別冊039ページ

00_____ にあてはまる数や記号・式を書いて、この章の内容を確認しよう。

最重要ポイント

- 2次方程式 …………………… (x の2次式)＝0 の形に変形できる方程式。
- 2次方程式の解 ……………… 2次方程式を成り立たせる文字の値。
- 因数分解を利用する解き方 …… $(x+m)(x+n)=0$ ならば、$x=-m$ または $x=-n$
- 平方根の考え方を利用する解き方 …… $x^2=p\,(p>0)$ ならば、$x=\pm\sqrt{p}$
- 解の公式を利用する解き方 …… $ax^2+bx+c=0\,(a\neq 0)$ の解は、$x=\dfrac{-b\pm\sqrt{b^2-4ac}}{2a}$

1 因数分解を利用する解き方

1 $x^2-13x+36=0$ を解きなさい。

▶▶▶ 左辺を因数分解し、「$AB=0$ ならば、$A=0$ または $B=0$」を利用する。

積が36、和が-13 となる2つの数は -4 と 01_____ だから、

$(x-4)(x-$ 02_____$)=0$　　$x-4=0$ または $x-$ 03_____$=0$

したがって、$x=4$, $x=$ 04_____

⚠ 注意　$(x-4)(x-9)=0$ の解は、$x=-4$, $x=-9$ ではない。

2 平方根の考えを使う解き方

2 $4x^2-25=0$ を解きなさい。

▶▶▶ $ax^2-b=0$ の形の2次方程式は変形し、$x^2=\dfrac{b}{a}$ とする。

$4x^2-25=0$,　$4x^2=$ 05_____,　$x^2=\dfrac{06\_\_\_}{4}$,　$x=\pm\sqrt{\dfrac{07\_\_\_}{4}}=$ 08_____

↑ $x=\pm\dfrac{5}{2}$ とは、$x=\dfrac{5}{2}$ または $x=-\dfrac{5}{2}$

3 $(x-5)^2=18$ を解きなさい。

▶▶▶ $x-5=X$ とおくと、$X^2=p\,(p>0)$ の形の2次方程式になる。

$(x-5)^2=18$ で、$x-5=X$ とおくと、09_____$=18$,　$X=\pm 3\sqrt{10\_\_\_}$

X を $x-5$ にもどすと、$x-5=\pm 3\sqrt{11\_\_\_}$　よって、$x=5\pm$ 12_____

⚠ 注意　文字をおきかえたら、もとにもどすのを忘れないこと。

3 2次方程式の解の公式

4 $2x^2-7x+2=0$ を解きなさい。

▶▶▶ 解の公式 $x=\dfrac{-b\pm\sqrt{b^2-4ac}}{2a}$ に，a，b，c の値を代入して求める。

$ax^2+bx+c=0$ で，$a=2$，$b=$ ___13___，$c=$ ___14___ の場合だから，

$2x^2-7x+2=0$ の解は，$x=\dfrac{-(\text{\underline{\ 15\ }})\pm\sqrt{(-7)^2-4\times 2\times \text{\underline{\ 16\ }}}}{2\times 2}=$ ___17___

4 いろいろな2次方程式

5 $\dfrac{1}{4}(x+2)(x-9)=-6$ を解きなさい。

▶▶▶ 分母をはらい，係数が整数の2次方程式になおす。

両辺に ___18___ をかけると，

$(x+$ ___19___ $)(x-9)=$ ___20___ ，x^2- ___21___ $-18=$ ___22___

$x^2-7x+6=0$，$(x-1)(x-$ ___23___ $)=0$

よって，$x=1$，$x=$ ___24___

6 2次方程式 $x^2+ax+b=0$ の2つの解が -4 と -6 のとき，a，b の値を求めなさい。

▶▶▶ 2つの解を方程式に代入して，ある文字についての方程式をつくる。

$x^2+ax+b=0$ ……①とおく。①に $x=$ ___25___ を代入すると，$16-4a+b=0$ ……②

①に $x=$ ___26___ を代入すると，$36-6a+b=0$ ……③ ←②，③を，a，b についての連立方程式とみて解く。

②－③より，$-20+2a=0$，$a=$ ___27___

これを②に代入すると，$16-4\times$ ___28___ $+b=0$，$b=$ ___29___

5 2次方程式の利用

7 ある正の整数に2を加えて3倍すると，もとの数に3を加えて2乗した数より21小さくなりました。もとの数を求めなさい。

▶▶▶ ある正の整数を文字でおき，数の関係についての方程式をつくる。

ある正の整数を x とおくと，この数に2を加えて3倍した数は，$3($ ___30___ $+2)$

もとの数に3を加えて2乗した数は，$(x+$ ___31___ $)^2$

⚠ 注意　$3x+2$ としないように。

したがって，方程式は，$3(x+2)=(x+3)^2-$ ___32___ ，

$3x+6=x^2+6x-$ ___33___ ，$x^2+3x-18=0$，$(x-$ ___34___ $)(x+6)=0$

$x=$ ___35___ ，$x=-6$　x は正の整数だから，$x=$ ___36___ のみ問題に合っている。

答　もとの数 ___37___

⚠ 注意　解の確かめを忘れ，$x=-6$ も答えにふくめないように。

STEP02 基本問題 ➡ 解答は別冊040ページ

学習内容が身についたか、問題を解いてチェックしよう。

1 次の2次方程式を解きなさい。
(1) $(x-2)(x-3)=0$
(2) $x^2+7x=0$ 〈新潟県〉
(3) $x^2+2x-24=0$
(4) $x^2-8x+16=0$ 〈宮城県〉
(5) $x^2+12x+35=0$ 〈18 東京都〉
(6) $x^2-x-20=0$ 〈宮城県〉
(7) $x^2+6x-16=0$ 〈島根県〉
(8) $x^2-2x-35=0$ 〈岩手県〉
(9) $x^2-3x-54=0$
(10) $x^2-10x-24=0$

確認
➡ 1
どちらか一方は0
$AB=0$ ならば、A, B の一方は0である。
すなわち、$AB=0$ ならば、$A=0$ または $B=0$

ミス注意
➡ 1(1)
答えの符号
$(x-2)(x-3)=0$ から、$x=✗2$, $y=✗3$ のような符号のミスに注意する。

2 次の2次方程式を解きなさい。
(1) $x^2-5=3x+5$
(2) $(x+2)(x-2)=-3x$
(3) $(x+2)^2=-5x-14$
(4) $(x-3)(x+4)=-6$ 〈香川県〉
(5) $(x+1)(x-1)=x+5$ 〈駿台甲府高(山梨)〉
(6) $x(x+6)=3x+10$ 〈福岡県〉
(7) $2(x-3)=(3-x)^2$
(8) $(x-1)(x+2)=7(x-1)$ 〈大分県〉
(9) $(x+3)(x-2)-2x=0$ 〈法政大第二高(神奈川)〉
(10) $(x+2)(x+1)=3(x+2)$

確認
➡ 2
やや複雑な形の2次方程式
かっこがあれば、かっこをはずし、式を整理して、$ax^2+bx+c=0$ の形に変形する。その後、左辺が因数分解できないか考える。

3 次の2次方程式を解きなさい。
(1) $x^2=169$
(2) $x^2=32$
(3) $3x^2-48=0$
(4) $5x^2-50=0$
(5) $(x-1)^2-2=0$
(6) $(x+6)^2=18$ 〈石川県〉
(7) $(x+4)^2-5=0$
(8) $(x-8)^2-49=0$ 〈17 埼玉県〉

確認
➡ 3
平方根の考え方を使う2次方程式
(3)(4) $ax^2-b=0$
➡ $ax^2=b$
➡ $x^2=\dfrac{b}{a}$
➡ $x=\pm\sqrt{\dfrac{b}{a}}$
と変形する。

4 次の2次方程式を解きなさい。

(1) $x^2+x-3=0$ 〈青森県〉

(2) $2x^2+5x+1=0$ 〈宮崎県〉

(3) $3x^2-5x+2=0$ 〈秋田県〉

(4) $x^2+3x-2=0$ 〈徳島県〉

(5) $x^2+4x-6=0$

(6) $x^2-8x+11=0$

(7) $x^2-\sqrt{10}x-2=0$

(8) $3x^2-4x=5$ 〈近畿大附高(大阪)〉

ヒント
→ **4**
2次方程式の解の公式
2次方程式
$ax^2+bx+c=0$ (a, b, c は定数で，$a\neq 0$)の解は，
$x=\dfrac{-b\pm\sqrt{b^2-4ac}}{2a}$
で求められる。

 5 次の問いに答えなさい。

(1) 2次方程式 $x^2-ax-12=0$ の解の1つが2のとき，a の値ともう1つの解を求めなさい。ただし，答えを求める過程がわかるように，途中の式も書くこと。 〈高知県〉

(2) 2次方程式 $2x^2-(2a-3)x-a^2-6=0$ の1つの解が $x=-2$ であるとき，a の値を求めなさい。 〈中央大附高(東京)〉

ヒント
→ **5**(1)
2次方程式の解と係数の問題の考え方
① $x^2-ax-12=0$ にわかっている解を代入する。
② ①でつくった a についての方程式を解き，a の値を求める。

6 次の問いに答えなさい。

(1) ある自然数 x に4を加えて2倍すると，x に4を加えて2乗したときより15だけ小さくなります。このとき，ある自然数 x を求めなさい。

(2) 連続する3つの自然数があり，もっとも小さい数ともっとも大きい数の積がまん中の数の2倍より23大きくなります。この3つの自然数を求めなさい。

(3) 右の図のように，1辺の長さが $x$cm の正方形の横の長さを3cm長くして長方形をつくったら，その面積はもとの正方形の面積の2倍より10cm²だけ小さくなりました。x の値を求めなさい。

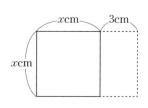

(4) 右の図で，点Pは関数 $y=x+3$ のグラフ上の点で，点Qは x 軸上にあり，△POQはPO=PQの二等辺三角形です。△POQの面積が18のとき，点Pの座標を求めなさい。ただし，点Pの x 座標は正とします。

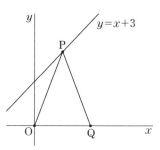

確認
→ **6**
2次方程式の文章題の解き方
① どの数量を x で表すか決める。
② 問題の中の等しい数量関係をみつけ，2次方程式に表す。
③ ②でつくった2次方程式を解く。
④ 解が問題に適しているかどうか調べる。

STEP 03 実戦問題 →解答は別冊042ページ

入試レベルの問題で力をつけよう。

1 次の2次方程式を解きなさい。

(1) $x(x-3)=4$

(2) $x(x+3)-40=0$

(3) $(x+4)(x-4)=-1$

(4) $x^2+27=6(3-x)$ 〈京都府〉

(5) $2x^2+6=(x+2)^2$ 〈和洋国府台女子高(千葉)〉

(6) $(x-6)(x-1)=2x$ 〈都立墨田川高〉

(7) $x(x-1)=3(x+4)$ 〈福岡県〉

(8) $(x-6)^2-7(x-8)-9=0$ 〈都立西高〉

(9) $x(x-1)+(x+1)(x+2)=3$ 〈都立青山高〉

(10) $(x-1)^2+(x-2)^2=(x-3)^2$

2 次の2次方程式を解きなさい。

(1) $x^2-\dfrac{4}{3}x-1=0$ 〈近畿大附高(大阪)〉

(2) $\dfrac{x(x-2)}{4}=-\dfrac{1}{6}$ 〈法政大高(神奈川)〉

(3) $\left(x-\dfrac{1}{2}\right)^2-\dfrac{1}{4}x(x+1)=0$ 〈成蹊高(東京)〉

(4) $0.4x^2-\dfrac{2}{5}x-\dfrac{1}{15}=0$

(5) $(x-2)^2+7(x-2)+12=0$ 〈洛南高(京都)〉

(6) $(x-3)^2-2(x-3)-35=0$

(7) $(x+4)^2-3(x+4)+2=1$ 〈18 都立新宿高〉

(8) $(x-\sqrt{2})^2+5(x-\sqrt{2})-24=0$

(9) $\dfrac{(x+2)(x+1)}{4}+1=\dfrac{(x-2)(x+2)}{3}-\dfrac{x-11}{6}$ 〈関西学院高等部(兵庫)〉

(10) $(x-3)^2+4(x-5)(x+5)=3(x-5)(x+6)-11$ 〈中央大附高(東京)〉

3 次の問いに答えなさい。

(1) 2次方程式 $x^2+6x+2=0$ の解を求めなさい。ただし，解の公式を使わずに，「$(x+▲)^2=●$」の形に変形して平方根の考えを使って解き，解を求める過程がわかるように，途中の式も書くこと。 〈高知県〉

(2) $x>0$ とするとき，次の式をみたす x の値を求めなさい。 〈東京工業大附科技高(東京)〉
$1:(x+2)=(x+2):(5x+16)$

4 次の連立方程式を解きなさい。

(1) $\begin{cases} x-y=\sqrt{5} \\ x^2-y^2=15 \end{cases}$ 〈城北高(東京)〉

(2) $\begin{cases} a^2+b^2=3(a+b)+4 \\ a+b=7 \end{cases}$ 〈巣鴨高(東京)〉

(3) $\begin{cases} \dfrac{1}{x}+\dfrac{1}{y}=-5 \\ xy=4 \end{cases}$ (ただし, $x>y$ とする。) 〈開成高(東京)〉

(4) $\begin{cases} (3x-2y)^2+8(3x-2y)+16=0 \\ 5xy+15x-2y-6=0 \end{cases}$ 〈渋谷教育学園幕張高(千葉)〉

5 次の問いに答えなさい。

(1) 2次方程式 $x^2-3x-3=0$ の2つの解を a, b とするとき, a^2b+ab^2 の値を求めると ☐ です。 〈福岡大附大濠高(福岡)〉

(2) $\begin{cases} x^2+2xy+y^2=10 \\ x-y=2 \end{cases}$ のとき, xy の値を求めなさい。 〈久留米大附設高(福岡)〉

(3) $<x>=2x+6$ とするとき, $<a^2>-<-2a>-<5>=0$ となるような a の値をすべて求めなさい。 〈中央大杉並高(東京)〉

(4) 4つの数 a, b, c, d について, $\begin{vmatrix} a & b \\ c & d \end{vmatrix}=ab-cd$ とします。たとえば, $\begin{vmatrix} 2 & 3 \\ 4 & 5 \end{vmatrix}=2\times3-4\times5=-14$ です。$\begin{vmatrix} x & x \\ 1 & 3x \end{vmatrix}=3$ をみたす x の値を求めなさい。 〈鹿児島県〉

 (5) a を正の定数とします。x についての2次方程式
$x^2-2x-15=0$ ……①
$x^2+4x+a=0$ ……②
があり, ①の解の1つが②の解になっています。
このとき, $a=$ ☐ア で, ②のもう1つの解は $x=$ ☐イ です。 〈成城高(東京)〉

 (6) 2次方程式 $ax^2+bx-33=0$ は異符号の2つの解 c, d をもち, $c-d=\dfrac{7}{2}$ で, c と d の絶対値の比は $11:3$ です。a, b の値を求めなさい。 〈慶應義塾志木高(埼玉)・改〉

6 商品 A は，1 個 120 円で売ると 1 日あたり 240 個売れ，1 円値下げするごとに 1 日あたり 4 個多く売れるものとします。次の(1)～(3)の問いに答えなさい。　〈岐阜県〉

(1) 1 個 110 円で売るとき，1 日で売れる金額の合計はいくらになるか求めなさい。

(2) x 円値下げするとき，1 日あたり何個売れるかを，x を使った式で表しなさい。

(3) 1 個 120 円で売るときよりも，1 日で売れる金額の合計を 3600 円増やすためには，1 個何円で売るとよいか求めなさい。

7 右の図のような AB＝2cm，AD＝$x$cm の長方形 ABCD があります。この長方形を，直線 AB を軸として 1 回転させてできる立体の表面積は 96πcm² でした。このとき，x の方程式をつくり，辺 AD の長さを求めなさい。ただし，π は円周率です。　〈栃木県〉

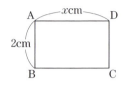

8 K バス会社の路線バスは，M 駅バス停から I 高校前バス停までの 1 人当たりの運賃は 200 円です。この区間で運賃を x％値上げしたところ，1 か月ののべ乗客数が $\frac{2}{3}x$％減少し，1 か月の総売り上げが 4％増えました。このとき，x を用いた方程式をたてて，x の値をすべて求めなさい。なお，途中過程も書くこと。　〈市川高（千葉）〉

9 10％の食塩水 100g から xg の食塩水を取り出し，残った食塩水に水を加えてもとどおり 100g にします。次によくかき混ぜてから $2x$g の食塩水を取り出し，残った食塩水に水を加えてもとどおり 100g にしたところ 4.8％の食塩水になりました。　〈愛光高（愛媛）〉

(1) 1 回目に食塩水を取り出した後，残った食塩水の中に含まれている食塩の重さを x の式で表しなさい。（答えだけでよい）

(2) x の値をすべて求めなさい。（式と計算を必ず書くこと）

10 2.8km 離れた駅と学校があります。大輔君は徒歩で，駅から学校に分速 80m で移動しました。先生は自転車で，大輔君が出発するのと同時に学校を出発し，分速 xm で駅に向かいました。すると，出発してから y 分後に花屋の前で 2 人はすれ違い，その 4 分後に先生は駅に到着しました。このとき，次の □ をうめなさい。　〈土浦日本大高（茨城）〉

(1) 大輔君が学校に到着するのは，駅を出発してから ア 分後である。

(2) 駅から花屋までの距離を x を用いて表すと イ xm，y を用いて表すと ウ ym である。

(3) $x=$ エ ，$y=$ オ である。

関数編

1	比例・反比例
2	1次関数
3	関数 $y=ax^2$

1 比例・反比例

STEP01 要点まとめ　→解答は別冊047ページ

00_____ にあてはまる数や式, グラフをかいて, この章の内容を確認しよう。

最重要ポイント

比例の式………… $y=ax$ (a は定数)
比例のグラフ…… 原点を通る直線。 $\begin{cases} \bullet\ a>0 \text{ のとき, 右上がりの直線。} \\ \bullet\ a<0 \text{ のとき, 右下がりの直線。} \end{cases}$
反比例の式……… $y=\dfrac{a}{x}$ (a は定数)
反比例のグラフ… 原点について対称な双曲線。

1 比例

1 y は x に比例し, $x=2$ のとき $y=6$ です。y を x の式で表しなさい。

▶▶▶ y が x に比例するとき, 比例定数を a とすると, $y=ax$ とおける。

$x=2$ のとき $y=6$ だから, 01____ $=a\times$ 02____, $a=$ 03____

よって, $y=$ 04____

⚠ 注意　x の値と y の値を逆に代入しないように。

2 座標

2 右の図で, 点 A, B, C の座標を求めなさい。

▶▶▶ x 座標が a, y 座標が b の点の座標は (a, b)

点 A の x 座標は 05____, y 座標は 06____ だから,
　A(07_____)
点 B の x 座標は 08____, y 座標は 09____ だから,
　B(10_____)
点 C の x 座標は 11____, y 座標は 12____ だから,
　C(13_____)

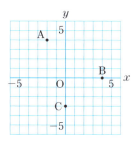

POINT x 軸, y 軸上の点
　x 軸上の点 ➡ y 座標が 0
　y 軸上の点 ➡ x 座標が 0

3 比例のグラフ

3 $y=\dfrac{3}{2}x$ のグラフをかきなさい。

▶▶▶ 比例の関係 $y=ax$ のグラフは，**原点を通る直線**である。

$x=2$ のとき，$y=\dfrac{3}{2}\times 2=$ ___14___

よって，グラフは原点と点（___15___）←原点以外にグラフが通る点を見つける
を通る直線をかく。

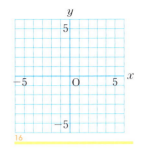

16

4 反比例

4 y は x に反比例し，$x=3$ のとき $y=-4$ です。y を x の式で表しなさい。

▶▶▶ y が x に反比例するとき，比例定数を a とすると，$y=\dfrac{a}{x}$ とおける。

$x=3$ のとき $y=-4$ だから，___17___ $=\dfrac{a}{\underline{}}$ ，$a=$ ___19___

よって，$y=$ ___20___

POINT 反比例の式
比例定数を a とすると，$xy=a$ と表せる。

5 反比例のグラフ

5 $y=\dfrac{4}{x}$ のグラフをかきなさい。

▶▶▶ 反比例の関係 $y=\dfrac{a}{x}$ のグラフは，原点について対称な**双曲線**である。

対応する x，y の値を求めると，下の表のようになる。

x	-4	-2	-1	0	1	2	4
y	21	22	23	×	24	25	26

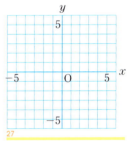

27

↑グラフは x 軸，y 軸に近づきながら限りなくのびるが，座標軸と交わることはない。

6 比例と反比例の利用

6 くぎ24本の重さをはかると56gありました。同じくぎ600本の重さは何gですか。

▶▶▶ くぎの重さはくぎの本数に比例することを利用する。

くぎ x 本の重さを y g とすると，y は x に比例するから，$y=ax$ とおける。

$y=ax$ に $x=24$，$y=56$ を代入して，$56=a\times 24$，$a=$ ___28___

よって，式は，$y=$ ___29___ ↑約分する。

したがって，600本のくぎの重さは，$y=$ ___30___ $\times 600=$ ___31___ （g）

STEP 02 基本問題

→ 解答は別冊047ページ

学習内容が身についたか，問題を解いてチェックしよう。

1 Aさんは，家から1.5km離れた公園まで，毎分60mの速さで歩いて行くことにしました。Aさんが家を出発してからx分後の家からの道のりをymとするとき，次の問いに答えなさい。
(1) yをxの式で表しなさい。
(2) 家を出発してから6分後には，家から何mのところにいますか。
(3) 家と公園のちょうど中間地点を通るのは，家を出発してから何分何秒後ですか。
(4) xの変域を求めなさい。

確認
→ **1** (4)
変域とその表し方
変数のとりうる値の範囲を**変域**という。
例 xが2以上6以下であることを，$2 \leqq x \leqq 6$と表す。
例 xが-3より大きく1未満であることを，$-3 < x < 1$と表す。

2 次の①～④のうち，yがxに反比例するものを1つ選び，その番号を答えなさい。〈長崎県〉
① 100Lの水をxL使ったときの残りの水の量yL
② 半径$x$cmの円の面積$y$cm^2
③ 時速4kmでx時間歩いたときの進んだ道のり$y$km
④ 面積6cm^{2}の三角形の底辺の長さ$x$cm，高さ$y$cm

3 次の問いに答えなさい。
(1) yはxに比例し，$x=2$のとき$y=-8$です。$x=-1$のときのyの値を求めなさい。〈栃木県〉

(2) yはxに反比例し，$x=-3$のとき$y=8$です。$x=6$のときのyの値を求めなさい。〈高知県〉

確認
→ **3** (1)
比例の式の求め方
求める式を$y=ax$とおき，1組のx，yの値を代入して，aの値を求める。
→ **3** (2)
反比例の式の求め方
求める式を$y=\dfrac{a}{x}$とおき，1組のx，yの値を代入して，aの値を求める。

4 次の問いに答えなさい。
(1) 右の図に，座標が次のような点をかき入れなさい。
　A(3, -2)　B(-2, 4)　C(-4, -4)
(2) (1)の点Aとx軸，y軸，原点について対称な点の座標を，それぞれ答えなさい。
(3) (1)の3点A，B，Cを頂点とする三角形ABCの面積を求めなさい。

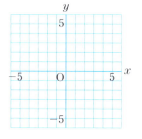

確認
→ **4** (2)
対称な点の座標
点A(a, b)と，
x軸について対称な点の座標は，$(a, -b)$
y軸について対称な点の座標は，$(-a, b)$
原点について対称な点の座標は，$(-a, -b)$

5 次の比例のグラフ，反比例のグラフをかきなさい。

(1) $y=5x$

(2) $y=-\dfrac{3}{4}x$

(3) $y=\dfrac{12}{x}$

(4) $y=-\dfrac{20}{x}$

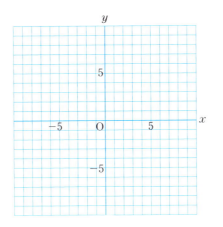

6 右の図の(1)は比例のグラフ，(2)は反比例のグラフです。それぞれについて，y を x の式で表しなさい。

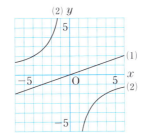

7 次の問いに答えなさい。

(1) 同じねじがたくさんあります。これら全部の重さをはかったら 2.1kg でした。また，このうちの 15 個の重さをはかったら 70g でした。ねじは全部で何個ありますか。

(2) 12 人ですると 9 時間かかる仕事があります。この仕事を 6 時間でやり終えるには，1 時間あたり何人ですればよいですか。

ヒント

→ 7(1)
比例の利用
ねじ x 個の重さを yg とすると，y は x に比例すると考えられるから，$y=ax$ とおける。

→ 7(2)
反比例の利用
12 人ですると 9 時間かかる仕事を，x 人ですると y 時間かかると考えると，
$x\times y=12\times 9$ が成り立つ。

8 右の図のように，点 A(2, 3) を通る反比例のグラフがあり，このグラフ上に x 座標が -4 となる点 B をとります。点 B の y 座標を求めなさい。〔宮城県〕

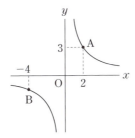

9 右の図のように，反比例 $y=\dfrac{9}{x}$ のグラフ上に点 A をとり，点 A と原点について対称な点 B をとります。点 A から x 軸に垂直にひいた直線と点 B から y 軸に垂直にひいた直線との交点を C とするとき，三角形 ABC の面積は常に一定の値 18 になります。このことを説明しなさい。

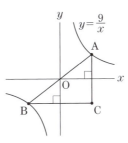

ヒント

→ 9
三角形 ABC の面積
点 A の x 座標を t とおくと，$A\left(t, \dfrac{9}{t}\right)$ と表せる。
BC＝(点 C の x 座標)
　　－(点 B の x 座標)
AC＝(点 A の y 座標)
　　－(点 C の y 座標)
より，BC，AC の長さを t を使って表す。

STEP03 実戦問題

→ 解答は別冊048ページ

入試レベルの問題で力をつけよう。

1 次の問いに答えなさい。

(1) 右の表で，y が x に比例するとき，□にあてはまる数を求めなさい。〈青森県〉

x	□	-3	0
y	5	2	0

(2) 右の表は，y が x に反比例する関係を表したものです。このとき，表の□にあてはまる数を求めなさい。〈福島県〉

x	$\cdots$	0	2	4	6	$\cdots$
y	$\cdots$	×	24	12	□	$\cdots$

2 次の問いに答えなさい。

(1) y は x に比例し，$x=8$ のとき $y=-4$ です。また，x の変域が $-4 \leqq x \leqq 6$ のとき，y の変域は $a \leqq y \leqq b$ です。このとき，a，b の値を求めなさい。

(2) 関数 $y=\dfrac{a}{x}$ で，x の変域が $-8 \leqq x \leqq -4$ であるとき，y の変域は $b \leqq y \leqq -3$ です。a，b の値を求めなさい。〈桐朋高（東京）〉

3 3点 A$(-1, 1)$，B$(2, 2)$，C$(3, -1)$ を頂点とする △ABC の面積を求めなさい。〈中央大杉並高（東京）〉

4 分速 80m で歩き続けると 1 時間 40 分かかる道のりがあります。この道のりを時速 x km で進み続けるときにかかる時間を y 時間とします。このとき，x と y の関係を表すグラフをかきなさい。〈静岡県〉

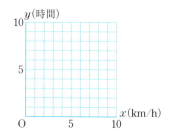

5 次の問いに答えなさい。

(1) y が $x-1$ に比例し，$x=3$ のとき $y=12$ です。$x=-4$ のとき，y の値を求めなさい。

(2) y が x に反比例し，$x=2$ のとき $y=3$ です。また，z は y に比例し，$y=2$ のとき $z=8$ です。$x=-3$ のとき，z の値を求めなさい。

(3) x と y は $x:y=2:3$ を満たしています。また，z は y に反比例し，$y=6$ のとき $z=-3$ です。$x=-8$ のとき，z の値を求めなさい。

6 プールに空の状態から水を入れます。水面の高さは，水を入れ始めてからの時間に比例し，入れ始めてからの時間が4時間30分のときの水面の高さは60cmです。入れ始めてからの時間が6時間のときの水面の高さを求めなさい。求める過程も書きなさい。〈秋田県〉

7 毎分30Lずつ水を吸い上げるポンプで，2時間かけて池の水をすべて抜きました。その後，毎分xLずつ水を入れるとy時間後に池の水はもとの量の半分になりました。さらにそこから，1分間に入れる水の量を3倍にして池の水をもとの量にもどしました。次の問いに答えなさい。〈専修大附高(東京)〉

(1) yをxの式で表しなさい。
(2) $x=10$のとき，池に水を入れ始めてからもとの量にもどすまで，全部で何時間かかったか求めなさい。

8 右の図のように，関数$y=\dfrac{a}{x}\cdots$①のグラフ上に2点A，Bがあり，関数①のグラフと関数$y=2x\cdots$②のグラフが，点Aで交わっています。点Aのx座標が3，点Bの座標が$(-9, p)$のとき，次の問いに答えなさい。〈三重県〉

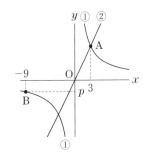

(1) a，pの値を求めなさい。
(2) 関数①について，xの変域が$1\leq x\leq 5$のときのyの変域を求めなさい。

9 右の図のように，2つの双曲線$y=\dfrac{8}{x}(x>0)$，$y=-\dfrac{4}{x}(x<0)$があります。x軸上の$x>0$の部分に点Aをとり，点Aとy軸について対称な点をBとします。点A，Bからそれぞれx軸に垂直な直線をひき，双曲線$y=\dfrac{8}{x}$，$y=-\dfrac{4}{x}$との交点をP，Qとするとき，四角形QBAPの面積は常に一定の値12になります。このことを説明しなさい。

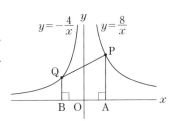

10 右の図のように，双曲線$y=\dfrac{12}{x}(x>0)$上に6点A，B，C，D，E，Fがあります。この6点は，x座標，y座標がともに整数の点です。また，ℓは原点と点Bを通る比例のグラフ，mは原点と点Dを通る比例のグラフです。次の問いに答えなさい。

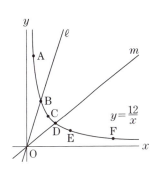

(1) ℓ，mのグラフを表す式を求めなさい。
(2) 3点O，C，Fを結んでできる三角形COFの面積を求めなさい。
(3) 座標平面上で，x座標，y座標がともに整数であるような点を格子点といいます。2つの直線ℓ，mと双曲線に囲まれた図形の中に格子点は何個あるか求めなさい。ただし，直線，双曲線上の点も含めるものとします。

1次関数

STEP01 要点まとめ　→解答は別冊050ページ

00_____ にあてはまる数や式, グラフをかいて, この章の内容を確認しよう。

最重要ポイント

1次関数の式	$y=ax+b$ （a, b は定数, $a \neq 0$）
変化の割合	(変化の割合)$=\dfrac{(y \text{の増加量})}{(x \text{の増加量})}=a$
1次関数 $y=ax+b$ のグラフ	傾きが a, 切片が b の直線。
2元1次方程式のグラフ	2元1次方程式 $ax+by=c$ のグラフは直線。

1　1次関数

1 1次関数 $y=3x-4$ について, x の値が 2 から 6 まで増加するときの変化の割合を求めなさい。

▶▶▶ x の増加量, y の増加量をそれぞれ求め, $\dfrac{(y \text{の増加量})}{(x \text{の増加量})}$ を計算する。

x の増加量は, $6-2=$ 〔01____〕

y の増加量は, $3\times 6-4-(3\times 2-4)=$ 〔02____〕

よって, 変化の割合は, $\dfrac{\text{〔03〕}}{\text{〔04〕}}=$ 〔05____〕

POINT　1次関数の変化の割合
1次関数 $y=ax+b$ の変化の割合は一定で, x の係数 a に等しい。

2　1次関数のグラフ

2 1次関数 $y=2x+3$ のグラフをかきなさい。

▶▶▶ 傾きは x の増加量が 1 のときの y の増加量。

切片は 3 だから, 点 (〔06____〕, 〔07____〕) を通る。　←切片はグラフと y 軸との交点の y 座標。

傾きは 2 だから, 点 (0, 3) から右へ 1, 上へ 2 進んだところにある点 (〔08____〕, 〔09____〕) を通る。

この 2 点を通る直線をかく。

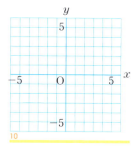

〔10____〕

3 1次関数の式の求め方

3 $x=2$ のとき $y=3$, $x=7$ のとき $y=-2$ である1次関数の式を求めなさい。

▶▶▶ y が x の1次関数であるとき，$y=ax+b$ とおける。

$x=2$ のとき $y=3$ だから，

$\underline{\quad_{11}\quad}=\underline{\quad_{12}\quad}a+b$ ……①

> **POINT 1次関数の式の求め方**
> $y=ax+b$ に2組の x, y の値を代入して，a, b についての連立方程式をつくる。

$x=7$ のとき $y=-2$ だから，

$\underline{\quad_{13}\quad}=\underline{\quad_{14}\quad}a+b$ ……②

①，②を連立方程式として解くと，$a=\underline{\quad_{15}\quad}$, $b=\underline{\quad_{16}\quad}$ ←②-①より，b を消去する。

よって，$y=\underline{\quad_{17}\quad}$

4 2元1次方程式のグラフ

4 2元1次方程式 $x+2y-6=0$ のグラフをかきなさい。

▶▶▶ $y=mx+n$ の形に変形して，傾きと切片を利用する。

$x+2y-6=0$ を y について解くと，

$y=\underline{\quad_{18}\quad}$ ←⚠️注意 移項すると符号が変わる。

グラフは傾きが $\underline{\quad_{19}\quad}$，切片が $\underline{\quad_{20}\quad}$ の直線になる。

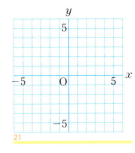

$\underline{\quad_{21}\quad}$

5 1次関数の利用

5 右の図のような $\angle C=90°$ の直角三角形 ABC で，点 P は B を出発して，三角形の辺上を C を通って A まで動きます。点 P が B から $x$cm 動いたときの △ABP の面積を $y$cm² とするとき，x と y の関係を表すグラフをかきなさい。

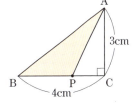

▶▶▶ 点 P が辺 BC 上にあるとき，辺 AC 上にあるときの2つの場合に分けて考える。

● 辺 BC 上にあるとき，

　x の変域は，$0 \leq x \leq \underline{\quad_{22}\quad}$ ←点 P が4cm 動いたとき C に重なる。
　↑x のとりうる値の範囲。

　$y=\dfrac{1}{2}\times\underline{\quad_{23}\quad}\times 3=\underline{\quad_{24}\quad}$ ←$\triangle ABP=\dfrac{1}{2}\times BP\times AC$

● 辺 AC 上にあるとき，

　x の変域は，$\underline{\quad_{25}\quad}\leq x\leq\underline{\quad_{26}\quad}$ ←点 P が7cm 動いたとき A に重なる。

　$y=\dfrac{1}{2}\times(\underline{\quad_{27}\quad})\times 4=\underline{\quad_{28}\quad}$ ←$\triangle ABP=\dfrac{1}{2}\times AP\times BC$
　↑$AP=BC+CA-x$

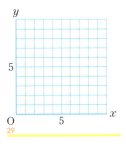

$\underline{\quad_{29}\quad}$

STEP02 基本問題 → 解答は別冊050ページ

学習内容が身についたか，問題を解いてチェックしよう。

1 関数 $y=4x+5$ について述べた文として正しいものを，次の**ア〜エ**の中からすべて選び，記号を書きなさい。〈岐阜県〉

　ア　グラフは点(4, 5)を通る。
　イ　グラフは右上がりの直線である。
　ウ　x の値が -2 から 1 まで増加するときの y の増加量は 4 である。
　エ　グラフは，$y=4x$ のグラフを，y 軸の正の向きに 5 だけ平行移動させたものである。

2 次の1次関数のグラフをかきなさい。

(1) $y=-\dfrac{3}{2}x+4$

(2) $y=\dfrac{2}{3}x-\dfrac{4}{3}$

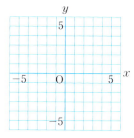

3 次の問いに答えなさい。

(1) 1次関数 $y=ax-5$ で，x の値が 2 から 8 まで増加するときの y の増加量は 3 である。a の値を求めなさい。

(2) 関数 $y=2x+1$ について，x の変域が $1 \leqq x \leqq 4$ のとき，y の変域を求めなさい。〈北海道〉

 (3) 直線 $y=-\dfrac{2}{3}x+5$ に平行で，点 $(-6, 2)$ を通る直線の式を求めなさい。〈京都府〉

 (4) 2点 $(1, 1)$，$(3, -3)$ を通る直線の式を求めなさい。〈岡山県〉

4 次の連立方程式を，グラフを利用して解きなさい。

$\begin{cases} 2x+y=5 & \cdots\cdots① \\ x-3y=6 & \cdots\cdots② \end{cases}$

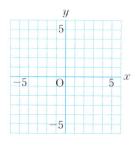

確認

→ 1 ウ
y の増加量
　(変化の割合)
　$=\dfrac{(y の増加量)}{(x の増加量)}$
だから，
　(y の増加量)
　$=$ (変化の割合)
　　$\times$ (x の増加量)
　$=4\times\{1-(-2)\}$
　$=12$
より，正しくない。

確認

→ 2 (2)
切片が分数の1次関数のグラフのかき方
x 座標，y 座標がともに整数である点を2つ見つけ，その2点を通る直線をかく。

ヒント

→ 3 (3)
平行な直線の式
平行な直線は傾きが等しいから，求める直線の式は，$y=-\dfrac{2}{3}x+b$ とおける。

5 太郎さんは，自宅から3000m離れた図書館へ行くとき，その途中にある花子さんの家まで自転車で行き，そこから図書館まで花子さんと2人で歩いて行きました。花子さんの家は，太郎さんの家から2000mのところにあり，太郎さんは自宅を出発してから10分後に花子さんの家に

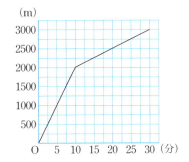

着きました。また，2人が図書館に着いたのは，太郎さんが自宅を出発してから30分後でした。上の図は，太郎さんが自宅を出発してからの時間と，自宅からの道のりの関係を表したグラフです。次の問いに答えなさい。ただし，自転車が移動する速さ，歩く速さはそれぞれ一定とします。

〈奈良県〉

(1) 次の　　内は，上のグラフからわかることを表したものです。①，②にあてはまる数を書きなさい。

- 太郎さんと花子さんの2人は，花子さんの家を出発してから ① 分後に図書館に着いた。
- 太郎さんが自宅を出発してから15分後，太郎さんは図書館まで残り ② mのところにいた。

(2) 太郎さんが自宅を出発した10分後，太郎さんの弟が自宅を出発し，同じ道を通って自転車で太郎さんを追いかけたところ，弟は自宅を出発してから10分後に太郎さんに追いつきました。弟が自転車で移動する速さは，分速何mですか。

6 右の図で，直線 ℓ は $y=2x+4$，直線 m は $y=-2x+16$ のグラフです。ℓ と y 軸との交点を A，m と x 軸との交点を B，ℓ と m との交点を C とし，点 A と点 B を結びます。次の問いに答えなさい。

(1) 点 C の座標を求めなさい。
(2) 点 A から x 軸に平行な直線をひき，線分 BC との交点を D とするとき，点 D の座標を求めなさい。
(3) △ABC の面積を求めなさい。
(4) 点 C を通り，△ABC の面積を2等分する直線の式を求めなさい。
(5) x 軸上に，△ABC＝△ABE となるような点 E をとります。点 E の x 座標を求めなさい。ただし，点 E の x 座標は点 B の x 座標よりも大きいものとします。

ヒント

→ **5**(2)
2人が進んだ道のり
弟が太郎さんに追いつくということは，**太郎さんが進んだ道のりと弟が進んだ道のりが等しくなる**ということである。

確認

→ **6**(1)
2直線の交点の座標
2直線
$y=ax+b,\ y=cx+d$
の交点の座標は，それらの直線の式を組とする連立方程式
$\begin{cases} y=ax+b \\ y=cx+d \end{cases}$ の解である。
解の x の値が x 座標，y の値が y 座標である。

→ **6**(4)
中点の座標
2点 $(x_1,\ y_1),\ (x_2,\ y_2)$ の中点の座標は，
$\left(\dfrac{x_1+x_2}{2},\ \dfrac{y_1+y_2}{2} \right)$

ヒント

→ **6**(5)
面積が等しい三角形
点 C を通り AB に平行な直線と x 軸との交点を E とすると，△ABC と △ABE は，底辺 AB が共通で，AB∥CE から高さも等しいので，
△ABC＝△ABE

STEP03 実戦問題

→ 解答は別冊052ページ

入試レベルの問題で力をつけよう。

1 次の問いに答えなさい。

(1) 右の表は，関数 $y=ax+3$ について，x と y の対応を表したものです。このとき，a，b の値を求めなさい。

x	…	-2	-1	0	1	2	…
y	…	11	7	$\boxed{b}$	-1	-5	…

〈福井県〉

(2) 2直線 $y=-x+2$，$y=2x-7$ の交点の座標を求めなさい。 〈愛知県〉

(3) 直線 $6x-y=10$ と x 軸との交点を P とします。直線 $ax-2y=15$ が点 P を通るとき，a の値を求めなさい。 〈徳島県〉

(4) 3点 A(1, 1)，B(-4, 11)，C(5, a) が一直線上にあるとき，定数 a の値を求めなさい。 〈法政大第二高（神奈川）〉

(5) $a<0$ のとき，1次関数 $y=ax+b$ において，x の変域が $1≦x≦3$，y の変域が $0≦y≦1$ となるような定数 a，b の値を求めなさい。 〈中央大附高（東京）〉

2 次の1次関数のグラフをかきなさい。ただし，x の変域は（ ）内とします。

(1) $y=\dfrac{1}{2}x-3$ $(-4≦x≦4)$

(2) $y=-\dfrac{4}{3}x+\dfrac{5}{3}$ $(-1<x<5)$

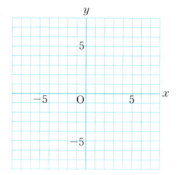

3 右の図のように，2点 A(-1, 2)，B(2, 8) があります。2点 A，B を通る直線と y 軸との交点を C とし，x 軸を対称の軸として，点 C を対称移動した点を D とします。次の問いに答えなさい。 〈佐賀県〉

(1) 2点 A，B を通る直線の式を求めなさい。
(2) 点 D の座標を求めなさい。
(3) △ABD の面積を求めなさい。
(4) x 軸上に点 P があります。△ABP の面積が △ABD の面積と等しくなるような点 P の x 座標をすべて求めなさい。

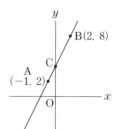

4 右の図において，点 A，B，C の座標はそれぞれ A(2, 1)，B(−4, −2)，C(4, −6)です。このとき，原点 O を通り，△ABC の面積を2等分する直線の式を求めなさい。　〈山梨県〉

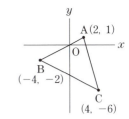

5 右の図のように，2点 P(1, 5)，Q(3, 1)があります。y 軸上に点 A，x 軸上に点 B をとり，PA+AB+BQ の長さが最短になるようにしたときの直線 AB の式を求めなさい。　〈明治大付明治高(東京)〉

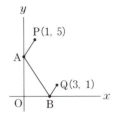

6 図1において，双曲線①は関数 $y=-\dfrac{12}{x}$ のグラフです。次の問いに答えなさい。　〈山口県〉

(1) 関数 $y=-\dfrac{12}{x}$ について，x の値を4倍すると，y の値は何倍になりますか。答えなさい。

(2) 図2のように，双曲線①上の点 A と y 軸上の点 B を通る直線②があり，2点 A，B の y 座標はそれぞれ 2，−3 です。直線②の式を求めなさい。

(3) 図3のように，2点 C，E は双曲線①上にあり，点 C の座標は (−4, 3) です。点 F の座標は (2, 3) で，四角形 CDEF が，長方形となるように点 D をとります。また，直線③は関数 $y=\dfrac{1}{2}x-2$ のグラフであり，直線③と，2つの線分 CD，EF の交点を P，Q とします。四角形 CPQF の面積は，四角形 EQPD の面積の何倍ですか。求めなさい。

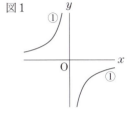

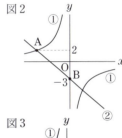

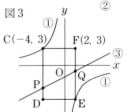

7 右の図で，O は原点，A，B はそれぞれ1次関数 $y=-\dfrac{1}{3}x+b$(b は定数)のグラフと x 軸，y 軸との交点です。△BOA の内部で，x 座標，y 座標がともに自然数となる点が2個であるとき，b がとることのできる値の範囲を，不等号を使って表しなさい。ただし，三角形の周上の点は内部に含まないものとします。　〈愛知県〉

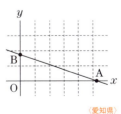

8 直線 $\ell : y=ax+b$ があります。ℓ と直線 $y=1$ に関して対称である直線を m とし，m と直線 $x=1$ に関して対称である直線を n とします。m が点 (−1, 4) を通り，n が点 (5, −2) を通るとき，a，b の値を求めなさい。　〈筑波大附高(東京)〉

9 右の図のような長方形 ABCD があり，点 M は辺 AD の中点です。点 P は A を出発して，辺上を B，C を通って D まで秒速 1cm で動きます。点 P が動き始めてから x 秒後における線分 PM と長方形 ABCD の辺で囲まれた図形のうち，点 A を含む部分の面積を y cm² とします。ただし，点 P が A にあるときは $y=0$，点 P が D と重なるときは $y=40$ とします。次の問いに答えなさい。

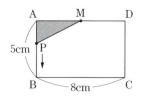

〈沖縄県〉

(1) 3秒後の y の値を求めなさい。

(2) 点 P が辺 BC 上を動くとき，y を x の式で表しなさい。

(3) x と y の関係を表すグラフとして最も適するものを，右のア～エの中から1つ選び，記号で答えなさい。

ア 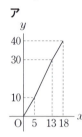 イ 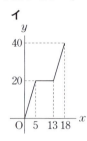 ウ 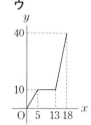 エ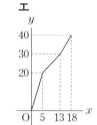

10 兄と弟は，P 地点と Q 地点の間でトレーニングをしています。P 地点と Q 地点は 2400m 離れており，P 地点と Q 地点の途中にある R 地点は，P 地点から 1600m 離れています。兄は，午前9時に P 地点を出発し，自転車を使って毎分 400m の速さで，休憩することなく3往復しました。また，弟は兄と同時に P 地点を出発し，毎分 200m の速さで走り，R 地点へ向かいました。

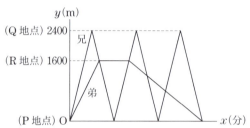

弟が R 地点に到着すると同時に，P 地点に向かう兄が R 地点を通過しました。その後，弟は休憩し，兄が再び R 地点を通過すると同時に，P 地点に向かって歩いてもどったところ，3往復を終える兄と同時に P 地点に着きました。上のグラフは，兄と弟が P 地点を出発してから x 分後に P 地点から ym 離れているとして，x と y の関係を表したものです。兄と弟は，各区間を一定の速さで進むものとし，次の問いに答えなさい。

〈富山県〉

(1) 弟は R 地点で何分間休憩したか求めなさい。

(2) 弟は休憩した後，毎分何 m の速さで P 地点へ向かって歩いたか求めなさい。

(3) 弟が R 地点から P 地点へ歩いているとき，Q 地点に向かう兄とすれ違う時刻を求めなさい。

11 図1のように，AB=12cm，AD=10cm，BC=20cm の直方体があります。図2のように，1辺の長さが 20cm の立方体の形をした容器の中に，直方体の辺 BC と立方体の辺 PQ が重なるように固定し，容器に水が入っていない状態から，給水管を開き，容器が満水になるまで水を入れていきます。給水を始めてから x 秒後の，容器の底面から水面までの高さを $y$cm とするとき，次の問いに答えなさい。ただし，容器は水平に固定されており，容器の厚さは考えないものとします。

図1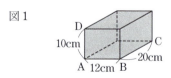

図2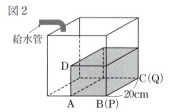

〈山形県〉

(1) 毎秒 200cm³ の割合で給水を始め，水面までの高さが 14cm になると同時に，毎秒 400cm³ の割合にして給水を続けました。給水を始めてから容器が満水になるまでの x と y の関係を表に書き出したところ，表1のようになりました。次の問いに答えなさい。

表1

x	0	…	8	…	22
y	0	…	10	…	20

① $x=4$ のときの y の値を求めなさい。
② 表2は，給水を始めてから容器が満水になるまでの x と y の関係を式に表したものです。ア〜ウにあてはまる数または式を，それぞれ書きなさい。
また，このときの x と y の関係を表すグラフを図3にかきなさい。

表2

x の変域	式
$0 \leq x \leq 8$	$y=$ イ
$8 \leq x \leq$ ア	$y=\frac{1}{2}x+6$
ア $\leq x \leq 22$	$y=$ ウ

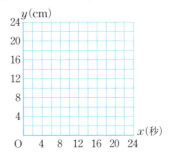
図3

(2) 容器に水が入っていない状態から，給水管を開き，ある一定の割合で給水したときの，給水を始めてから容器が満水になるまでの x と y の関係をグラフに表したところ，図4のようになりました。容器が満水になるのは給水を始めてから何秒後か，求めなさい。

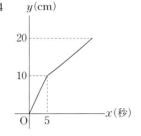
図4

12 アメリカ合衆国のある都市に旅行に行った H さんは，最高気温が 86 度の予報になっていて，とても驚きました。調べてみると，気温を表す単位として，日本ではおもに摂氏(℃)，アメリカ合衆国ではおもに華氏(°F)を使っており，

Ⓐ 華氏 x°F と摂氏 y°C の関係は，$y=\frac{5}{9}(x-32)$ と表される

ことがわかりました。例えば，Ⓐの関係を使って華氏 86°F を摂氏で表すと 30℃ です。
Ⓐの関係を使って華氏で表した気温から摂氏で表した気温を計算するのは少し複雑であるため，H さんはアメリカ合衆国に住む友人 S さんに相談したところ，

Ⓑ 華氏 x°F から 30 をひいた値を 2 でわると，摂氏のおおよその値 y°C が求められる

ことを教えてもらいました。次の問いに答えなさい。
〈東京工業大附科学技術高（東京）〉

(1) Ⓑの関係を使ったとき，y を x の式で表しなさい。
(2) 華氏 a°F のとき，ⒶとⒷのどちらの関係を使っても，摂氏で表した気温が同じ値 b°C になりました。このとき，a と b の値を求めなさい。

(3) 華氏が 0°F 以上，100°F 以下の範囲で，Ⓐの関係とⒷの関係を使って表した摂氏 y°C の値の差の絶対値は，最大で何℃になるかを求めなさい。ただし，答えは小数で表し，必要である場合は小数第2位を四捨五入して小数第1位までの値で答えなさい。

3 関数 関数 $y=ax^2$

STEP01 要点まとめ　→解答は別冊056ページ

00_____ にあてはまる数や式，グラフをかいて，この章の内容を確認しよう。

最重要ポイント

- y が x の2乗に比例する関数の式……… $y=ax^2$ （a は定数，$a \neq 0$）
- 関数 $y=ax^2$ のグラフ ……………………… 原点を通り，y 軸について対称な放物線。
- 変化の割合 ………………………………… (変化の割合)$=\dfrac{(y \text{の増加量})}{(x \text{の増加量})}$

1 関数 $y=ax^2$

1 y は x の2乗に比例し，$x=3$ のとき $y=36$ です。$x=-2$ のときの y の値を求めなさい。

▶▶▶ y が x の2乗に比例するとき，比例定数を a とすると，$y=ax^2$ とおける。

$x=3$ のとき $y=36$ だから，01____ $=a\times$ 02____^{2}，$a=$ 03____

よって，式は，$y=$ 04____

この式に $x=-2$ を代入して，$y=$ 05____ $\times$ (06____)$^2=$ 07____

⚠ 注意　負の数はかっこをつけて代入する。

2 関数 $y=ax^2$ のグラフ

2 関数 $y=2x^2$ のグラフをかきなさい。

▶▶▶ 関数 $y=ax^2$ のグラフは，$\begin{cases} a>0 \text{ のとき，上に開いた形。} \\ a<0 \text{ のとき，下に開いた形。} \end{cases}$

対応する x，y の値を求めると，下の表のようになる。

x	-3	-2	-1	0	1	2	3
y	08__	09__	10__	0	11__	12__	13__

上の表の x，y の値の組を座標とする点をとり，それらの点を通るなめらかな曲線をかく。

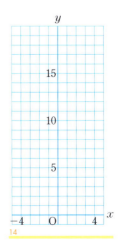

14____

3 関数 $y=ax^2$ の変化の割合

3 関数 $y=3x^2$ で，x の値が 1 から 4 まで増加するときの変化の割合を求めなさい。

▶▶▶ (変化の割合)＝$\dfrac{(y の増加量)}{(x の増加量)}$

POINT 関数 $y=ax^2$ の変化の割合

x の増加量が等しくても，増加する区間によって y の増加量は異なる。つまり，1次関数とは異なり，変化の割合は一定ではない。

x の増加量は，$4-1=\underline{15}$

y の増加量は，$3\times 4^2 - 3\times 1^2 = \underline{16}$

よって，変化の割合は，$\dfrac{\underline{17}}{\underline{18}} = \underline{19}$

4 関数 $y=ax^2$ の利用

4 右の図のような長方形があります。点 P，Q は A を同時に出発して，点 P は毎秒 2cm の速さで辺 AB 上を B まで動き，点 Q は毎秒 3cm の速さで辺 AD 上を D まで動きます。点 P，Q が A を出発してから，x 秒後の △APQ の面積を $y$cm² とするとき，y を x の式で表しなさい。

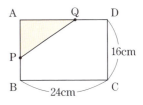

▶▶▶ AP，AQ をそれぞれ △APQ の底辺，高さと考える。

点 P，Q は A を出発して，$\underline{20}$ 秒後にそれぞれ B，D に到着する。

よって，x の変域は，$0 \leq x \leq \underline{21}$

← 点 P，Q か A 上にある場合，すなわち，$x=0$ のとき $y=0$ とする。

AP＝$\underline{22}$ cm，AQ＝$\underline{23}$ cm だから，$y=\dfrac{1}{2}\times \underline{24} \times \underline{25} = \underline{26}$

5 放物線と平面図形

5 右の図のように，関数 $y=\dfrac{1}{4}x^2$ のグラフ上に2点 A，B があります。また，直線 AB と y 軸との交点を C とします。A，B の x 座標がそれぞれ 6，－4 のとき，△AOB の面積を求めなさい。

▶▶▶ △AOC で，OC を底辺とみると，高さは点 A の x 座標。

2点 A，B は関数 $y=\dfrac{1}{4}x^2$ のグラフ上の点だから，

A(6, $\underline{27}$)，B(－4, $\underline{28}$)

直線 AB の式は，$y = \underline{29}\, x + \underline{30}$

← 直線 AB の式を $y=ax+b$ とおくと，
$9=6a+b$ ……①
$4=-4a+b$ ……②
①，②を連立方程式として解く。

これより，点 C の座標は，(0, $\underline{31}$)

よって，△AOB＝△AOC＋△BOC＝$\dfrac{1}{2}\times 6\times \underline{32} + \dfrac{1}{2}\times 6\times \underline{33} = \underline{34}$

STEP02 基本問題

→ 解答は別冊056ページ

学習内容が身についたか，問題を解いてチェックしよう。

---

1 次の問いに答えなさい。

(1) 関数 $y=ax^2$ について，$x=3$ のとき $y=18$ です。このときの a の値を求めなさい。〈岡山県〉

(2) 関数 $y=-\dfrac{2}{3}x^2$ について，x の変域が $-3 \leq x \leq 2$ のとき，y の変域は $a \leq y \leq b$ です。このとき，a，b の値を求めなさい。〈神奈川県〉

(3) 関数 $y=ax^2$ について，x の値が 1 から 5 まで増加するときの変化の割合が -12 です。このとき，a の値を求めなさい。〈新潟県〉

2 次の関数のグラフをかきなさい。

(1) $y=\dfrac{1}{4}x^2$

(2) $y=-\dfrac{2}{9}x^2$

3 右の図の(1)，(2)は，y が x の 2 乗に比例する関数のグラフです。それぞれについて，y を x の式で表しなさい。

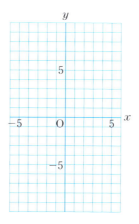

4 関数 $y=x^2$ について述べた次の**ア〜オ**の中から，正しいものを 2 つ選び，その記号を書きなさい。〈19 埼玉県〉

ア この関数のグラフは，点 (3, 6) を通る。
イ この関数のグラフは放物線で，y 軸について対称である。
ウ x の変域が $-1 \leq x \leq 2$ のときの y の変域は $1 \leq y \leq 4$ である。
エ x の値が 2 から 4 まで増加するときの変化の割合は 6 である。
オ $x<0$ の範囲では，x の値が増加するとき，y の値は増加する。

確認

→ **1**(1)
関数 $y=ax^2$ の式の求め方
求める式を $y=ax^2$ とおき，1 組の x，y の値を代入して，a の値を求める。

→ **1**(2)
関数 $y=ax^2$ の y の変域
関数 $y=ax^2$ で，x の変域に 0 を含む場合，
$a>0$ ならば
y の最小値は 0，
$a<0$ ならば
y の最大値は 0

確認

→ **2**
関数 $y=ax^2$ のグラフ
原点を通り，y 軸について対称な曲線である。この曲線を**放物線**という。放物線とその対称の軸との交点を放物線の**頂点**という。

● $a>0$ のとき，グラフは x 軸の上側にあり，上に開いた形。
● $a<0$ のとき，グラフは x 軸の下側にあり，下に開いた形。

5 ある自動車が動き始めてから x 秒間に進んだ距離を y m とすると，$0\leq x\leq 8$ の範囲では $y=\dfrac{3}{4}x^2$ の関係がありました。この自動車が動き始めて1秒後から3秒後までの平均の速さは毎秒何mですか，求めなさい。〈山口県〉

確認
→5
平均の速さ
(平均の速さ)
$=\dfrac{(進んだ道のり)}{(かかった時間)}$
$=\dfrac{(yの増加量)}{(xの増加量)}$
$=$ (変化の割合)

6 右の図の正方形 ABCD は，1辺の長さが 6cm です。点 P，Q は，同時に点 A を出発し，点 P は正方形の辺上を点 B，C の順に通って点 D まで毎秒 1cm の速さで進んで止まります。点 Q は正方形の辺上を点 D まで毎秒 1cm の速さで進んで止まります。点 P，Q が出発してから，x 秒後の △APQ の面積を y cm² とします。点 P が AB 上にあるとき，x と y の関係は，$y=\dfrac{1}{2}x^2$ という式で表されます。次の問いに答えなさい。〈青森県〉

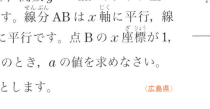

ヒント
→6
動点に関する問題
点 P が，
辺 AB 上にある場合，
辺 BC 上にある場合，
辺 CD 上にある場合
の3つに分けて，それぞれの場合について，x と y の関係を考える。

(1) 関数 $y=\dfrac{1}{2}x^2$ について，x の値が2から6まで増加するときの変化の割合を求めなさい。

(2) $x=14$ のときの y の値を求めなさい。

(3) △APQ の面積が16になるときの x の値をすべて求めなさい。

確認
→6(3)
平方根の考え方を使った解き方
$x^2=■$ の形に変形して，2乗すると■になる数を求める。
$ax^2=b$
 $x^2=■$
 $x=±\sqrt{■}$

7 右の図のように，関数 $y=ax^2$ のグラフ上に2点 A，B があり，関数 $y=-ax^2$ のグラフ上に点 C があります。線分 AB は x 軸に平行，線分 BC は y 軸に平行です。点 B の x 座標が1，$AB+BC=\dfrac{16}{3}$ のとき，a の値を求めなさい。ただし，$a>0$ とします。〈広島県〉

8 右の図のように，関数 $y=ax^2$ のグラフと直線 ℓ が，2点 A，B で交わっています。A の座標は $(-1, 2)$ で，B の x 座標は2です。次の問いに答えなさい。〈岐阜県〉

(1) a の値を求めなさい。
(2) 直線 ℓ の式を求めなさい。
(3) △AOB の面積を求めなさい。

9 右の図のように，関数 $y=-\dfrac{1}{2}x^2$ のグラフ上に2点 A，B があり，A，B の x 座標はそれぞれ -2，4 です。直線 AB 上に点 P があり，直線 OP が △OAB の面積を2等分しているとき，点 P の座標を求めなさい。〈鹿児島県〉

確認
→9
三角形の面積を2等分する直線
三角形の頂点を通り，その三角形の面積を2等分する直線は，頂点の対辺の中点を通る。

STEP 03 実戦問題

→ 解答は別冊058ページ

入試レベルの問題で力をつけよう。

1 次の問いに答えなさい。

(1) 右の表は，y が x の2乗に比例する関係を表したものです。**ア～ウ**にあてはまる数を求めなさい。

x	-6	-2	0	4	8
y	ア	-1	0	イ	ウ

(2) $-3 \leq x \leq -1$ の範囲で，x の値が増加すると y の値も増加する関数を，下の①～④の中からすべて選び，その番号を書きなさい。

〈広島県〉

① $y = 4x$　② $y = \dfrac{6}{x}$　③ $y = -2x + 3$　④ $y = -x^2$

(3) 関数 $y = ax^2$ について，x の変域が $-1 \leq x \leq 2$ のとき，y の変域が $-12 \leq y \leq 0$ です。このとき，a の値を求めなさい。

〈石川県〉

(4) 関数 $y = -x^2$ について，x の値が a から $a+1$ まで増加するときの変化の割合は 5 です。このとき，a の値を求めなさい。

〈秋田県〉

(5) 右の図のように，関数 $y = ax^2 (a > 0)$ のグラフ上に2点 A，B があり，x 座標はそれぞれ -6，4 です。直線 AB の傾きが $-\dfrac{1}{2}$ であるとき，a の値を求めなさい。

〈栃木県〉

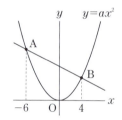

2 自転車に乗っている人がブレーキをかけるとき，ブレーキがきき始めてから自転車が止まるまでに走った距離を制動距離といい，この制動距離は速さの2乗に比例することが知られています。太郎さんの乗った自転車が秒速 2 m で走るときの制動距離は 0.5 m でした。次の問いに答えなさい。

〈京都府〉

(1) 太郎さんの乗った自転車が秒速 x m で走るときの制動距離を y m とします。y を x の式で表しなさい。また，x が 5 から 7 まで変化するとき，y の増加量は x の増加量の何倍か求めなさい。

(2) 右の図のように，太郎さんの乗った自転車が一定の速さで走っており，地点 A を超えてから 1.5 秒後にブレーキをかけると，自転車は地点 A から 13.5 m のところで停止しました。このとき，ブレーキをかける直前の自転車の速さは秒速何 m か求めなさい。ただし，自転車の大きさについては考えないものとし，ブレーキはかけた直後からきき始めるものとします。

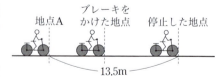

3 右の図のように，直線 ℓ 上に台形 ABCD と長方形 EFGH があります。長方形を固定したまま，台形を図の位置から ℓ にそって矢印の向きに毎秒 1cm の速さで動かし，点 C と点 G が重なるのと同時に停止させるものとします。点 C と点 F が重なってから x 秒後の，2 つの図形が重なる部分の面積を $y$cm^2 とします。次の問いに答えなさい。

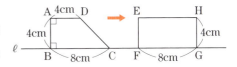

(1) y を x の式で表しなさい。ただし，x の変域も書きなさい。
(2) x と y の関係を表すグラフをかきなさい。
(3) 2 つの図形が重なる部分の面積が台形 ABCD の面積の半分になるのは，点 C と点 F が重なってから何秒後か，求めなさい。

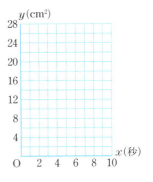

4 図1の長方形 ABCD において，AB=18cm，BC=8cm です。点 P は，A を出発し，毎秒 2cm の速さで辺 AB 上を B まで動き，B で停止します。点 Q は，点 P と同時に D を出発し，毎秒 2cm の速さで辺 DA 上を A まで動き，A で停止します。点 R は，最初 D の位置にあり，点 Q が A に到着すると同時に D を出発し，毎秒 3cm の速さで辺 DC 上を C まで動き，C で停止します。次の問いに答えなさい。〈山形県〉

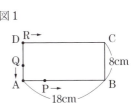

(1) 図2のように，3 点 P，Q，R を結び，△PQR をつくります。点 P が A を出発してから x 秒後の △PQR の面積を $y$cm^2 として，点 P，Q，R がすべて停止するまでの x と y の関係を表に書き出したところ，表1のようになりました。次の問いに答えなさい。

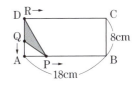

① 点 P が A を出発してから 3 秒後の △PQR の面積を求めなさい。

表1
x	0	…	4	…	10
y	0	…	32	…	72

② 表2は，点 P，Q，R がすべて停止するまでの x と y の関係を表したものです。 ア ～ ウ にあてはまる数または式を，それぞれ書きなさい。また，このときの x と y の関係を表すグラフを，図3にかきなさい。

表2
x の変域	式
$0 \leq x \leq 4$	$y=$ イ
$4 \leq x \leq$ ア	$y=$ ウ
ア $\leq x \leq 10$	$y=72$

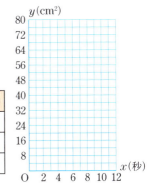

(2) 図4のように，長方形 ABCD の対角線 AC をひき，点 P と R を結びます。線分 PR が対角線 AC の中点を通るのは，点 P が A を出発してから何秒後か，求めなさい。

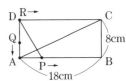

5 右の図のように，関数 $y=ax^2 (a>0)$ のグラフ上に 3 点 A，B，C があり，点 A の x 座標は 2，点 B の x 座標は 3，点 C の x 座標は -1 です。また，点 P は y 軸上の点です。次の問いに答えなさい。〈徳島県〉

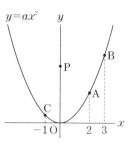

(1) $a=1$ のとき，点 A の座標を求めなさい。

(2) $a=1$，点 P の y 座標が 6 のとき，直線 BP の式を求めなさい。

(3) $a=2$ のとき，△ABC と △ABP の面積が等しくなる点 P の y 座標を求めなさい。

(4) AP+BP の長さが最短になる点 P の y 座標が 5 です。このとき，a の値を求めなさい。

6 右の図において，放物線①は関数 $y=ax^2$ のグラフであり，放物線②は関数 $y=x^2$ のグラフです。また，点 A は放物線①上の点であり，点 A の座標は $(2, 2)$ です。点 P は放物線①上の $x>0$ の範囲を動く点です。点 P を通り x 軸に垂直な直線と放物線②との交点を Q，点 Q を通り x 軸に平行な直線と②との交点のうち，点 Q と異なる点を R，点 R を通り x 軸に垂直な直線と放物線①との交点を S とし，四角形 PQRS をつくります。また，点 P の x 座標を t とします。次の問いに答えなさい。〈愛媛県・一部〉

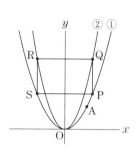

(1) 四角形 PQRS の周の長さを t を使って表しなさい。

(2) 四角形 PQRS の周の長さが 60 であるとき，
  ア t の値を求めなさい。
  イ 点 A を通り，四角形 PQRS の面積を 2 等分する直線の傾きを求めなさい。

7 右の図のように，関数 $y=2x^2$ のグラフ上に，4 点 A，B，C，D があり，点 A の x 座標は 2，線分 BA と線分 CD は x 軸に平行です。直線 CD と関数 $y=ax^2 (0<a<2)$ のグラフの交点のうち x 座標が正の点を E とすると，BA=CE，CD=DE です。直線 AE と x 軸の交点を F とするとき，次の問いに答えなさい。〈東海高(愛知)〉

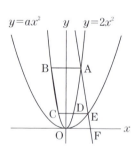

(1) a の値を求めなさい。

(2) △BCF の面積を求めなさい。

8 放物線 $y=ax^2 (a>0)$ と直線 $y=x+6$ が 2 点 $A\left(-\dfrac{3}{2}, b\right)$，B で交わっています。次の問いに答えなさい。〈城北高(東京)・改〉

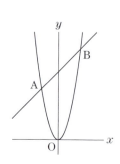

(1) 定数 a，b の値をそれぞれ求めなさい。

(2) 点 B の座標を求めなさい。

(3) y 軸上に点 $C(0, 3)$ をとり，また，線分 OB の中点 M をとります。さらに線分 AB 上に点 D をとったところ，四角形 BDCM の面積は △OAB の半分となりました。点 D の座標を求めなさい。

図形編

1	平面図形
2	空間図形
3	平行と合同
4	図形の性質
5	円
6	相似な図形
7	三平方の定理

1 平面図形

STEP 01 要点まとめ　→解答は別冊061ページ

_00_____ にあてはまる数や記号，語句，図をかいて，この章の内容を確認しよう。

最重要ポイント

垂直二等分線………線分の中点を通り，その線分と垂直に交わる直線。
角の二等分線………1つの角を2等分する半直線。
図形の移動…………基本となる移動は，平行移動，回転移動，対称移動。
円の接線……………直線 ℓ と円 O が円周上の1点 A だけを共有するとき，直線 ℓ を円 O の接線，点 A を接点という。
おうぎ形……………円の弧の両端を通る2つの半径とその弧で囲まれた図形。

1 直線と角

1 右の図で，次の条件を満たす直線 ℓ，m を，それぞれ方眼を利用してかきなさい。

点 A を通り，$\ell /\!/ BC$ となる直線 ℓ
点 A を通り，$m \perp BC$ となる直線 m

▶▶▶記号 $/\!/$ は平行を表し，記号 $\perp$ は垂直を表す。

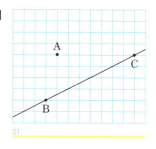

2 基本の作図

2 _____ にあてはまるものを書き，下の図の線分 AB の中点 M を作図しなさい。

▶▶▶中点 M は，線分 AB と AB の垂直二等分線との交点。

〈作図の手順〉

❶ A，_02_____ を中心として，等しい _03_____ の円をかく。
❷ 2つの _04_____ の交点を D，E とし，直線 DE をひく。
❸ 直線 DE と線分 AB との _05_____ を M とする。

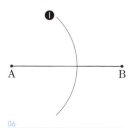

3 　　　にあてはまるものを書き，下の図の∠AOBの二等分線OCを作図しなさい。
▶▶▶点Cは，2つの半直線OA，OBから等しい距離にある点。

〈作図の手順〉

❶ 07___ を中心として円をかき，OA，08___ との交点をそれぞれP，Qとする。

❷P，09___ を中心として等しい半径の円をかき，その交点をCとする。

❸半直線 10___ をひく。←半直線なので，点Cで直線を止めずそのまままっすぐ線をのばす。

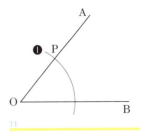
11___

3 図形の移動

4 右の図で，△ABCを直線ℓを対称の軸として対称移動した図形をかきなさい。
▶▶▶対応する2点を結ぶ線分は，対称の軸によって垂直に2等分される。

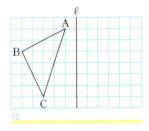
12___

4 円とおうぎ形

5 右の図で，3点A，B，Cは円Oの周上の点で，$\overparen{AB}:\overparen{BC}:\overparen{CA}=2:3:4$です。∠BOCの大きさを求めなさい。
また，おうぎ形AOCの面積は，おうぎ形AOBの面積の何倍ですか。
▶▶▶1つの円で，おうぎ形の弧の長さと面積は，中心角の大きさに比例する。

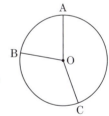

$\angle BOC = 360° \times \dfrac{13___}{2+3+4} = $ 14___ 。

おうぎ形AOCの面積は，おうぎ形AOBの面積の，$\dfrac{15\_\_\_}{16\_\_\_}$ = 17___ （倍）

↓$\overparen{AC}$の長さ
↑$\overparen{AB}$の長さ

5 図形の計量

6 右の図のおうぎ形の弧の長さℓと面積Sを求めなさい。
▶▶▶$\ell = 2\pi r \times \dfrac{a}{360}$，$S = \pi r^2 \times \dfrac{a}{360}$（半径 r，中心角 $a°$）

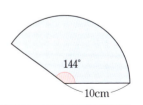

$\ell = 2\pi \times $ 18___ $\times \dfrac{19___}{360} = $ 20___ （cm）

$S = \pi \times $ 21___ $^2 \times \dfrac{22___}{360} = $ 23___ （cm²）

POINT 半径 r，弧の長さ ℓ のおうぎ形の面積 S
$S = \dfrac{1}{2}\ell r$

093

STEP 02 基本問題 → 解答は別冊061ページ

学習内容が身についたか, 問題を解いてチェックしよう。

1. 右の図のように, △ABC があり, 点 D は辺 AB 上の点です。次の【条件】の①, ②をともにみたす点 P を, 定規とコンパスを使って作図しなさい。ただし, 作図に使った線は残しておくこと。〈山形県〉

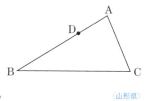

【条件】
① 線分 AP の長さは, 線分 AD の長さと等しい。
② 点 P は, 直線 AB と直線 BC から等しい距離にあり, △ABC の外部の点である。

ヒント
→ 1
①AP＝AD より, 点 P は, 点 A を中心とする半径 AD の円周上にある。
②点 P は, 直線 AB と直線 BC から等しい距離にあるから, ∠ABC の二等分線上にある。

2. 右の図の △ABC を, 頂点 A が辺 BC の中点の位置にくるように折ります。このときの折り目の線を, 定規とコンパスを使って作図しなさい。ただし, 作図に使った線は, 消さずに残しておくこと。

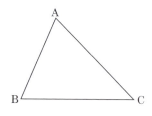

ヒント
→ 2
辺 BC の中点を M とすると, 折り目の線は, 線分 AM の垂直二等分線になる。

3. 右の図のように, 半直線 OX, OY と点 P があります。点 P を通る直線をひき, 半直線 OX, OY との交点をそれぞれ A, B とします。このとき, OA＝OB となるように直線 AB を作図しなさい。また, 2点の位置を示す文字 A, B も書きなさい。ただし, 三角定規の角を利用して直線をひくことはしないものとし, 作図に用いた線は消さずに残しておくこと。〈千葉県〉

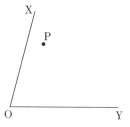

ヒント
→ 3
∠XOY の二等分線と線分 AB との交点を M とすると, △OAM と △OBM は合同で, OM⊥AB である。

4. 右の図のように, 直線 ℓ 上の点 A と, ℓ 上にない点 B があります。A で ℓ に接し, B を通る円の中心 P を, 定規とコンパスを使って作図しなさい。なお, 作図に用いた線は消さずに残しておくこと。〈熊本県〉

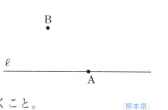

ヒント
→ 4
円の接線は接点を通る半径に垂直だから, 円の中心 P は, A を通る直線 ℓ の垂線上にある。
また, この円は 2 点 A, B を通るから, 円の中心 P は, 弦 AB の垂直二等分線上にある。

5 右の図のように，△ABCがあります。このとき，△ABCを点Oを中心として点対称移動させた図形をかきなさい。

〈茨城県〉

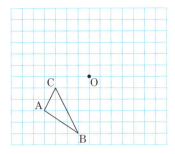

6 右の図の四角形ABCDは正方形で，点E，F，G，Hは，それぞれ各辺の中点です。また，点Oは線分EGと線分FHの交点です。このとき，次の問いに答えなさい。

(1) △AEHを平行移動させて重ねることができる三角形はどれですか。

(2) △AEHを回転移動させて△OEFに重ねるには，どの点を回転の中心として，どの方向に何度回転させればよいですか。

(3) 対称移動と平行移動をこの順で1回ずつ使って，△AEHを△OFEに重ねる方法を説明しなさい。

確認

→ 6
平行移動
図形を一定の方向に，一定の距離だけずらす移動。
回転移動
図形を，1つの点を中心として，一定の角度だけ回転させる移動。
対称移動
図形を，1つの直線を折り目として折り返す移動。

7 次の問いに答えなさい。ただし，円周率はπとします。

(1) 半径10cm，中心角144°のおうぎ形の弧の長さと面積を求めなさい。

(2) 半径6cm，弧の長さ5πcmのおうぎ形の中心角を求めなさい。

確認

→ 7
おうぎ形の弧の長さと面積
半径 r，中心角 $a°$ のおうぎ形の弧の長さを ℓ，面積を S とすると，
$\ell = 2\pi r \times \dfrac{a}{360}$
$S = \pi r^2 \times \dfrac{a}{360}$

8 右の図は，AC=12cm，BC=6cm，∠ACB=60°の△ABCを，点Cを回転の中心として時計回りに回転させ，点A，Bが移動した点を，それぞれA′，B′としたものです。3点B，C，A′が一直線上にあるとき，次の問いに答えなさい。ただし，円周率はπとします。

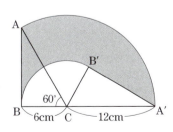

(1) △ABCを，時計回りに何度回転させましたか。

(2) 辺ABが通過した部分(色をつけた部分)の面積を求めなさい。

ヒント

→ 8(2)
△ABCの中の色をつけた部分を，△A′B′Cの中に移動する。

STEP 03 実戦問題 → 解答は別冊062ページ

入試レベルの問題で力をつけよう。

1 右の図は，合同なひし形を8枚組み合わせたものです。**ア**の位置のひし形を，次の[手順]にしたがって移動させたとき，最後は**ア**〜**ク**の中のどの位置にきますか。その記号を答えなさい。

〈青森県〉

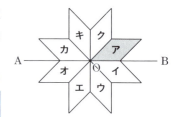

[手順]
① 最初に，点Oを中心として，時計の針の回転と同じ向きに90°回転移動する。
② ①で回転移動したひし形を，他のひし形とぴったりと重なるように平行移動する。
③ ②で平行移動したひし形を，ABを対称軸として対称移動する。

2 下の図1で，△ABCは，∠ABC＝90°の直角三角形です。△ABCをBE＜ECとなるように，辺BCのCの方向に平行移動させたものを△DEFとし，辺ACと辺DEの交点をPとします。点Pを中心とし，頂点Dが線分AP上にくるように△DEFを反時計回りに回転移動させたものを△QRSとします。
下の図2をもとに，△QRSを定規とコンパスを用いて作図し，頂点Q，頂点R，頂点Sの位置を示す文字Q，R，Sも書きなさい。ただし，作図に用いた線は消さないでおくこと。

〈19 都立新宿高〉

図1 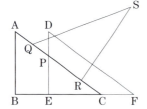　　図2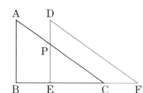

3 右の図の△ABCで，点Dは辺AC上の点で，∠ADB＝80°です。この図をもとにして，辺BC上にあり，∠BDE＝20°となる点Eを，定規とコンパスを使って作図によって求めなさい。ただし，作図に使った線は，消さずに残しておくこと。

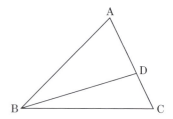

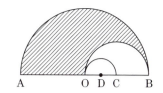

4 右の図のように，ABを直径とし中心がOの半円があります。その中にOBを直径とし中心がCの半円があり，さらにOCを直径とし中心がDの半円があります。AB=8のとき，次の問いに答えなさい。ただし，円周率はπとします。〈東海大付浦安高（千葉）〉

(1) 中心がDの半円の面積を求めなさい。

(2) 斜線部分の面積は，中心がDの半円の面積の何倍ですか。

(3) 弧ABと弧OB，弧OCの長さの和が円周となるような円を考えます。この円の面積を求めなさい。

5 右の図のように，半径9，中心角60°のおうぎ形OABがあります。線分OA，線分OB，および$\overset{\frown}{AB}$に接する円を円O_1，線分OA，線分OB，および円O_1に接する円を円O_2とします。このとき，斜線部分の面積を求めなさい。ただし，円周率はπを用いて表しなさい。〈城北高（東京）〉

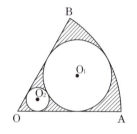

6 右の図のように，点Oを中心とする2つの円O_1，O_2があり，O_1の半径は1，O_2の半径は2です。O_1の半径OAをAの側に延長した直線と，O_2の交点をBとします。また，O_1，O_2の円周上にはそれぞれ時計回りに一定の速さで動く点P，Qがあり，以下のように動くものとします。

　　点P：点Aを出発し，72秒で1周して止まる。
　　点Q：点Pが点Aを出発してから27秒後に点Bを出発する。
　　　　　点Bを出発し，45秒で1周して止まる。

また，半径OPとOQが通過した後の部分は黒く塗りつぶされます。さらに，半径OQとO_1の交点をRとします。次の問いに答えなさい。なお，円周率はπを用いること。〈専修大付高（東京）〉

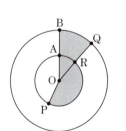

内側が円O_1，外側が円O_2

(1) 点Pが点Aを出発してから5秒後に黒く塗りつぶされている図形の面積を求めなさい。

(2) 点Qが点Bを出発してから9秒後に黒く塗りつぶされている図形の面積を求めなさい。

(3) 黒く塗りつぶされている部分で，$\overset{\frown}{AR}$，$\overset{\frown}{BQ}$，および線分AB，RQで囲まれている図形の面積をS_1，黒く塗りつぶされているおうぎ形ORPの面積をS_2とするとき，$S_1=S_2$となるのは，点Qが点Bを出発してから何秒後か求めなさい。

2 図形 空間図形

STEP 01 要点まとめ　→解答は別冊064ページ

00 _____ にあてはまる数や記号, 語句を書いて, この章の内容を確認しよう。

最重要ポイント

正多面体	正四面体, 正六面体(立方体), 正八面体, 正十二面体, 正二十面体の5種類がある。
回転体	1つの直線を軸として平面図形を1回転させてできる立体。
投影図	立面図(立体を真正面から見た図)と平面図(立体を真上から見た図)を合わせた図。
ねじれの位置	空間内で, 平行でなく, 交わらない2直線の位置関係。
角錐・円錐の体積	角錐や円錐の体積は, 底面が合同で, 高さが等しい角柱や円柱の体積の $\frac{1}{3}$

1 いろいろな立体

1 _____ にあてはまる数や語句を書きなさい。

▶▶▶右の見取図を見て, 面の数や形に着目する。

面の数は 01 _____ つだから, この立体は 02 _____ 面体である。
面 BCD が正三角形で, 他の面がすべて合同な二等辺三角形であるとき, この立体は 03 _____ である。
すべての面が合同な正三角形であるとき, この立体は 04 _____ である。

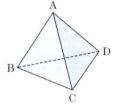

2 立体の表し方

2 右の図の円錐を展開図に表したとき, 展開図の側面のおうぎ形の弧の長さと中心角の大きさを求めなさい。

▶▶▶円錐の展開図は, 側面はおうぎ形, 底面は円である。

> **POINT** おうぎ形の弧の長さ
> 側面のおうぎ形の弧の長さは, 底面の円周に等しい。

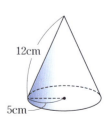

おうぎ形の弧の長さは，

$2\pi \times$ ___05___ $=$ ___06___ (cm)

側面のおうぎ形の中心角を $x°$ とすると，

$2\pi \times$ ___07___ $\times \dfrac{x}{360} =$ ___08___ ←おうぎ形の弧の長さは，中心角の大きさに比例する。

$x =$ ___09___

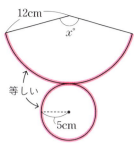

3 直線や平面の位置関係

3 右の直方体について，___ にあてはまる辺をすべて答えなさい。

▶▶▶空間内の2直線の位置関係は，交わる，平行，ねじれの位置にある。

辺 AB と平行な辺は，辺 ___10___

辺 AB とねじれの位置にある辺は，辺 ___11___

面 ABCD と平行な辺は，辺 ___12___ ←面 ABCD 上の辺 AB，BC，CD，DA は，面 ABCD と平行とはいわない。

面 ABCD と垂直な辺は，辺 ___13___

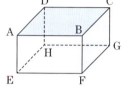

4 立体の計量

4 右の図1の三角柱の表面積と図2の円錐の体積を求めなさい。

▶▶▶角柱・円柱の表面積 ＝側面積＋底面積×2

図1の三角柱で，

側面積は，___14___ $\times (5+13+12) =$ ___15___ (cm²)
　　　　　　　　　↑底面の周の長さ

底面積は，$\dfrac{1}{2} \times 5 \times$ ___16___ $=$ ___17___ (cm²)

表面積は，___18___ $+$ ___19___ $\times 2 =$ ___20___ (cm²)
　　　　　↑側面積　↑底面積　⚠注意
　　　　　　　　　底面は2つあるから ×2 を忘れないように。

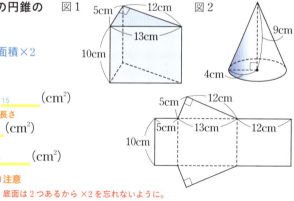

▶▶▶角錐・円錐の体積＝$\dfrac{1}{3}\times$底面積×高さ

図2の円錐で，

底面積は，$\pi \times$ ___21___ $^2 =$ ___22___ (cm²)

体積は，$\dfrac{1}{3} \times$ ___23___ $\times 9 =$ ___24___ (cm³)

POINT 角柱・円柱の体積
角柱・円柱の体積
＝底面積×高さ

5 半径3cmの球の表面積と体積を求めなさい。

▶▶▶球の表面積を S，体積を V とすると，$S = 4\pi r^2$，$V = \dfrac{4}{3}\pi r^3$

表面積は，___25___ $\pi \times$ ___26___ $^2 =$ ___27___ (cm²)

体積は，___28___ $\pi \times$ ___29___ $^3 =$ ___30___ (cm³)

STEP 02 基本問題 → 解答は別冊064ページ

学習内容が身についたか，問題を解いてチェックしよう。

1. 次の①～④は，立方体の展開図です。これらの展開図を組み立ててそれぞれ立方体をつくったとき，辺ABと辺CDがねじれの位置にあるのはどれですか。その展開図の番号を答えなさい。〈広島県〉

      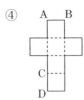

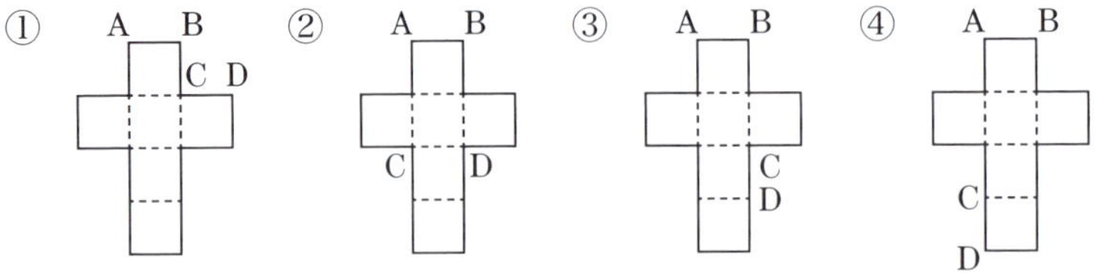

   ヒント
   → 1
   展開図を組み立てたとき，辺ABと交わらず，平行でもない辺CDをもつものを選ぶ。

2. 直方体ABCD-EFGHがあり，AB=6cm，AD=AE=4cmです。下の図1は，この直方体に3つの線分AC，AF，CFを示したものです。このとき，次の問いに答えなさい。〈京都府〉

   図1   図2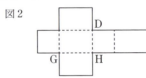

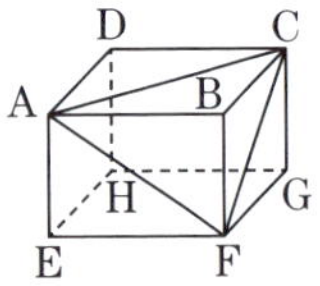

   ヒント
   → 2(1)
   まず，図2の展開図に，対応する頂点の記号を書く。

   (1) 上の図2は，直方体ABCD-EFGHの展開図の1つに，3つの頂点D，G，Hを示したものです。図1中に示した3つの線分AC，AF，CFを，図2にかき入れなさい。ただし，文字A，C，Fを書く必要はありません。

   (2) 直方体ABCD-EFGHを，3つの頂点A，C，Fを通る平面で切ってできる三角錐ABCFの体積を求めなさい。

3. 次の問いに答えなさい。

   (1) 下の図1の円錐の展開図をかくとき，側面になるおうぎ形の中心角の大きさを求めなさい。〈長崎県〉

   (2) 下の図2は，円錐の展開図です。この展開図を組み立てたとき，側面となるおうぎ形は，半径が16cm，中心角が135°です。底面となる円の半径を求めなさい。〈徳島県〉

   図1 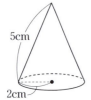 図2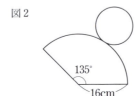

   確認
   → 3
   円錐の展開図で，側面のおうぎ形の弧の長さは，底面の円の周の長さに等しい。

4 次の問いに答えなさい。ただし，円周率は π とします。

(1) 下の図1のように，長方形ABCDと正方形BEFGが同じ平面上にあり，点Cは線分BGの中点で，AB=BE=4cmです。長方形ABCDと正方形BEFGを合わせた図形を，直線GFを軸として1回転させてできる立体の体積を求めなさい。 〈秋田県〉

(2) 下の図2のように，おうぎ形ABCと直角三角形ABDを合わせた図形があり，AB=3cm，AD=4cmです。この図形を，直線CDを軸として1回転させてできる立体の体積を求めなさい。

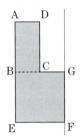
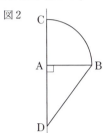

5 次の問いに答えなさい。ただし，円周率は π とします。

(1) 下の図1の投影図で表された立体の表面積を求めなさい。 〈明治学院高(東京)〉

(2) 下の図2の円錐の表面積を求めなさい。 〈駿台甲府高(山梨)〉

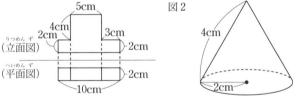

6 下の図1のように，底面の2辺が30cm，20cm，高さ x cmの直方体の木材があります。図2のように，その木材を の面と平行に，10個の直方体の木材に等しく切り分けました。切り分けた10個の木材の表面積の和が，切る前の木材の表面積の3倍になるとき，x の値を求めなさい。ただし，切る前の木材の体積と，切り分けた10個の木材の体積の和は，等しいものとします。 〈和歌山県〉

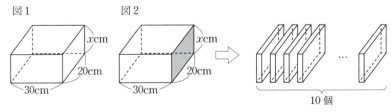

確認
→ 4
立体の体積
円柱の底面の円の半径を r，高さを h，体積を V とすると，
$V = \pi r^2 h$
円錐の底面の円の半径を r，高さを h，体積を V とすると，
$V = \frac{1}{3}\pi r^2 h$
球の半径を r，体積を V とすると，
$V = \frac{4}{3}\pi r^3$

確認
→ 5(2)
円錐の側面積
円錐の底面の円の半径を r，母線の長さを R，側面積を S とすると，
$S = \pi r R$

ヒント
→ 6
木材を10個に切り分けるとき，切る回数は9回で，1回切るごとに，表面積の和は，
（切り口の面積）×2
ずつ増える。

STEP 03 実戦問題 ➡ 解答は別冊065ページ

入試レベルの問題で力をつけよう。

1 立方体と直方体の展開図について，次の問いに答えなさい。　〈兵庫県〉

(1) 図1は，立方体を辺にそって切り開いたときの展開図です。このように立方体を切り開くときに切った辺は何本ありますか。

(2) 図2のような縦3cm，横2cm，高さ1cmの直方体を辺にそって切り開いた展開図をかきます。図3は，その展開図のうちの1つです。
① 図3の**ア**，**イ**の点は，それぞれ図2のA〜Eのどの頂点に対応しますか。その頂点を書きなさい。

② 図3のように切り開くときに切った辺の長さの合計は何cmですか。

③ 図2の直方体の展開図のうち，周の長さが最長となるのは何cmですか。また，最短となるのは何cmですか。

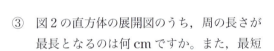

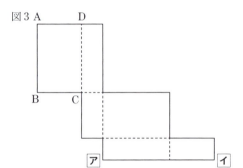

2 右の図は正十二面体の展開図で，これを組み立てると，面**ア**と面**シ**は平行になります。同じように平行になる面が他に5組あります。その平行になる5組の面を，すべて答えなさい。

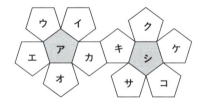

3 右の図のように，AB＝BC＝2cm，BF＝4cmの直方体ABCD-EFGHがあります。この直方体を頂点A，C，Fを通る平面で切ったときにできる三角錐B-AFCの表面積を求めなさい。　〈秋田県〉

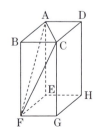

4 図1のように，底面の半径と高さがともに r cm の円錐の形をした容器Aがあり，底面が水平になるようにおかれています。このとき，次の問いに答えなさい。ただし，円周率は π を用いることとし，容器の厚さは考えないものとします。　〈千葉県〉

図1
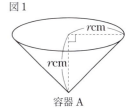
容器A

(1) 容器Aで $r=6$ cm のとき，次の①，②の問いに答えなさい。
　① 容器Aに水をいっぱいに入れたとき，水の体積を求めなさい。

　② 水がいっぱいに入っている容器Aの中に，半径2cmの球の形をしたおもりを静かに沈めました。このとき，容器Aからあふれ出た水の体積を求めなさい。

(2) 図2は，容器Aで $r=5$ cm のときに，水をいっぱいに入れたものです。また，図3は，底面の半径と高さがともに5cmの円柱の形をした容器に，半径5cmの半球の形をしたおもりを入れたものであり，これを容器Bとよぶことにします。容器Aに入っているすべての水を，容器Bに静かに移していきます。このとき，容器Bから水はあふれるか，あふれないかを答えなさい。ただし，その理由を式とことばで書き，答えること。

図2

図3
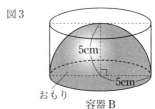

(3) 図4は，容器Aで $r=10$ cm のときに，水面の高さが9cmになるまで水を入れたものです。その中に底面の半径が4cmの円柱の形をしたおもりを，底面を水平にして静かに沈めると，容器Aから水があふれ出たあと，図5のように円柱の形をしたおもりの底面と水面の高さが等しくなりました。このとき，容器Aからあふれ出た水の体積を求めなさい。

図4
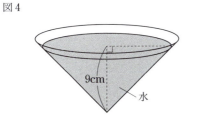

図5
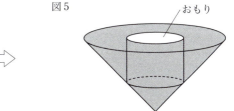

5 AB＝AD＝6，AE＝8の直方体 ABCD-EFGH において，点I，Jをそれぞれ辺BFとDH上に IF＝JH＋1 となるようにとります。この直方体を3点E，I，Jを通る平面で切ると，この平面は辺CGと点Kで交わり，直方体が2つの立体に分けられました。2つの立体の体積の比が
　　(Aをふくむ立体)：(Gをふくむ立体)＝5：3
であるとき，IFの長さを求めなさい。　〈慶応義塾志木高(埼玉)〉

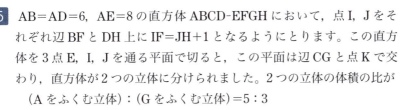
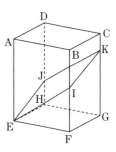

3 図形 平行と合同

STEP 01 要点まとめ　→解答は別冊067ページ

00_____ にあてはまる数や記号，語句を書いて，この章の内容を確認しよう。

最重要ポイント

- **平行線と角**……………2直線に1つの直線が交わるとき，
  - 2直線が平行ならば，同位角，錯角は等しい。
  - 同位角または錯角が等しければ，2直線は平行である。
- **三角形の外角の性質**……三角形の1つの外角は，それととなり合わない2つの内角の和に等しい。
- **n 角形の内角の和**……n 角形の内角の和は，$180° \times (n-2)$
- **三角形の合同条件**……❶ 3組の辺がそれぞれ等しい。
  - ❷ 2組の辺とその間の角がそれぞれ等しい。
  - ❸ 1組の辺とその両端の角がそれぞれ等しい。

1 平行線と角

1 右の図で，$\ell \mathbin{/\mkern-2mu/} m$ のとき，$\angle x$，$\angle y$，$\angle z$ の大きさをそれぞれ求めなさい。

▶▶▶ 平行線の同位角，錯角は等しい。また，対頂角は等しい。

右の図で，$\angle a =$ 01_____ °$- 120° =$ 02_____ ° ←一直線の角は $180°$

$\ell \mathbin{/\mkern-2mu/} m$ で，平行線の 03_____ は等しいから，

　　$\angle x =$ 04_____ °

$\angle b =$ 05_____ °$+ 70° =$ 06_____ °

平行線の 07_____ は等しいから，$\angle y =$ 08_____ °

対頂角は等しいから，$\angle z =$ 09_____ °

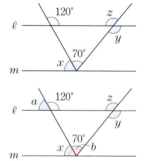

2 右の図で，$\angle x$ の大きさを求めなさい。

▶▶▶ 三角形の内角の和は $180°$

$\angle x + 40° +$ 10_____ °$=$ 11_____ ° ←$\angle A + \angle B + \angle C = 180°$

よって，$\angle x =$ 12_____ °$- (40° +$ 13_____ °$) =$ 14_____ °

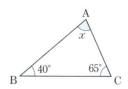

3 右の図で，∠x の大きさを求めなさい。

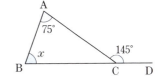

▶▶▶三角形の 1 つの外角は，それととなり合わない 2 つの内角の和に等しい。

$75° + ∠x =$ ___15___ ° ← ∠A+∠B=∠ACD

よって，∠x = ___16___ ° − 75° = ___17___ °

POINT 多角形の外角の和

多角形の外角の和は 360°

4 正八角形の 1 つの内角の大きさを求めなさい。

▶▶▶n 角形の内角の和は，$180° × (n-2)$

八角形の内角の和は，

$180° × ($ ___18___ $-2) =$ ___19___ °

よって，1 つの内角の大きさは，___20___ ° ÷ 8 = ___21___ °

2 合同な図形

5 右の図で，四角形 ABCD ≡ 四角形 EFGH のとき，次の辺の長さや角の大きさを求めなさい。

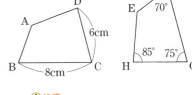

▶▶▶合同な図形では，対応する線分の長さや角の大きさは等しい。

辺 HG に対応する辺は，辺 ___22___ だから，

HG = ___23___ cm

∠D に対応する角は，∠___24___ だから，∠D = ___25___ °

⚠注意 対応する頂点は同じ順に書く。

3 図形と証明

6 右の図で，AB∥CD，点 E は線分 AD の中点です。
△ABE ≡ △DCE であることを証明しなさい。

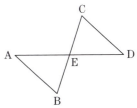

▶▶▶仮定や図形の性質を根拠として，3 つの三角形の合同条件のうちどの条件が成り立つかを考える。

（証明）　△ABE と △DCE において，

点 E は線分 AD の中点だから，

　　AE = ___26___ 　　……①

___27___ は等しいから，

　　∠AEB = ∠___28___ 　　……②

AB∥CD で，平行線の ___29___ は等しいから，

　　∠___30___ = ∠CDE　　……③

①，②，③より，___31___ がそれぞれ等しいから，

　　△ABE ≡ △DCE ← この問題の結論。

←「AB∥CD」と「点 E は線分 AD の中点」は，この問題の仮定。

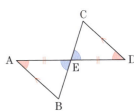

STEP 02 基本問題

→ 解答は別冊067ページ

学習内容が身についたか，問題を解いてチェックしよう。

1 右の図のように，3直線が1点で交わっているとき，∠x の大きさを求めなさい。

〈沖縄県〉

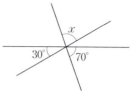

確認

→ 1
対頂角の性質
対頂角は等しい。

2 次の図で，$\ell /\!/ m$ のとき，∠x の大きさを求めなさい。

(1)

(2)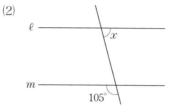

〈長崎県〉

(3)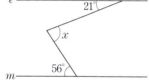

(4)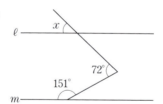

確認

→ 2
平行線の性質
平行な2直線に，1つの直線が交わるとき，
①同位角は等しい。
②錯角は等しい。

3 次の図で，∠x の大きさを求めなさい。

(1)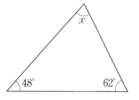

(2)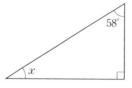

(3)

(4)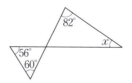

〈栃木県〉

確認

→ 3
三角形の内角と外角の性質
①三角形の3つの内角の和は180°である。
②三角形の1つの外角は，それととなり合わない2つの内角の和に等しい。

4 次の問いに答えなさい。

(1) 下の図1のような七角形の内角の和は何度ですか。 〈鹿児島県〉

(2) 下の図2で，∠xの大きさを求めなさい。 〈栃木県〉

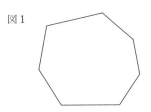
図1

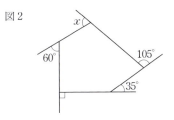
図2

確認
→ 4
多角形の内角の和
n 角形の内角の和は，
$180° \times (n-2)$

多角形の外角の和
多角形の外角の和は，
何角形でも 360° である。

5 右の図の線分 AB，CD は，それぞれの中点 M で交わっています。この図において，三角形 ACM と合同な三角形を見つけ，記号を用いて表しなさい。また，そのときに使った合同条件を書きなさい。 〈群馬県〉

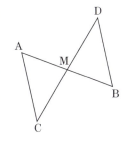

確認
→ 5, 6
三角形の合同条件
2つの三角形は，次のどれかが成り立てば，合同である。
① 3組の辺がそれぞれ等しい。
② 2組の辺とその間の角がそれぞれ等しい。
③ 1組の辺とその両端の角がそれぞれ等しい。

6 右の図で，AC＝AE，∠C＝∠E ならば，△ABC≡△ADE となります。このとき，次の問いに答えなさい。

(1) 仮定と結論を答えなさい。

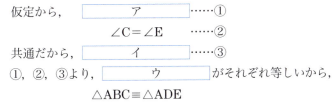

(2) 次の□をうめて，△ABC≡△ADE であることを証明しなさい。
（証明）　△ABC と △ADE において，
　　　　　仮定から，　　　ア　　　……①
　　　　　　　　　　　　∠C＝∠E　……②
　　　　　共通だから，　　イ　　　……③
　　　　　①，②，③より，　ウ　　　がそれぞれ等しいから，
　　　　　　　　　　　　△ABC≡△ADE

7 右の図の四角形 ABCD は長方形で，点 M，N はそれぞれ辺 AD，BC の中点です。このとき，∠ABM＝∠CDN であることを証明しなさい。

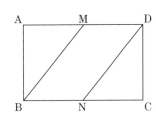

ヒント
→ 7
△ABM≡△CDN を導き，合同な図形の性質を利用する。
合同な図形では，対応する辺の長さや角の大きさは等しい。

STEP03 実戦問題

➡ 解答は別冊068ページ

入試レベルの問題で力をつけよう。

1 次の図で，$\ell /\!/ m$ のとき，$\angle x$ の大きさを求めなさい。

(1)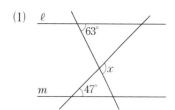

(2)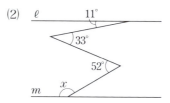

〈福島県〉

(3)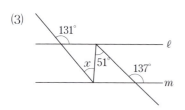

〈秋田県〉

(4)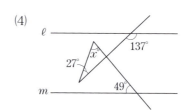

〈中央大杉並高(東京)〉

2 次の問いに答えなさい。

(1) 下の図1のような，1組の三角定規があります。この1組の三角定規を，図2のように，頂点Aと頂点Dが重なるようにおき，辺BCと辺EFとの交点をGとします。$\angle BAE=25°$ のとき，$\angle CGF$ の大きさ x を求めなさい。

〈19 埼玉県〉

図1 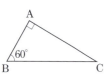　　図2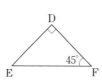

(2) 下の図3で，$x+y$ の値を求めなさい。

〈駿台甲府高(山梨)〉

(3) 下の図4で，$\triangle ABC \equiv \triangle ADE$，$AE /\!/ BC$ です。このとき，$\angle ACB$ の大きさを求めなさい。

〈茨城県〉

図3 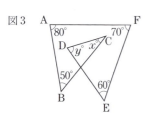　　図4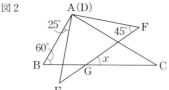

3 正多角形について，次の問いに答えなさい。〈香川県・改題〉

(1) 正多角形の内角の和が2160°となる正多角形の頂点の数は何個ですか。

(2) 正多角形の頂点の数がn個のときの正多角形の1つの内角の大きさを$x°$とします。xの値が自然数となるnのうち，最も大きいnの値と，そのときのxの値を求めなさい。

4 右の図の正三角形ABCで，BC，CA上にそれぞれ点D，Eをとります。BD=CEのとき，次の問いに答えなさい。〈青森県〉

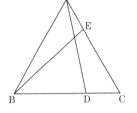

(1) △ABDと△BCEが合同になることを，次のように証明しました。ア，イにあてはまる式やことばを入れなさい。

(証明)
△ABDと△BCEで，
仮定より，　　　　　　　BD=CE　……①
また，△ABCは正三角形だから，　ア　……②
　　　　　　　　　∠ABD=∠BCE　……③
①，②，③から，　イ　がそれぞれ等しいから，
　　　　　　　　△ABD≡△BCE

(2) ADとBEの交点をFとするとき，∠AFBの大きさを求めなさい。

5 右の図で，四角形ABCDは正方形であり，Eは対角線AC上の点で，AE>ECです。また，F，Gは四角形DEFGが正方形となる点です。ただし，辺EFとDCは交わるものとします。このとき，∠DCGの大きさを，次のように求めました。ア，イ，ウにあてはまる数やことばを書きなさい。なお，2か所のアには，同じ数があてはまります。〈愛知県〉

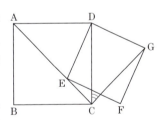

△AEDと△CGDで，
四角形ABCDは正方形だから，AD=CD　……①
四角形DEFGは正方形だから，ED=GD　……②
また，∠ADE=　ア　°−∠EDC，∠CDG=　ア　°−∠EDCより，
　　　　　　　　∠ADE=∠CDG　……③
①，②，③より，　イ　が，それぞれ等しいので，
　　　　　　　　△AED≡△CGD
合同な図形では，対応する角は，それぞれ等しいので，
　　　　　　　　∠DAE=∠DCG
したがって，　　　∠DCG=　ウ　°

6 右の図のように，AD=5cm, DC=3cm の長方形 ABCD と，AG=5cm, GF=3cm の長方形 AEFG があり，頂点 G が辺 CB 上にあります。直線 CB と辺 EF の交点を H とするとき，次の問いに答えなさい。

〈佐賀県・一部〉

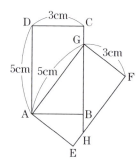

(1) ∠GAB=∠HGF であることを，次のように証明しました。
(証明1)の ア ， イ にあてはまるものを，右の a～d の中からそれぞれ1つずつ選び，記号を書きなさい。

(証明1)
 ア から，∠AGB+∠HGF=90°……①
△ABG において， イ から，
　∠AGB+∠GAB+∠ABG=180°
　∠AGB+∠GAB+90°=180°
　　　　∠AGB+∠GAB=90°……②
①，②より，∠GAB=∠HGF である。

a	対頂角は等しい
b	三角形の3つの内角の和は180°である
c	同位角は等しい
d	長方形の1つの内角は90°である

(2) (1)で示したことを用いて，△ABG≡△GFH であることを，次のように証明しました。
　　　に証明の続きを書き，(証明2)を完成させなさい。

(証明2)
△ABG と △GFH において，
(1)より，∠GAB=∠HGF……①

7 三角形 ABC の内角の和が180°であることを説明しなさい。ただし，「三角形の1つの外角は，それととなり合わない2つの内角の和に等しい」ということを使ってはなりません。

〈大阪教育大附高[平野校舎]〉

8 右の図の △ABC に対して △ABD は，対応する2組の辺と1つの角がそれぞれ等しいが，合同ではないといいます。このような点 D を1つ作図しなさい。ただし，作図には定規とコンパスを用い，作図に用いた線は消さないでおきなさい。

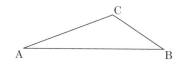

〈岡山朝日高〉

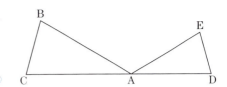

 9 右の図のように，頂点Aが共通な2つの△ABCと△ADEがあり，点C，A，Dは一直線上にあります。AB＝AC，AD＝AE，∠BAC＝∠EADとするとき，BD＝CEであることを証明しなさい。〈北海道・改〉

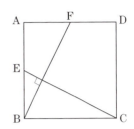

10 右の図のような正方形ABCDがあり，辺ABの中点をEとします。頂点Bから線分ECにひいた垂線の延長と辺ADとの交点をFとします。このとき，△ABF≡△BCEであることを証明しなさい。〈新潟県〉

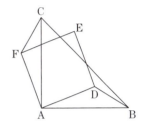

11 右の図のように，1つの平面上に∠BAC＝90°の直角二等辺三角形ABCと正方形ADEFがあります。ただし，∠BADは鋭角とします。このとき，△ABD≡△ACFであることを証明しなさい。〈広島県〉

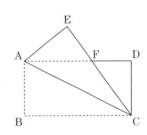

 12 右の図は，長方形ABCDを，対角線ACを折り目として折り返したとき，点Bが移動した点をE，辺ADと線分CEの交点をFとしたものです。このとき，△AEF≡△CDFであることを証明しなさい。〈長崎県・一部〉

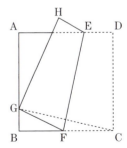

13 右の図のように，正方形ABCDの辺AD上に点E，辺BC上に点Fをとります。線分EFを折り目としてこの正方形を折り返すと，点Cは線分AB上の点Gに，点Dは点Hにそれぞれ移りました。このとき，CG＝EFであることを証明しなさい。〈西大和学園高(奈良)〉

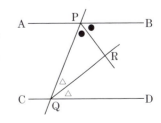

14 右の図のように，平行な2直線AB，CDに1つの直線が交わっていて，その交点をそれぞれP，Qとします。∠BPQの二等分線と∠PQDの二等分線の交点をRとすると，∠PRQ＝90°であることを証明しなさい。

4 図形　図形の性質

STEP 01　要点まとめ　→解答は別冊071ページ

_00_____ にあてはまる数や記号, 語句を書いて, この章の内容を確認しよう。

最重要ポイント

二等辺三角形………（定義）2辺が等しい三角形を二等辺三角形という。
　　　　　　　　　（性質）❶底角は等しい。
　　　　　　　　　　　　　❷頂角の二等分線は, 底辺を垂直に2等分する。
平行四辺形…………（定義）2組の対辺がそれぞれ平行な四角形を平行四辺形という。
　　　　　　　　　（性質）❶2組の対辺はそれぞれ等しい。
　　　　　　　　　　　　　❷2組の対角はそれぞれ等しい。
　　　　　　　　　　　　　❸対角線はそれぞれの中点で交わる。

1　二等辺三角形

1 右の図の △ABC で, AB＝AC です。∠x の大きさを求めなさい。

▶▶▶ 二等辺三角形の底角は等しい。

AB＝AC だから, ∠B＝∠_01_____

よって, ∠x＝(180°−_02_____°)÷2＝_03_____°
　　　　　　　　　　↑頂角

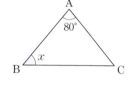

2　直角三角形

2 右の図の AB＝AC の二等辺三角形 ABC で, 頂点 B, C から辺 AC, AB に垂線 BD, CE をひき, BD と CE の交点を F とします。
このとき, △FBC は二等辺三角形であることを証明しなさい。

▶▶▶ 直角三角形の合同条件を利用して, △EBC ≡ △DCB を導く。

（証明）　△EBC と △DCB において,
仮定から, ∠BEC＝∠_04_____ ＝_05_____° 　……①
共通な辺だから, BC＝_06_____ 　……②
△ABC は二等辺三角形だから, ∠_07_____ ＝∠_08_____ 　……③

①，②，③より，直角三角形の <u>09</u>　　　　　がそれぞれ等しいから，

POINT　直角三角形の合同条件
❶ 斜辺と1つの鋭角がそれぞれ等しい。
❷ 斜辺と他の1辺がそれぞれ等しい。

　△EBC≡△DCB

よって，∠<u>10</u>　＝∠<u>11</u>　←合同な図形の対応する角の大きさは等しい。

したがって，2つの角が等しいから，△FBC は二等辺三角形である。

3 平行四辺形と特別な平行四辺形

3 右の図の平行四辺形 ABCD で，∠ADC の二等分線と辺 BC との交点を E とします。∠CED の大きさを求めなさい。また，線分 BE の長さを求めなさい。

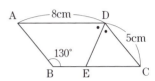

▶▶▶ 平行四辺形の対辺は等しい。また，対角は等しい。

平行四辺形の<u>12</u>　は等しいから，∠ADC＝<u>13</u>　°

DE は ∠ADC の二等分線だから，∠ADE＝∠CDE＝<u>14</u>　°

AD∥BC だから，∠CED＝<u>15</u>　° ←平行線の錯角は等しい。

平行四辺形の<u>16</u>　は等しいから，BC＝<u>17</u>　cm

∠CDE＝∠CED だから，CE＝<u>18</u>　cm ←△CDE は二等辺三角形。

よって，BE＝<u>19</u>　－<u>20</u>　＝<u>21</u>　（cm）

4 　　　にあてはまる語句を書きなさい。

▶▶▶ 長方形，ひし形，正方形は平行四辺形の特別な場合である。

長方形は，4つの<u>22</u>　が等しい四角形で，対角線の長さは<u>23</u>　　　　。

ひし形は，4つの<u>24</u>　が等しい四角形で，対角線が<u>25</u>　　　　に交わる。

4 平行線と面積

5 右の図で，四角形 ABCD は平行四辺形で，PQ∥AC です。△ABP と面積が等しい三角形をすべて求めなさい。

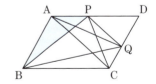

▶▶▶ 底辺に平行な直線上に頂点をもつ三角形を見つける。

△ABP と △ACP は，底辺<u>26</u>　を共有し，AP∥<u>27</u>　だから，

　△ABP＝△ACP ←△ABP と △ACP の面積が等しいことを，△ABP＝△ACP と表す。

△ACP と △ACQ は，底辺<u>28</u>　を共有し，<u>29</u>　∥PQ だから，

　△ACP＝△ACQ

△ACQ と △BCQ は，底辺<u>30</u>　を共有し，<u>31</u>　∥<u>32</u>　だから，

　△ACQ＝△BCQ

よって，△ABP と面積が等しい三角形は，<u>33</u>

STEP02 基本問題 ➡ 解答は別冊071ページ

学習内容が身についたか，問題を解いてチェックしよう。

 1 次の図で，∠x の大きさを求めなさい。

(1) AB=AC　　(2) AB=BC

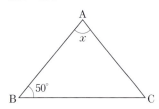 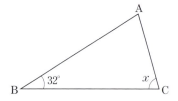

> **確認**
>
> ➡ **1**
>
> **二等辺三角形の定義**
> 2辺が等しい三角形を二等辺三角形という。
>
> **二等辺三角形の性質**
> 二等辺三角形の底角は等しい。

2 右の図のような二等辺三角形 ABC において，
「AB=AC ならば，∠B=∠C である」
ことを，次のように証明しました。□に証明の続きを書き，証明を完成しなさい。

〈鳥取県〉

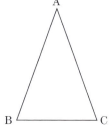

(証明)
点Aから辺BCに垂線をひき，辺BCとの交点をDとする。
△ABD と △ACD で，

合同な図形では，対応する角は等しいので，
　　　　　∠B=∠C

> **ヒント**
>
> ➡ **2**
> 直角三角形の合同条件を利用する。
>
> **直角三角形の合同条件**
> 2つの直角三角形は，次のどちらかが成り立つとき，合同である。
> ①斜辺と1つの鋭角がそれぞれ等しい。
> ②斜辺と他の1辺がそれぞれ等しい。

 3 次の図の平行四辺形 ABCD で，x の値を求めなさい。

(1)　　　　　　　　(2)

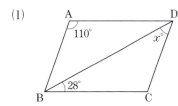 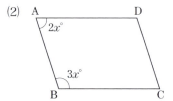

〈岐阜県〉

> **確認**
>
> ➡ **3**
>
> **平行四辺形の角の性質**
> ●平行四辺形の2組の対角はそれぞれ等しい。
> ●平行四辺形のとなり合う2つの角の大きさの和は180°である。

図形

4 右の図の平行四辺形 ABCD で、点 B, D から対角線 AC に垂線をひき、その交点をそれぞれ E, F とします。このとき、AE=CF であることを、次のように証明しました。□に証明の続きを書き、証明を完成しなさい。

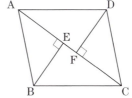

(証明)
△ABE と △CDF で、

合同な図形では、対応する辺は等しいので、
$$AE=CF$$

ヒント
→ 4
平行四辺形の性質や直角三角形の合同条件を根拠にして、△ABE≡△CDF を導く。

5 四角形 ABCD において、必ず平行四辺形になるものを、次のア〜エから2つ選び、記号で答えなさい。〈島根県〉
　ア　AD∥BC, AB=CD
　イ　AD∥BC, ∠A=∠B
　ウ　AD∥BC, ∠A=∠C
　エ　∠A=∠B=∠C=∠D

確認
→ 5, 6
平行四辺形になる条件
四角形は、次のどれかが成り立つとき、平行四辺形である。
① 2組の対辺がそれぞれ平行である。（定義）
② 2組の対辺がそれぞれ等しい。
③ 2組の対角がそれぞれ等しい。
④ 対角線がそれぞれの中点で交わる。
⑤ 1組の対辺が平行でその長さが等しい。

6 右の図の四角形 ABCD と四角形 BEFC は、どちらも平行四辺形です。点 A と E、点 D と F をそれぞれ結ぶと、四角形 AEFD は平行四辺形であることを証明しなさい。

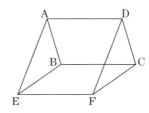

 7 右の図の △ABC で、点 M は辺 BC の中点で、点 P は辺 AC 上の点です。点 P を通り、△ABC の面積を2等分する直線と辺 BC との交点を Q とするとき、次の問いに答えなさい。

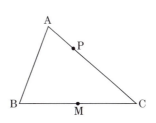

ヒント
→ 7
点 M は辺 BC の中点だから、直線 AM は △ABC の面積を2等分する。したがって、△AMC＝△AMP＋△PMC と考え、△AMP＝△PQM となるような、辺 BC 上の点 Q を考える。

(1) 次の□にあてはまる記号を入れて、点 Q の決め方を説明しなさい。
　（説明）　点 A と M、点 P と M をそれぞれ結ぶ。
　　　　　点 ア を通り、線分 イ に平行な直線をひき、辺 BC との交点を Q とする。

(2) (1)の説明にしたがって、上の図に直線 PQ をかき入れなさい。

STEP03 実戦問題 → 解答は別冊072ページ

入試レベルの問題で力をつけよう。

1 次の問いに答えなさい。

(1) 右の図のように，∠BAC＝42°，AB＝AC の二等辺三角形 ABC があり，辺 AC 上に AD＝BD となる点 D をとります。このとき，∠x の大きさを求めなさい。〈山口県〉

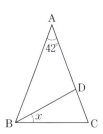

(2) 右の図で，△ABC は正三角形，四角形 ACDE は正方形，点 F は線分 AC と EB との交点です。このとき，∠EFC の大きさを求めなさい。〈愛知県〉

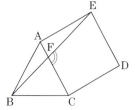

(3) 右の図において，$\ell /\!/ m$ であり，点 A，B はそれぞれ ℓ，m 上にあります。△ABC が AB＝BC の二等辺三角形であるとき，∠x の大きさを求めなさい。〈東京工業大附科学技術高〉

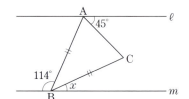

(4) 右の図において，△ABC は AB＝AC の二等辺三角形であり，∠B＝65°です。点 D，E はそれぞれ辺 AB，AC 上の点であり，点 F は直線 BC，DE の交点です。また，∠CFE＝30°です。このとき，∠DEA の大きさを求めなさい。〈山梨県〉

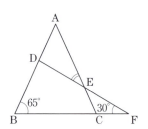

(5) 右の図で，点 C，D は AB を直径とする半円 O の周上の点であり，点 E は直線 AC と BD の交点です。半円 O の半径が 5cm，弧 CD の長さが 2πcm のとき，∠CED の大きさを求めなさい。〈愛知県〉

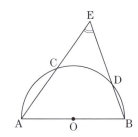

2 次の問いに答えなさい。

(1) 右の図において，四角形 ABCD は平行四辺形である。∠x の大きさを求めなさい。 〈栃木県〉

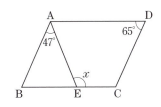

(2) 右の図で，四角形 ABCD はひし形，四角形 AEFD は正方形です。∠ABC＝48°のとき，∠CFE の大きさを求めなさい。 〈愛知県〉

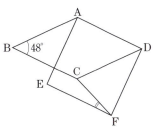

(3) 右の図のような平行四辺形 ABCD で，辺 BC 上に AE＝EC となるように点 E をとり，さらに AE 上に AB＝CF となる点 F をとると，∠BAE＝48°，∠ECF＝32°になりました。図の x，y の値を求めなさい。 〈ラ・サール高(鹿児島)〉

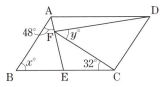

3 次の問いに答えなさい。

(1) 右の図の平行四辺形 ABCD において，点 P は対角線 BD 上の点で，点 P を通る線分 QR，ST は，それぞれ平行四辺形 ABCD の辺に平行になっています。四角形 AQPS の面積が 6cm² のとき，△RTC の面積を求めなさい。

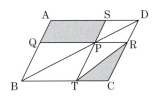

(2) 右の図で，点 C，D は中心角が 90°のおうぎ形 OAB の弧 BA 上の点で，∠BOC＝∠COD＝∠DOA です。また，点 E，F は線分 BO 上の点で，EC∥OA，FD∥OA であり，点 G は線分 CO と FD との交点です。線分 EC，EF，FD と弧 CD で囲まれた図の █ の部分の面積は，おうぎ形 OAB の面積の何倍ですか。 〈愛知県・一部〉

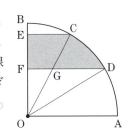

(3) 右の図の四角形 ABCD において，∠B＝∠D＝90°，∠C＝75°，AD＝CD とします。四角形 ABCD の面積が 50cm² であるとき，BD の長さを求めなさい。 〈立命館高(京都)・改〉

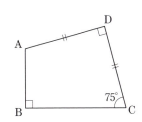

4 右の図のように，AB＝ACである直角二等辺三角形ABCの頂点Aを通る直線に，頂点B，Cからそれぞれ垂線BD，CEをひきます。このとき，BD＋CE＝DEであることを次のように証明します。　a　，　b　にあてはまる数をそれぞれ書きなさい。また，　I　，　II　，　III　にあてはまるものの組み合わせとして最も適当なものを，下のアからエまでの中から選んで，そのかな符号を書きなさい。なお，2か所の　a　には同じ数，3か所の　I　と2か所の　II　，　III　にはそれぞれ同じものがあてはまります。

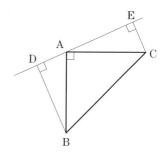

〈愛知県〉

(証明)　△ADBと△CEAで，
　　　仮定より，　∠ADB＝∠CEA＝90°　……①
　　　　　　　　　AB＝CA　……②
　　　また，　∠ABD＝　a　°－∠　I　　……③
　　　　　　　∠CAE＝　b　°－∠BAC－∠　I　
　　　　　　　　　　　＝　a　°－∠　I　　……④
　　　③，④より，∠ABD＝∠CAE　……⑤
　　　①，②，⑤から，直角三角形の斜辺と1つの鋭角が，それぞれ等しいので，
　　　　　　　　△ADB≡△CEA
　　　合同な図形では，対応する辺の長さは等しいので，
　　　　　　　　BD＝　II　，　III　＝CE
　　　よって，　BD＋CE＝　II　＋　III　＝DE

| ア | I | BAD, | II | AD, | III | AE | イ | I | ADB, | II | AE, | III | AD |
| ウ | I | BAD, | II | AE, | III | AD | エ | I | ADB, | II | AD, | III | AE |

5 右の図は，AB＜ADである長方形ABCDを，対角線ACを折り目として折り曲げて，頂点Dが移った点をE，AEとBCの交点をFとしたものです。このとき，△FACは二等辺三角形であることを，次の(1), (2)の2つの考え方でそれぞれ証明しなさい。

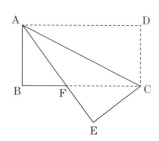

(1)　∠FAC＝∠FCAを導く。

(2)　△ABF≡△CEFから，FA＝FCを導く。

6 右の図のように，∠Aが60°で，∠ABCが60°より大きい△ABCがあります。辺AC上に点Dを∠CBD=60°となるようにとり，点Bと点Dを結びます。続いて，辺AB上に点Eを∠ADE=60°となるようにとり，直線DEと，点Bを通り辺ACと平行な直線との交点をFとします。また，点Eを通り辺ACと平行な直線と，辺BC，線分BDとの交点をそれぞれG，Hとします。このとき，△EBG≡△FBDであることを証明しなさい。

〈愛媛県・一部〉

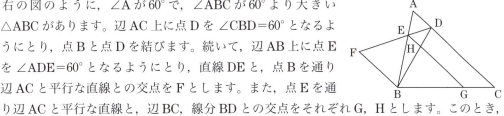

7 右の図のように，正方形ABCDを点Aを中心に時計回りに30°回転させて正方形AB'C'D'をつくります。このとき，BB'=BC'となることを証明しなさい。 〈関西学院高等部（兵庫）〉

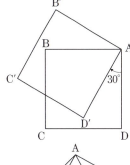

8 右の図のように，正三角形ABCの内側に点Dをとり，△DBCの外側に，辺BD，DCをそれぞれ1辺とする正三角形BDEと正三角形DCFをつくります。このとき，点AとE，点AとFをそれぞれ結ぶと，四角形AEDFは平行四辺形であることを証明しなさい。

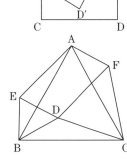

9 ∠C=90°の直角三角形ABCの頂点Cを通る直線に対して，点A，Bから垂線AD，BEをひいたところ，DC=CEでした。このとき，AB=AD+BEが成り立つことを証明しなさい。 〈大阪教育大附高[平野校舎]〉

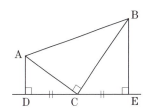

10 右の図のように，長方形ABCDと線分PQがあります。辺BC上に点Rをとり，折れ線PQRで長方形ABCDの面積を2等分したい。このとき，次の問いに答えなさい。 〈大阪教育大附高[池田校舎]〉

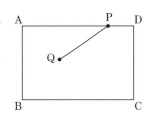

(1) 点Rをどこにとればよいですか。作図の手順を書きなさい。

(2) (1)の手順で求めた点Rによって，折れ線PQRで長方形ABCDの面積が2等分されることを証明しなさい。

5 図形 円

STEP 01 要点まとめ　→解答は別冊075ページ

00_____ にあてはまる数や記号，語句を書いて，この章の内容を確認しよう。

最重要ポイント

円周角の定理	1つの弧に対する円周角の大きさは一定であり，その弧に対する中心角の大きさの半分である。
円周角と弧の定理	1つの円で， ● 等しい円周角に対する弧は等しい。 ● 等しい弧に対する円周角は等しい。
円と接線	円外の1点から，その円にひいた2つの接線の長さは等しい。

1 円周角の定理

1 右の図で，∠x の大きさを求めなさい。

▶▶▶ 円周角の大きさは，同じ弧に対する中心角の大きさの半分。

∠$x = \dfrac{1}{2} \times $ 01____ ° ＝ 02____ °　← ∠ACB＝$\dfrac{1}{2}$∠AOB

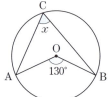

2 右の図で，∠x の大きさを求めなさい。

▶▶▶ 1つの弧に対する円周角の大きさは一定。

点 C と D を線分で結ぶ。
$\stackrel{\frown}{BD}$ に対する円周角だから，∠BCD＝∠ 03_____ ＝ 04____ °
$\stackrel{\frown}{DF}$ に対する円周角だから，∠DCF＝∠ 05_____ ＝ 06____ °
よって，∠x＝ 07____ °＋ 08____ °＝ 09____ °
　　　　　↑∠BCD　　↑∠DCF

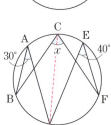

3 右の図で，線分 BC は円 O の直径で，AB＝AC です。
∠x の大きさを求めなさい。

▶▶▶ 半円の弧に対する円周角は 90°

線分 BC は円 O の 10_____ だから，∠BAC＝ 11____ °
よって，△ABC は直角二等辺三角形だから，∠x＝ 12____ °

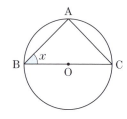

2 円と接線

4 右の図のように、点Pから円Oに接線をひき、円Oとの接点をそれぞれA、Bとします。このとき、PA＝PBであることを証明しなさい。

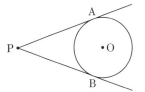

▶▶▶円の接線は、接点を通る半径に垂直。

(証明) 点OとP、A、Bをそれぞれ結ぶ。

△APOと△BPOにおいて、

円の接線は、接点を通る半径に_13_____だから、

　∠PAO＝∠_14___＝_15___°　……①

共通な辺だから、PO＝PO　……②

OA、OBは円Oの_16_____だから、OA＝_17___　……③

①、②、③より、直角三角形の_18_____がそれぞれ等しいから、

　△APO≡△BPO　よって、PA＝PB

3 円に内接する四角形

5 右の図で、∠xの大きさを求めなさい。

▶▶▶円に内接する四角形の性質は、次の通り。
　❶対角の和は180°
　❷1つの外角はそれととなり合う内角の対角に等しい。

∠B＋∠D＝_19___°だから、

　∠x＝_20___°−80°＝_21___°

∠A＝∠_22___だから、

　∠y＝_23___°

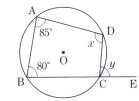

POINT 円に内接する四角形

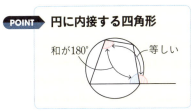

4 接線と弦のつくる角

6 右の図で、STは円Oの接線、Bは接点で、AB＝ACです。∠xの大きさを求めなさい。

▶▶▶円の接線とその接点を通る弦のつくる角は、その角の内部にある弧に対する円周角に等しい。

接線と弦のつくる角の定理より、←接弦定理ともいう。

　∠C＝∠_24___＝_25___°

△ABCは二等辺三角形だから、

　∠ABC＝∠C＝_26___°

よって、∠A＝180°−_27___°×2＝_28___°

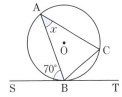

POINT 接弦定理

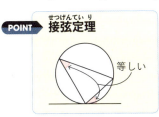

STEP02 基本問題 → 解答は別冊075ページ

学習内容が身についたか、問題を解いてチェックしよう。

 1 次の図で、∠x の大きさを求めなさい。（点 O は円の中心）

(1)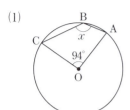

〈愛知県〉

(2)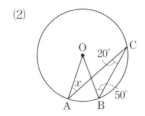

〈群馬県〉

(3)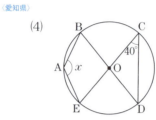

〈19 東京都〉

(4)

〈お茶の水女子大附高(東京)〉

 確認

→ **1**

円周角の定理
1つの弧に対する円周角の大きさは一定で、その弧に対する中心角の半分である。

直径と円周角
半円の弧に対する円周角は 90° である。

 2 次の図で、∠x の大きさを求めなさい。（点 O は半円、円の中心）

(1) $\stackrel{\frown}{AD} = \stackrel{\frown}{DC}$

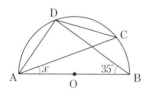

〈香川県〉

(2) $\stackrel{\frown}{AD} : \stackrel{\frown}{DC} = 2 : 3$

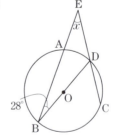

〈日本大習志野高(千葉)〉

 確認

→ **2**

円周角と弧の定理
1つの円で、等しい弧に対する円周角は等しい。

円周角と弧の性質
1つの円で、弧の長さと円周角の大きさは比例する。

3 右の図の △ABC で、点 D, E はそれぞれ辺 AB, AC 上の点で、点 F は線分 BE と CD の交点です。このとき、次の問いに答えなさい。

〈明治大付中野高(東京)・改〉

(1) 同一円周上にある 4 点を答えなさい。

(2) ∠x の大きさを求めなさい。

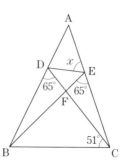

 確認

→ **3**

円周角の定理の逆
2点 P, Q が直線 AB について同じ側にあって、
∠APB＝∠AQB
ならば、4点 A, B, P, Q は1つの円周上にある。

122

4 右の図のような半径2cmの円に，3辺で接する直角三角形があります。この直角三角形の斜辺の長さが10cmのとき，次の問いに答えなさい。〈函館ラ・サール高（北海道）・改〉

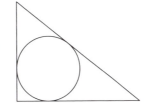

(1) この直角三角形の周の長さを求めなさい。

(2) この直角三角形の面積を求めなさい。

5 右の図で，4点A，B，C，Dは円Oの周上の点であり，線分BCは円Oの直径です。∠ADB＝41°のとき，∠ABCの大きさを，次の(1)，(2)の方法で求めなさい。〈秋田県・改〉

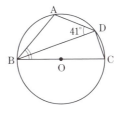

(1) 点AとCを結んで，円周角の定理を利用する。

(2) 円に内接する四角形の性質を利用する。

6 右の図のように，2本の半直線PA，PBは，それぞれ点A，Bで円Oに接しています。このとき，∠xの大きさを，次の(1)，(2)の2通りの方法で求めなさい。〈日本大三高（東京）・改〉

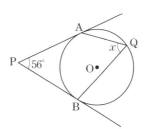

(1) 点OとA，点OとBをそれぞれ結んで，円周角の定理を利用する。

(2) 点AとBを結んで，接弦定理を利用する。

7 右の図のような円Oにおいて，線分ABは円Oの直径です。円Oの周上の点Cを通る接線と直線ABとの交点をDとします。∠ABC＝25°のとき，∠BDCの大きさを求めなさい。〈長崎県〉

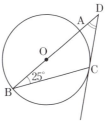

STEP 03 実戦問題 ➡解答は別冊076ページ

入試レベルの問題で力をつけよう。

 1 次の問いに答えなさい。

(1) 右の図で，BDを直径とする円Oの円周上に点A，Cがあります。このとき，∠xの大きさを求めなさい。
〈青森県〉

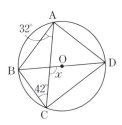

(2) 右の図で，A，B，C，Dは円周上の点で，AB＝ACです。このとき，∠xの大きさを求めなさい。
〈岩手県〉

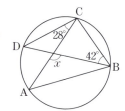

(3) 右の図で，4点A，B，C，Dは円周上にあります。このとき，∠x，∠yの大きさをそれぞれ求めなさい。
〈桐蔭学園高［神奈川］〉

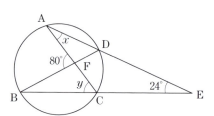

(4) 右の図のように，AB＝ACの二等辺三角形が円Oに内接しています。直線BOと円Oの交点のうち，BでないほうをDとし，ACとBDの交点をEとします。∠BAC＝46°のとき，∠ACD，∠AEDの大きさを求めなさい。
〈愛光高（愛媛）〉

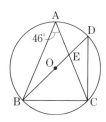

(5) 右の図のように，三角形ABCの3つの頂点A，B，Cを通る円があります。円周上に2点D，Eがあり，DEは辺BCの垂直二等分線です。∠BAC＝46°であるとき，∠BAEの大きさを求めなさい。
〈大阪教育大附高［平野校舎］〉

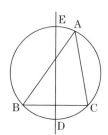

2 次の問いに答えなさい。

(1) 右の図のように，円周上に 4 点 A，B，C，D があり，$\overset{\frown}{BC}=\overset{\frown}{CD}$ です。線分 AC と線分 BD の交点を E とします。∠ACB＝76°，∠AED＝80° のとき，∠ABE の大きさを求めなさい。 〈広島県〉

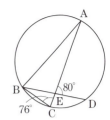

(2) 右の図のように，円 O の周上に 5 点 A，B，C，D，E をとります。線分 AC は円 O の直径であり，$\overset{\frown}{BC}=\overset{\frown}{CD}=\overset{\frown}{DE}$，∠BAC＝15° です。線分 AC と BE の交点を F とするとき，∠AFE の大きさを求めなさい。 〈国立高専〉

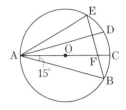

(3) 右の図において，$\overset{\frown}{AB}:\overset{\frown}{BC}:\overset{\frown}{CD}:\overset{\frown}{DA}=1:2:3:4$ のとき，∠x の大きさを求めなさい。 〈國學院大久我山高（東京）〉

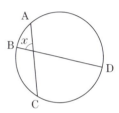

(4) 右の図において，点 O は円の中心，$\overset{\frown}{AB}:\overset{\frown}{BC}:\overset{\frown}{CA}=4:6:5$ のとき，∠x の大きさを求めなさい。 〈明治学院高（東京）〉

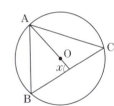

(5) 右の図において，AD は円 O の直径で，AB：DE＝3：4 です。このとき，∠x の大きさを求めなさい。

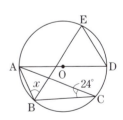

(6) 右の図のように，円周上に 6 点 A，B，C，D，E，F があり，∠ACF＝95°，$\overset{\frown}{AB}=\overset{\frown}{BC}=\overset{\frown}{CD}=\overset{\frown}{DE}=\overset{\frown}{EF}$ です。このとき，∠BFE の大きさを求めなさい。 〈西大和学園高（奈良）〉

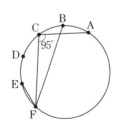

3 次の問いに答えなさい。ただし，円周率はπとします。

(1) 右の図のように，半径10cmの円Oの周上に3点A，B，Cがあります。∠BAC＝72°のとき，斜線部分の面積を求めなさい。〈島根県〉

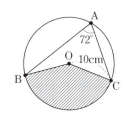

(2) 右の図のように，線分ABを直径とする半径3の半円Oの円周上に2点P，Qがあります。APとBQを延長して交わった点をRとします。∠ARB＝72°のとき，$\stackrel{\frown}{PQ}$の長さを求めなさい。〈城北高(東京)〉

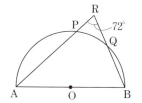

(3) 右の図のように，円Oの周上に3点A，P，Bがあり，∠APB＝75°です。円周角∠APBに対する$\stackrel{\frown}{AB}$の長さが4πcmであるとき，円Oの周の長さを求めなさい。〈京都府〉

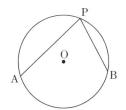

4 右の図のように，2点O，O′をそれぞれ中心とする円O，O′は点Aで接しています。点B，Cは円Oの周上の点で，線分BCは点Dで円O′に接し，線分ACは円Oの直径です。また，円O′は線分OCと交わり，その交点を点Eとします。円Oの半径を3cm，∠DEA＝56°として，次の問いに答えなさい。〈慶応義塾大子高(東京)〉

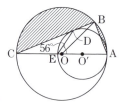

(1) ∠BOAの大きさを求めなさい。

(2) 図の2つの斜線部分の面積の差を求めなさい。ただし，円周率はπとします。

5 右の図のように，∠A＝50°，∠B＝60°，∠C＝70°の△ABCを，頂点Cを中心として，時計回りに25°回転させたとき，A，Bが移る点を，それぞれD，Eとします。ABとDEの交点をFとするとき，角の大きさの和∠BEC＋∠ECFを求めなさい。〈筑波大附高(東京)〉

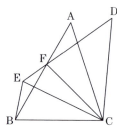

6 右の図のように，線分ABを直径とする円Oの周上に2点A, Bと異なる点Cがあります。$\stackrel{\frown}{AC}$ 上に2点A, Cと異なる点Pをとると，$\stackrel{\frown}{BC}=\stackrel{\frown}{AP}$ でした。また，PC=AEとなるように，線分AB上に点Eをとります。このとき，四角形AECPが平行四辺形であることを証明しなさい。ただし，$\stackrel{\frown}{AC}$, $\stackrel{\frown}{BC}$, $\stackrel{\frown}{AP}$ はそれぞれ短いほうの弧を指すものとします。

〈富山県・一部〉

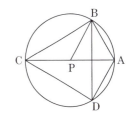

7 右の図のように，4点A, B, C, Dが同一円周上にあり，△BCDは正三角形です。線分AC上にAP=BPとなる点Pをとるとき，次の問いに答えなさい。

〈島根県・一部〉

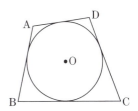

(1) ∠BADの大きさを求めなさい。

(2) △PABは正三角形であることを証明しなさい。

8 右の図は，周の長さが86cm，面積が430cm²の四角形ABCDで，円Oは，この四角形の4つの辺に接しています。このとき，次の問いに答えなさい。

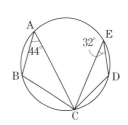

(1) 辺ADと辺BCの長さの和を求めなさい。

(2) 円Oの半径を求めなさい。

9 右の図のように，5点A, B, C, D, Eは1つの円周上にあります。このとき，∠BCDの大きさを求めなさい。

〈明治大付中野高（東京）〉

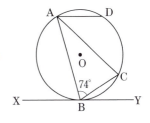

10 右の図のように，円Oが点Bで直線XYに接しており，AD∥XY，AB=AC，∠ABC=74°です。このとき，∠DACの大きさを求めなさい。

〈桐蔭学園高（神奈川）〉

6 図形 相似な図形

STEP 01 要点まとめ　→解答は別冊079ページ

00_____ にあてはまる数や記号, 語句を書いて, この章の内容を確認しよう。

最重要ポイント

- 三角形の相似条件 ……………
  - ❶ 3組の辺の比がすべて等しい。
  - ❷ 2組の辺の比とその間の角がそれぞれ等しい。
  - ❸ 2組の角がそれぞれ等しい。
- 相似な平面図形の周と面積 ………
  - 周の長さの比は, 相似比に等しい。
  - 面積の比は, 相似比の2乗に等しい。
- 相似な立体の表面積と体積 ………
  - 表面積の比は, 相似比の2乗に等しい。
  - 体積の比は, 相似比の3乗に等しい。

1 相似な図形

1 右の図で, △ABC∽△DEF です。x, y の値を求めなさい。

▶▶▶ 相似な図形では, 対応する線分の長さの比はすべて等しい。

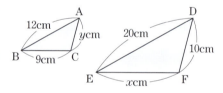

辺 AB に対応する辺は辺 ₀₁_____

だから, △ABC と △DEF の相似比は,

12 : ₀₂_____ = ₀₃_____ : ₀₄_____ ←簡単な整数の比で表す。

よって, 9 : x = ₀₅_____ : ₀₆_____ ← $a:b=c:d$ ならば $ad=bc$

$x =$ ₀₇_____

y : 10 = ₀₈_____ : ₀₉_____

$y =$ ₁₀_____

!注意 対応する頂点は同じ順に書く。

POINT 相似比

相似な図形で, 対応する部分の長さの比を相似比という。

2 右の図で, △ABC∽△ADB であることを証明しなさい。

▶▶▶ 仮定や図形の性質を根拠として, 3つの三角形の相似条件のうちどの条件が成り立つかを考える。

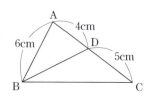

(証明)　△ABC と △ADB において，

　　∠A は共通　　　　　　　　　　　……①
　　AB：AD＝6：___11___ ＝ ___12___ ：___13___ ……② ←簡単な整数の比で表す。
　　AC：AB＝(4＋5)：___14___ ＝ ___15___ ：___16___ ……③
　①，②，③より，___17___　がそれぞれ等しいから，
　　△ABC∽△ADB・…… ⚠注意
　　　　　　　　　△ABC∽△ABD などと書くのは，対応する頂点の順でないので誤り。

2 平行線と線分の比

3 右の図で，DE∥BC のとき，x，y の値を求めなさい。

▶▶▶ DE∥BC ならば， $\begin{cases} AD:AB=AE:AC=DE:BC \\ AD:DB=AE:EC \end{cases}$

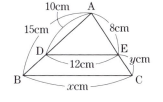

DE∥BC だから，AD：AB＝DE：BC
　　　　　10：___18___ ＝ ___19___ ：x，x＝___20___
また，AD：DB＝AE：EC，10：___21___ ＝ ___22___ ：y，y＝___23___

4 右の図の △ABC で，点 M，N はそれぞれ辺 AB，AC の中点です。このとき，MN の長さを求めなさい。また，∠x の大きさを求めなさい。

▶▶▶ 中点連結定理を利用する。

中点連結定理より，MN∥BC，MN＝$\frac{1}{2}$BC

MN＝$\frac{1}{2}$×___24___ ＝___25___　(cm)

三角形の内角の和は ___26___ °だから，∠C＝___27___ °－(50°＋60°)＝___28___ °
MN ___29___ BC で，同位角は等しいから，∠x＝___30___ °

3 相似と計量

5 右の図で，△ABC∽△DEF です。△ABC の面積が 27cm² のとき，△DEF の面積を求めなさい。

▶▶▶ 相似比が $m:n$ ならば，面積の比は $m^2:n^2$

△ABC と △DEF の相似比は，
　　9：___31___ ＝ ___32___ ：___33___ ←簡単な整数の比で表す。
△ABC：△DEF＝___34___ ² ：___35___ ²
　　　　　　＝___36___ ：___37___ ←面積の比。

よって，△DEF＝27×$\frac{___38___}{___39___}$＝___40___　(cm²)

POINT　相似な平面図形の面積の比
相似比が $m:n$ ならば，面積の比は $m^2:n^2$

STEP02 基本問題 → 解答は別冊079ページ

学習内容が身についたか,問題を解いてチェックしよう。

1 右の図で,△ABC∽△DEF のとき,次の問いに答えなさい。

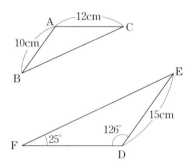

(1) △ABC と △DEF の相似比を求めなさい。

(2) ∠B の大きさを求めなさい。

(3) 辺 DF の長さを求めなさい。

確認

→ **1**

相似な図形の性質
相似な図形では,
① 対応する線分の長さの比は等しい。
② 対応する角の大きさは等しい。

2 次の問いに答えなさい。 〈よく出る〉

(1) 右の図のように,△ABC の辺 AB 上に点 D,辺 BC 上に点 E をとります。このとき,△ABC∽△EBD であることを証明しなさい。
〈栃木県〉

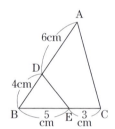

(2) 右の図の円において,$\overparen{AB}=\overparen{BC}=\overparen{CD}$ で,線分 BE と線分 AD の交点を F とするとき,△ACE∽△FDE であることを証明しなさい。
〈鹿児島県〉

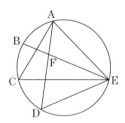

(3) 右の図のように,円周上に4点 A,B,C,D をとり,線分 AC と BD との交点を P とします。このとき,PA:PD=PB:PC であることを証明しなさい。
〈18 埼玉県〉

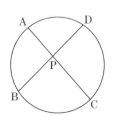

確認

→ **2**

三角形の相似条件
2つの三角形は,次の①〜③の条件のうち,どれか1つが成り立てば相似である。

① 3組の辺の比がすべて等しい。

$a:a'=b:b'=c:c'$

② 2組の辺の比とその間の角がそれぞれ等しい。

$a:a'=c:c'$, ∠B=∠B'

③ 2組の角がそれぞれ等しい。

∠B=∠B', ∠C=∠C'

3 次の図で，DE∥BC のとき，x, y の値を求めなさい。

(1)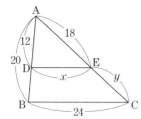

(2)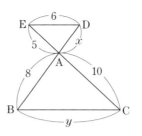

4 次の図で，ℓ∥m∥n のとき，x の値を求めなさい。

(1)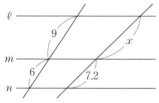

(2)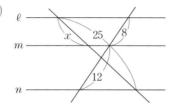

5 右の図のように，△ABC の辺 BC 上に，BD：DC＝1：2 となる点 D をとります。また，線分 AD，辺 AC の中点をそれぞれ E，F とします。このとき，BE＝DF であることを証明しなさい。
〈福島県〉

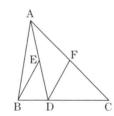

6 次の問いに答えなさい。

(1) △ABC と △DEF は相似であり，その相似比は 2：3 です。△ABC の面積が 8cm² であるとき，△DEF の面積を求めなさい。
〈栃木県〉

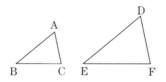

(2) 右の図のように，三角錐 OABC の辺上に 3 点 D，E，F があり，三角錐 OABC が平面 DEF で 2 つの部分 P，Q に分けられています。底面 ABC と平面 DEF が平行で，AB：DE＝5：2 であるとき，Q の体積は P の体積の何倍ですか。
〈徳島県〉

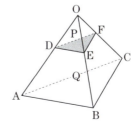

確認 →3
三角形と線分の比
△ABC の辺 AB，AC 上に，それぞれ点 D，E があるとき，DE∥BC ならば，
　AD：AB＝AE：AC
　　　　＝DE：BC
　AD：DB＝AE：EC

※点 D，E はそれぞれ辺 AB，AC の延長上にあってもよい。

確認 →4
平行線と線分の比
平行な3直線 ℓ，m，n が，2直線と次のように交わっているとき，
　AB：BC＝A'B'：B'C'
　AB：A'B'＝BC：B'C'

確認 →5
中点連結定理
△ABC の 2辺 AB，AC の中点をそれぞれ M，N とすると，
　MN∥BC，MN＝$\frac{1}{2}$BC

ヒント →6
相似な図形の面積の比
相似な平面図形では，面積の比は相似比の2乗に等しい。

相似な立体の体積の比
相似な立体では，体積の比は相似比の3乗に等しい。

STEP 03 実戦問題 → 解答は別冊080ページ

入試レベルの問題で力をつけよう。

1 地面に垂直に立てた長さ1mの棒の影の長さが1.5mのとき，次の図の，旗を掲げるポールの高さ AB，DE をそれぞれ求めなさい。点 C，F は，それぞれ影の先端です。

(1)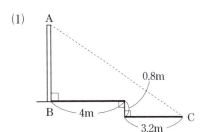

(2)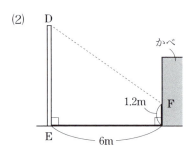

2 右の図の四角形 ABCD は AB＝3cm，AD＝5cm の平行四辺形です。辺 CD 上に CE＝2cm となる点 E をとり，直線 AD と直線 BE の交点を F，直線 AC と直線 BF の交点を G とするとき，次の問いに答えなさい。　〈東京電機大高（東京）〉

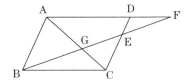

(1) 線分 DF の長さを求めなさい。

(2) 線分 GE と線分 EF の長さの比を，最も簡単な整数の比で表しなさい。

(3) 四角形 AGED と △BCG の面積の比を，最も簡単な整数の比で表しなさい。

3 右の図の △ABC において，AB＝6cm，BC＝8cm，CA＝7cm，BD＝2cm です。また，AD と平行な直線が，直線 AB，辺 AC，辺 BC とそれぞれ E，F，G で交わっています。このとき，次の比を最も簡単な整数の比で表しなさい。　〈18 青山学院高（東京）〉

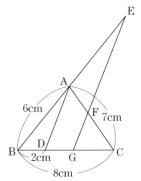

(1) AE：DG

(2) AF：DG

(3) AE：AF

(4) DG＝3cm のとき，△CFG：△AEF

4 右の図のように，平行四辺形 ABCD があり，AB=5cm です。辺 AD 上に点 E を AB=DE となるようにとり，点 E を通り直線 AB に平行な直線と対角線 AC との交点を F とすると，EF=2cm でした。また，2点 C，E を通る直線と直線 AB との交点を G とします。このとき，次の問いに答えなさい。

〈京都府〉

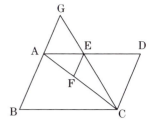

(1) AF：FC を最も簡単な整数の比で表しなさい。

(2) 線分 AG の長さを求めなさい。

(3) 点 D から直線 CE にひいた垂線と直線 CE との交点を H とするとき，△AEG と △BCH の面積の比を最も簡単な整数の比で表しなさい。

5 右の図で，△ABC は AB=AC の二等辺三角形であり，D，E はそれぞれ辺 AB，AC 上の点で，DE∥BC です。また，F，G はそれぞれ ∠ABC の二等分線と辺 AC，直線 DE との交点です。AB=12cm，BC=8cm，DE=2cm のとき，次の問いに答えなさい。

〈愛知県〉

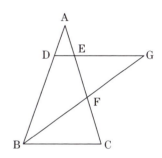

(1) 線分 DG の長さは何 cm ですか。

(2) △FBC の面積は，△ADE の面積の何倍ですか。

6 右の図の △ABC において，∠A の二等分線と辺 BC との交点を D，∠C の二等分線と辺 AB との交点を E，線分 AD と線分 CE との交点を F とします。また，∠ABC=∠BCE，AC=5cm，CD=3cm とします。次の問いに答えなさい。 〈19 青山学院高（東京）〉

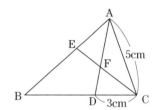

(1) AF：FD を最も簡単な整数の比で表しなさい。

(2) 線分 BD の長さを求めなさい。

7 右の図の △ABC において，辺 AC 上にあり，AP：PC=2：1 となるような点 P を，作図によって求めなさい。ただし，三角定規の角を利用して平行線や垂線をひくことはしないものとし，作図に用いた線は消さずに残しておくこと。

〈千葉県〉

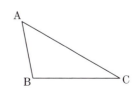

8 右の図1のような△ABCがあります。辺AB，BCの中点をそれぞれP，Qとします。次の問いに答えなさい。〈大分県〉

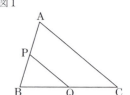
図1

(1) AC＝6cmとするとき，線分PQの長さを求めなさい。

(2) △ABCの外部に点Dをとり，四角形ABCDをつくります。四角形ABCDの辺CD，ADの中点をそれぞれR，Sとします。次の①，②の問いに答えなさい。

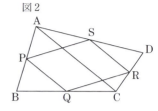
図2

 ① 右の図2のように，4点P，Q，R，Sを結んで四角形PQRSをつくります。この四角形PQRSが平行四辺形であることを証明しなさい。

② 右の図3のように，平行四辺形PQRSが正方形になるような点Dの位置について考えます。△ABCから，この点Dの位置を決める作図の1つとして，下の[作図方法]で，右の図4のように作図をしました。

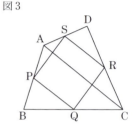
図3

[作図方法]
① 点Bを通る線分ACの垂線をひく。(AC⊥BD)
② AC＝BDとなる点Dをとる。

次の[説明]は，上の[作図方法]から求めた点Dによってできる平行四辺形PQRSが正方形であることを，説明したものです。

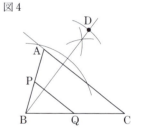
図4

[説明] 正方形は，4つの角がすべて等しく，4つの辺がすべて等しい四角形であるので，平行四辺形PQRSが正方形になるための条件は， Ⅰ である。
よって， Ⅰ であることを示す。

> Ⅱ

ゆえに， Ⅰ であるので，平行四辺形PQRSは正方形である。

Ⅰ には最も適当なものを下のア～エから1つ選び，記号を書き， Ⅱ には，AC⊥BD，AC＝BDを用いて続きを書き，[説明]を完成させなさい。

ア　PQ⊥PS，PR＝QS
イ　PQ⊥PS，PQ＝PS
ウ　PQ⊥PS，SP⊥SR
エ　PQ＝PS

9 右の図のように，AB＝10，BC＝9，CA＝8の△ABCがあり，辺BCの中点をMとします。直線ADは∠BACの二等分線であり，直線ADと辺BCとの交点をPとします。AD⊥BDのとき，次の問いに答えなさい。 〈明治大付明治高(東京)〉

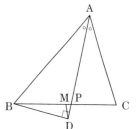

(1) MPの長さを求めなさい。

(2) AD：PDを最も簡単な整数の比で表しなさい。

(3) MDの長さを求めなさい。

10 次の問いに答えなさい。

(1) 右の図で，3点B，C，Eは一直線上にあり，△ABCと△DCEは，相似比が6：5の相似な三角形です。また，4点B，F，G，Hは一直線上にあり，AB＝AC＝12cm，AF＝9cmです。このとき，△ABFの面積をS，△DGHの面積をTとして，$S:T$を最も簡単な自然数の比で表しなさい。 〈国立高専〉

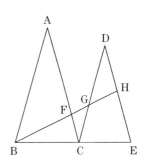

(2) 右の図のような，三角錐A-BCDがあります。点P，点Qは，それぞれ辺AC，辺AD上にあります。AP：PC＝AQ：QD＝3：1であるとします。このとき，三角錐A-BPQの体積は，四角錐B-PCDQの体積の何倍ですか。 〈秋田県〉

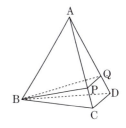

(3) 下の図1は，1辺が6cmの立方体ABCD-EFGHの4つの頂点を結び，正四面体ACFHをつくったもので，図2は，図1の正四面体ACFHをかき出したものです。5点P，Q，R，S，Tはそれぞれ辺AH，AF，AC，CH，CFの中点で，これらを図のように直線で結び，立体PQR-STCをつくります。この立体の体積を求めなさい。 〈岩手県・一部〉

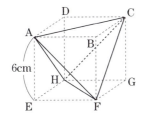
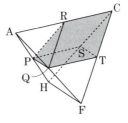

11 次の問いに答えなさい。

(1) 右の図の △ABC で，点 D は辺 AB 上にあり，AD：DB＝1：2 です。点 E が線分 CD の中点のとき，△ABC と △AEC の面積比を求めなさい。 〈岩手県〉

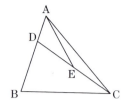

(2) 右の図のように，△ABC の辺 AB，BC，CA 上に，$\dfrac{AP}{AB}＝\dfrac{BQ}{BC}＝\dfrac{CR}{CA}＝\dfrac{2}{3}$ となるように，点 P，Q，R をとります。このとき，面積比 △ABC：△PQR を求めなさい。 〈日本大第二高(東京)〉

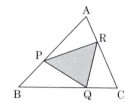

(3) 右の図で，AD：DB＝2：1，AF：FC＝4：3 であるとき，BE：EC を最も簡単な整数の比で表しなさい。 〈法政大高(東京)〉

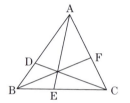

12 右の図のような，おうぎ形 ABC があり，$\overarc{BC}$ 上に点 D をとり，$\overarc{DC}$ 上に点 E を，$\overarc{DE}＝\overarc{EC}$ となるようにとります。また，線分 AE と線分 BC の交点を F，線分 AE の延長と線分 BD の延長の交点を G とします。次の問いに答えなさい。 〈山口県〉

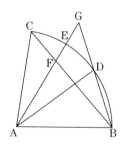

(1) △GAD∽△GBF であることを証明しなさい。

(2) おうぎ形 ABC の半径が 8cm，線分 EG の長さが 2cm であるとき，線分 AF の長さを求めなさい。

13 右の図のように，線分 AB を直径とする円 O があります。円 O の周上に点 C をとり，BC＜AC である △ABC をつくります。△ACD が AC＝AD の直角二等辺三角形となるような点 D をとり，辺 CD と直径 AB の交点を E とします。また，点 D から直径 AB に垂線をひき，直径 AB との交点を F とします。このとき，次の問いに答えなさい。 〈高知県〉

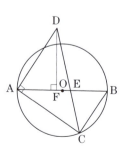

(1) △ABC∽△DAF を証明しなさい。

(2) AB＝10cm，BC＝6cm，CA＝8cm であるとするとき，線分 FE の長さを求めなさい。

14 平行四辺形 ABCD において，∠BAD，∠CDA の二等分線が線分 DC，AB の延長と交わる点をそれぞれ E，F とします。線分 AE，DF の交点を G とすると，右の図のようになりました。線分 AE，DF が辺 BC と交わる点をそれぞれ H，I とするとき，△GHI∽△GED となることを証明しなさい。 〈関西学院高等部（兵庫）〉

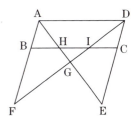

15 右の図のように，円に内接する四角形 ABCD があり，辺 AD，BC，CD の中点をそれぞれ E，F，G とします。直線 AD と直線 FG の交点を P，直線 BC と直線 EG の交点を Q とします。このとき，∠APF＝∠BQE であることを証明しなさい。 〈久留米大附設高（福岡）〉

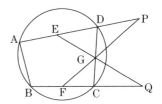

16 右の図1で，点 O は円の中心です。△ABC は，3 つの頂点 A，B，C がすべて円 O の周上にあり，AB＞AC となる鋭角三角形です。頂点 A から辺 BC に垂直な直線をひき，辺 BC との交点を D とします。頂点 B と点 O を通る直線をひき，線分 AD との交点を E，円 O との交点のうち頂点 B と異なる点を F とします。頂点 C と点 O，頂点 C と点 F をそれぞれ結びます。線分 OC と線分 AD との交点を G とします。次の問いに答えなさい。 〈18 都立日比谷高〉

図1

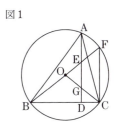

(1) 頂点 C をふくまない $\stackrel{\frown}{AB}$ と $\stackrel{\frown}{AF}$ の長さの比が 4：1，∠BAD＝36°のとき，∠BOC の大きさは何度ですか。

(2) △ABE∽△CAG であることを証明しなさい。

(3) 右の図2は，図1において，OG＝GC，AE：EG＝3：1 となった場合を表しています。AE＝4cm のとき，円 O の半径は何 cm ですか。

図2

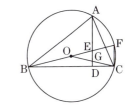

17 右の図のように，2円 C_1，C_2 が点 A において外接しています。2点 B，C は円 C_1 の周上にあり，3点 D，E，F は円 C_2 の周上にあります。3点 B，A，E と 3点 C，A，F と 3点 C，D，E はそれぞれ一直線上に並んでいます。また，直線 FD と直線 BE，BC の交点をそれぞれ点 G，H とします。△ABC は鋭角三角形とし，BC＝4，EF＝3，CH＝5 のとき，次の問いに答えなさい。 〈慶応義塾高（神奈川）〉

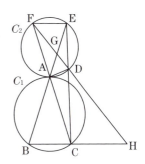

(1) EG：GA：AB を最も簡単な整数の比で表しなさい。

(2) △GAD：△DCH を最も簡単な整数の比で表しなさい。

7 三平方の定理

STEP 01 要点まとめ　→解答は別冊085ページ

$\underline{}_{00}$ にあてはまる数や記号，語句を書いて，この章の内容を確認しよう。

最重要ポイント

三平方の定理……直角三角形の直角をはさむ2辺の長さを a, b, 斜辺の長さを c とすると，$a^2+b^2=c^2$ が成り立つ。

特別な直角三角形の辺の比
……｛
● 鋭角が 30°，60° の直角三角形の3辺の比は，$2:1:\sqrt{3}$
● 鋭角が 45°，45° の直角三角形の3辺の比は，$1:1:\sqrt{2}$

1 三平方の定理

1 右の図で，CD の長さを求めなさい。

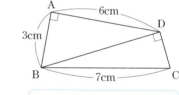

▶▶▶ △ABD，△BCD で，三平方の定理を利用する。

$AB^2+AD^2=BD^2$ だから，

　$BD^2=3^2+\underline{}_{01}{}^2=\underline{}_{02}$

$BD>0$ だから，$BD=\sqrt{\underline{}_{03}}=\underline{}_{04}$ (cm)

$CD^2=BC^2-BD^2$ だから，

　⚠ 注意　$CD^2=BC^2+BD^2$ としないように。

　$CD^2=7^2-(\underline{}_{05})^2=\underline{}_{06}$

$CD>0$ だから，$CD=\sqrt{\underline{}_{07}}=\underline{}_{08}$ (cm)

POINT 三平方の定理

$a^2+b^2=c^2$

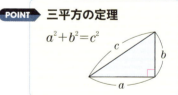

2 次の長さを3辺とする三角形は，直角三角形であるかどうかを答えなさい。

① 5cm，7cm，9cm　　② 4cm，8cm，$4\sqrt{3}$ cm

▶▶▶ 3辺 a, b, c の間に $a^2+b^2=c^2$ が成り立つかを調べる。

① $a=5$, $b=7$, $c=9$ とすると，

　$a^2+b^2=25+\underline{}_{09}=\underline{}_{10}$, $c^2=\underline{}_{11}$

　よって，$a^2+b^2\underline{}_{12}c^2$ だから，直角三角形で$\underline{}_{13}$。

↑ ＝または≠

② 8 と $4\sqrt{3}$ の大小は，8 [14]___ $4\sqrt{3}$
↑不等号

$a=4$, $b=4\sqrt{3}$, $c=8$ とすると，
$a^2+b^2=16+$ [15]___ $=$ [16]___ ,
$c^2=$ [17]___
a^2+b^2 [18]___ c^2 だから，直角三角形で [19]___ 。
↑＝または≠

POINT 三平方の定理の逆
△ABC で，
$a^2+b^2=c^2$ ならば，
∠C＝90°

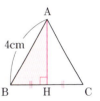

2 三平方の定理と平面図形

3 1辺が 4cm の正三角形の高さを求めなさい。

▶▶▶右の図で，AB：BH：AH＝2：1：$\sqrt{3}$

BH＝$\frac{1}{2}$AB＝$\frac{1}{2}$× [20]___ ＝ [21]___ （cm）

AH＝$\sqrt{3}$BH＝$\sqrt{3}$× [22]___ ＝ [23]___ （cm）

4 対角線の長さが 6cm の正方形の 1 辺の長さを求めなさい。

▶▶▶右の図で，AB：BC：AC＝1：1：$\sqrt{2}$

AB：AC＝1： [24]___ だから，AC＝ [25]___ AB

AB＝$\dfrac{6}{[26]\_\_\_}$＝ [27]___ （cm）

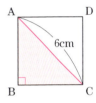

3 三平方の定理と空間図形

5 縦が 4cm，横が 6cm，高さが 3cm の直方体の対角線の長さを求めなさい。

▶▶▶縦 a，横 b，高さ c の直方体の対角線の長さ ℓ は，
$\ell=\sqrt{a^2+b^2+c^2}$

対角線の長さは，
$\sqrt{4^2+[28]\_\_\_^2+[29]\_\_\_^2}=$ [30]___ （cm）
↑縦　　↑横　　↑高さ

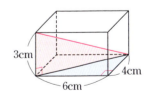

6 右の図の円錐の体積を求めなさい。

▶▶▶底面の半径が r，母線の長さが ℓ の円錐の高さ h は，
$h=\sqrt{\ell^2-r^2}$

円錐の高さは，$\sqrt{[31]\_\_\_^2-[32]\_\_\_^2}=\sqrt{[33]\_\_\_}=$ [34]___ （cm）
↑母線　　↑底面の半径

円錐の体積は，$\dfrac{1}{3}\pi\times$ [35]___ $^2\times$ [36]___ ＝ [37]___ （cm³）
↑底面積　　↑高さ

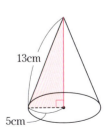

139

STEP02 基本問題 ➡解答は別冊086ページ

学習内容が身についたか，問題を解いてチェックしよう。

1 次の図で，x の値を求めなさい。

(1) 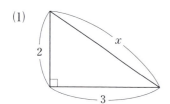 (2)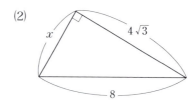

→ 1
三平方の定理
直角三角形の直角をはさむ2辺の長さを a, b, 斜辺の長さを c とすると，
$$a^2+b^2=c^2$$
が成り立つ。

2 次の問いに答えなさい。

(1) 3辺の長さが a cm, b cm, c cm である三角形があります。この三角形が直角三角形であるかどうかを調べる方法を，a, b, c を用いて説明しなさい。ただし，この三角形の3辺のうち，いちばん長い辺の長さは c cm です。
〈長野県〉

(2) 次の長さを3辺とする三角形の中から，直角三角形をすべて選んで，記号で答えなさい。

ア 4cm, 6cm, 7cm   イ 8cm, 15cm, 17cm
ウ $\sqrt{7}$ cm, $\sqrt{5}$ cm, $2\sqrt{3}$ cm   エ 5cm, $2\sqrt{5}$ cm, $\sqrt{6}$ cm

3 次の図で，x, y の値を求めなさい。

(1) 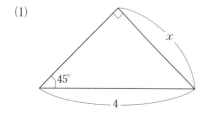 (2)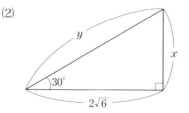

→ 3
特別な直角三角形の辺の比
● 30°, 60°, 90° の直角三角形

● 45°, 45°, 90° の直角三角形（直角二等辺三角形）

(3) 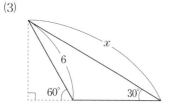 (4)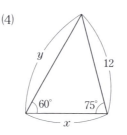

4 次の図の円 O で，x の値を求めなさい。

(1)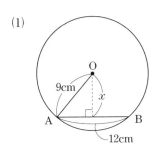

(2) AP は接線で，点 P は接点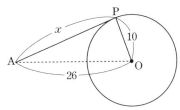

5 座標平面上に，点 A(-3, 4)，B(1, 1)，C(4, 5) の 3 点を頂点とする △ABC があります。この三角形はどんな三角形ですか。できるだけ正確に答えなさい。

6 右の図の △ABC において，AB$=13$，BC$=14$，CA$=15$，∠AHB$=90°$ のとき，線分 AH の長さを求めなさい。 〈専修大附高(東京)〉

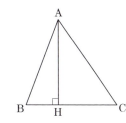

7 次の問いに答えなさい。

(1) 縦 5cm，横 8cm，高さ 6cm の直方体の対角線の長さを求めなさい。

(2) 1 辺が 5cm の立方体の対角線の長さを求めなさい。

8 次の問いに答えなさい。ただし，円周率は π とします。

(1) 下の図 1 の円錐の体積を求めなさい。 〈新潟県〉

(2) 下の図 2 の正四角錐の体積を求めなさい。 〈秋田県〉

図1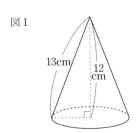

図2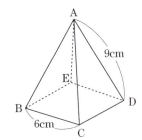

ヒント

→ 5
まず，3 辺の長さを求め，3 辺の間にどんな関係があるか調べる。

2 点間の距離
2 点 A(x_1, y_1)，B(x_2, y_2) 間の距離は，
$\sqrt{(x_2-x_1)^2+(y_2-y_1)^2}$

ヒント

→ 6
BH$=x$ として，△ABH，△ACH に三平方の定理を適用し，方程式をつくる。

確認

→ 7
直方体の対角線の長さ
縦 a，横 b，高さ c の直方体の対角線の長さを ℓ とすると，
$\ell=\sqrt{a^2+b^2+c^2}$

立方体の対角線の長さ
1 辺が a の立方体の対角線の長さを ℓ とすると，
$\ell=\sqrt{3}a$

ヒント

→ 8(2)
底面の正方形の対角線の交点を H とすると，この正四角錐の高さは AH である。

STEP 03 実戦問題 → 解答は別冊087ページ

入試レベルの問題でカをつけよう。

1 長方形ABCDの辺AB上に点Eをとり，辺AD上に点Fをとります。線分EFを折り目として折り返したところ，点Aが辺BC上の点Gに重なりました。AB=12，AD=20，BE=5のとき，次の線分の長さを求めなさい。 〈慶応義塾志木高(埼玉)〉

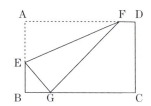

(1) BG

(2) EF

2 図1，図2のように，正方形や正六角形に正三角形を重ねてできる図形について考えます。次の問いに答えなさい。 〈滋賀県〉

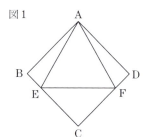

(1) 図1は，1辺の長さが$\sqrt{2}$の正三角形AEFの頂点E，Fを，それぞれ正方形ABCDの辺BC，CD上にとったものです。正方形ABCDの1辺の長さをxとするとき，線分BEの長さをxを用いた式で表しなさい。

(2) 図2は，面積が$40\sqrt{3}$の正六角形ABCDEFの辺AB，CD，EFの中点を，それぞれS，T，Uとしたものです。正三角形BDFと正三角形STUが重なる部分に斜線がひかれています。次の問いに答えなさい。

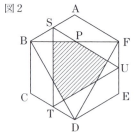

① 線分BFと線分SUの交点をPとすると，点Pは線分BFの中点であることを証明しなさい。

② 正六角形ABCDEFの1辺の長さを求めなさい。

③ 斜線部分の面積を求めなさい。

3 右の図のように，1辺の長さが異なる2つの正方形があり，1つの頂点が重なっています。このとき，面積が，2つの正方形の面積の差に等しい正方形を作図しなさい。ただし，三角定規の角を利用して直線をひくことはしないものとします。また，作図に用いた線は消さずに残しておくこと。 〈千葉県〉

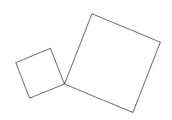

4 右の図で，△ABCは正三角形であり，Dは辺BC上の点で，BD：DC＝1：2です。AB＝6cmのとき，次の問いに答えなさい。
〈愛知県〉

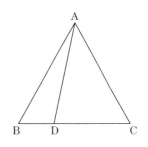

(1) 線分ADの長さは何cmですか。

(2) 線分ADを折り目として平面ABDと平面ADCが垂直になるように折り曲げたとき，点A，B，C，Dを頂点としてできる立体の体積は何cm^3ですか。

5 右の図1のように，線分ABを直径とする半円Oの$\overparen{AB}$上に点Pをとります。また，線分AP上にAM：MP＝2：1となる点Mをとり，線分BMをひきます。AB＝6cm，∠ABP＝60°のとき，次の問いに答えなさい。
〈19 埼玉県〉

図1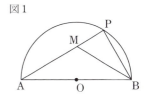

(1) 線分PMの長さを求めなさい。

(2) 右の図2のように，線分BMを延長し，$\overparen{AP}$との交点をQとします。また，線分OPをひき，線分BQとの交点をRとします。このとき，次の①，②に答えなさい。

図2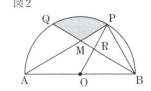

① 半円Oを，線分BQを折り目として折ったとき，点Pは点Oと重なります。その理由を説明しなさい。

② 図2のかげ（▨）をつけた部分の面積を求めなさい。ただし，円周率はπとします。

6 中心がA，Bである2つの円を円A，円Bとします。図のように，直線ℓが円A，円Bと点Cで接しており，直線mが円A，円Bとそれぞれ点D，点Eで接しています。2直線ℓ，mの交点をFとします。円Aの半径が25，DE＝30のとき，次の問いに答えなさい。
〈法政大国際高(神奈川)〉

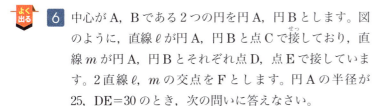
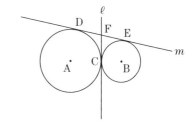

(1) 円Bの半径を求めなさい。

(2) 線分BFの長さを求めなさい。

(3) △AFBの面積を求めなさい。

(4) 3点A，C，Dを通る円の面積を求めなさい。

7 右の図のように，AB=9cm，BC=8cm，CA=7cm の △ABC があります。円 I は △ABC の 3 つの辺に接しており，円 O は △ABC の 3 つの頂点を通ります。また，円 E は 2 つの半直線 AB，AC と辺 BC にそれぞれ接しています。次の問いに答えなさい。

〈立教新座高（埼玉）〉

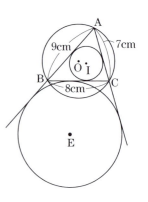

(1) △ABC の面積を求めなさい。

(2) 円 I の半径を求めなさい。

(3) 円 O の半径を求めなさい。

(4) 円 E の半径を求めなさい。

 8 3 辺の長さが x，$x+1$，$2x-3$ である三角形があります。このとき，次の問いに答えなさい。

〈慶応義塾高（神奈川）〉

(1) 次の   をうめなさい。（答えのみでよい）
x のとりうる範囲を不等号を用いて表すと   である。

(2) この三角形が直角三角形になるとき，x の値を求めなさい。

 9 次のことがらが正しければ証明し，正しくなければその理由を述べなさい。

〈大阪教育大附高［池田校舎］〉

「△ABC と △A′B′C′ において，
∠C=∠C′=90° かつ AB：AC=A′B′：A′C′ ならば，
△ABC∽△A′B′C′」

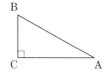

 10 右の図のように，AE=10cm，EF=8cm，FG=6cm の直方体 ABCD-EFGH があります。線分 EG と線分 FH の交点を P とし，線分 CE，CP の中点をそれぞれ M，N とします。このとき，次の問いに答えなさい。

〈新潟県〉

(1) 線分 EG と線分 EC の長さを，それぞれ求めなさい。

(2) 線分 MN の長さを求めなさい。

(3) △ENM の面積を求めなさい。

(4) 三角錐 BENM の体積を求めなさい。

11 右の図のような，1辺12cmの正四面体OABCがあります。辺BCの中点をMとします。このとき，次の問いに答えなさい。

〈福島県〉

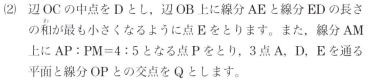

(1) 線分OMの長さを求めなさい。

(2) 辺OCの中点をDとし，辺OB上に線分AEと線分EDの長さの和が最も小さくなるように点Eをとります。また，線分AM上にAP：PM＝4：5となる点Pをとり，3点A，D，Eを通る平面と線分OPとの交点をQとします。
　① 線分OMと線分DEとの交点をRとするとき，線分ORと線分RMの長さの比を求めなさい。

　② 三角錐QPBCの体積を求めなさい。

12 右の図のように，すべての辺の長さが6の正四角錐Pがあります。また，辺AB，AD上にそれぞれAF＝AG＝3となる点F，Gをとります。さらに，3点C，F，Gを通る平面と辺AEとの交点をHとします。このとき，次の問いに答えなさい。

〈城北高（東京）〉

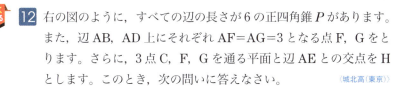
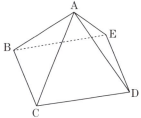

(1) 立体Pの体積を求めなさい。

(2) AHの長さを求めなさい。

(3) 立体Pを3点C，F，Gを通る平面で切断して2つの立体に分けるとき，点Aをふくむほうの立体の体積を求めなさい。

13 底面の1辺の長さが1，高さが1の正六角柱を考えます。ここで，図のように点P，Q，R，X，Yを定め，3点P，Q，Rを通る平面でこの正六角柱を切断し，2つの立体に分けます。切断面と辺XYとの交点をAとするとき，次の問いに答えなさい。

〈市川高（千葉）〉

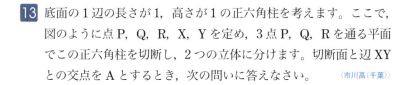
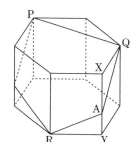

(1) XA：AYを最も簡単な整数の比で表しなさい。

(2) 切断面の面積を求めなさい。

(3) 2つに分けた立体のうち，点Xをふくむ立体の体積を求めなさい。

14 下の図1は，横の長さが$17\sqrt{5}$ cmの長方形の紙にぴったり入っている円錐Aの展開図であり，底面の中心とおうぎ形の中心を結ぶ直線は，円錐Aの展開図の対称の軸です。図2は，球Oに円錐Aがぴったり入っている様子を表した見取図であり，図3は，円錐Aに球O′がぴったり入っている様子を表した見取図です。図4は，図2と図3を合わせたものです。

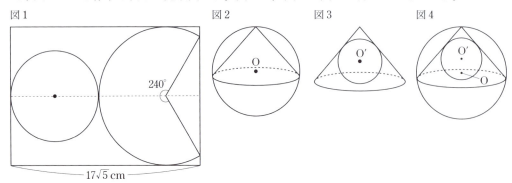

このとき，次の問いに答えなさい。 〈国立高専〉

(1) 円錐Aの底面の半径は何cmですか。

(2) 円錐Aの高さは何cmですか。

(3) 球Oの半径は何cmですか。

(4) 円錐Aの体積をV，球O′の体積をWとするとき，$V:W$を最も簡単な自然数の比で表しなさい。

(5) 球Oの中心と球O′の中心間の距離は何cmですか。

15 点Oを中心とする球面上に4点A，B，C，Dがあり，△ABCと△BCDは1辺が6cmの正三角形，AD=$3\sqrt{6}$ cmです。このとき，次の問いに答えなさい。 〈筑波大附高（東京）〉

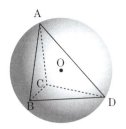

(1) 四面体ABCDの体積は何cm³ですか。

(2) 球Oの半径は何cmですか。

(3) 3点O，C，Dを通る平面で四面体ABCDを切断して2つの立体に分けたとき，小さいほうの立体の体積は何cm³ですか。

データの活用編

1	資料の整理
2	確率
3	標本調査

資料の整理

STEP 01 要点まとめ → 解答は別冊094ページ

00_____ にあてはまる数や語句，グラフをかいて，この章の内容を確認しよう。

最重要ポイント

- **度数分布表**………資料をいくつかの階級に分け，階級ごとにその度数を示した表。
- **ヒストグラム**………度数の分布のようすを表した柱状のグラフ。
- **中央値(メジアン)**………資料を大きさの順に並べたとき，中央にくる値。
- **最頻値(モード)**………資料の中で最も多く出てくる値。
- **四分位数**………データを大きさの順に並べたとき，全体を4等分する位置の値。

1 資料の整理

●度数分布表とヒストグラム

1 右の表は，ある中学校の男子生徒30人のハンドボール投げの記録を調べ，度数分布表に整理したものです。_____ にあてはまる数を書き，度数分布表をヒストグラムに表しなさい。

▶▶▶ 階級，階級の幅，度数，階級値の意味を理解する。

階級(m)	度数(人)
以上　未満	
5～10	2
10～15	4
15～20	7
20～25	8
25～30	6
30～35	3
合計	30

度数分布表の階級の幅は，01_____　←階級…資料を整理するための区間。
　　　　　　　　　　　　　　　　　　　階級の幅…区間の幅。

↓度数…それぞれの階級に入っている資料の個数。

度数が最も多い階級は 02_____ m 以上 03_____ m 未満の階級で，

この階級の階級値は，$\dfrac{04___ + 05___}{2} = $ 06_____ (m)

↑階級値…階級のまん中の値。

25m 以上 30m 未満の階級の相対度数は，$\dfrac{07___}{08___} = $ 09_____

POINT　相対度数

(相対度数) = $\dfrac{(その階級の度数)}{(度数の合計)}$

10_____

データの活用

●累積度数

2 右の表は，ある中学校の女子生徒25人の50m走の記録を調べ，度数分布表に整理したものです。ア～エにあてはまる数を書きなさい。

▶▶▶最初の階級から，その階級までの度数を合計した値を累積度数という。

階級(秒)	度数(人)	累積度数(人)	累積相対度数
以上　未満 7.5 ～ 8.0	3	3	0.12
8.0 ～ 8.5	5	8	ウ
8.5 ～ 9.0	9	ア	0.68
9.0 ～ 9.5	6	イ	エ
9.5 ～ 10.0	2	25	1.00
合計	25		

累積度数のア，イにあてはまる数は，
ア…11　　，イ…12
累積相対度数のウ，エにあてはまる数は，ウ…13　　，エ…14

●代表値

3 右の資料は，生徒10人の漢字テスト(10点満点)の得点です。平均値，中央値，最頻値を求めなさい。

```
6 5 7 8 4
7 9 3 6 7
```

▶▶▶資料を大きさの順に並べて，中央値 ➡ 中央にくる値。
最頻値 ➡ 最も多く出てくる値。

平均値は，$\dfrac{6+5+7+8+4+7+9+3+6+7}{10}=\dfrac{\text{15}}{10}=\text{16}$（点）←平均値は，個々の資料の値の合計を資料の個数でわった値。

資料を小さい順に並べると，17

中央値は，$\dfrac{\text{18}+\text{19}}{2}=\text{20}$（点）←資料の個数が偶数のとき，中央値は，中央に並ぶ2つの数値の平均値。

最頻値は，最も多く出てくる値だから，21　　（点）

●四分位数と箱ひげ図

4 右の資料は，生徒11人の数学テスト(20点満点)の得点を小さい順に並べたものです。　　にあてはまる数を書き，この資料の箱ひげ図をかきなさい。

```
4 7 8 10 12 12 14 14 15 16 19
```

第1四分位数は22　　点，第2四分位数は23　　点，第3四分位数は24　　点。
四分位範囲は，
↑(四分位範囲)=(第3四分位数)－(第1四分位数)
25　　－26　　＝27　　（点）

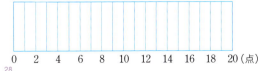

STEP02 基本問題 → 解答は別冊094ページ

学習内容が身についたか,問題を解いてチェックしよう。

---

1 右の資料は,ある中学校の男子14人の50m走の記録を示したものです。次の問いに答えなさい。

資料 (単位 秒)

| 7.2 | 8.9 | 9.4 | 7.1 | 7.5 | 6.7 | 7.4 |
| 8.6 | 8.9 | 7.8 | 7.2 | 9.6 | 10.1 | 8.0 |

〈福島県〉

(1) 資料の男子14人の記録を,右の度数分布表に整理したとき,7.0秒以上8.0秒未満の階級の度数を求めなさい。

記録(秒)	度数(人)
以上　未満	
6.0 ～ 7.0	
7.0 ～ 8.0	
8.0 ～ 9.0	
9.0 ～ 10.0	
10.0 ～ 11.0	
合計	14

(2) 資料の男子14人の記録に女子16人の記録を追加して,合計30人の記録を整理したところ,9.0秒以上10.0秒未満の階級の相対度数が0.3でした。この階級に入っている女子の人数を求めなさい。ただし,この階級の相対度数0.3は正確な値であり,四捨五入などはされていないものとします。

ヒント

→ **1**(2)
相対度数＝$\frac{その階級の度数}{度数の合計}$
9.0秒以上10.0秒未満の階級の男子の人数をa人,女子の人数をb人とすると, $0.3=\frac{a+b}{30}$

---

2 右の表は,ある中学校の生徒50人の通学時間を調べ,度数分布表に整理したものです。次の問いに答えなさい。

通学時間(分)	度数(人)	相対度数	累積度数(人)	累積相対度数
以上　未満				
0 ～ 5	4	0.08	4	0.08
5 ～ 10	8			
10 ～ 15	9	ア	ウ	オ
15 ～ 20	13			
20 ～ 25	11	イ	エ	カ
25 ～ 30	5		50	1.00
合計	50	1.00		

(1) 相対度数の**ア**,**イ**にあてはまる数を書きなさい。
(2) 累積度数の**ウ**,**エ**にあてはまる数を書きなさい。
(3) 累積相対度数の**オ**,**カ**にあてはまる数を書きなさい。
(4) 累積度数折れ線をかきなさい。

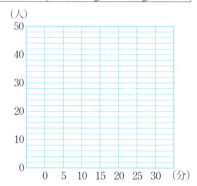

確認

→ **2**(2)(3)(4)
累積度数
度数分布表で,最初の階級から,その階級までの度数を合計した値。
累積相対度数
最初の階級から,その階級までの相対度数を合計した値。
累積度数折れ線
累積度数分布表をもとに,累積度数を折れ線で表したグラフ。

ミス注意

→ **2**(4)
累積度数折れ線のかき方
累積度数折れ線は,累積度数を表したヒストグラムの各長方形の右上の頂点を順に結んだものである。
度数折れ線のように,各長方形の上の辺の中点を結ばないように注意する。

---

3 ある中学校の1年生120人の50m走の記録を調べ,7.4秒以上7.8秒未満の階級の相対度数を求めたところ0.15でした。7.4秒以上7.8秒未満の人数は何人か,求めなさい。

〈愛知県〉

データの活用

4 ある中学校で読書週間中に、それぞれの生徒が読んだ本の冊数を調べました。右の図は、1年1組の結果をヒストグラムに表したものです。ただし、1年1組の生徒で読んだ本が8冊以上の生徒はいません。次の問いに答えなさい。　〈岐阜県〉

(1) 1年1組の生徒の総数は何人であるか求めなさい。

(2) 1年1組のそれぞれの生徒が読んだ本の中央値を求めなさい。

(3) この中学校の生徒の総数は200人です。この中学校の生徒で読んだ本が3冊以上の生徒の相対度数と1年1組の生徒で読んだ本の冊数が3冊以上の生徒の相対度数は、同じ値でした。この中学校の生徒で読んだ本が3冊以上の生徒は何人であるか求めなさい。

5 ある中学校の3年1組の生徒32人について、2学期に保健室を利用した回数を調べました。右の表は、その結果をまとめたものです。次の問いに答えなさい。　〈静岡県〉

回数(回)	人数(人)
0	8
1	11
2	7
3	2
4	3
5	1
計	32

(1) 利用した回数が1回以上の人は、全体の何％か、答えなさい。

(2) 次のア〜オの中から、表からわかることについて正しく述べたものをすべて選び、記号で答えなさい。
　ア　利用した回数の範囲は、6回である。
　イ　利用した回数の平均値は、1.5回である。
　ウ　利用した回数の最頻値は、5回である。
　エ　利用した回数の中央値は、2.5回である。
　オ　利用した回数の最小値は、0回である。

6 下のデータは、ある中学校の女子生徒13人の握力を調べたものです。次の問いに答えなさい。

23　28　15　27　30　37　25　18　33　27　14　36　22　（単位 kg）

(1) 下の表を完成させなさい。

最小値	第1四分位数	第2四分位数	第3四分位数	最大値

(2) 四分位範囲を求めなさい。
(3) 箱ひげ図をかきなさい。

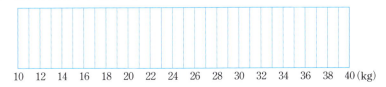

確認 → 4(2)
資料の個数と中央値の決め方
- 資料の個数が奇数のとき、中央値は、中央の位置にくる値。
- 資料の個数が偶数のとき、中央値は、中央に並ぶ2つの数値の平均値。

確認 → 5(2)
平均値の求め方
(平均値)＝
$\dfrac{\{(回数)\times(人数)\}の合計}{(人数の合計)}$

確認 → 6(1)
四分位数の求め方
①データを小さい順に並べ、中央値(第2四分位数)を求める。
②並べたデータを半分に分ける。ただし、データの個数が奇数のときは、中央値を除いて2つに分ける。
③小さいほうの半分のデータの中央値を第1四分位数、大きいほうの半分のデータの中央値を第3四分位数とする。

STEP 03 実戦問題 → 解答は別冊095ページ

入試レベルの問題で力をつけよう。

1 ある中学校では、生徒の通学時間を調査しています。右の表は、3年1組の生徒全員の通学時間を調査した結果を、度数分布表に整理したものです。また、右の資料は、3年2組の生徒全員の通学時間を調査した結果を、通学時間の短い順に並べたものです。次の問いに答えなさい。

表 3年1組の生徒の通学時間

通学時間(分)	度数(人)
以上 未満	
0 ～ 6	5
6 ～ 12	11
12 ～ 18	6
18 ～ 24	5
24 ～ 30	2
計	29

資料 3年2組の生徒の通学時間(分)

3, 4, 5, 6, 7, 8, 9, 9,
10, 10, 11, 12, 12, 13, 13, 13,
14, 15, 15, 16, 16, 18, 19, 20,
20, 21, 22, 22, 25, 27

〈京都府〉

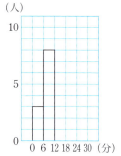

(1) 表について、中央値が含まれる階級の階級値を求めなさい。

(2) 右の図は、3年2組の生徒全員の通学時間をヒストグラムに表したものの一部であり、0分以上6分未満の階級と6分以上12分未満の階級までかいてあります。残りの階級について、図に必要な線をかき入れて、ヒストグラムを完成させなさい。

(3) 表および資料から必ずいえるものを、次のア～オからすべて選びなさい。

ア 通学時間が18分未満の生徒の人数は、3年1組のほうが3年2組より1人少ない。

イ 通学時間が24分以上の生徒の、学級全体の生徒に対する割合は、3年1組のほうが3年2組より大きい。

ウ 3年1組の通学時間が6分以上18分未満の生徒の人数と、3年2組の通学時間が12分以上24分未満の生徒の人数は等しい。

エ 3年1組と3年2組を合わせた生徒59人のうち、通学時間が最も短い生徒は、通学時間が3分の生徒である。

オ 3年1組と3年2組を合わせた生徒59人の通学時間を長い順に並べたとき、値の大きいほうから数えて16番目の通学時間は18分である。

2 右の資料は、クラスの生徒10名があるゲームを行ったときの得点を示したものです。次の問いに答えなさい。

3, 5, 2, 7, 6, 5, 4, 4, 9, a

〈専修大附高(東京)〉

(1) 平均値が4.9点であるとき、a の値を求めなさい。

(2) a が(1)で求めた値のとき、中央値を求めなさい。

3 生徒5人にテストを行ったところ、得点が右のようになりました。5人の得点を再度点検すると、1人の得点が誤りであることがわかりました。そこで、その生徒の得点を訂正したところ、5人の得点の平均値は74点、中央値は70点になりました。誤っていた得点と訂正後の正しい得点をそれぞれ書きなさい。ただし、平均値は四捨五入などはされていないものとします。

72, 84, 81, 70, 68

〈鹿児島県・一部〉

4 右の表は，A中学校のバスケットボール部員2，3年生24人の握力について調査し，まとめたものです。次の問いに答えなさい。　（北海道）

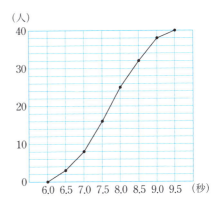

(1) 表から，24人の握力の平均値を求めなさい。
(2) 表の ア ， イ にあてはまる数を，それぞれ書きなさい。
(3) 後日，1年生6人の握力を調査し，表に加えたところ，6人の握力は同じ階級に入り，表から求めた30人の握力の平均値は29kgでした。1年生6人の握力が入った階級を，次のように求めるとき，下の解答の続きを書き入れて，解答を完成させなさい。

（解答）　30人の握力の平均値が29kgであることから，30人の(階級値)×(度数)の合計は，

5 右のグラフは，ある中学校の男子生徒の50m走の記録を調べ，累積度数折れ線に表したものです。次の問いに答えなさい。

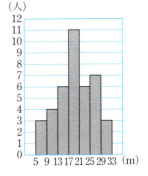

(1) 記録が7.5秒未満の生徒は何人ですか。
(2) 記録が8.0秒以上の生徒の人数は全体の何％ですか。小数第1位を四捨五入して，一の位まで答えなさい。
(3) 記録が8.5秒の生徒は，記録が速いほうから何番目から何番目の間にいますか。
(4) 記録の速いほうから90％の生徒が含まれているのは，何秒以上何秒未満の階級ですか。
(5) 度数が最も大きい階級の階級値を求めなさい。

6 右の図は，あるクラス40人のハンドボール投げの記録を，ヒストグラムに表したものです。このヒストグラムでは，例えば，5～9の階級では，ハンドボール投げの記録が5m以上9m未満の人数が3人であったことを表しています。また，ハンドボール投げの記録の中央値は18mでした。次の問いに答えなさい。ただし，記録の値はすべて自然数です。

(1) ハンドボール投げの記録の最頻値を求めなさい。
(2) ハンドボール投げの記録で，25m以上投げた人数の相対度数を求めなさい。
(3) ハンドボール投げの記録を小さいほうから順に並べたとき，20番目の値を a，21番目の値を b とします。このヒストグラムから考えられる a，b の値の組は2つあります。その2つの組を求めなさい。
(4) ハンドボール投げの記録の平均値を求めなさい。

7 右の表は，ある部活動の1年生7人，2年生8人のハンドボール投げの記録です。1年生の記録の中央値と2年生の記録の中央値が等しいとき，xの値を求めなさい。

ハンドボール投げの記録(m)

1年生	16	20	15	9	11	18	10	
2年生	17	13	20	22	x	12	14	10

〈島根県〉

8 右の表は，生徒100人の通学時間を度数分布表に表したものです。$a:b=4:3$であるとき，中央値が含まれる階級の相対度数を求めなさい。

〈徳島県〉

階級(分)	度数(人)
以上 未満	
0 ～ 10	23
10 ～ 20	a
20 ～ 30	b
30 ～ 40	15
40 ～ 50	6
計	100

9 右の図は，A中学校の1年生25人，B中学校の1年生40人について，最近1か月間に学校の図書館から借りた本の冊数を調べ，その結果をヒストグラムに表したものです。例えば，A中学校のヒストグラムから，借りた本の冊数が8冊以上12冊未満の人は5人いたことがわかります。2つのヒストグラムについて述べた文として，適切でないものを，次の①～④の中から1つ選び，その番号を書きなさい。

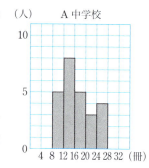
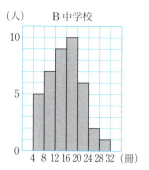

〈青森県〉

① 借りた本の冊数が12冊以上16冊未満の階級の相対度数は，A中学校よりもB中学校のほうが小さい。
② 借りた本の冊数の分布の範囲は，A中学校よりもB中学校のほうが大きい。
③ 借りた本の冊数の最頻値は，A中学校よりもB中学校のほうが大きい。
④ 借りた本の冊数の中央値を含む階級の階級値は，A中学校よりもB中学校のほうが大きい。

10 あるクラスの生徒40人に10点満点のテストを行ったところ，得点の最頻値が8点，中央値が8.5点，平均値が8.4点でした。次のア～エの中から，このテストの得点の分布を表したヒストグラムとして最も適切なものを1つ選び，その記号を書きなさい。

〈埼玉県〉

ア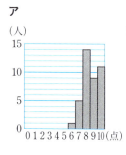
イ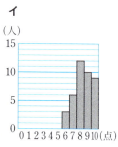
ウ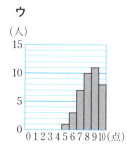
エ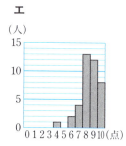

データの活用

11 右の度数分布表は，17人があるゲームを行ったときの得点の記録をまとめたものです。得点の中央値が2点であるとき，ア，イにあてはまる数の組は何組ありますか，求めなさい。〈秋田県〉

階級(点)	度数(人)
0	3
1	4
2	ア
3	イ
4	4
5	2
合計	17

12 K高校の体育祭では，全校生徒を東軍と西軍の2つの軍に分けて応援合戦が行われます。応援合戦の得点は，5人の審判がそれぞれ10点満点（整数）で採点し，最高点と最低点をつけた2人の点数を除いた3人の点数の平均点です。例えば，5人の審判の点数が，点数の低いものから順に5，5，6，7，9であったとき，その軍の得点は $\frac{5+6+7}{3}=6$（点）となります。

右の表は，東軍と西軍に対する5人の審判 A，B，C，D，E の採点の結果です。審判 A は東軍と西軍に同じ点数 a 点をつけ，点数 a は東軍の点数の中央値でした。東軍と西軍の応援合戦が引き分けとなるとき，a の値を求めなさい。

	審判A	審判B	審判C	審判D	審判E
東軍	a	5	8	9	5
西軍	a	5	7	7	7

〈都立国立高〉

13 点数が0以上10以下の整数であるテストを7人の生徒が受験しました。得点の代表値を調べたところ，平均値は7であり，中央値は最頻値より1大きく，得点の最小値と最頻値の差は3でした。最頻値は1つのみとするとき，7人の得点を左から小さい順に書き並べなさい。

〈慶應義塾高（神奈川）〉

14 下の①～④のヒストグラムは，右のア～エの箱ひげ図のいずれかを表しています。①～④のそれぞれのヒストグラムに対応する箱ひげ図を選び，その記号を答えなさい。

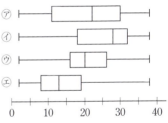

①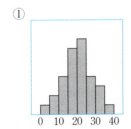
②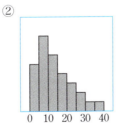
③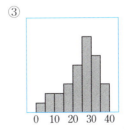
④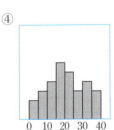

15 右の箱ひげ図は，9人の生徒の小テストの得点から作成したものです。得点の低いほうから3番目，5番目，7番目の生徒の得点を求めなさい。ただし，得点は整数とします。

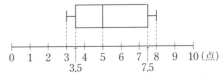

2 データの活用 確 率

STEP01 要点まとめ　→解答は別冊098ページ

00_____ にあてはまる数や語句を書いて，この章の内容を確認しよう。

最重要ポイント

確率の求め方………（確率）＝ (あることがらの起こる場合の数)/(すべての起こりうる場合の数)

起こらない確率……（Aの起こらない確率）＝1－（Aの起こる確率）

さいころの目の出方，玉やカードの取り出し方は，どれも同様に確からしいとする。

1 確 率

● さいころの確率

1 1つのさいころを投げるとき，6以下の目が出る確率を求めなさい。また，7以上の目が出る確率を求めなさい。

▶▶▶ 必ず起こることがらの確率は1，決して起こらないことがらの確率は0である。

さいころの目の出方は，全部で 01_____ 通り。

6以下の目が出る場合は 02_____ 通りだから，

6以下の目が出る確率は，03_____

7以上の目が出る場合は 04_____ 通りだから，

7以上の目が出る確率は，05_____

POINT 確率の性質
確率 p の値の範囲は，$0 \leq p \leq 1$

2 大小2つのさいころを同時に投げるとき，出る目の数の和が9になる確率を求めなさい。

▶▶▶ 2つのさいころの目の出方を表にまとめる。

右の表より，2つのさいころの目の出方は，全部で 06_____ 通り。

目の数の和が9になるのは 07_____ 通り。

よって，求める確率は，$\dfrac{08_____}{36}$ ＝ 09_____

⚠ 注意　約分できるときは約分する。

大＼小	1	2	3	4	5	6
1	2	3	4	5	6	7
2	3	4	5	6	7	8
3	4	5	6	7	8	9
4	5	6	7	8	9	10
5	6	7	8	9	10	11
6	7	8	9	10	11	12

3 大小2つのさいころを同時に投げるとき、出る目の数の和が9以下になる確率を求めなさい。

▶▶▶（和が9以下になる確率）＝1－（和が10以上になる確率）

目の数の和が10以上になるのは _10_ 通り。←和が10, 11, 12になる場合の数。

目の数の和が10以上になる確率は、$\dfrac{\underline{11}}{36} = \underline{12}$

よって、目の数の和が9以下になる確率は、$1 - \underline{13} = \underline{14}$

●色玉を取り出すときの確率

4 袋の中に、赤玉が3個、青玉が2個入っています。この袋の中から同時に2個の玉を取り出すとき、赤玉を1個、青玉を1個取り出す確率を求めなさい。

▶▶▶同じ色の玉を①, ②, ③と区別して、樹形図に表す。

赤玉を①, ②, ③、青玉を①, ②とし、2個の玉の取り出し方を樹形図に表すと、右のようになる。

2個の玉の取り出し方は全部で _15_ 通り。
赤玉を1個、青玉を1個取り出す取り出し方は _16_ 通り。

よって、求める確率は、$\dfrac{\underline{17}}{10} = \underline{18}$

!注意 ①と②を選ぶことと、②と①を選ぶことは同じ選び方である。重複して数えないようにする。

●カードをひくときの確率

5 ①, ②, ③, ④の4枚のカードから1枚ずつ2回続けてひき、1回目にひいたカードの数字を十の位、2回目にひいたカードの数字を一の位として、2けたの整数をつくります。できた整数が3の倍数になる確率を求めなさい。

▶▶▶十の位の数字は4通り、一の位の数字は残りの3通り。

2回のカードのひき方を樹形図に表すと、右のようになる。

2枚のカードのひき方は、全部で _19_ 通り。
3の倍数は、_20_ の _21_ 通り。
↑2けたの3の倍数。

よって、求める確率は、$\dfrac{\underline{22}}{12} = \underline{23}$

!注意 1回目に①、2回目に②をひくことと、1回目に②、2回目に①をひくことは異なるひき方だから、区別する。

STEP02 基本問題 →解答は別冊099ページ

学習内容が身についたか，問題を解いてチェックしよう。

さいころの目の出方，玉やカードの取り出し方，硬貨やコインの表裏の出方など，どれも同様に確からしいとする。

1 次の問いに答えなさい。

(1) 3枚の硬貨を同時に投げるとき，少なくとも1枚は表が出る確率を求めなさい。〈京都府〉

(2) 4枚の硬貨を同時に投げたとき，表と裏が2枚ずつ出る確率を求めなさい。〈群馬県〉

2 大小2つのさいころを同時に投げるとき，次の確率を求めなさい。

(1) 目の数の和が8になる確率 〈徳島県〉

(2) 目の数の和が素数となる確率 〈千葉県〉

(3) 目の数の積が5の倍数になる確率 〈石川県〉

(4) 目の数の積が偶数になる確率 〈長崎県〉

3 次の問いに答えなさい。

(1) 白玉3個，赤玉2個が入っている袋があります。この袋から1個ずつ2回，玉を取り出すとき，1回目と2回目に取り出した玉の色が同じである確率を求めなさい。ただし，取り出した玉はもとにもどさないものとします。〈新潟県〉

(2) 袋の中に，赤球3個，青球1個，白球1個が入っています。この袋の中から球を同時に2個取り出したとき，取り出した球に白球が含まれる確率を求めなさい。〈山梨県〉

(3) 袋の中に，赤玉3個，白玉2個が入っています。袋から玉を1個取り出し，それを袋にもどして，また1個取り出すとき，少なくとも1回は赤玉が出る確率を求めなさい。〈茨城県〉

確認

→ **1**(1)
起こらない確率
（少なくとも1枚は表が出る確率）
＝1－(3枚とも裏が出る確率)

ヒント

→ **2**(1)(2)
2つのさいころの目の数の和

	1	2	3	4	5	6
1	2	3	4	5	6	7
2	3	4	5	6	7	8
3	4	5	6	7	8	9
4	5	6	7	8	9	10
5	6	7	8	9	10	11
6	7	8	9	10	11	12

→ **2**(3)(4)
2つのさいころの目の数の積

	1	2	3	4	5	6
1	1	2	3	4	5	6
2	2	4	6	8	10	12
3	3	6	9	12	15	18
4	4	8	12	16	20	24
5	5	10	15	20	25	30
6	6	12	18	24	30	36

ミス注意

→ **3**(2)
(①,②)と(②,①)は同じ
同時に2個の球を取り出すから，①と②を選ぶことと，②と①を選ぶことは同じである。重複して数えないようにすること。

4 右の図のような，0，1，2，3，4の数字が1つずつ書かれた5枚のカードがあります。この5枚のカードをよくきって，同時に2枚のカードを取り出すとき，取り出したカードに書かれてある数の和が3の倍数になる確率を求めなさい。

〈長野県〉

5 右の図のように，2，4，6，8の数字を1つずつ書いた4個のボールがあります。この4個のボールを袋に入れ，袋の中から，2個のボールを1個ずつ，もとにもどさずに取り出します。1個目のボールの数字を十の位，2個目のボールの数字を一の位として，2けたの整数をつくるとき，この整数が4の倍数である確率を求めなさい。

〈北海道〉

ヒント

→ 5
2個のボールの取り出し方
1個目のボールの取り出し方は2，4，6，8の4通りあり，2個目のボールの取り出し方は，1個目に取り出したボールを除く3通り。

6 男子4人と女子2人の中から，くじで2人を選ぶとき，次のア〜ウのうち最も大きいものを選び，その記号を書きなさい。また，その確率を求めなさい。

〈奈良県〉

ア　2人とも男子が選ばれる確率
イ　男子と女子が1人ずつ選ばれる確率
ウ　2人とも女子が選ばれる確率

ヒント

→ 6
2人の選び方
男子4人をA，B，C，D，女子2人をE，Fと区別して，2人の選び方を樹形図に表す。

7 数直線上に点Pがあります。1つのさいころを投げて，右のルールにしたがって点Pを移動させます。
最初，点Pは原点にあるとして，次の確率を求めなさい。

《ルール》
1，3，5の目が出たら，出た目の数だけ正の方向に点Pを移動させる。
2，4，6の目が出たら，出た目の数だけ負の方向に点Pを移動させる。

〈沖縄県〉

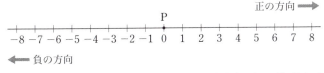

(1) さいころを1回投げるとき，点Pが3の位置にある確率を求めなさい。
(2) さいころを2回投げるとき，次の問いに答えなさい。例えば，1回目で3の目が出て，2回目で4の目が出ると，点Pは-1の位置にあります。
① 点Pが2の位置にある確率を求めなさい。
② 点Pが，原点から点Pまでの距離が3より小さい位置にある確率を求めなさい。

ヒント

→ 7 (2)②
距離が3より小さい点
原点までの距離が3より小さい点のうち，整数であるものは，
-2，-1，0，1，2

STEP 03 実戦問題 ➡ 解答は別冊101ページ

入試レベルの問題で力をつけよう。

さいころの目の出方,玉やカードの取り出し方,硬貨やコインの表裏の出方など,どれも同様に確からしいとする。

1 次の問いに答えなさい。

(1) 500円,100円,50円,10円の硬貨が1枚ずつあります。この4枚の硬貨を同時に投げるとき,表が出た硬貨の合計金額が,600円以上になる確率を求めなさい。 〈徳島県〉

(2) 1つのさいころを2回投げます。1回目に出た目の数を十の位,2回目に出た目の数を一の位の数とする2けたの整数をつくるとき,その整数が7の倍数となる確率を求めなさい。 〈鹿児島県〉

(3) 大小2つのさいころを同時に投げ,大きいさいころの出た目の数を a,小さいさいころの出た目の数を b とします。a と b の積 ab の約数の個数が3個以上となる確率を求めなさい。 〈18 埼玉県〉

(4) 袋の中に,赤玉が1個,青玉が2個,白玉が3個入っています。この袋の中から,同時に2個の玉を取り出すとき,少なくとも1個は白玉である確率を求めなさい。 〈16 埼玉県〉

(5) 2つの箱 A,B があります。箱 A には偶数の書いてある3枚のカード ②, ④, ⑥ が入っており,箱 B には奇数の書いてある5枚のカード ①, ③, ⑤, ⑦, ⑨ が入っています。A,B それぞれの箱から同時にカードを1枚ずつ取り出し,取り出した2枚のカードに書いてある数のうち大きいほうの数を a とするとき,a が3の倍数である確率を求めなさい。 〈大阪府〉

(6) 右の図のように,1,2,3,4,5の数字を1つずつ書いた5枚のカードがあります。この5枚のカードの中から同時に3枚のカードを取り出すとき,取り出した3枚のカードに書いてある数の積が3の倍数になる確率を求めなさい。 ① ② ③ ④ ⑤ 〈19 東京都〉

2 右の図のように,数直線上の原点に点 P があります。1枚のコインを4回投げ,次の規則にしたがって,点 P を数直線上で移動させる。

【規則】 1枚のコインを1回投げるごとに,表が出たら正の方向に1だけ,裏が出たら負の方向に1だけ移動させる。

このとき,点 P が一度も負の数を表す点に移動することなく,2を表す点にある確率を求めなさい。 〈東京学芸大附高(東京)〉

③ 右の図のような、9つのマスにそれぞれ1から9までの数字が順に書かれたカードと1個のさいころを使って、次のルールでゲームを行います。次の問いに答えなさい。〈群馬県〉

《ルール》 さいころを投げて、1の目が出たら、素数が書かれているマスをすべて塗りつぶす。2以上の目が出たら、出た目の倍数が書かれているマスをすべて塗りつぶす。縦、横、斜めのいずれかが3マスとも塗りつぶされたときに、「ビンゴ」とする。

BINGO!

1	2	3
4	5	6
7	8	9

(1) さいころを1回投げたとき、どの目が出ても塗りつぶされることのないマスはありますか。あればそのマスの数字をすべて答え、なければ「ない」と答えなさい。

(2) さいころを1回投げたとき、「ビンゴ」となる確率を求めなさい。

(3) さいころを2回投げたとき、1回目に投げたところでは「ビンゴ」とならず、2回目に投げたところで「ビンゴ」となる確率を求めなさい。ただし、1回目に塗りつぶしたマスは、そのままにしておくものとします。

④ 右の図のように、3つの箱A, B, Cがあり、箱Aには6, 7の数字が1つずつ書かれた2枚のカードが、箱Bには+, -の記号が1つずつ書かれた2枚のカードが入っていて、箱Cにはまだカードが1枚も入っていません。ここで、3, 4, 5の数字が1つずつ書かれた3枚のカードから1枚のカードを選んで箱Aに入れ、残りの2枚のカードを箱Cに入れます。カードを入れた後、箱A, 箱B, 箱Cの順にそれぞれの箱から1枚ずつカードを取り出し、取り出した順に左から並べて式を作り、計算します。次の問いに答えなさい。〈熊本県〉

箱A [6][7]　箱B [+][-]　箱C

(1) 箱Aに、5の数字が書かれたカードを選んで入れたとき、計算の結果が素数になる確率を求めなさい。

思考力 (2) 次のア、イにあてはまる数を入れて、文を完成しなさい。

計算の結果が正の奇数になる確率は、箱Aに [ア] の数字が書かれたカードを選んで入れたときに最も高くなり、その確率は [イ] である。

⑤ 右の図のように、∠ABC=90°である直角二等辺三角形ABCと長方形ADEBがあります。辺BEの中点をFとすると、AB=BFです。また、文字を書いた5枚のカード、[B], [C], [D], [E], [F]が袋の中に入っています。この袋の中から2枚のカードを同時に取り出します。このとき、それらのカードと同じ文字の点と点Aの3点を頂点とする三角形が、直角三角形になる確率を求めなさい。〈広島県〉

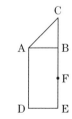

 ⑥ 円Oの周上に等間隔に60個の点があり、それらの点のうち1つをAとします。点Pは点Aを出発点として、円Oの周上の60個の点を時計回りに移動します。1から6までの目の出る大中小1つずつの3つのさいころを同時に1回投げるとき、出た目の数の積をnとします。点Pが時計回りにn個進むとき、点Aの位置にある確率を求めなさい。〈都立戸山高〉

3 データの活用 標本調査

STEP01 要点まとめ　→解答は別冊103ページ

00_____ にあてはまる数や語句を書いて，この章の内容を確認しよう。

1 標本調査

1 次の_____にあてはまる用語を書きなさい。

▶▶▶調査のしかたについての用語の意味を理解する。

学校での身体測定のように，調査の対象となっている集団全部について調査することを 01_____ という。世論調査のように，集団の一部を調査して，集団全体の傾向を推測する調査を 02_____ という。

標本調査において，調査の対象となる集団全体を 03_____ という。また，集団全体の一部を取り出して実際に調べたものを 04_____ といい，取り出した資料の個数を 05_____ という。

2 ある工場で作られた製品から200個を無作為に抽出して調べたら，その中に不良品が5個含まれていました。この工場で作られた3000個の製品には，およそ何個の不良品が含まれていると考えられるか求めなさい。

▶▶▶標本における不良品の割合と母集団における不良品の割合はほぼ等しい。

200個の製品における不良品の割合は，$\dfrac{06\_\_\_}{07\_\_\_} = 08\_\_\_$　←無作為に抽出した200個の製品を標本とする。

3000個の製品に含まれる不良品の個数は，およそ，$3000 \times 09\_\_\_ = 10\_\_\_$（個）

3 袋の中に30個の青玉とたくさんの白玉が入っています。この袋の中から50個の玉を無作為に抽出して調べたら，青玉が4個でした。この袋に入っている白玉はおよそ何個あると考えられますか。四捨五入して十の位までの数で求めなさい。

▶▶▶標本における青玉と白玉の割合と母集団における青玉と白玉の割合はほぼ等しい。

50個の玉における青玉と白玉の個数の割合は，$4 : (11\_\_\_ - 4) = 2 : 12\_\_\_$
　　　　　　　　　　　　　　　　　　　　　　　　↑白玉の個数。

袋の中の白玉の個数を x 個とすると，$13\_\_\_ : x = 2 : 14\_\_\_$

これを解くと，$15\_\_\_ = 2x$，$x = 16\_\_\_$　← $a:b=c:d$ ならば $ad=bc$

よって，白玉の個数は，およそ 17_____ 個。←一の位を四捨五入する。

データの活用

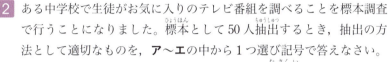

学習内容が身についたか，問題を解いてチェックしよう。

1 次の調査は，全数調査，標本調査のどちらが適切ですか。
(1) 学校の健康診断
(2) テレビの視聴率調査
(3) タイヤの耐久検査
(4) 国勢調査

→ 1(4)
国勢調査
国勢調査は，すべての世帯について調査を行う。

2 ある中学校で生徒がお気に入りのテレビ番組を調べることを標本調査で行うことになりました。標本として50人抽出するとき，抽出の方法として適切なものを，ア〜エの中から1つ選び記号で答えなさい。
ア 1日に2時間以上テレビを見る人の中から無作為に選ぶ。
イ 女子の中から無作為に選ぶ。
ウ 運動部の部員から乱数さいを使って選ぶ。
エ 全部の生徒に通し番号をわりふって，乱数表を使って選ぶ。

→ 2
無作為に抽出する
標本調査は，その標本の性質から母集団の性質を推定することが目的だから，標本が母集団の性質を代表するように，標本をかたよりなく選ばなければならない。

3 ある都市の有権者10587人から2000人を無作為に抽出して世論調査を行いました。次の問いに答えなさい。
(1) この調査の母集団を答えなさい。
(2) この調査の標本の大きさを求めなさい。
(3) この調査において，ある事案についての賛成率が35%であったとき，この都市の有権者のおよそ何人がこの事案に賛成すると推定できますか。四捨五入して，十の位までの概数で答えなさい。

→ 3(3)
母集団と標本
母集団における賛成率は，標本における賛成率にほぼ等しいと考えられる。

4 ある工場で製造された製品から500個を無作為に抽出したところ，その中に不良品が6個ありました。この工場で製造された30000個の製品には，不良品がおよそ何個含まれていると考えられますか。
〈神奈川県〉

5 袋の中に赤球と白球が合わせて1500個入っています。袋の中をよくかき混ぜた後，その中から30個の球を無作為に抽出して調べたら，赤球が12個でした。この袋に入っている1500個の球のうち，赤球はおよそ何個あると考えられるか求めなさい。
〈山梨県〉

6 箱の中に，25本の当たりを含むたくさんのくじが入っています。このくじをよくかき混ぜた後，48人がこの箱から1人1回ずつくじをひいたところ，当たりが2本出ました。箱の中に最初に入っていたくじの本数は，およそ何本であったと推定できるか，求めなさい。
〈群馬県〉

→ 6
標本調査の利用
48人がひいた48本のくじを標本とする。

STEP 03 実戦問題

→ 解答は別冊104ページ

入試レベルの問題で力をつけよう。

1 ある工場では生産したネジを箱に入れて保管しています。標本調査を利用して、この箱の中のネジの本数を、次の手順で調べました。

> 手順
> ① 箱からネジを600個取り出し、その全部に印をつけて箱にもどす。
> ② 箱の中のネジをよくかき混ぜた後、無作為にネジを300個取り出す。
> ③ 取り出した300個のうち、印のついたネジを調べたところ、12個含まれていた。

次の問いに答えなさい。〈和歌山県〉

(1) この調査の母集団と標本を次の**ア〜エ**の中からそれぞれ1つずつ選び、その記号を書きなさい。
 ア この箱の全部のネジ
 イ はじめに取り出した600個のネジ
 ウ 無作為に取り出した300個のネジ
 エ 300個の中に含まれていた印のついた12個のネジ

(2) この箱の中には、およそ何個のネジが入っていたと推測されるか、求めなさい。

2 ある養殖池にいるアユの数を推定するために、その養殖池で47匹のアユを捕獲し、その全部に目印をつけてもどしました。数日後に同じ養殖池で27匹のアユを捕獲したところ、目印のついたアユが3匹いました。この養殖池にいるアユの数を推定し、十の位までの概数で求めなさい。〈岐阜県〉

3 箱の中に同じ大きさの黒玉だけがたくさん入っています。この黒玉の個数を推測するために、黒玉と同じ大きさの白玉200個を黒玉が入っている箱の中に入れ、箱の中をよくかき混ぜた後、そこから80個の玉を無作為に抽出したところ、白玉が5個含まれていました。この結果から、はじめに箱の中に入っていた黒玉の個数は、およそ何個と推測されますか。〈愛媛県〉

4 袋の中に黒色の碁石と白色の碁石がたくさん入っています。この袋の中から40個の碁石を無作為に抽出したところ、黒色の碁石が32個であり、白色の碁石が8個でした。取り出した40個の碁石を袋にもどし、新たに100個の白色の碁石を袋に加えてよくかき混ぜた後、再びこの袋の中から40個の碁石を無作為に抽出したところ、黒石の碁石が28個であり、白色の碁石が12個でした。袋の中にはじめに入っていた黒色の碁石の個数は、およそ何個かを求めなさい。〈大阪府〉

総合問題

総合問題

複数の分野をまたいだ難問に取り組もう。

➡ 解答は別冊 105 ページ

1 図1のように，☐を並べ，線で結びます。1段目の3つのそれぞれの☐には，数や式を書き，2段目以降のそれぞれの☐には，線で結ばれた上の段の2つの☐に書かれた数や式の和を書くものとします。例えば，図2のように，1段目の3つの☐に，左から順に，1, 4, 3を書くと，3段目の☐には，12を書くことになります。次の問いに答えなさい。

〈山口県〉

図1
1段目 ☐ ☐ ☐
2段目 ☐ ☐
3段目 ☐

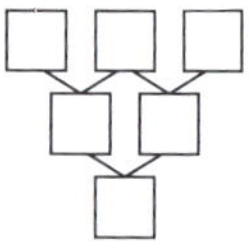

図2
1段目 1 4 3
2段目 5 7
3段目 12

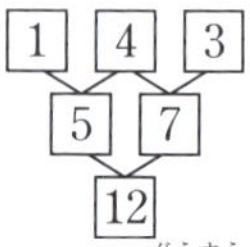

(1) 図1の1段目の3つの☐に，左から順に，8, x, 5を書きます。3段目の☐に書く式の値が27となるとき，xの値を求めなさい。

(2) 図3のように，1段目に並べる☐の個数を6つに増やします。aを自然数，bを2以上の偶数として，1段目の6つの☐に，左から順に，2, 3, a, 1, b, 5を書きます。このとき，4段目までには，図4のように，数や式を書くことになります。図4中の，6段目の☐に書く式を，a, bを使って表しなさい。また，この式の値の一の位の数は，いつも同じ数になることを説明しなさい。

図3
1段目 ☐☐☐☐☐☐
2段目 ☐☐☐☐☐
3段目 ☐☐☐☐
4段目 ☐☐☐
5段目 ☐☐
6段目 ☐

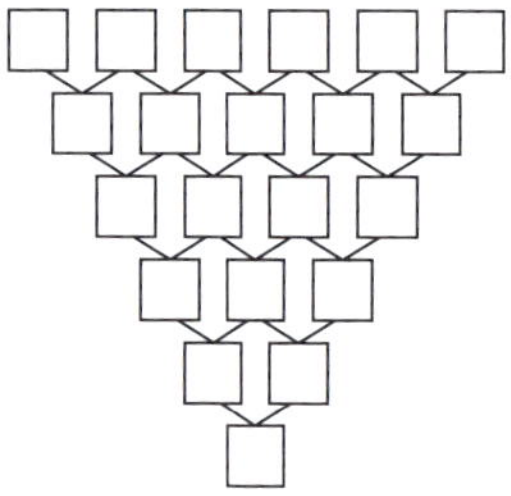

図4
1段目 2 3 a 1 b 5
2段目 5 $a+3$ $a+1$ $b+1$ $b+5$
3段目 $a+8$ $2a+4$ $a+b+2$ $2b+6$
4段目 $3a+12$ $3a+b+6$ $a+3b+8$
5段目 ☐ ☐
6段目 ☐

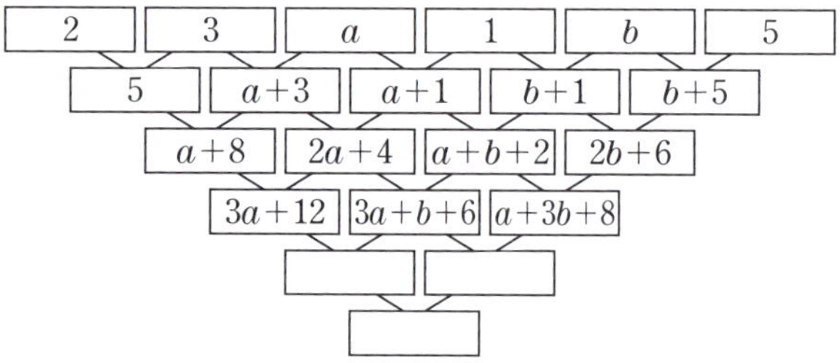

2 片面が白，もう一方の面が黒である円形の駒を，表がすべて白になるように円状に並べます。

〈沖縄県〉

(1) 図1のように8個の駒を円状に並べ，順にA, B, C, D, E, F, G, Hとします。1回目にAの駒を裏返し，2回目にD, 3回目にG, 4回目にB, …と時計回りに2個とばしで裏返していきます。例えば，駒を3回目まで裏返すと図2のようになります。次の問いに答えなさい。

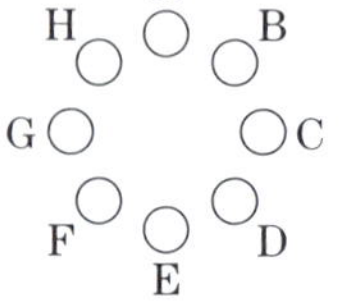

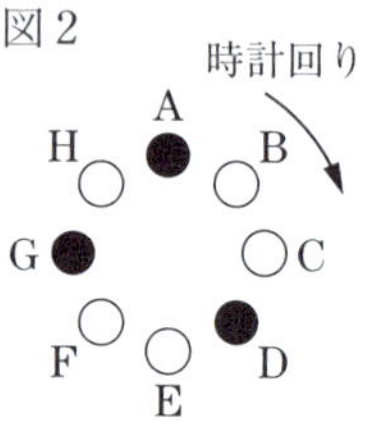

① 図1の配置から駒を6回目まで裏返したとき，表が白である駒はA〜Hのうちどれですか。すべて答えなさい。

② 図1の配置から駒を何回か裏返していき，はじめて図1の配置にもどるのは駒を何回目まで裏返したときか求めなさい。

③ 図1の配置から駒を100回目まで裏返したとき，表が白である駒はA〜Hのうちどれですか。すべて答えなさい。

(2) 今度は図3のように10個の駒を円状に並べ，順にA, B, C, D, E, F, G, H, I, Jとします。(1)と同じように，時計回りに2個とばしでA, D, G, J, …と裏返していきます。駒を2019回目まで裏返したとき，表が白である駒の個数を求めなさい。

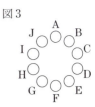

図3

3 ある工場には，機械Aと機械Bがそれぞれ何台かずつあります。機械Aと機械Bが製造している品物はすべて同じです。どの機械Aも，1日に製造する品物の個数はすべて同じであり，その中に含まれる不良品の割合は，すべて2%です。どの機械Bも，1日に製造する品物の個数はすべて同じであり，その中に含まれる不良品の割合は，すべて0.5%です。次の問いに答えなさい。　〈大分県〉

(1) 機械Aを1台使って品物を製造しました。1日に製造した品物がすべて入った箱の中から100個を無作為に取り出して，その全部に印をつけました。これを，箱の中に戻してよく混ぜました。その後，再び箱の中から150個を無作為に取り出したところ，印のついた品物が5個ありました。1台の機械Aが1日に製造した品物の個数は，およそ何個と推測できるか，求めなさい。

(2) 機械Aと機械Bを1台ずつ同時に使って品物を製造し，この2台で1日に製造した品物の個数を合わせると，その中に含まれる不良品の割合は1.4%でした。ただし，1台の機械Aが1日に製造した品物の個数は，(1)で得られた結果とします。
　① 1台の機械Bが1日に製造した品物の個数を求めなさい。
　② 次に，この工場にある機械Aと機械Bをすべて同時に使って品物を製造しました。すべての機械で1日に製造した品物の個数を合わせると18000個であり，その中に含まれる不良品の割合は1%でした。この工場には，機械Aと機械Bがそれぞれ何台あるか，求めなさい。

4 あるイベントをA, B, Cの3会場で同時に行いました。受付は1か所で，受付の案内員は来場したx人の観客を，左の通路に行く人と右の通路に行く人の人数の比が3：2になるように誘導しました。左の通路の先にあるP地点にいる案内員は，左の通路に行く人と右の通路に行く人の人数の比が3：1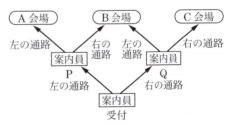になるように誘導しました。右の通路の先にあるQ地点にいる案内員は，左の通路に行く人と右の通路に行く人の人数の比が2：1になるように誘導しました。上の図のように，A会場には左の通路，左の通路と進んだ人が入り，C会場には右の通路，右の通路と進んだ人が入り，B会場にはそれ以外の進み方をした人が入りました。その後，A会場とC会場からそれぞれy人ずつB会場に移動させて，イベントを開始しました。次の問いに答えなさい。　〈成蹊高(東京)〉

(1) イベントを開始したとき，A会場，B会場，C会場に入っている観客の人数をそれぞれx, yを用いて表しなさい。

(2) イベントを開始したとき，B会場の観客の人数は580人であり，A会場とC会場の観客の人数の比は25：6でした。xとyの値を求めなさい。

5 形も大きさも同じ半径1cmの円盤がたくさんあります。これらを図1のように，縦 m 枚，横 n 枚（m, n は3以上の整数）の長方形状に並べます。このとき，4つの角にある円盤の中心を結んでできる図形は長方形です。さらに，図2のように，それぞれの円盤は×で示した点で他の円盤と接しており，ある円盤が接している円盤の枚数をその円盤に書きます。例えば，図2は $m=3$, $n=4$ の長方形状に円盤を並べたものであり，円盤Aは2枚の円盤と接しているので，円盤Aに書かれる数は2となります。同様に，円盤Bに書かれる数は3，円盤Cに書かれる数は4となります。また，$m=3$, $n=4$ の長方形状に円盤を並べたとき，すべての円盤に他の円盤と接している枚数をそれぞれ書くと，図3のようになります。次の問いに答えなさい。

〈栃木県〉

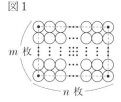

(1) $m=4$, $n=5$ のとき，3が書かれた円盤の枚数を求めなさい。

(2) $m=5$, $n=6$ のとき，円盤に書かれた数の合計を求めなさい。

(3) $m=x$, $n=x$ のとき，円盤に書かれた数の合計は440でした。このとき，x についての方程式をつくり，x の値を求めなさい。ただし，途中の計算も書くこと。

(4) 次の文の①，②，③にあてはまる数を求めなさい。a, b は2以上の整数で，$a<b$ とします。

> $m=a+1$, $n=b+1$ として，円盤を図1のように並べます。4つの角にある円盤の中心を結んでできる長方形の面積が 780cm^2 となるとき，4が書かれた円盤の枚数は，$a=($ ① $)$, $b=($ ② $)$ のとき最も多くなり，その枚数は $($ ③ $)$ 枚です。

6 ある微生物は，室温が30℃未満の環境では1時間で2倍の数に増殖し，室温が30℃以上の環境では1時間で3倍の数に増殖します。この微生物について，室温の設定を1時間ごとに行い観測します。次の問いに答えなさい。

〈専修大附高（東京）〉

(1) 2匹の微生物を，室温が30℃未満の環境で2時間増殖させた後，室温を30℃以上の環境にして3時間増殖させました。微生物は全部で何匹になっていますか。

(2) 何匹かの微生物を5時間増殖させたところ，ちょうど360匹になりました。最初に微生物は何匹でしたか。

(3) 1匹の微生物が5時間後にはじめて50匹を超えるように増殖させる室温の設定は全部で何通りありますか。

7 4点 O(0, 0), A(5, 0), B(5, 2), C(0, 2) を頂点とする長方形OABCがあります。2点P, Qが頂点Aを同時に出発し，長方形の周上を一定の速さで進みます。点Pは反時計回りに点Cまで進み，点Qは点Pの2倍の速さで時計回りに進みます。次の問いに答えなさい。

〈法政大国際高（神奈川）〉

(1) 点Pが頂点Bと重なったときの点Qの座標を求めなさい。

(2) 点Pが頂点Cと重なったときの直線PQの方程式を求めなさい。

(3) 線分PQが長方形OABCの面積を2等分するとき，2点P, Qの座標を求めなさい。ただし，点Pが頂点Cと重なったときは除きます。

8 右の図1のように，縦，横ともに1cmの等しい間隔で直線がひかれた方眼紙があり，縦線と横線の交点に，点A, B, C, D, E, F, Q, Rがあります。点Pは，Aを出発して，線分AB, BC, CD, DE, EF, FA上をA→B→C→D→E→F→Aの順にAまで動きます。点Pが，Aを出発してから$x$cm動いたときの△PQRの面積を$y$cm²とするとき，次の問いに答えなさい。〈富山県〉

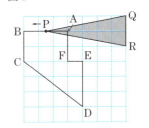

図1

(1) $x=4$のとき，yの値を求めなさい。
(2) 点PがCからDまで動くときの，xの変域を求めなさい。
(3) 右の図2は，xとyの関係を表したグラフの一部です。このグラフを完成させなさい。
(4) △PQRの面積が6cm²となるxの値は2つあります。その値をそれぞれ求めなさい。

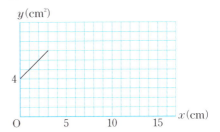

図2

9 右の図の六角形OABCDEは辺OA, OEは座標軸に重なり，その他の辺は座標軸に平行です。また，OA=OE=20, BC=CDです。この図形の中でOを出発して辺にあたると等しい角度ではね返り，直線運動する点があります。点はP, Q, R(15, 0), S(0, 12)の順に動き，Dで止まります。次の問いに答えなさい。〈駿台甲府高(山梨)〉

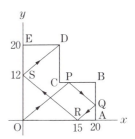

(1) 辺DEの長さを求めなさい。
(2) Oから出発した点が辺BC上の点Pではね返った後，辺AB上の点Qではね返ったとき，直線PQの式を求めなさい。
(3) 点がOからDまで動いた距離を求めなさい。

10 直線ℓ上に，右の図のような図形Pと長方形Qがあります。Qを固定したまま，Pを図の位置からℓにそって矢印の向きに毎秒1cmの速さで動かし，点Bと点Dが重なるのと同時に停止させるものとします。点Bと点Cが重なってからx秒後の，2つの図形が重なる部分の面積を$y$cm²とするとき，次の問いに答えなさい。〈群馬県〉

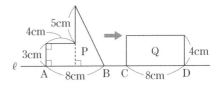

(1) 点Bと点Cが重なってからPが停止するまでのxとyの関係を，重なる部分の図形の種類とxとyの関係を表す式の変化に着目して，次の①～③の場合に分けて考えました。 ア ， イ には適する数を， あ ～ う にはそれぞれ異なる式を入れなさい。
 ① $0≦x≦$ ア のとき，yをxの式で表すと， あ
 ② ア $≦x≦$ イ のとき，yをxの式で表すと， い
 ③ イ $≦x≦8$のとき，yをxの式で表すと， う

(2) 2つの図形が重なる部分の面積がPの面積の半分となるのは，点Bと点Cが重なってから何秒後か，求めなさい。

11 右の図のように，正六角形 OABCDE があり，3 直線 AB, OC, ED は平行です。関数 $y=\frac{1}{6}x^2$ のグラフ上には点 A, E があり，関数 $y=ax^2$ のグラフ上には点 B, D があります。ただし，a を正の定数とし，点 A, E の y 座標を 2 とします。このとき，次の □ に最も適する数字を答えなさい。 〈桐蔭学園高(神奈川)〉

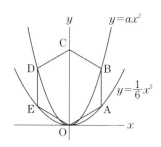

(1) 点 A の座標は ([ア]√[イ], 2) であり，正六角形 OABCDE の 1 辺の長さは [ウ] です。

よって，点 B の座標は ([ア]√[イ], [エ]) です。また，$a = \dfrac{[オ]}{[カ]}$ です。

(2) 台形 OABC の面積は [キ][ク]√[ケ] です。

(3) 直線 BC の式は $y = -\dfrac{\sqrt{[コ]}}{[サ]}x + [シ]$ です。

(4) 原点 O を通り，台形 OABC の面積を 2 等分する直線を ℓ とすると，直線 ℓ と直線 BC の交点 F の座標は $\left(\dfrac{[ス]\sqrt{[セ]}}{[ソ]}, \dfrac{[タ][チ]}{[ツ]}\right)$ です。

12 放物線 $y=\frac{1}{2}x^2$ 上の点を P とします。x 軸上の正の部分に点 A を OP=PA となるようにとります。また，点 A を通り，x 軸に垂直な直線と直線 OP との交点を Q とします。△APQ が正三角形のとき，△APQ の面積を求めなさい。 〈中央大杉並高(東京)〉

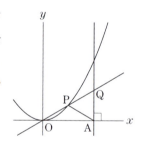

13 直線 $y=x+6$ ……① と放物線 $y=x^2$ ……② があり，①と②の交点を左から順に A, B とします。右の図のような 1 辺の長さが 1 で，各辺が座標軸と平行な正方形 PQRS を，点 P が直線①上にあり，他の点は①の下側にあるように動かしていきます。点 P が A から B まで動くとき，次の問いに答えなさい。 〈久留米大附設高(福岡)〉

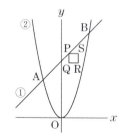

(1) 点 Q はある直線の上を動きます。その直線の式を求め，点 Q が動いてできる線分の長さを求めなさい。

(2) 正方形 PQRS が動いてできる図形の面積を求めなさい。

次に，点 P の x 座標を a とします。

(3) 点 Q が放物線②の上にあるような a の値をすべて求めなさい。

(4) 正方形 PQRS が放物線②と交わらないような a の値の範囲を求めなさい。

14 長方形の台紙に，同じ大きさのシールが貼ってあります。このシールを，左上から少しずつはがしていくとき，現れた台紙の面積について考えます。図1は，BC=10cm，CD=6cmのシールつきの長方形ABCDの台紙から，シールを，点Aから少しだけはがしたところを示したものです。はがしたシールの，点Aと重なっていた点をEとし，はがしたシールと，現れた台紙との境目の線分の両端の点をP，Qとします。図2のように，点Pが点Dに達するまでは，PQ∥DBとなるようにはがしていき，その後は，図3のように，点Pが点Cに達するまでは，点Qを点Bに固定したまま，はがしていきます。点Pを，長方形の辺上を点Aから点Dを通って点Cまで移動する点と考えるとき，点Pの点Aからの道のりを$x$cm，現れた台紙の面積を$y$cm^{2}とします。次の問いに答えなさい。ただし，点P，Qが点Aにあるときは$y=0$とします。 〈新潟県〉

図1
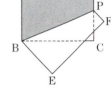

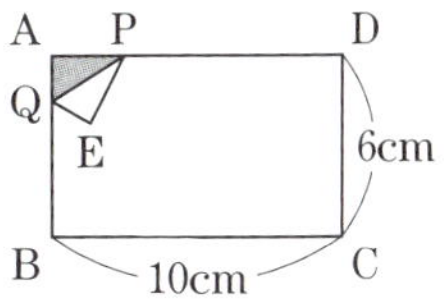

図2

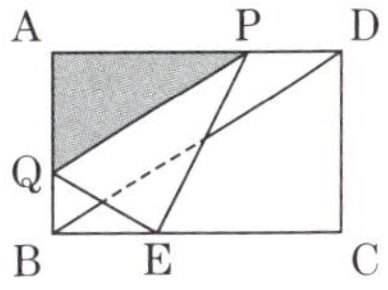

図3
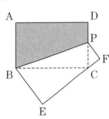

(1) $x=4$のとき，yの値を答えなさい。

(2) $10<x\leq 16$のとき，線分DPの長さをxを用いて表しなさい。

(3) 次の①，②について，yをxの式で表しなさい。
  ① $0<x\leq 10$のとき
  ② $10<x\leq 16$のとき

図4
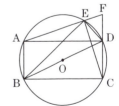

(4) $10<x\leq 16$とします。はがしたシールの，点Dと重なっていた点をFとします。図4のように，シールを，線分EFが頂点Cと重なるように，線分BPを折り目として折り返しました。このとき，x，yの値をそれぞれ求めなさい。

15 右の図のように，円Oの円周上の4点A，B，C，Dを頂点とする長方形ABCDがあります。点B，Cを含まない$\overarc{AD}$上に，点A，Dと異なる点Eをとり，直線AEと直線CDの交点をFとします。次の問いに答えなさい。 〈福井県〉

(1) △ADF∽△BEDであることを証明しなさい。

(2) AB=2cm，BC=$2\sqrt{2}$cm，DF=1cmとします。
  ア 円Oの半径とDEの長さを求めなさい。
  イ △BCEの面積を求めなさい。

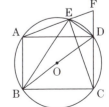

16 右の図の四角形 ABCD は，AB=4cm，BC=8cm の長方形です。辺 BC を直径とする半径 4cm の半円 O が辺 AD と接しています。点 P は点 A を出発し，長方形の辺上を点 D を通り，点 C まで毎秒 1cm の速さで動きます。また，点 Q は線分 BP と半円 O との交点とします。点 P が点 A を出発してからの時間を x 秒とします。次の問いに答えなさい。

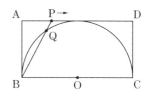

〈法政大第二高（神奈川）〉

(1) △ABP∽△DPC となる x の値を求めなさい。
(2) △ABP∽△QCB となる x の値の範囲を，不等号を使って表しなさい。
(3) $8 \leq x < 12$ のとき，△PBC∽△PCQ を証明しなさい。

17 右の図は，底面の半径が 5cm，母線 AB の長さが 10cm の円柱です。点 P は点 A を出発し，円 O の円周上を一定の速さで動き，1 周するのに 30 秒かかります。点 Q は点 B を出発し，円 O′ の円周上を一定の速さで点 P と逆向きに動き，1 周するのに 45 秒かかります。2 点 P，Q が同時に出発するとき，次の問いに答えなさい。

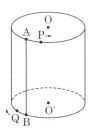

〈青森県〉

(1) この円柱の表面積を求めなさい。
(2) 5 秒後の ∠AOP の大きさと線分 PB の長さを求めなさい。
(3) 点 P が 1 周する間に OP∥O′Q となるのは出発してから何秒後か，すべてを求めなさい。ただし，出発時は考えないものとします。
(4) 点 P が 1 周する間の線分 PQ の長さの変域を あ ≦PQ≦ い で表すとき， あ ， い の値を求めなさい。

18 右の図1に示した立体 ABCD-EFGH は，AB=3cm，AD=4cm，AE=7cm の直方体です。辺 AE 上に点 P を，辺 BF 上に点 Q をとり，頂点 A と点 Q，点 Q と頂点 G，点 P と点 Q，点 Q と頂点 D をそれぞれ結びます。次の問いに答えなさい。

図1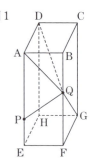

〈都立青山高〉

(1) AP=5cm，AQ+QG の長さが最も短くなるとき，次の①，②に答えなさい。
  ① 線分 DQ の長さは何 cm ですか。
  ② 直方体 ABCD-EFGH を 3 点 P，Q，G を通る平面で分けたとき，頂点 F を含む立体の体積は何 cm³ ですか。
(2) 右の図2は，図1において，AQ=PQ とし，頂点 B と頂点 D を結んだ場合を表しています。△APQ と △QFG の面積が等しくなるとき，四角形 PEFQ と △QBD の面積の比を最も簡単な整数の比で表しなさい。ただし，答えだけでなく，答えを求める過程がわかるように，途中の式や計算なども書きなさい。

図2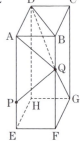

19 右の図で、円Oは中心が△ABCの辺BC上にあり、直線AB、ACとそれぞれ点B、Dで接しています。AB＝2cm、AC＝3cmのとき、次の問いに答えなさい。

〈愛知県〉

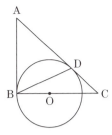

(1) 円Oの面積は何cm²か、求めなさい。
(2) △DBCを辺BCを回転の軸として1回転させてできる立体の体積は、円Oを辺BCを回転の軸として1回転させてできる立体の体積の何倍か、求めなさい。

20 AさんとBさんのクラスの生徒20人が、次のルールでゲームを行いました。

・図のように、床に描かれた的があり、的の中心まで5m離れたところから、的をねらってボールを2回ずつ転がす。
・的には5点、3点、1点の部分があり、的の外は0点とする。
・ボールが止まった部分の点数の合計を1ゲームの得点とする。
・ボールが境界線に止まったときの点数は、内側の点数とする。

図

例えば、1回目に5点、2回目に3点の部分にボールが止まった場合、この生徒の1ゲームの得点は5＋3＝8(点)となります。
1ゲームを行った結果、右のようになりました。このとき、2回とも3点の部分にボールが止まった生徒は2人でした。次の問いに答えなさい。

得点(点)	0	1	2	3	4	5	6	8	10
人数(人)	0	0	5	2	5	1	4	2	1

〈鹿児島県〉

(1) 20人の得点について、範囲(レンジ)は何点ですか。
(2) 1回でも5点の部分にボールが止まった生徒は何人ですか。
(3) AさんとBさんは、クラスの生徒20人の得点の合計を上げるためにどうすればよいかそれぞれ考えてみました。
① Aさんは「ボールが止まった5点の部分を1点、1点の部分を5点として、得点を計算してみるとよい。」と考えました。この考えをもとに得点を計算した場合の、20人の得点の中央値(メジアン)は何点ですか。ただし、0点と3点の部分の点数はそのままとします。
② Bさんは「1m近づいてもう1ゲームやってみるとよい。」と考えました。この考えをもとに図の的の点数は1ゲーム目のままで20人が2ゲーム目を行いました。その結果は、中央値(メジアン)が5.5点、Aさんの得点が4点、Bさんの得点が6点で、Bさんと同じ得点の生徒はいませんでした。この結果から必ずいえることを下のア～エの中からすべて選び、記号で答えなさい。
ア 1ゲーム目と2ゲーム目のそれぞれの得点の範囲(レンジ)は同じ値である。
イ 5点の部分に1回でもボールが止まった生徒の人数は、2ゲーム目のほうが多い。
ウ 2ゲーム目について、最頻値(モード)は中央値(メジアン)より大きい。
エ 2ゲーム目について、Aさんの得点を上回っている生徒は11人以上いる。

21 4つの袋A，B，C，Dがあります。A，B，C，Dそれぞれの袋に，赤球と白球とを合わせて20個ずつ入れるとします。(1)は解答のみを示しなさい。(2), (3)は解答手順を記述しなさい。
〈江戸川学園取手高(茨城)〉

(1) Aの袋に入っている白球の個数が18個であったとします。Aの袋から1個球を取り出すとき，赤球の出る確率を求めなさい。

(2) Bの袋から1個球を取り出すとき，白球の出る確率を$\frac{3}{10}$にするには，Bの袋に赤球と白球をそれぞれ何個ずつ入れればよいか答えなさい。

(3) C，Dの袋からそれぞれ球を1個ずつ取り出すとき，Cの袋から赤球の出る確率が，Dの袋から赤球の出る確率よりも$\frac{2}{5}$だけ大きく，Cの袋から白球の出る確率とDの袋から白球の出る確率との和が$\frac{6}{5}$であったとします。C，Dの袋の赤球の個数をそれぞれm, nとするとき，m, nの値を求めなさい。

22 大小2個のさいころを同時に投げます。大きいさいころの目をa，小さいさいころの目をbとして，2次方程式$x^2-ax+b=0$……①をつくります。次の問いに答えなさい。 〈18 青山学院高(東京)〉

(1) 2次方程式①が，$x=1$を解にもつ確率を求めなさい。

(2) 2次方程式①の解がすべて整数となる確率を求めなさい。

23 大小2つのさいころを投げ，出た目の数をそれぞれp, qとします。2点A，Bの座標をA(3, 4), B(5, 1)とするとき，次の問いに答えなさい。
〈立教新座高(埼玉)〉

(1) 2点P，Qの座標をP(p, 0), Q(0, q)とするとき，直線PQと直線ABが平行になる確率を求めなさい。

(2) 放物線$y=\frac{q}{p}x^2$と線分ABが交わる確率を求めなさい。

24 大小2つのさいころを投げ，出た目をそれぞれa, bとします。点(a, 0)を通りy軸に平行な直線をℓ，点(0, b)を通りx軸に平行な直線をmとします。また，座標軸の1目もりを1cmとします。3点O(0, 0), P(4, 0), Q(7, 7)を頂点とする△OPQは直線ℓ，直線mによって3つまたは4つの図形に分けられます。そのうち，Oを含む図形をSとします。例えば，$a=1$, $b=1$のとき，△OPQは，三角形2つと四角形1つの3つの図形に分けられ，Sは面積が$\frac{1}{2}$cm²の直角二等辺三角形です。また，$a=2$, $b=1$のとき，△OPQは，三角形1つと四角形3つの4つの図形に分けられ，Sは面積が$\frac{3}{2}$cm²の台形です。次の問いに答えなさい。

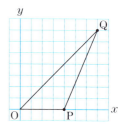

〈広島大附高(広島)〉

(1) △OPQがちょうど3つの図形に分けられる確率を求めなさい。

(2) Sが台形となる確率を求めなさい。

(3) Sの面積が8cm²以下となる確率を求めなさい。

入試予想問題

入試予想問題 No.1

本番さながらの予想問題にチャレンジしよう。→ 解答は別冊 115 ページ

制限時間 **60分**　得点　点/100点

1 次の計算をしなさい。　【各2点　合計12点】

(1) $\dfrac{5}{6} - \left(+\dfrac{7}{8}\right)$

(2) $4^2 + 8 \div (-2)^3$

(3) $(-2xy)^3 \div \dfrac{2}{3}y^2$

(4) $3(2a-7b) - 4(a-5b)$

(5) $\sqrt{28} - \sqrt{63}$

(6) $\dfrac{6}{\sqrt{2}} - (1+\sqrt{2})^2$

(1)	(2)	(3)	(4)
(5)	(6)		

2 次の問いに答えなさい。　【各3点　合計15点】

(1) $(x+2)(x-6) - 9$ を因数分解しなさい。

(2) $3 < \sqrt{a} < \dfrac{11}{3}$ を満たす正の整数 a は何個ありますか。

(3) 2次方程式 $(x+3)(x-5) = x-6$ を解きなさい。

(4) 自然数 a を b でわると、商が8で余りが c となりました。b を a と c を使った式で表しなさい。

(5) y は x に反比例し、$x=2$ のとき $y=-9$ です。$x=-6$ のときの y の値を求めなさい。

(1)	(2)	(3)	(4)
(5)			

3 次の問いに答えなさい。　　　　【(1) 6点，(2)各4点，(3) 6点　合計20点】

(1) ある中学校の2年生について，図書室の本の貸し出し状況を調査しました。9月の調査では，本を借りた生徒の人数は，2年生全体の60%で，そのうち1冊借りた生徒は50人，2冊借りた生徒は35人で，3冊以上借りた生徒もいました。その後，読書推進運動を進め，2か月後の11月の調査では，9月の調査と比べて本を借りた生徒は22人増え，1冊借りた生徒は10%減ったが，2冊借りた生徒は20%増え，3冊以上借りた生徒は2倍になりました。このとき，2年生の生徒の人数を求めなさい。ただし，9月と11月の2年生の生徒の人数は同じであったとします。

(2) 右の図で，四角形ABCDは長方形で，点E，Fはそれぞれ辺AD，DCの中点です。また，線分EBと線分AF，線分ACとの交点をそれぞれG，Hとします。AB＝4cm，AD＝6cmのとき，次の問いに答えなさい。

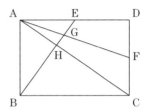

① 線分BHの長さを求めなさい。

② 線分GHの長さを求めなさい。

(3) ある中学校の3年1組と3年2組において，通学時間を調査しました。右の表は，その結果を度数分布表に整理したものです。この度数分布表から必ずいえるものを，次のア～オからすべて選び，記号で答えなさい。

階級(分)	1組 度数(人)	2組 度数(人)
以上　未満		
0 ～ 5	4	1
5 ～ 10	8	7
10 ～ 15	9	8
15 ～ 20	10	6
20 ～ 25	6	9
25 ～ 30	3	4
計	40	35

ア　通学時間の分布の範囲は，1組と2組は等しい。
イ　通学時間が5分以上10分未満の階級の相対度数は，1組と2組は等しい。
ウ　通学時間が15分以上の生徒の学級全体の生徒に対する割合は，1組のほうが2組より大きい。
エ　通学時間の中央値を含む階級の階級値は，1組のほうが2組より大きい。
オ　通学時間の最頻値は，1組のほうが2組より小さい。

(1)	(2)①	②	(3)

4 右の図のように，関数 $y=ax^2$ のグラフ上に，3点 A，B，C があり，点 A，B の x 座標はそれぞれ 6，4 です。点 D は y 軸上の点で，四角形 ABCD は平行四辺形です。また，直線 AB は，傾きが 5 の直線です。次の問いに答えなさい。

【各4点 合計16点】

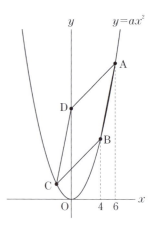

(1) a の値を求めなさい。

(2) 点 C の座標を求めなさい。

(3) 平行四辺形 ABCD の面積を求めなさい。

(4) x 軸上に，△OBC：△PBC＝1：3 となるような点 P をとります。点 P の座標を求めなさい。ただし，点 P の x 座標は正とします。

(1)	(2)	(3)	(4)

5 右の図のように，0 から 6 までの数字が 1 つずつ書かれた 7 枚のカードが，左から小さい順に並んでいます。大小 2 つのさいころを同時に 1 回投げて，大きいさいころの出た目の数を a，小さいさいころの出た目の数を b として，次の①，②の操作を行います。

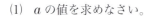

> ① まず，7 枚のカードの左端から a 番目のカードを取り除きます。
> ② 次に，残った 6 枚のカードの右端から b 番目のカードを取り除きます。

ただし，さいころの目は 1 から 6 までであり，どの目が出ることも同様に確からしいものとします。また，カードを取り除くごとに，残ったカードは左側につめて並べるものとします。次の問いに答えなさい。

【各4点 合計12点】

(1) $a=4$，$b=4$ のとき，残った 5 枚のカードの数字を左から順に書きなさい。

(2) 残った 5 枚のカードの右端が 5 になる確率を求めなさい。

(3) 残った 5 枚のカードの数の合計が奇数になる確率を求めなさい。

(1)	(2)	(3)

6 右の図のように，線分 AB を直径とする円 O があります。円 O の周上に点 A, B とは異なる点 C をとり，点 C と点 A, B をそれぞれ結びます。線分 BC 上に，AC＝BD となる点 D をとり，AD と円 O との交点を E とし，点 E と点 B, C をそれぞれ結びます。点 C を通り，EB と平行な直線をひき，AE との交点を F，円 O との交点を G とします。次の問いに答えなさい。

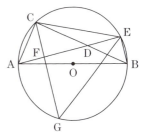

【(1) 5 点　(2)各 4 点　合計 13 点】

(1) △AFC≡△BED であることを証明しなさい。

(2) AC＝5cm，AF＝3cm のとき，次の問いに答えなさい。
　① 線分 FD の長さを求めなさい。

　② △CGE の面積を求めなさい。

(1)	
(2)①	②

7 右の図の立体は三角柱で，底面は正三角形，側面はすべて長方形です。また，AB＝4cm，AD＝6cm です。点 P は，頂点 A を出発し，毎秒 1cm の速さで，3 辺 AD，DE，EF 上を通って頂点 F まで動きます。次の問いに答えなさい。

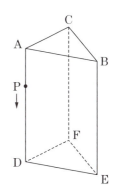

【各 4 点　合計 12 点】

(1) 点 P が頂点 A を出発してから 2 秒後の立体 ABC－PEF と立体 PDEF の体積の比を求めなさい。

(2) 点 P が辺 AD，DE 上にあるとき，四角形 APEB の面積が 20cm² となるのは，点 P が頂点 A を出発してから何秒後か，すべて答えなさい。

(3) 点 P が点 A を出発してから 12 秒後の △APC の面積を求めなさい。

(1)	(2)	(3)

PERFECT COURSE EXAMINATION

入試予想問題　No. 2

本番さながらの予想問題にチャレンジしよう。➡ 解答は別冊 118 ページ

制限時間	得点
60分	点/100点

1 次の計算をしなさい。

【各 2 点　合計 12 点】

(1) $\frac{4}{15}\div\left(-\frac{8}{9}\right)$

(2) $1+2\times(-3^2)\div6$

(3) $\frac{3a-b}{4}-\frac{a-5b}{6}$

(4) $(x+2)(x-5)-(x-3)^2$

(5) $\sqrt{45}-\frac{10}{\sqrt{5}}$

(6) $(\sqrt{2}+\sqrt{3})(\sqrt{6}-3)$

(1)	(2)	(3)	(4)
(5)	(6)		

2 次の問いに答えなさい。

【各 3 点　合計 12 点】

(1) $x=-4+\sqrt{7}$ のとき，$x^2+8x+16$ の値を求めなさい。

(2) 連立方程式(れんりつほうていしき) $\begin{cases}5x+2y=3\\4x-3y=30\end{cases}$ を解きなさい。

(3) 1 冊 a 円のノートを 5 冊買い，1000 円出したらおつりがもらえました。次の**ア**～**ウ**で，このときの数量の関係を表した式として正しいものはどれか，記号で答えなさい。

ア　$1000-5a=0$　　**イ**　$1000-5a<0$　　**ウ**　$1000-5a>0$

(4) 箱の中に，白玉だけがたくさん入っています。この白玉の個数を推測するために，同じ大きさの 50 個の赤玉を箱の中に入れ，よくかき混ぜた後，その中から 60 個の玉を無作為(むさくい)に抽出(ちゅうしゅつ)して調べました。抽出した 60 個の玉の中に，赤玉が 4 個含まれていました。はじめに箱の中に入っていた白玉はおよそ何個と推測されるか，求めなさい。

(1)	(2)	(3)	(4)

3 次の問いに答えなさい。　【(1)(2)各6点　(3)(4)各3点　合計24点】

(1) 秒速40mの速さで球を地上から真上に打ち上げると，球を打ち上げてから地上に落ちてくるまでの球の高さは，打ち上げてから x 秒後に $(40x-5x^2)$ m になります。いま，秒速5mの一定の速さで真上に上昇する風船を地上から放しました。風船を放してから12秒後に，今度は球を風船を放した地点から真上に打ち上げました。すると，球は風船に向かって上昇し風船に当たり，風船がわれました。球が風船に当たったときの高さは何mか，求めなさい。ただし，球が風船を追い越すことはないものとします。

(2) 右の図のような正方形ABCDがあり，はじめに2点P，Qは頂点A上にあります。大小2つのさいころを同時に1回投げ，大のさいころの出た目の数を a，小のさいころの出た目の数を b とします。点Pは，正方形の頂点を矢印の方向に a だけ移動し，点Qは，正方形の頂点を点Pと逆回りに b だけ移動します。例えば，$a=3$ のとき，点Pは頂点D上に移動します。このとき，点Pと点Qが同じ頂点上にある確率を求めなさい。ただし，さいころの目は1から6までであり，どの目が出ることも同様に確からしいものとします。

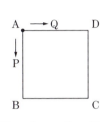

(3) 右の図のように，円Oの周上に4点A，B，C，Dがあります。AB＝AC，∠BAC＝∠CADで，線分ACと線分BDとの交点をEとします。AB＝AC＝8cm，AD＝6cmのとき，次の問いに答えなさい。
① 線分ECの長さを求めなさい。

② 線分BDの長さを求めなさい。

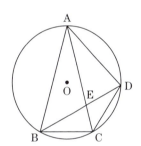

(4) 右の図の直方体で，AD＝2cm，対角線AG＝7cmです。また，線分ABの長さは，線分AEの長さの2倍です。次の問いに答えなさい。
① 線分ABの長さを求めなさい。

② △ABGの面積を求めなさい。

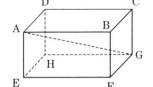

4. 右の図のように，AB=12cm，AD=30cmの長方形ABCDがあります。点Pは，頂点Aを出発し，毎秒2cmの速さで辺AD上を一往復して頂点Aに戻り，そこで止まります。点Qは，点Pが出発すると同時に頂点Bを出発し，毎秒3cmの速さで辺BC上を一往復して頂点Bに戻り，そこで止まります。次の問いに答えなさい。

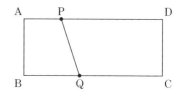

【(1)(2)各4点 (3)各3点 合計14点】

(1) 点Pが頂点Aを出発してから9秒後の線分PQの長さを求めなさい。

(2) 四角形ABQPが長方形となるのは，点Pが頂点Aを出発してから何秒後か求めなさい。

(3) 点Pが頂点Aを出発してから5秒後の線分PQの長さを$a$cmとします。
　① 点Pが頂点Aを出発してから2回目にPQ=$a$cmとなるのは何秒後か，求めなさい。

　② 点Pが頂点Aを出発してから3回目にPQ=$a$cmとなるのは何秒後か，求めなさい。

(1)	(2)	(3)①	②

5. 次の規則にしたがって，左から順に数を並べていきます。

> 【規則】
> ・1番目の数と2番目の数を定めます。
> ・3番目以降の数は，その2つ前の数と1つ前の数の和とします。

例えば，1番目の数が1，2番目の数が2のとき，1番目の数から順に並べると，
　　1，2，3，5，8，13，21，34，…
となります。次の問いに答えなさい。

【各4点 合計12点】

(1) 1番目の数がa，2番目の数がbのとき，5番目の数をa，bを用いて表しなさい。

(2) 1番目の数と2番目の数は連続する整数で，1番目の数は2番目より小さいとします。6番目の数が-11のとき，1番目の数を求めなさい。

(3) 6番目の数が3，10番目の数が18のとき，1番目の数と2番目の数を求めなさい。

(1)	(2)	(3)1番目の数	2番目の数

6 右の図のように，長方形 ABCD を，線分 DE を折り目として，頂点 A が辺 BC 上にくるように折ります。このとき，頂点 A が移った点を F とします。さらに，線分 DG を折り目として，頂点 C が辺 DF 上にくるように折ります。このとき，頂点 C が移った点を H とします。次の問いに答えなさい。

【各5点 合計10点】

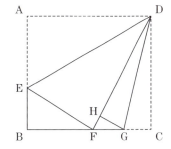

(1) △EBF∽△FHG であることを証明しなさい。

(2) AB＝15cm，AD＝17cm のとき，線分 FG の長さを求めなさい。

(1)

(2)

7 右の図のように，2つの関数 $y=\frac{1}{4}x^2$ と $y=ax^2$ のグラフがあります。点 A は $y=\frac{1}{4}x^2$ のグラフ上の点で，その x 座標は 4 です。点 A から y 軸に平行な直線をひき，$y=ax^2$ のグラフとの交点を B，点 B から x 軸に平行な直線をひき，$y=ax^2$ のグラフとの交点を C，点 A から x 軸に平行な直線をひき，$y=\frac{1}{4}x^2$ のグラフとの交点を D とします。また，直線 DB と $y=ax^2$ のグラフとの交点を E とします。ただし，$a>\frac{1}{4}$ とします。次の問いに答えなさい。

【各4点 合計16点】

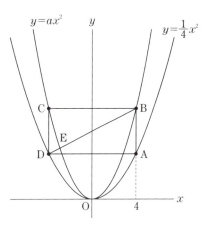

(1) $a=\frac{3}{8}$ のとき，直線 DB の式を求めなさい。

(2) 四角形 ABCD が正方形になるとき，a の値を求めなさい。

(3) BD＝10 のとき，a の値を求めなさい。

(4) DE：EB＝1：7 となるとき，a の値を求めなさい。

(1)	(2)	(3)	(4)

監修	柴山達治（開成中学校・高等学校教諭）
編集協力	㈱アポロ企画，㈲アズ，佐々木豊
カバーデザイン	寄藤文平＋古屋郁美［文平銀座］
カバーイラスト	寄藤文平［文平銀座］
本文デザイン	武本勝利，峠之内綾［ライカンスロープデザインラボ］
本文イラスト	加納徳博
DTP	㈱明昌堂

この本は下記のように環境に配慮して製作しました。
●製版フィルムを使用しないCTP方式で印刷しました。●環境に配慮してつくられた紙を使用しています。

学研 パーフェクトコース
わかるをつくる 中学数学問題集

©Gakken
※本書の無断転載，複製，複写（コピー），翻訳を禁じます。本書を代行業者等の第三者に依頼してスキャンやデジタル化することは，たとえ個人や家庭内の利用であっても，著作権法上，認められておりません。

わかるをつくる 中学数学問題集 解答と解説

MATHEMATICS
ANSWERS AND KEY POINTS

学研 GAKKEN PERFECT COURSE パーフェクトコース

数と式編

1 正の数・負の数

STEP 01 要点まとめ 本冊010ページ

1
- 01 -0.8
- 02 -0.75
- 03 $-\dfrac{4}{5}$
- 04 $-\dfrac{3}{4}$

2
- 05 $-$
- 06 -14

3
- 07 $-$
- 08 -4

4
- 09 $+$
- 10 $-$
- 11 -7

5
- 12 $+$
- 13 42 $(+42)$

6
- 14 $-$
- 15 -28

7
- 16 $+$
- 17 7 $(+7)$

8
- 18 $-$
- 19 -8

9
- 20 4
- 21 -15
- 22 -28
- 23 3
- 24 -25

10
- 25 -2
- 26 $+3$
- 27 -1
- 28 -5
- 29 -5
- 30 -1
- 31 1
- 32 -1
- 33 54

解説

5 $(-14)\times(-3)=+(14\times3)=+42=42$ のように，計算結果が正の数の場合は，＋を省いて答えてもよい。（もちろん $+42$ のままでも正解である。）

9 $(-2)^2$ と -2^2 の違いに注意する。
$(-2)^2$ は $(-2)\times(-2)$ のことで，計算すると 4 になり，-2^2 は $-(2\times2)$ のことで，計算すると -4 になる。

10 このような方法で平均を求めるとき，基準にした量（この場合は 55kg）を仮の平均という。

STEP 02 基本問題 本冊012ページ

1 (1) A…-6，B…-3.5，C…$+1.5$，D…$+7.5$
(2) A…6，B…3.5，C…1.5，D…7.5

解説

(1) 点Aは原点から左へ 6 の距離にある点だから -6。点Bは原点から左へ 3.5 の距離にある点だから -3.5。点Cは原点から右へ 1.5 の距離にある点だから $+1.5$。点Dは原点から右へ 7.5 の距離にある点だから $+7.5$。

(2) A…-6 の絶対値は，-6 の符号「$-$」をとって，6
B…-3.5 の絶対値は，-3.5 の符号「$-$」をとって，3.5
C…$+1.5$ の絶対値は，$+1.5$ の符号「$+$」をとって，1.5
D…$+7.5$ の絶対値は，$+7.5$ の符号「$+$」をとって，7.5

2 (1) ① $-5<-2<0$
② $-\dfrac{2}{3}<-\dfrac{1}{2}<-\dfrac{1}{4}$

(2) $-\dfrac{6}{7},\ -\dfrac{4}{5},\ 0,\ +0.9,\ +\dfrac{10}{9}$

解説

(1) ① 負の数どうしでは，絶対値が大きいほど小さいから，$-5<-2$
負の数は 0 より小さいから，$-5<-2<0$
② 分数を小数になおして大小を比べる。
$-\dfrac{1}{2}=-0.5,\ -\dfrac{1}{4}=-0.25,\ -\dfrac{2}{3}=-0.66\cdots$，
負の数どうしでは，絶対値が大きいほど小さいから，
$-0.66\cdots<-0.5<-0.25$
したがって，$-\dfrac{2}{3}<-\dfrac{1}{2}<-\dfrac{1}{4}$

(2) はじめに正の数どうしで大小を比べる。
$+\dfrac{10}{9}=+1.1\cdots$ だから，$+0.9<+\dfrac{10}{9}$
次に，負の数どうしで大小を比べる。
$-\dfrac{4}{5}=-0.8,\ -\dfrac{6}{7}=-0.85\cdots$ だから，$-\dfrac{6}{7}<-\dfrac{4}{5}$
（負の数）$<0<$（正の数）だから，
$-\dfrac{6}{7}<-\dfrac{4}{5}<0<+0.9<+\dfrac{10}{9}$

3 (1) $+14$ (2) $+7$
(3) -2.6 (4) $-\dfrac{47}{30}$
(5) -3 (6) $-\dfrac{1}{4}$

解説

(1) 同符号の 2 数の和は，絶対値の和に共通の符号をつける。$(+6)+(+8)=+(6+8)=+14$

(2) -2 をひくことは，符号を変えて，$+2$ を加えることと同じである。
$5-(-2)=5+(+2)=+(5+2)=+7$

(3) 異符号の 2 数の和は，絶対値の差に，絶対値の大きいほうの符号をつける。

$(+2.3)+(-4.9)=-(4.9-2.3)=-2.6$

(4) $-\dfrac{2}{5}+\left(-\dfrac{7}{6}\right)=-\dfrac{12}{30}+\left(-\dfrac{35}{30}\right)=-\left(\dfrac{12}{30}+\dfrac{35}{30}\right)$

$=-\dfrac{47}{30}$

(5) まず，かっこのない式になおす。
$4-2+(-5)=4-2-5=4-7=-3$

(6) $\dfrac{1}{6}-\left(+\dfrac{2}{3}\right)-\left(-\dfrac{1}{4}\right)=\dfrac{1}{6}-\dfrac{2}{3}+\dfrac{1}{4}=\dfrac{2}{12}-\dfrac{8}{12}+\dfrac{3}{12}$

$=\dfrac{2}{12}+\dfrac{3}{12}-\dfrac{8}{12}=-\dfrac{3}{12}=-\dfrac{1}{4}$

4 (1) $+18$ (2) -24
(3) $-\dfrac{9}{2}$ (4) $+70$
(5) -6 (6) $+144$

解説▼

(1) 同符号の2数の積は，絶対値の積に正の符号+をつける。$(+9)\times(+2)=+(9\times2)=+18$

(2) 異符号の2数の積は，絶対値の積に負の符号−をつける。$4\times(-6)=-(4\times6)=-24$

(3) $-15\times\dfrac{3}{10}=-\left(15\times\dfrac{3}{10}\right)=-\dfrac{9}{2}$

(4) 負の数は -2 と -5 の2個だから，答えの符号は $+$ 。
$(-2)\times(+7)\times(-5)=+(2\times7\times5)=+70$

(5) 累乗の部分を先に計算する。
$2^3\times\left(-\dfrac{3}{4}\right)=8\times\left(-\dfrac{3}{4}\right)=-\left(8\times\dfrac{3}{4}\right)=-6$

(6) $-4^2\times(-3^2)=-16\times(-9)=+(16\times9)$
$=+144$

5 (1) $+6$ (2) -4
(3) $-\dfrac{1}{30}$ (4) $-\dfrac{1}{6}$
(5) $+15$ (6) $+\dfrac{20}{3}$

解説▼

(1) 同符号の2数の商は，絶対値の商に正の符号+をつける。$(-54)\div(-9)=+(54\div9)=+6$

(2) 異符号の2数の商は，絶対値の商に負の符号−をつける。$(-12)\div3=-(12\div3)=-4$

(3) -9 の逆数 $-\dfrac{1}{9}$ をかける乗法になおして計算する。

$\dfrac{3}{10}\div(-9)=\dfrac{3}{10}\times\left(-\dfrac{1}{9}\right)=-\left(\dfrac{3}{10}\times\dfrac{1}{9}\right)=-\dfrac{1}{30}$

(4) $\dfrac{3}{4}\div\left(-\dfrac{9}{2}\right)=\dfrac{3}{4}\times\left(-\dfrac{2}{9}\right)=-\left(\dfrac{3}{4}\times\dfrac{2}{9}\right)=-\dfrac{1}{6}$

(5) 累乗の部分を先に計算する。

$-3^2\div\left(-\dfrac{3}{5}\right)=-9\times\left(-\dfrac{5}{3}\right)=+\left(9\times\dfrac{5}{3}\right)=+15$

(6) $\dfrac{5}{12}\div\left(-\dfrac{1}{4}\right)^2=\dfrac{5}{12}\div\dfrac{1}{16}=+\left(\dfrac{5}{12}\times16\right)=+\dfrac{20}{3}$

6 (1) 2 (2) 8
(3) 15 (4) 5
(5) $\dfrac{1}{3}$ (6) $-\dfrac{3}{2}$
(7) -6 (8) 14
(9) $\dfrac{33}{2}$ (10) -24

(これ以降は符号「+」は省略する。)

解説▼

(1) 乗法→加法の順に計算する。
$8+3\times(-2)=8+(-6)=8-6=2$

(2) 除法→減法の順に計算する。
$6-4\div(-2)=6-(-2)=6+2=8$

(3) かっこの中→乗法の順に計算する。
$-5\times(3-6)=-5\times(-3)=15$

(4) 累乗→減法の順に計算する。
$3^2-2^2=9-4=5$

(5) 乗法→加法の順に計算する。
$(-12)\times\dfrac{1}{9}+\dfrac{5}{3}=-\dfrac{4}{3}+\dfrac{5}{3}=\dfrac{1}{3}$

(6) かっこの中→除法の順に計算する。
$\left(\dfrac{3}{4}-2\right)\div\dfrac{5}{6}=\left(\dfrac{3}{4}-\dfrac{8}{4}\right)\div\dfrac{5}{6}=\left(-\dfrac{5}{4}\right)\div\dfrac{5}{6}$

$=\left(-\dfrac{5}{4}\right)\times\dfrac{6}{5}=-\dfrac{6}{4}=-\dfrac{3}{2}$

(7) 累乗→除法→加法の順に計算する。
$3+3^4\div(-9)=3+81\div(-9)=3+(-9)$
$=3-9=-6$

(8) 累乗→乗法→減法の順に計算する。
$2-\left(-\dfrac{3}{4}\right)\times(-4)^2=2-\left(-\dfrac{3}{4}\right)\times16$
$=2-(-12)=2+12=14$

(9) かっこの中→乗法の順に計算する。
$\{9-(27-29)\}\times1.5=(9-27+29)\times\dfrac{3}{2}$

$=11\times\dfrac{3}{2}=\dfrac{33}{2}$

(10) かっこの中・累乗→乗除の順に計算する。
$-4^2\times\left(\dfrac{5}{2}-\dfrac{2}{3}\right)\div\dfrac{11}{9}=-16\times\left(\dfrac{15}{6}-\dfrac{4}{6}\right)\div\dfrac{11}{9}$

$=-16\times\dfrac{11}{6}\div\dfrac{11}{9}=-16\times\dfrac{11}{6}\times\dfrac{9}{11}$

$=-\left(16\times\dfrac{11}{6}\times\dfrac{9}{11}\right)=-24$

数と式

7 (1) 4
　 (2) ① 20人　② 42人

解説▼

(1) 求める数は，
　　$3.6 \times 10 - (3+4+7+2+1+6+0+5+4)$
　　$= 36 - 32 = 4$

(2) ① お客の人数が最も多い日は金曜日，最も少ない日は火曜日で，人数の差は，
　　$(+13) - (-7) = 13 + 7 = 20$(人)
　② 基準の量 40 人との差の合計を求めると，
　　$(+5) + (-7) + (+2) + (-3) + (+13)$
　　$= 5 - 7 + 2 - 3 + 13 = 10$(人)
　　差の合計を，日数 5 でわって，差の平均を求めると，$10 \div 5 = 2$(人)
　　基準の量 40 人に，差の平均をたして，平均は，
　　$40 + 2 = 42$(人)

STEP 03　実戦問題

本冊014ページ

1 (1) 5個　　(2) -4℃
　 (3) 10　　 (4) イ

解説▼

(1) $-\dfrac{7}{3} = -2.33\cdots$, $\dfrac{9}{4} = 2.25$ だから，$-\dfrac{7}{3}$ と $\dfrac{9}{4}$ の間にある整数は，$-2, -1, 0, 1, 2$ の 5 個である。

(2) 最低気温は，
　　(最高気温) − (最高気温と最低気温の温度差)
　　$= 15 - 19 = -4$(℃)

(3) どの 2 つの差も絶対値が 3 以上になる 3 つの整数の組は，
　　$(1, 4, 7), (1, 4, 8), (1, 4, 9),$
　　$(1, 5, 8), (1, 5, 9), (1, 6, 9),$
　　$(2, 5, 8), (2, 5, 9), (2, 6, 9), (3, 6, 9)$
　　の 10 通りある。

(4) $a, a-b$ は正の数で，$b, b-a$ は負の数である。また，$a+b$ は b より大きく，a より小さいから，大きい順に並べると，$a-b, a, a+b, b, b-a$

　　$\underset{b-a\ \ \ b\ \ \ (a+b)\ 0\ \ \ a+b\ \ a\ \ a-b}{\longrightarrow}$

　　よって，大きい順に並べたとき，4 番目に大きい数は，b

2 (1) -3　　　　(2) $\dfrac{4}{9}$
　 (3) $-\dfrac{4}{3}$　　(4) $-\dfrac{9}{20}$
　 (5) $\dfrac{1}{3}$　　　(6) 1

解説▼

(1) $(-6^2) \div 12 = (-36) \div 12 = -(36 \div 12)$
　　$= -3$

(2) $\left(-\dfrac{2}{3}\right)^2 = \left(-\dfrac{2}{3}\right) \times \left(-\dfrac{2}{3}\right) = +\left(\dfrac{2}{3} \times \dfrac{2}{3}\right) = \dfrac{4}{9}$

(3) $-6 \div 3^2 \times 2 = -6 \div 9 \times 2 = -6 \times \dfrac{1}{9} \times 2$
　　$= -\left(6 \times \dfrac{1}{9} \times 2\right) = -\dfrac{4}{3}$

(4) $\dfrac{5}{12} \div \left(-\dfrac{25}{3}\right) \times (-3)^2 = \dfrac{5}{12} \times \left(-\dfrac{3}{25}\right) \times 9$
　　$= -\left(\dfrac{5}{12} \times \dfrac{3}{25} \times 9\right) = -\dfrac{9}{20}$

(5) $4 \div (-3)^2 \times (-6) \div (-8)$
　　$= 4 \div 9 \times (-6) \times \left(-\dfrac{1}{8}\right) = 4 \times \dfrac{1}{9} \times (-6) \times \left(-\dfrac{1}{8}\right)$
　　$= +\left(4 \times \dfrac{1}{9} \times 6 \times \dfrac{1}{8}\right) = \dfrac{1}{3}$

(6) $-\dfrac{1}{3^2} \div (-2^2) \times (-6)^2$
　　$= -\dfrac{1}{9} \div (-4) \times 36 = -\dfrac{1}{9} \times \left(-\dfrac{1}{4}\right) \times 36$
　　$= +\left(\dfrac{1}{9} \times \dfrac{1}{4} \times 36\right) = 1$

3 (1) 12　　　(2) $\dfrac{1}{3}$
　 (3) -11　　(4) 10
　 (5) -10　　(6) $-\dfrac{15}{2}$

解説▼

(1) 乗法→減法の順に計算する。
　　$(-3) \times 4 - (-6) \times 4$
　　$= -12 - (-24) = -12 + 24 = 12$

(2) 除法→加減の順に計算する。
　　$-\dfrac{1}{3} + \dfrac{11}{12} - \dfrac{1}{18} \div \dfrac{2}{9} = -\dfrac{1}{3} + \dfrac{11}{12} - \dfrac{1}{18} \times \dfrac{9}{2}$
　　$= -\dfrac{1}{3} + \dfrac{11}{12} - \dfrac{1}{4} = -\dfrac{4}{12} + \dfrac{11}{12} - \dfrac{3}{12} = \dfrac{4}{12} = \dfrac{1}{3}$

(3) 累乗→除法→減法の順に計算する。
　　$(-2)^3 \div 4 - 3^2 = (-8) \times \dfrac{1}{4} - 9$
　　$= (-2) - 9 = -11$

(4) 累乗→乗法→減法の順に計算する。
　　$7 - \left(-\dfrac{3}{4}\right) \times (-2)^2 = 7 - \left(-\dfrac{3}{4}\right) \times 4 = 7 - (-3)$
　　$= 7 + 3 = 10$

(5) 累乗→乗除→加法の順に計算する。

$(-4)^2 \div 2 + (-12) \times \dfrac{3}{2} = 16 \times \dfrac{1}{2} + (-12) \times \dfrac{3}{2}$

$= 8 + (-18) = 8 - 18 = -10$

(6) かっこの中・累乗→除法→加法の順に計算する。

$-3^2 + \left(\dfrac{1}{2} - \dfrac{1}{3}\right) \div \left(-\dfrac{1}{3}\right)^2 = -9 + \left(\dfrac{1}{2} - \dfrac{1}{3}\right) \div \dfrac{1}{9}$

$= -9 + \left(\dfrac{1}{2} - \dfrac{1}{3}\right) \times 9 = -9 + \left(\dfrac{3}{6} - \dfrac{2}{6}\right) \times 9$

$= -9 + \dfrac{1}{6} \times 9 = -9 + \dfrac{3}{2} = -\dfrac{18}{2} + \dfrac{3}{2} = -\dfrac{15}{2}$

4 (1) -1 (2) $\dfrac{26}{51}$

(3) $-\dfrac{23}{32}$ (4) $-\dfrac{1}{3}$

(5) 1 (6) $-\dfrac{7}{5}$

解説▼

(1) $\{4^2 + (-3)^2\} \div (-7 - 2^3) \times \dfrac{3}{5}$

$= (16 + 9) \div (-7 - 8) \times \dfrac{3}{5} = 25 \div (-15) \times \dfrac{3}{5}$

$= 25 \times \left(-\dfrac{1}{15}\right) \times \dfrac{3}{5} = -\left(25 \times \dfrac{1}{15} \times \dfrac{3}{5}\right) = -1$

(2) $\left(\dfrac{3}{17} + \dfrac{4}{3}\right) \div \left\{\dfrac{5}{2} + 0.6 \div \left(1.5 - \dfrac{1}{5}\right)\right\}$

$= \left(\dfrac{3}{17} + \dfrac{4}{3}\right) \div \left\{\dfrac{5}{2} + \dfrac{6}{10} \div \left(\dfrac{15}{10} - \dfrac{1}{5}\right)\right\}$

$= \left(\dfrac{3}{17} + \dfrac{4}{3}\right) \div \left\{\dfrac{5}{2} + \dfrac{6}{10} \div \left(\dfrac{15}{10} - \dfrac{2}{10}\right)\right\}$

$= \left(\dfrac{3}{17} + \dfrac{4}{3}\right) \div \left(\dfrac{5}{2} + \dfrac{6}{10} \div \dfrac{13}{10}\right)$

$= \left(\dfrac{3}{17} + \dfrac{4}{3}\right) \div \left(\dfrac{5}{2} + \dfrac{6}{10} \times \dfrac{10}{13}\right) = \left(\dfrac{3}{17} + \dfrac{4}{3}\right) \div \left(\dfrac{5}{2} + \dfrac{6}{13}\right)$

$= \left(\dfrac{9}{51} + \dfrac{68}{51}\right) \div \left(\dfrac{65}{26} + \dfrac{12}{26}\right) = \dfrac{77}{51} \div \dfrac{77}{26} = \dfrac{77}{51} \times \dfrac{26}{77} = \dfrac{26}{51}$

(3) $-\dfrac{5}{8} + \left(-\dfrac{1}{3}\right)^3 \times \left(\dfrac{9}{4}\right)^2 + \dfrac{3}{32}$

$= -\dfrac{5}{8} + \left(-\dfrac{1}{27}\right) \times \dfrac{81}{16} + \dfrac{3}{32} = -\dfrac{5}{8} + \left(-\dfrac{3}{16}\right) + \dfrac{3}{32}$

$= -\dfrac{5}{8} - \dfrac{3}{16} + \dfrac{3}{32} = -\dfrac{20}{32} - \dfrac{6}{32} + \dfrac{3}{32} = -\dfrac{23}{32}$

(4) $\left(\dfrac{1}{18} - \dfrac{5}{12}\right)^2 \div \dfrac{13}{6^2} - \left(\dfrac{5}{6}\right)^2 = \left(\dfrac{2}{36} - \dfrac{15}{36}\right)^2 \div \dfrac{13}{6^2} - \left(\dfrac{5}{6}\right)^2$

$= \left(-\dfrac{13}{36}\right)^2 \div \dfrac{13}{6^2} - \left(\dfrac{5}{6}\right)^2 = \dfrac{13^2}{36^2} \times \dfrac{36}{13} - \left(\dfrac{5}{6}\right)^2 = \dfrac{13}{36} - \dfrac{25}{36}$

$= -\dfrac{12}{36} = -\dfrac{1}{3}$

(5) $\left\{\dfrac{1}{2} \div 0.25 - \left(-\dfrac{3}{4}\right)^2\right\} \times \left(1 - \dfrac{7}{23}\right)$

$= \left\{\dfrac{1}{2} \div \dfrac{1}{4} - \left(-\dfrac{3}{4}\right)^2\right\} \times \left(1 - \dfrac{7}{23}\right)$

$= \left\{\dfrac{1}{2} \times 4 - \left(-\dfrac{3}{4}\right)^2\right\} \times \left(1 - \dfrac{7}{23}\right)$

$= \left(2 - \dfrac{9}{16}\right) \times \left(1 - \dfrac{7}{23}\right) = \left(\dfrac{32}{16} - \dfrac{9}{16}\right) \times \left(\dfrac{23}{23} - \dfrac{7}{23}\right)$

$= \dfrac{23}{16} \times \dfrac{16}{23} = 1$

(6) $\{2^3 \div (-5)^3\} \times \{5^2 \div (-2)^2\} + \left(\dfrac{5}{2} - \dfrac{2}{5}\right) \div \left(\dfrac{2}{5} - \dfrac{5}{2}\right)$

$= \{8 \div (-125)\} \times (25 \div 4) + \left(\dfrac{25}{10} - \dfrac{4}{10}\right) \div \left(\dfrac{4}{10} - \dfrac{25}{10}\right)$

$= \left\{8 \times \left(-\dfrac{1}{125}\right)\right\} \times \left(25 \times \dfrac{1}{4}\right) + \dfrac{21}{10} \div \left(-\dfrac{21}{10}\right)$

$= \left(-\dfrac{8}{125}\right) \times \dfrac{25}{4} + \dfrac{21}{10} \times \left(-\dfrac{10}{21}\right) = -\dfrac{2}{5} + (-1)$

$= -\dfrac{2}{5} - 1 = -\dfrac{2}{5} - \dfrac{5}{5} = -\dfrac{7}{5}$

5 (1) $\dfrac{1}{15}$ (2) イ

(3) 最も大きい自然数…100,
1からみた位置…左上

(4) 71点

解説▼

(1) $\dfrac{1}{42} + \dfrac{1}{56} + \dfrac{1}{72} + \dfrac{1}{90} = \dfrac{1}{6 \times 7} + \dfrac{1}{7 \times 8} + \dfrac{1}{8 \times 9} + \dfrac{1}{9 \times 10}$

$= \left(\dfrac{1}{6} - \dfrac{1}{7}\right) + \left(\dfrac{1}{7} - \dfrac{1}{8}\right) + \left(\dfrac{1}{8} - \dfrac{1}{9}\right) + \left(\dfrac{1}{9} - \dfrac{1}{10}\right)$

$= \dfrac{1}{6} - \dfrac{1}{10} = \dfrac{5}{30} - \dfrac{3}{30} = \dfrac{2}{30} = \dfrac{1}{15}$

(2) $a = 2$, $b = 3$ とすると,
$a + b = 2 + 3 = 5$ (自然数である)
$a - b = 2 - 3 = -1$ (自然数でない)
$ab = 2 \times 3 = 6$ (自然数である)
$2a + b = 2 \times 2 + 3 = 7$ (自然数である)
よって,計算結果が自然数になるとかぎらないものはイ

(3) 縦,横に並んでいる自然数の個数がどちらも10個のとき,最も大きい数は $10^2 = 100$ で,$4 (= 2^2)$ は1からみて左側の位置,$16 (= 4^2)$,$36 (= 6^2)$,…は1からみて左上の位置にあるから,$100 (= 10^2)$ も左上の位置にある。

(4) 1回目の得点を基準としたときの3回目の得点を□点とすると,
$0 + 3 + (3 + □) + (-2 + □) + (-5 + □) = 1 \times 5$ より,
$3 \times □ = 6$, $□ = 2$

よって，5回目の得点は，
74+3+2−5−3＝71(点)

2 文字と式

STEP01 要点まとめ　本冊016ページ

1 01 -3　　02 x
　　03 y　　04 $-3xy$

2 05 -5　　06 -5
　　07 -5　　08 20

3 09 a　　10 b
　　11 $60a+90b$

4 12 0.3　　13 0.7
　　14 0.7　　15 $0.7x$

5 16 2　　17 6
　　18 $2x-1$

6 19 -4　　20 $-24x$

7 21 $3x$　　22 $6x$
　　23 10　　24 6
　　25 10　　26 $9x-28$

8 27 $5x$　　28 $2x$
　　29 $3x-3$　　30 -1
　　31 -6

9 32 a　　33 b
　　34 $20a+b$

10 35 60　　36 $\dfrac{x}{60}$

解説▼

4 12, 13, 14, 15 はそれぞれ，$\dfrac{3}{10}, \dfrac{7}{10}, \dfrac{7}{10}, \dfrac{7}{10}x$ のように，小数を分数で表してもよい。

STEP02 基本問題　本冊018ページ

1 (1) $-2a^3$　　(2) $\dfrac{x-y}{3}$
　(3) $-3x-\dfrac{y}{2}$　　(4) $x^2-0.1y^2$

解説▼

(1) 文字と数の積では，数を文字の前に書く。
　同じ文字の積は，累乗の指数を使って書く。
(2) $x-y$ 全体にかっこがついていることに注意する。

$\dfrac{x}{3}-y$ などと答えないように。$(x-y)\times\dfrac{1}{3}$ から考えてもよい。

(3) (2)と異なり，$x-y$ にかっこがついていないことに注意する。$-\dfrac{3(x-y)}{2}$ と答えないように。

(4) 小数の 0.1 の 1 は，省けないことに注意する。
$x^2-0.y^2$ と答えないように。

2 (1) 8　　(2) -18
　(3) $\dfrac{58}{9}$

解説▼

(1) $6a-4=6\times a-4$ だから，$6\times 2-4=12-4=8$
(2) $-2x^2=-2\times x\times x$ だから，
$-2\times(-3)\times(-3)=-(2\times 3\times 3)=-18$
(3) $x^2-9x=x\times x-9\times x$ だから，
$\left(-\dfrac{2}{3}\right)\times\left(-\dfrac{2}{3}\right)-9\times\left(-\dfrac{2}{3}\right)=\dfrac{4}{9}+6=\dfrac{58}{9}$

3 (1) $10a+b$　　(2) $\dfrac{500}{x}$ mL
　(3) $\dfrac{7}{100}a$ g　($0.07a$ g)　(4) $y-210x$ m

解説▼

(1) 10×(十の位の数)+(一の位の数)にあてはめると，
$10\times a+b=10a+b$
(2) (1人分の量)＝(全部の量)÷(人数)にあてはめると，
$500\div x=\dfrac{500}{x}$(mL)
(3) (食塩の重さ)＝(食塩水の重さ)×(濃度)にあてはめると，$a\times\dfrac{7}{100}=\dfrac{7}{100}a$(g)
(4) 毎分 210m の自転車で x 分間走ったときの道のりは，$210\times x=210x$(m)
家から図書館までの道のりは ym だから，残りの道のりは，$y-210x$(m)

4 (1) $\dfrac{1}{4}x$ $\left(\dfrac{x}{4}\right)$　　(2) 0
　(3) $-5x+3$　　(4) $-a-1$
　(5) $2x+6$　　(6) $y+7$

解説▼

(1) $\dfrac{3}{4}x-\dfrac{1}{2}x=\dfrac{3}{4}x-\dfrac{2}{4}x=\left(\dfrac{3}{4}-\dfrac{2}{4}\right)x=\dfrac{1}{4}x$
(2) $7x-2x-5x=(7-2-5)x=0$
(3) $-4x+8-x-5=-4x-x+8-5=(-4-1)x+3$

$=-5x+3$

(4) $(6a-5)+(-7a+4)=6a-5-7a+4$
$=6a-7a-5+4=-a-1$

(5) $(3x+2)-(x-4)=3x+2-x+4$
$=3x-x+2+4=2x+6$

(6) $(9-4y)-(-5y+2)=9-4y+5y-2$
$=-4y+5y+9-2=y+7$

5 (1) $-18a$ (2) $-27x$
(3) $-5x+10$ (4) $-4a+2$
(5) $9a+2$ (6) $2x+5$
(7) $\dfrac{10x-33}{12}$ $\left(\dfrac{5}{6}x-\dfrac{11}{4}\right)$ (8) $\dfrac{x}{6}$

解説 ▼

(1) $6a\times(-3)=6\times(-3)\times a=-18a$

(2) $18x\div\left(-\dfrac{2}{3}\right)=18x\times\left(-\dfrac{3}{2}\right)=18\times\left(-\dfrac{3}{2}\right)\times x$
$=-27x$

(3) $-5(x-2)=-5\times x+(-5)\times(-2)=-5x+10$

(4) $(28a-14)\div(-7)=(28a-14)\times\left(-\dfrac{1}{7}\right)$
$=28a\times\left(-\dfrac{1}{7}\right)+(-14)\times\left(-\dfrac{1}{7}\right)=-4a+2$

(5) $2(a+5)+(7a-8)=2\times a+2\times 5+7a-8$
$=2a+10+7a-8=9a+2$

(6) $4(2x-1)-3(2x-3)$
$=4\times 2x+4\times(-1)-3\times 2x-3\times(-3)$
$=8x-4-6x+9=2x+5$

(7) $\dfrac{2x-7}{4}+\dfrac{x-3}{3}=\dfrac{3(2x-7)+4(x-3)}{12}$
$=\dfrac{6x-21+4x-12}{12}=\dfrac{10x-33}{12}$

(8) $\dfrac{5x+3}{3}-\dfrac{3x+2}{2}=\dfrac{2(5x+3)-3(3x+2)}{6}$
$=\dfrac{10x+6-9x-6}{6}=\dfrac{x}{6}$

6 (1) $a=5b+3$ (2) $200-3a<b$
(3) $S=xy$ (4) $4a<9$

解説 ▼

(1) （全部の数）＝（1人に配る数）×（人数）＋（余り）にあてはめると，
$a=5\times b+3$, $a=5b+3$

(2) 200Lの浴槽から毎分 a L の割合で3分間水をぬいた後の水の量は，$200-a\times 3=200-3a$ (L)
この水の量が b L より少ないことから，$200-3a<b$

(3) （平行四辺形の面積）＝（底辺）×（高さ）にあてはめて，$S=x\times y$, $S=xy$

(4) 時速 4km で a 時間歩いたときの道のりは，$4\times a=4a$ (km)
これが 9km 未満であることから，$4a<9$

7 (1) $\dfrac{57}{4}x-\dfrac{75}{4}$ (2) 0

解説 ▼

(1) $3A-B=3(5x-6)-\left(x-\dfrac{x-3}{4}\right)$
$=15x-18-x+\dfrac{x-3}{4}$
$=15x-18-x+\dfrac{1}{4}x-\dfrac{3}{4}=\dfrac{57}{4}x-\dfrac{75}{4}$

(2) $\dfrac{2}{3}(12-9x)-\dfrac{2}{5}(10x+25)=8-6x-4x-10$
$=-10x-2$
この式に $x=-\dfrac{1}{5}$ を代入して，
$-10\times\left(-\dfrac{1}{5}\right)-2=2-2=0$

8 $20n+5$ cm²

解説 ▼

正方形の紙を n 枚重ねたときの図形の横の長さは，
$5\times n-1\times(n-1)=5n-n+1=4n+1$ (cm)
よって，求める面積は，
$5\times(4n+1)=20n+5$ (cm²)

STEP 03 実戦問題

本冊020ページ

1 (1) 15 (2) 81
(3) 6

解説 ▼

(1) $a^2-2a=a\times a-2\times a$ だから，
$(-3)\times(-3)-2\times(-3)=9+6=15$

(2) $(y+2x)^2=(y+2x)\times(y+2x)$ で，
$y+2x=-5+2\times 7=9$ だから，$9\times 9=81$

(3) $a^2-2b=a\times a-2\times b$ だから，
$2\times 2-2\times(-1)=4+2=6$

2 (1) $20x+16y$ 点 (2) $300+3a$ g
(3) **中学生 4 人と大人 2 人の美術館の入館料の合計**

解説 ▼

(1) 男子 20 人の平均点が x 点だから，男子の合計点は，
$20\times x=20x$ (点)
女子 16 人の平均点が y 点だから，女子の合計点は，

$16 \times y = 16y$(点)

したがって，クラスの合計点は，$20x+16y$(点)

(2) 300g の a%増しの重さは，

$300 \times \left(1+\dfrac{a}{100}\right) = 300 \times \dfrac{100+a}{100} = 3(100+a)$

$= 300+3a$(g)

(3) $4x+2y = 4 \times x + 2 \times y$

$= 4 \times$(中学生1人の入館料)$+2 \times$(大人1人の入館料)

これは，中学生4人と大人2人の美術館の入館料の合計を表す。

3 (1) $\dfrac{5}{12}a$　　(2) $\dfrac{10x-7}{3}$

(3) $1.3x-3$　　(4) $-5a+2b+3$

(5) $-\dfrac{1}{2}x-\dfrac{11}{6}$　　(6) $\dfrac{11x-4}{12}$

解説▼

(1) $\dfrac{1}{4}a - \dfrac{5}{6}a + a = \left(\dfrac{1}{4} - \dfrac{5}{6} + 1\right)a = \dfrac{5}{12}a$

(2) $\dfrac{7x+2}{3} + x - 3 = \dfrac{7x+2+3(x-3)}{3}$

$= \dfrac{7x+2+3x-9}{3} = \dfrac{10x-7}{3}$

(3) $(0.4x+3)+(0.9x-6) = 0.4x+3+0.9x-6 = 1.3x-3$

(4) $(15a-6b-9) \div (-3)$

$= (15a-6b-9) \times \left(-\dfrac{1}{3}\right)$

$= 15a \times \left(-\dfrac{1}{3}\right) - 6b \times \left(-\dfrac{1}{3}\right) - 9 \times \left(-\dfrac{1}{3}\right)$

$= -5a+2b+3$

(5) $\dfrac{1}{2}(3x-6) - \dfrac{1}{6}(12x-7)$

$= \dfrac{1}{2} \times 3x + \dfrac{1}{2} \times (-6) - \dfrac{1}{6} \times 12x - \dfrac{1}{6} \times (-7)$

$= \dfrac{3}{2}x - 3 - 2x + \dfrac{7}{6} = -\dfrac{1}{2}x - \dfrac{11}{6}$

(6) $\dfrac{3x+2}{4} - \dfrac{5x-7}{2} + \dfrac{8x-13}{3}$

$= \dfrac{3(3x+2) - 6(5x-7) + 4(8x-13)}{12}$

$= \dfrac{9x+6-30x+42+32x-52}{12} = \dfrac{11x-4}{12}$

4 (1) $75+20a \leqq 500$　　(2) $x \geqq 15a$

(3) $\dfrac{a}{2} > 15b$

解説▼

(1) 75kg の人1人と1個 20kg の荷物 a 個を合わせた重さは，$75+20 \times a = 75+20a$(kg)

この重さがエレベーターの重量の制限 500kg 以下だから，$75+20a \leqq 500$

(2) 15cm のリボン a 本分の長さは，$15 \times a = 15a$(cm)

この長さがリボンの長さ $x$cm に等しいか，それより短いから，$x \geqq 15a$

(3) 毎日 15 ページずつ b 日間読んだページ数は，$15 \times b = 15b$(ページ)

このページ数が全体のページ数の半分 $\dfrac{a}{2}$ ページより少ないから，$\dfrac{a}{2} > 15b$

5 (1) 9個

(2) ① 25個　　② n^2 個

③ ア…44，イ…82

解説▼

(1) □1 を作るとき1個，□2 を作るとき3個，□3 を作るとき5個，…のように，番号が1つ増えるごとに積み木の数は2個ずつ増えるから，□5 を作るとき $1+2 \times 4 = 9$(個)

(2) ① 1段 を作るとき1個，2段 を作るとき $1+3=4$(個)，3段 を作るとき $4+5=9$(個)，4段 を作るとき $9+7=16$(個)だから，5段 を作るとき $16+9=25$(個)

② ①より，1段 を作るとき 1^2 個，2段 を作るとき 2^2(個)，3段 を作るとき 3^2(個)，4段 を作るとき 4^2 個，…と考えると，n段 を作るとき n^2 個。

③ $44^2 = 1936$，$45^2 = 2025$ だから，44段 を作るとき，積み木は 1936 個必要。積み木は全部で 2018 個あるから，最大 44 段まで積み上げることができ，$2018-1936=82$(個)余る。

3 整数の性質

STEP01 要点まとめ

本冊022ページ

1　01 24　　02 24
　　03 2　　04 2
　　05 24　　06 2
　　07 22

2　08 2　　09 3
　　10 3

3　11 7　　12 2
　　13 30

4　14 5　　15 5
　　16 5　　17 5

	18 5	19	10
5	20 3	21	4
	22 3	23	15
6	24 3	25	3
	26 3	27	180
7	28 7	29	3
	30 8	31	8

解説 ▼

1 1以上99以下の4の倍数の中に，1以上9以下の4の倍数が含まれているので，1以上9以下の4の倍数の個数をのぞくことを忘れないように注意する。

3 $1008=2^4\times 3^2\times 7$ だから，1008 の約数の個数は，2^4 の約数，3^2 の約数，7 の約数それぞれの個数の積で求められる。2^4 の約数は 1, 2, 2^2, 2^3, 2^4 の 4+1(個)ある。同様に，3^2 の約数は 2+1(個)，7 の約数は 1+1(個)ある。

STEP 02 基本問題

本冊024ページ

1 (1) 225 個　　(2) 75 個
(3) 150 個

解説 ▼

(1) 1以上999以下の4の倍数の個数から，1以上99以下の4の倍数の個数をひいて求める。
$999\div 4=249$ 余り 3，$99\div 4=24$ 余り 3 より，1以上999以下の4の倍数の個数は249個。1以上99以下の4の倍数の個数は24個。したがって，求める個数は，249−24=225(個)

(2) (1)と同様に，$999\div 12=83$ 余り 3，$99\div 12=8$ 余り 3 より，1以上999以下の12の倍数の個数は83個。1以上99以下の12の倍数の個数は8個。したがって，求める個数は，83−8=75(個)

(3) 12の倍数は4の倍数に含まれるから，求める個数は，225−75=150(個)

2 (1) $24=2^3\times 3$　　(2) $90=2\times 3^2\times 5$
(3) $100=2^2\times 5^2$　　(4) $540=2^2\times 3^3\times 5$

解説 ▼

(1) 2)24
　　2)12
　　2) 6
　　　 3　　よって，$24=2^3\times 3$

(2) 2)90
　　3)45
　　3)15
　　　 5　　よって，$90=2\times 3^2\times 5$

(3) 2)100
　　2) 50
　　5) 25
　　　 5　　よって，$100=2^2\times 5^2$

(4) 2)540
　　2)270
　　3)135
　　3) 45
　　3) 15
　　　 5　　よって，$540=2^2\times 3^3\times 5$

3 (1) 3　　(2) $n=3, 18$
(3) 15

解説 ▼

(1) 75 を素因数分解すると，$75=3\times 5^2$
したがって，これに3をかけると，
$(3\times 5^2)\times 3=3^2\times 5^2=(3\times 5)^2=15^2$
すなわち，15の2乗になる。
したがって，かける数は3

(2) $460-20n=20(23-n)=2^2\times 5\times (23-n)$ だから，$460-20n$ の値がある自然数の2乗となるのは，$23-n=5\times (自然数)^2$ となるときである。
$23-n=5\times 1^2$ のとき，$n=18$
$23-n=5\times 2^2$ のとき，$n=3$
($23-n=5\times 3^2$ となる自然数 n はない。)
したがって，$n=3, 18$

(3) 135 を素因数分解すると，$135=3^3\times 5$
したがって，これを 3×5 でわると，
$(3^3\times 5)\div (3\times 5)=3^2$
すなわち，3の2乗になる。
したがって，わる数は15

4 (1) 14　　(2) 18
(3) 30　　(4) 12

解説 ▼

(1) 2)28　70
　　7)14　35
　　　 2　 5　　最大公約数は，$2\times 7=14$

(2) 2)144　162
　　3) 72　 81
　　3) 24　 27
　　　 8　 9　　最大公約数は，$2\times 3^2=18$

(3) 2)90　120　210
　　3)45　 60　105
　　5)15　 20　 35
　　　 3　 4　 7　　最大公約数は，$2\times 3\times 5=30$

(4) 　　　　$2\times 2\times 2\times 3\quad \times 5$
　　　　　　$2\times 2\quad \times 3\times 3\times 3\quad \times 7$
最大公約数は，$2\times 2\quad \times 3=12$

5 (1) 18, 36　　　　　(2) 9, 27

解説

(1) 89, 125 のどちらをわっても 17 余る数は，
89−17=72, 125−17=108 の両方をわってわり切れる数である。すなわち，72, 108 の公約数のうち，17 より大きい数を求めればよい。
72, 108 を素因数分解すると，

```
2)72  108
2)36   54
3)18   27
3) 6    9
    2    3
```

よって，最大公約数は，$2^2×3^2=36$
36 の約数は 1, 2, 3, 4, 6, 9, 12, 18, 36
この中から余りの 17 より大きい数は 18, 36

(2) 58 をわって 4 余る数と 88 をわって 7 余る数は，58−4=54, 88−7=81 の両方をわってわり切れる数である。すなわち，54, 81 の公約数のうち，2 つの数の，より大きい余りである 7 より大きい数を求めればよい。
54, 81 を素因数分解すると，

```
3)54  81
3)18  27
3) 6   9
    2   3
```

よって，最大公約数は $3^3=27$
27 の約数は 1, 3, 9, 27
この中から余りの 7 より大きい数は 9, 27

6 (1) 90　　　　　(2) 144
　　(3) 3360　　　　(4) 6930

解説

(1)
```
3)18  45
3) 6  15
    2   5
```
最小公倍数は，3×3×2×5=90

(2)
```
2)36  48
2)18  24
3) 9  12
    3   4
```
最小公倍数は，2×2×3×3×4=144

(3) 32, 42, 60 を素因数分解すると，

```
2)32    2)42    2)60
2)16    3)21    2)30
2) 8       7    3)15
2) 4             5
    2
```

32=2^5, 42=2×3×7, 60=2^2×3×5 より，
最小公倍数は，2^5×3×5×7=3360

(4)
$$\begin{array}{r} 2×3×3×5 \\ 3×3\ \ \ ×7×11 \\ \hline 2×3×3×5×7×11=6930 \end{array}$$
最小公倍数は，

7 (1) 33, 63, 93　　　(2) 37, 73
　　(3) 24, 72

解説

(1) 10 でわっても 15 でわってもわり切れる数は，10, 15 の公倍数である。したがって，10, 15 の公倍数に 3 をたした 2 けたの数を求めればよい。10, 15 の最小公倍数は 30 だから，
30×1+3=33, 30×2+3=63, 30×3+3=93

(2) 1 余らない数，すなわち 4 でわっても 6 でわっても 9 でわってもわり切れる数は，4, 6, 9 の公倍数である。したがって，4, 6, 9 の公倍数に 1 をたした 2 けたの数を求めればよい。4, 6, 9 の最小公倍数は 36 だから，36×1+1=37, 36×2+1=73

(3) 360=2^3×3^2×5 で，6, 8 の最小公倍数は 24=2^3×3 だから，360 の約数のうち，24 の公倍数である 2 けたの自然数は，(2^3×3)×1=24，(2^3×3)×3=72

8 (1) a=24　　　　(2) 630cm

解説

(1) できるだけ大きいタイルにするから，a は 120, 144 の最大公約数である。120=2^3×3×5, 144=2^4×3^2 だから，$a=2^3$×3=24

(2) できるだけ小さい正方形を作るから，最も小さい正方形の 1 辺の長さを表す数は，42, 90 の最小公倍数である。
42=2×3×7, 90=2×3^2×5 だから，
2×3^2×5×7=630(cm)

STEP03 実戦問題　　　　本冊026ページ

1 (1) 7　　　　　(2) 2016=2^5×3^2×7
　　(3) 1, 3, 5, 9, 15, 25, 45, 75, 225
　　(4) 30 個　　　　(5) 24, 30
　　(6) 1, 21, 81, 441

解説

(1) 3^1=3, 3^2=9, 3^3=27, 3^4=81, 3^5=243, …となるから，一の位の数は，3, 9, 7, 1 の順でくり返される。
2019÷4=504 余り 3 で，4×504=2016 だから，3^{2017} の一の位の数は 3，3^{2018} の一の位の数は 9 となる。したがって，3^{2019} の一の位の数は 7 となる。

(2) 2)2016
　　2)1008
　　2)　504
　　2)　252
　　2)　126
　　3)　 63
　　3)　 21
　　　　　 7　　したがって，$2016=2^5\times3^2\times7$

(3) $225=3^2\times5^2$ だから，225 の約数は，
1
素因数…3，5
素因数 2 つの積…$3^2=9$，$3\times5=15$，$5^2=25$
素因数 3 つの積…$3^2\times5=45$，$3\times5^2=75$
素因数 4 つの積…$3^2\times5^2=225$
したがって，225 の約数は，1，3，5，9，15，25，45，75，225

(4) $1872=2^4\times3^2\times13$ だから，1872 の約数は，2^4 の約数と 3^2 の約数と 13 の約数の積である。
2^4 の約数は，1，2，2^2，2^3，2^4 の 4+1(個)
3^2 の約数は，1，3，3^2 の 2+1(個)
13 の約数は，1，13 の 1+1(個)
したがって，1872 の約数の個数は，
$(4+1)\times(2+1)\times(1+1)=30$(個)

(5) 16 から 30 までの整数の約数の個数をそれぞれ調べると，
$16=2^4$…5 個
17…2 個
$18=2\times3^2$…$2\times3=6$(個)
19…2 個
$20=2^2\times5$…$3\times2=6$(個)
$21=3\times7$…$2\times2=4$(個)
$22=2\times11$…$2\times2=4$(個)
23…2 個
$24=2^3\times3$…$4\times2=8$(個)
$25=5^2$…3 個
$26=2\times13$…$2\times2=4$(個)
$27=3^3$…4 個
$28=2^2\times7$…$3\times2=6$(個)
29…2 個
$30=2\times3\times5$…$2\times2\times2=8$(個)
以上より，求める数は 24，30

(6) 2 を素因数にもつ約数は一の位が偶数，5 を素因数にもつ約数は一の位が 0 または 5 となるから，2，5 を素因数にもたない約数について，一の位が 1 となるものは，
1，$3\times7=21$，$3^4=81$，$3^2\times7^2=441$

2 **(1)** $n=1$，2，7

(2) （求め方） $\dfrac{n+110}{13}=m$，$\dfrac{240-n}{7}=\ell$（m，ℓ は自然数）とおくと，$n=13m-110$，$n=240-7\ell$

これより，$13m-110=240-7\ell$
$13m=350-7\ell$，$13m=7(50-\ell)$，$m=\dfrac{7(50-\ell)}{13}$
m は自然数だから，$50-\ell$ は 13 の倍数である。
$50-\ell=13$ のとき，$\ell=37$ で，$m=7$，$n=-19$ で n は自然数とならないから適さない。
$50-\ell=26$ のとき，$\ell=24$ で，$m=14$，$n=72$ となり適する。
$50-\ell=39$ のとき，$\ell=11$ で，$m=21$，$n=163$ となり適する。
$50-\ell=52$ のとき，ℓ は自然数とならないから適さない。
以下，$50-\ell$ を大きくしても ℓ が自然数となることはない。
よって，求める n の値は，$n=72$，163
答 $n=72$，163

(3) $n=672$

解説 ▼

(1) $\dfrac{60}{2n+1}$ が整数となるのは，$2n+1$ が 60 の約数となるときで，$2n+1$ は奇数だから，60 の約数のうち奇数は 1，3，5，15 で，そのうち，n が自然数となるものを求めると，$n=1$，2，7

(3) $\dfrac{2016}{n}=\dfrac{2^5\times3^2\times7}{n}$ が素数となるから，$\dfrac{2^5\times3^2\times7}{n}=2$，または $\dfrac{2^5\times3^2\times7}{n}=3$，または $\dfrac{2^5\times3^2\times7}{n}=7$ となる。
$28=2^2\times7$ より，$n=2^4\times3^2\times7$ または，$n=2^5\times3\times7$ のとき，$\dfrac{n}{28}$ は整数となる。すなわち，$n=1008$，672
よって，もっとも小さい自然数 n の値は，$n=672$

3 **(1)** $a=36$　　**(2)** $A=189$
(3) ア…17，イ…72

解説 ▼

(1) a と 48 の最大公約数が 12 だから，$a=12M$（M は正の奇数）とおく。また，$48=12\times4$ だから，最小公倍数について，$12M\times4=144$ より，$M=3$
したがって，$a=12\times3=36$

(2) A と B の最大公約数が 27 だから，$A=27M$，$B=27N$（ただし，M，N は最大公約数が 1 である自然数）とおくと，M，N の最小公倍数は，$27MN=1134$ より，$MN=42$
$A>B$ より，$M>N$ で，$A-B$ が最小となる M，N は，$M=7$，$N=6$ のときで，このとき，$A=27\times7=189$，$B=27\times6=162$ である。

(3) 7 でわると 3 余る自然数は，
10，⑰，24，31，38，㊺，…
4 でわると 1 余る自然数は，

5, 9, 13, ⑰, 21, 25, 29, 33, 37, 41, ㊺, …
この2つの数に共通な数をぬき出すと，
17, 45, 73, …
のようになり，いちばん小さい数は17で，28ずつ大きくなっている。
よって，$(2019-17)\div28=71$ 余り 14。したがって，2019以下に $71+1=72$(個)ある。
72個目の数は，$17+28\times71=2005$ で，確かに2019以下の自然数で最も大きい数になっている。

参考

答えの確かめをするには，実際に72個目の数を求め，それが2019以下の自然数で最も大きい数になっていることを調べればよい。

4 (1) 12　　(2) 24個
(3) 13

解説

(1) 1から50までの自然数のうち，5の倍数の個数は，$50\div5=10$(個)，$5^2(=25)$の倍数の個数は，$50\div25=2$(個)。$1\times2\times3\times\cdots\times50$ の素因数5の個数は，$10+2=12$(個)。したがって，5^n における n の最大の値は12

(2) 10で何回わり切れるかを考える。$10=2\times5$ だから，末尾に並ぶ0の個数は，素因数2，5の個数で決まる。1から100までの自然数のうち，5の倍数の個数は，$100\div5=20$(個)，$5^2(=25)$の倍数の個数は，$100\div25=4$(個)。$1\times2\times3\times\cdots\times100$ の素因数5の個数は $20+4=24$(個)。素因数2の個数は素因数5の個数より多いから，末尾に連続して並ぶ0の個数は素因数5の個数で決まる。したがって，末尾に連続して並ぶ0の個数は24個である。

(3) 10！は素因数5を2個もつから，末尾2けたは00となる。よって，11！から20！までの末尾2けたも00となる。1！，2！，3！，…，9！の末尾2けたを計算すると，01，02，06，24，20，20，40，20，80だから，末尾2けたの数の和を求めて，
$1+2+6+24+20+20+40+20+80=213$ より，末尾2けたの数は13

5 (1) 0　　(2) 8個
(3) 22個

解説

(1) $\langle 2017\rangle=2\times0\times1\times7=0$

(2) 7は素数だから，$7=1\times7$ のとき，$x=17,\ 71$
$7=1^2\times7$ のとき，$x=117,\ 171,\ 711$
$7=1^3\times7$ のとき，$x=1117,\ 1171,\ 1711$ (x は2017以下だから，$x=7111$ の場合はない。)

以上より，$\langle x\rangle=7$ となる x の個数は8個である。

(3) $6=1\times6$ のとき，$x=16,\ 61$
$6=1^2\times6$ のとき，$x=116,\ 161,\ 611$
$6=1^3\times6$ のとき，$x=1116,\ 1161,\ 1611$ (x は2017以下だから，$x=6111$ の場合はない。)
$6=2\times3$ のとき，$x=23,\ 32$
$6=1\times2\times3$ のとき，$x=123,\ 132,\ 213,\ 231,\ 312,\ 321$
$6=1^2\times2\times3$ のとき，$x=1123,\ 1132,\ 1213,\ 1231,\ 1312,\ 1321$
以上より，$\langle x\rangle=6$ となる x の個数は22個である。

4 式の計算

STEP 01　要点まとめ　本冊028ページ

1　01 $-2x$　　02 -5　　03 $-2x$
2　04 a　　05 b　　06 c
　　07 6　　08 6
3　09 3　　10 2　　11 3
　　12 2　　13 $2x+4y$
4　14 2　　15 4　　16 2
　　17 4　　18 $5x+7y$
5　19 x　　20 -6　　21 $-6x+30y$
6　22 $\dfrac{1}{3}$　　23 $-9x$　　24 $4x^2-3x$
7　25 -1　　26 y　　27 $4x^2y$
8　28 $6y$　　29 $6y$　　30 $-4x$
9　31 y　　32 $8xy$　　33 -1
　　34 2　　35 6
10　36 $-3x$　　　　37 3
11　38 n　　　　39 $5n$
　　40 $m+n$　　　　41 整数

STEP 02　基本問題　本冊030ページ

1 (1) ① 多項式　② 単項式　③ 多項式
　　④ 単項式
(2) $x^2,\ -\dfrac{x}{5},\ -\dfrac{2}{3}$
(3) ① 1　② 2　③ 2　④ 3

解説

(1) 乗法だけからできている式を単項式，単項式の和の形で表された式を多項式という。
① $a+4$ ➡ 単項式の和の形だから，多項式

② $-x^2=-1\times x\times x$ ➡ 乗法だけからできているから，単項式
③ $-a^2b+3ab-2b^2$ ➡ 単項式の和の形だから，多項式
④ $0.1x=0.1\times x$ ➡ 乗法だけからできているから，単項式

(2) 単項式の和の形で表すと，
$x^2-\dfrac{x}{5}-\dfrac{2}{3}=x^2+\left(-\dfrac{x}{5}\right)+\left(-\dfrac{2}{3}\right)$ だから，項は，
x^2, $-\dfrac{x}{5}$, $-\dfrac{2}{3}$

(3) 単項式の次数は，かけ合わされている文字の個数，多項式の次数は，各項の次数のうちで，もっとも大きいものである。
① $-a=-1\times a$ ➡ かけ合わされている文字の個数は1個だから，次数は1
② $6x^2=6\times x\times x$ ➡ かけ合わされている文字の個数は2個だから，次数は2
③ $\underset{2次}{a^2}-\underset{1次}{7a}+10$ ➡ 次数がもっとも大きいのは a^2 で，次数は2
④ $\underset{2次}{x^2}-\underset{3次}{2xy^2}$ ➡ 次数がもっとも大きいのは $-2xy^2$ で，次数は3

2 (1) $2x+4y$　　(2) $7a^2-6a$
(3) $-4xy+10x$　　(4) $-\dfrac{3}{5}a+\dfrac{4}{3}b$

解説 ▼

(1) $6x-3y-4x+7y=6x-4x-3y+7y$
$=(6-4)x+(-3+7)y$
$=2x+4y$

(2) $3a^2-a+4a^2-5a=3a^2+4a^2-a-5a$
$=(3+4)a^2+(-1-5)a$
$=7a^2-6a$

(3) $5xy+2x-9xy+8x=5xy-9xy+2x+8x$
$=(5-9)xy+(2+8)x$
$=-4xy+10x$

(4) $\dfrac{2}{5}a-\dfrac{1}{3}b-a+\dfrac{5}{3}b=\dfrac{2}{5}a-a-\dfrac{1}{3}b+\dfrac{5}{3}b$
$=\left(\dfrac{2}{5}-1\right)a+\left(-\dfrac{1}{3}+\dfrac{5}{3}\right)b$
$=-\dfrac{3}{5}a+\dfrac{4}{3}b$

3 (1) $4a-b$　　(2) $5a$
(3) $2x+9y$　　(4) $4b-6$
(5) $-6x+12y$　　(6) $-4x^2+3x+2$

解説 ▼

(1) $(3a-7b)+(a+6b)=3a-7b+a+6b$
$=4a-b$

(2) $(8a-2b)-(3a-2b)=8a-2b-3a+2b$
$=5a$

(3) $7x+y-(5x-8y)=7x+y-5x+8y$
$=2x+9y$

(4) $\begin{array}{r}a+3b-2\\\underline{-)a\ \ -b+4}\end{array}$ ➡ $\begin{array}{r}a+3b-2\\\underline{+)-a+\ b-4}\\4b-6\end{array}$

(5) $-6(x-2y)=-6\times x+(-6)\times(-2y)=-6x+12y$

(6) $(16x^2-12x-8)\div(-4)=(16x^2-12x-8)\times\left(-\dfrac{1}{4}\right)$
$=16x^2\times\left(-\dfrac{1}{4}\right)+(-12x)\times\left(-\dfrac{1}{4}\right)+(-8)\times\left(-\dfrac{1}{4}\right)$
$=-4x^2+3x+2$

4 (1) $9a+2b$　　(2) $-17x+7y$
(3) $50x-14y$　　(4) $a+14b$
(5) $5x-2y$　　(6) $\dfrac{5x-y}{6}$
(7) $\dfrac{a+11b}{24}$　　(8) $\dfrac{6x-2y}{3}$

解説 ▼

(1) $4(2a+b)+(a-2b)=4\times 2a+4\times b+a-2b$
$=8a+4b+a-2b=9a+2b$

(2) $-(2x-y)+3(-5x+2y)=-2x+y+3\times(-5x)+3\times 2y$
$=-2x+y-15x+6y=-17x+7y$

(3) $2(7x-4y)+6(6x-y)$
$=2\times 7x+2\times(-4y)+6\times 6x+6\times(-y)$
$=14x-8y+36x-6y=50x-14y$

(4) $3(3a+4b)-2(4a-b)$
$=3\times 3a+3\times 4b+(-2)\times 4a+(-2)\times(-b)$
$=9a+12b-8a+2b=a+14b$

(5) $(7x+y)-4\left(\dfrac{1}{2}x+\dfrac{3}{4}y\right)$
$=7x+y+(-4)\times\dfrac{1}{2}x+(-4)\times\dfrac{3}{4}y$
$=7x+y-2x-3y=5x-2y$

(6) $\dfrac{x+y}{6}+\dfrac{2x-y}{3}=\dfrac{x+y}{6}+\dfrac{2(2x-y)}{6}$
$=\dfrac{x+y+2(2x-y)}{6}=\dfrac{x+y+4x-2y}{6}=\dfrac{5x-y}{6}$

(7) $\dfrac{a+2b}{6}-\dfrac{a-b}{8}=\dfrac{4(a+2b)}{24}-\dfrac{3(a-b)}{24}$
$=\dfrac{4(a+2b)-3(a-b)}{24}=\dfrac{4a+8b-3a+3b}{24}=\dfrac{a+11b}{24}$

(8) $\dfrac{x+y}{2}+\dfrac{3x-y}{6}+x-y$
$=\dfrac{3(x+y)}{6}+\dfrac{3x-y}{6}+\dfrac{6(x-y)}{6}$

$$=\frac{3(x+y)+3x-y+6(x-y)}{6}$$
$$=\frac{3x+3y+3x-y+6x-6y}{6}=\frac{12x-4y}{6}=\frac{6x-2y}{3}$$

参考

(6)は $\frac{5}{6}x-\frac{1}{6}y$, (7)は $\frac{1}{24}a+\frac{11}{24}b$, (8)は $2x-\frac{2}{3}y$ と答えても正解。

5 (1) $-6a^2b$ (2) $25a^2$
(3) $-5b$ (4) $-4x$
(5) $-\frac{64y}{3}$ (6) $-\frac{5y}{4}$
(7) $-6a^3b$ (8) $-8a$
(9) $\frac{32x^2}{y}$ (10) $\frac{3}{4y}$

解説

(1) $3a\times(-2ab)=3\times a\times(-2)\times a\times b$
$=3\times(-2)\times a\times a\times b=-6a^2b$

(2) $(-5a)^2=(-5a)\times(-5a)$
$=(-5)\times(-5)\times a\times a=25a^2$

(3) $10ab\div(-2a)=10ab\times\left(-\frac{1}{2a}\right)=10\times a\times b\times\left(-\frac{1}{2}\right)\times\frac{1}{a}$
$=10\times\left(-\frac{1}{2}\right)\times a\times b\times\frac{1}{a}=-5b$

(4) $-12x^3\div 3x^2=-12x^3\times\frac{1}{3x^2}=-\frac{12x^3}{3x^2}$
$=-\frac{12\times x\times x\times x}{3\times x\times x}=-4x$

(5) $-16xy\div\frac{3}{4}x=-16xy\times\frac{4}{3x}=-\frac{16xy\times 4}{3x}$
$=-\frac{16\times x\times y\times 4}{3\times x}=-\frac{64y}{3}$

(6) $\frac{5}{6}xy^2\div\left(-\frac{2}{3}xy\right)=\frac{5}{6}xy^2\times\left(-\frac{3}{2xy}\right)=-\frac{5xy^2\times 3}{6\times 2xy}$
$=-\frac{5\times x\times y\times y\times 3}{6\times 2\times x\times y}=-\frac{5y}{4}$

(7) $3a^2b\times 4ab\div(-2b)=3a^2b\times 4ab\times\left(-\frac{1}{2b}\right)$
$=-\frac{3a^2b\times 4ab}{2b}=-\frac{3\times a\times a\times b\times 4\times a\times b}{2\times b}=-6a^3b$

(8) $16a^2b\div(-10ab^2)\times 5b=16a^2b\times\left(-\frac{1}{10ab^2}\right)\times 5b$
$=-\frac{16a^2b\times 5b}{10ab^2}=-\frac{16\times a\times a\times b\times 5\times b}{10\times a\times b\times b}=-8a$

(9) $18x^2y\times(-4x)^2\div(3xy)^2=18x^2y\times 16x^2\div 9x^2y^2$

$=18x^2y\times 16x^2\times\frac{1}{9x^2y^2}=\frac{18x^2y\times 16x^2}{9x^2y^2}$
$=\frac{18\times x\times x\times y\times 16\times x\times x}{9\times x\times x\times y\times y}=\frac{32x^2}{y}$

(10) $-\frac{x^3}{18}\times(-2y)^2\div\left(-\frac{2}{3}xy\right)^3=-\frac{x^3}{18}\times 4y^2\div\left(-\frac{8}{27}x^3y^3\right)$
$=-\frac{x^3}{18}\times 4y^2\times\left(-\frac{27}{8x^3y^3}\right)=\frac{x^3\times 4y^2\times 27}{18\times 8x^3y^3}$
$=\frac{x\times x\times x\times 4\times y\times y\times 27}{18\times 8\times x\times x\times x\times y\times y\times y}=\frac{3}{4y}$

6 (1) -4 (2) 36

解説

(1) $3(x-5y)-2(4x-7y)=3x-15y-8x+14y$
$=-5x-y$

この式に，$x=\frac{1}{5}$，$y=3$ を代入すると，
$-5x-y=-5\times\frac{1}{5}-3=-4$

(2) $(-ab)^3\div ab^2=-a^3b^3\times\frac{1}{ab^2}=-\frac{a^3b^3}{ab^2}=-a^2b$

この式に，$a=3$，$b=-4$ を代入すると，
$-3^2\times(-4)=36$

7 (1) $b=\frac{2-5a}{9}$ (2) $x=5y+7$
(3) $c=\frac{4V}{ab}$ (4) $a=\frac{\ell-2\pi r}{2}$

解説

(1) $5a+9b=2$，$9b=2-5a$，$b=\frac{2-5a}{9}$

(2) $y=\frac{x-7}{5}$，$\frac{x-7}{5}=y$，$x-7=5y$，$x=5y+7$

(3) $V=\frac{abc}{4}$，$\frac{abc}{4}=V$，$abc=4V$，$c=\frac{4V}{ab}$

(4) $\ell=2a+2\pi r$，$2a+2\pi r=\ell$，$2a=\ell-2\pi r$，
$a=\frac{\ell-2\pi r}{2}$

8 (1) ウ
(2) 連続する5つの整数のうち，まん中の数をnとすると，連続する5つの整数は小さい順に，$n-2$，$n-1$，n，$n+1$，$n+2$ と表される。これらの数の和は，
　$(n-2)+(n-1)+n+(n+1)+(n+2)$
$=n-2+n-1+n+n+1+n+2=5n$
nは整数だから，$5n$は5の倍数である。したがって，連続する5つの整数の和は5の倍数

になる。
(3) 4けたの自然数の千の位の数をa，下3けたが表す数をNとする。
下3けたが125の倍数ならば，
$N=125n$（nは整数）と表される。
ここで，
$1000a+N=1000a+125n$
$=125(8a+n)$
$8a+n$は整数だから，$125(8a+n)$は125の倍数である。したがって，4けたの自然数について，下3けたが125の倍数ならば，その自然数は125の倍数になる。

解説 ▼

(1) 奇数は偶数に1を加えた数である。また，nを整数としたとき，$2n$は必ず偶数だから，奇数は$2n+1$と表される。

STEP03 実戦問題
本冊032ページ

1 (1) $3a$　　(2) $-9x+2y$
(3) $\dfrac{1}{3}a+2b$　　(4) $11x-13y$
(5) $\dfrac{8x+11y}{24}$　　(6) $\dfrac{29x^2-52x}{28}$
(7) $\dfrac{3x-4y}{3}$　　(8) $x+3y+1$

解説 ▼

(1) $2(2a-b)+(-a+2b)=4a-2b-a+2b=3a$
(2) $4(-x+3y)-5(x+2y)=-4x+12y-5x-10y$
$=-9x+2y$
(3) $\dfrac{2}{3}(5a-3b)-3a+4b=\dfrac{10}{3}a-2b-3a+4b$
$=\dfrac{10}{3}a-\dfrac{9}{3}a-2b+4b=\dfrac{1}{3}a+2b$
(4) $3(2x-y)-5(-x+2y)=6x-3y+5x-10y$
$=11x-13y$
(5) $\dfrac{5x+2y}{6}+\dfrac{-4x+y}{8}=\dfrac{4(5x+2y)}{24}+\dfrac{3(-4x+y)}{24}$
$=\dfrac{4(5x+2y)+3(-4x+y)}{24}=\dfrac{20x+8y-12x+3y}{24}$
$=\dfrac{8x+11y}{24}$
(6) $\dfrac{3x^2-4x}{4}-\dfrac{-2x^2+6x}{7}=\dfrac{7(3x^2-4x)}{28}-\dfrac{4(-2x^2+6x)}{28}$
$=\dfrac{7(3x^2-4x)-4(-2x^2+6x)}{28}=\dfrac{21x^2-28x+8x^2-24x}{28}$
$=\dfrac{29x^2-52x}{28}$

(7) $\dfrac{x+y}{2}-\dfrac{3x-y}{6}+x-2y$
$=\dfrac{3(x+y)}{6}-\dfrac{3x-y}{6}+\dfrac{6(x-2y)}{6}$
$=\dfrac{3(x+y)-(3x-y)+6(x-2y)}{6}$
$=\dfrac{3x+3y-3x+y+6x-12y}{6}=\dfrac{6x-8y}{6}=\dfrac{3x-4y}{3}$

(8) $\dfrac{5x-3}{3}-\dfrac{4x-9y}{6}+\dfrac{3y+4}{2}$
$=\dfrac{2(5x-3)}{6}-\dfrac{4x-9y}{6}+\dfrac{3(3y+4)}{6}$
$=\dfrac{2(5x-3)-(4x-9y)+3(3y+4)}{6}$
$=\dfrac{10x-6-4x+9y+9y+12}{6}$
$=\dfrac{6x+18y+6}{6}=x+3y+1$

2 (1) $-8y^2$　　(2) $2xy^4$
(3) $-\dfrac{16xy^2}{5}$　　(4) $-ab$
(5) $-\dfrac{8}{9}$　　(6) $4x^3y^5$
(7) $81x^5y^2$　　(8) $-\dfrac{2b^9c^6}{3}$

解説 ▼

(1) $(-4x^2y)\div x^2\times 2y=(-4x^2y)\times\dfrac{1}{x^2}\times 2y$
$=-\dfrac{4x^2y\times 2y}{x^2}=-8y^2$

(2) $(-xy)^2\times 10xy^2\div 5x^2=x^2y^2\times 10xy^2\times\dfrac{1}{5x^2}$
$=\dfrac{x^2y^2\times 10xy^2}{5x^2}=2xy^4$

(3) $\dfrac{1}{3}x^2y\div\dfrac{5}{8}x\times(-6y)=\dfrac{1}{3}x^2y\times\dfrac{8}{5x}\times(-6y)$
$=-\dfrac{x^2y\times 8\times 6y}{3\times 5x}=-\dfrac{16xy^2}{5}$

(4) $6a^4b^2\div(-2ab)^3\times\dfrac{4}{3}b^2=6a^4b^2\div(-8a^3b^3)\times\dfrac{4}{3}b^2$
$=6a^4b^2\times\left(-\dfrac{1}{8a^3b^3}\right)\times\dfrac{4}{3}b^2=-\dfrac{6a^4b^2\times 4b^2}{8a^3b^3\times 3}=-ab$

(5) $-2b^2\div\left(-\dfrac{3}{2}ab\right)^2\times a^2=-2b^2\div\dfrac{9}{4}a^2b^2\times a^2$
$=-2b^2\times\dfrac{4}{9a^2b^2}\times a^2=-\dfrac{2b^2\times 4\times a^2}{9a^2b^2}=-\dfrac{8}{9}$

(6) $\left(\dfrac{5}{2}xy^2\right)^3\div\dfrac{5}{8}x^2y^3\times\left(\dfrac{2}{5}xy\right)^2$

$= \dfrac{5^3}{2^3}x^3y^6 \times \dfrac{8}{5x^2y^3} \times \dfrac{2^2}{5^2}x^2y^2$

$= \dfrac{5^3x^3y^6 \times 2^3 \times 2^2x^2y^2}{2^3 \times 5x^2y^3 \times 5^2} = 4x^3y^5$

(7) $\left(-\dfrac{2}{3}x^3y\right)^3 \div \left(-\dfrac{1}{6}x^2y^3\right)^2 \times \left(-\dfrac{3}{2}y\right)^5$

$= -\dfrac{2^3}{3^3}x^9y^3 \div \dfrac{1}{2^2 \times 3^2}x^4y^6 \times \left(-\dfrac{3^5}{2^5}y^5\right)$

$= -\dfrac{2^3}{3^3}x^9y^3 \times \dfrac{2^2 \times 3^2}{x^4y^6} \times \left(-\dfrac{3^5}{2^5}y^5\right)$

$= \dfrac{2^3x^9y^3 \times 2^2 \times 3^2 \times 3^5y^5}{3^3 \times x^4y^6 \times 2^5} = 81x^5y^2$

(8) $\left(\dfrac{bc^2}{2a^2}\right)^4 \times \left(-\dfrac{2a^2b}{3}\right)^3 \div \left(\dfrac{c}{6ab}\right)^2$

$= \dfrac{b^4c^8}{2^4a^8} \times \left(-\dfrac{2^3a^6b^3}{3^3}\right) \div \dfrac{c^2}{2^2 \times 3^2a^2b^2}$

$= \dfrac{b^4c^8}{2^4a^8} \times \left(-\dfrac{2^3a^6b^3}{3^3}\right) \times \dfrac{2^2 \times 3^2a^2b^2}{c^2}$

$= -\dfrac{b^4c^8 \times 2^3a^6b^3 \times 2^2 \times 3^2a^2b^2}{2^4a^8 \times 3^3 \times c^2}$

$= -\dfrac{2b^9c^6}{3}$

3 (1) -24 (2) 180

(3) $\dfrac{5}{27}$

解説▼

(1) $4(7x-6y)-10(2x-3y)=28x-24y-20x+30y$
$=8x+6y$

この式に,$x=-9$,$y=8$ を代入すると,
$8x+6y=8\times(-9)+6\times 8=-24$

(2) $-(2ab)^4 \times 3a^3b \div (-2a^2b)^3$
$=(-2^4a^4b^4) \times 3a^3b \div (-2^3a^6b^3)$
$=(-2^4a^4b^4) \times 3a^3b \times \left(-\dfrac{1}{2^3a^6b^3}\right) = \dfrac{2^4a^4b^4 \times 3a^3b}{2^3a^6b^3} = 6ab^2$

この式に,$ab^2=30$ を代入すると,
$6ab^2=6\times 30=180$

参考

式を簡単にして,ab^2 の形の式にならない場合,計算間違いを疑うとよい。

(3) $\left(-\dfrac{x^2y^3}{3}\right)^3 \div \left(\dfrac{x^3y^6}{2}\right) \div (-x^2y)^2$

$= \left(-\dfrac{x^6y^9}{27}\right) \times \left(\dfrac{2}{x^3y^6}\right) \div x^4y^2$

$= \left(-\dfrac{x^6y^9}{27}\right) \times \left(\dfrac{2}{x^3y^6}\right) \times \dfrac{1}{x^4y^2}$

$= -\dfrac{x^6y^9 \times 2}{27 \times x^3y^6 \times x^4y^2} = -\dfrac{2y}{27x}$

この式に,$x=-2$,$y=5$ を代入すると,
$-\dfrac{2y}{27x} = -\dfrac{2\times 5}{27\times(-2)} = \dfrac{5}{27}$

4 (1) $y=\dfrac{x}{9}$ (2) $c=\dfrac{-2a+3b}{4}$

(3) $b=\dfrac{2S}{h}-a$ (4) $x=\dfrac{1+3y}{2y}$

(5) $x=-\dfrac{yz}{y+z}$ (6) $c=\dfrac{(a+b)d}{a-b}$

解説▼

(1) $12x-3y=5(2x+3y)$,$12x-3y=10x+15y$,
$2x=18y$,$18y=2x$,$y=\dfrac{x}{9}$

(2) $a=\dfrac{3b-4c}{2}$,$\dfrac{3b-4c}{2}=a$,$3b-4c=2a$,$-4c=2a-3b$,
$c=\dfrac{2a-3b}{-4}$,$c=\dfrac{-2a+3b}{4}$

(3) $S=\dfrac{1}{2}h(a+b)$,$\dfrac{1}{2}h(a+b)=S$,$h(a+b)=2S$,
$a+b=\dfrac{2S}{h}$,$b=\dfrac{2S}{h}-a$

(4) $y=\dfrac{1}{2x-3}$,$2x-3=\dfrac{1}{y}$,$2x=\dfrac{1}{y}+3$,
$2x=\dfrac{1+3y}{y}$,$x=\dfrac{1+3y}{2y}$

(5) $\dfrac{1}{x}+\dfrac{1}{y}+\dfrac{1}{z}=0$,$\dfrac{1}{x}=-\dfrac{1}{y}-\dfrac{1}{z}$,$\dfrac{1}{x}=-\dfrac{z+y}{yz}$,
$x=-\dfrac{yz}{y+z}$

(6) $\dfrac{a(c-d)}{c+d}+\dfrac{b(c+d)}{c-d}=a+b$

両辺に $(c+d)(c-d)=c^2-cd+cd-d^2=c^2-d^2$ をかけると,
$a(c-d)(c-d)+b(c+d)(c+d)=(a+b)(c^2-d^2)$
$a(c^2-cd-cd+d^2)+b(c^2+cd+cd+d^2)=(a+b)(c^2-d^2)$
$a(c^2-2cd+d^2)+b(c^2+2cd+d^2)=(a+b)c^2-(a+b)d^2$
$(a+b)c^2-2cd(a-b)+(a+b)d^2=(a+b)c^2-(a+b)d^2$
$-2cd(a-b)=-2(a+b)d^2$
$c=\dfrac{(a+b)d}{a-b}$

5 (1) $\dfrac{3}{y^3}$ (2) $b=\dfrac{30}{a}$

(3) $b=\dfrac{a-c}{7}$

解説▼

(1) $-7x^2 \times \left(-\dfrac{1}{3xy^2}\right) \div \boxed{} = \dfrac{7}{9}xy$,

$\boxed{} = -7x^2 \times \left(-\dfrac{1}{3xy^2}\right) \div \dfrac{7}{9}xy$

$= -7x^2 \times \left(-\dfrac{1}{3xy^2}\right) \times \dfrac{9}{7xy} = \dfrac{7x^2 \times 9}{3xy^2 \times 7xy} = \dfrac{3}{y^3}$

(2) $a \times b \times \dfrac{1}{2} = 15$, $ab = 30$, $b = \dfrac{30}{a}$

(3) $a = 7 \times b + c$, $a = 7b + c$, $7b + c = a$, $7b = a - c$, $b = \dfrac{a-c}{7}$

6 (1) $a = \dfrac{\ell - \pi b}{2}$

(2) 第1レーンの1周分の距離は，
$\{2a + \pi(b + 0.4)\}$m
第4レーンの1周分の距離は，
$\{2a + \pi(b + 6.4)\}$m
第1レーンと第4レーンの1周分の距離の差は，
$\{2a + \pi(b + 6.4)\} - \{2a + \pi(b + 0.4)\} = 6\pi$(m)
よって，第4レーンは第1レーンより，スタートラインの位置を 6πm 前に調整するとよい。

解説▼

(1) $\ell = 2a + \pi b$, $2a + \pi b = \ell$, $2a = \ell - \pi b$, $a = \dfrac{\ell - \pi b}{2}$

ミス注意

(2)では，4レーン分あるからといって，6.4を8.4としないように注意する。

5 多項式

STEP 01 要点まとめ　本冊034ページ

1 01 $-2x$　　02 6
03 $-3x^3 + 6x^2 - 18x$

2 04 $2xy$　　05 $2xy$
06 $4x - 3y$

3 07 $2x$　　08 $3x$
09 7　　10 -1
11 $6x^2 + 11x - 7$

4 12 3　　13 -3
14 $x^2 - 11x + 24$

5 15 9　　16 $x^2 + 18x + 81$

6 17 8　　18 $x^2 - 16x + 64$

7 19 $x^2 - 49$

8 20 -4　　21 4
9 22 6　　23 $(x-6)^2$
10 24 $(x+15)(x-15)$
11 25 1000　　26 5
27 1010025
12 28 $2n$　　29 $2m$
30 $2mn + m + n$　　31 整数

解説▼

2 $(8x^2y - 6xy^2) \div 2xy$
$= \dfrac{8x^2y - 6xy^2}{2xy}$
$= \dfrac{8x^2y}{2xy} - \dfrac{6xy^2}{2xy}$
$= 4x - 3y$

のように，わる式を分母とする分数になおして計算してもよい。

9 $x^2 + 2ax + a^2 = (x+a)^2$ との違いに注意する。

11 100や1000などの一方がきりのよい数になるように数を2つに分けるとよい。

STEP 02 基本問題　本冊036ページ

1 (1) $2x^2 - 3xy$　　(2) $-8x + 5$
(3) $-4x^2 + 8xy$　　(4) $-5x + 40y$

解説▼

(1) $x(2x - 3y) = x \times 2x + x \times (-3y) = 2x^2 - 3xy$

(2) $(24x^2y - 15xy) \div (-3xy) = (24x^2y - 15xy) \times \left(-\dfrac{1}{3xy}\right)$

$= 24x^2y \times \left(-\dfrac{1}{3xy}\right) - 15xy \times \left(-\dfrac{1}{3xy}\right) = -8x + 5$

(3) $(x - 2y) \times (-4x) = x \times (-4x) - 2y \times (-4x)$
$= -4x^2 + 8xy$

(4) $(4x^2y - 32xy^2) \div \left(-\dfrac{4}{5}xy\right)$

$= (4x^2y - 32xy^2) \times \left(-\dfrac{5}{4xy}\right)$

$= 4x^2y \times \left(-\dfrac{5}{4xy}\right) - 32xy^2 \times \left(-\dfrac{5}{4xy}\right) = -5x + 40y$

2 (1) $6x^2 - 5x - 56$　　(2) $4x^2 - 7xy - 2y^2$
(3) $3x^2 + 5xy - 2y^2 - 8x + 5y - 3$
(4) $x^2 - y^2 + xz - yz$

解説▼

(1) $(2x - 7)(3x + 8) = 2x \times 3x + 2x \times 8 - 7 \times 3x - 7 \times 8$
$= 6x^2 + 16x - 21x - 56$
$= 6x^2 - 5x - 56$

(2) $(x-2y)(4x+y)=x\times 4x+x\times y-2y\times 4x-2y\times y$
$=4x^2+xy-8xy-2y^2$
$=4x^2-7xy-2y^2$

(3) $(x+2y-3)(3x-y+1)$
$=x\times 3x+x\times(-y)+x\times 1+2y\times 3x+2y\times(-y)$
$\qquad\qquad\qquad +2y\times 1-3\times 3x-3\times(-y)-3\times 1$
$=3x^2-xy+x+6xy-2y^2+2y-9x+3y-3$
$=3x^2+5xy-2y^2-8x+5y-3$

(4) $(x+y+z)(x-y)$
$=x\times x+x\times(-y)+y\times x+y\times(-y)+z\times x+z\times(-y)$
$=x^2-xy+xy-y^2+zx-zy=x^2-y^2+xz-yz$

3 (1) $x^2+2x-48$ (2) $x^2-5x-14$
(3) $x^2+10x+25$ (4) $a^2-12ab+36b^2$
(5) x^2-81 (6) $\dfrac{m^2}{4}-\dfrac{n^2}{9}$

解説▼

(1) $(x+8)(x-6)=x^2+(8-6)x+8\times(-6)=x^2+2x-48$
(2) $(x+2)(x-7)=x^2+(2-7)x+2\times(-7)$
$=x^2-5x-14$
(3) $(x+5)^2=x^2+2\times 5\times x+5^2=x^2+10x+25$
(4) $(a-6b)^2=a^2-2\times 6b\times a+(6b)^2=a^2-12ab+36b^2$
(5) $(x-9)(x+9)=x^2-9^2=x^2-81$
(6) $\left(\dfrac{m}{2}+\dfrac{n}{3}\right)\left(\dfrac{m}{2}-\dfrac{n}{3}\right)=\left(\dfrac{m}{2}\right)^2-\left(\dfrac{n}{3}\right)^2=\dfrac{m^2}{4}-\dfrac{n^2}{9}$

4 (1) $a^2+2ab+b^2-5a-5b+6$
(2) $4x^2-y^2+12y-36$
(3) $x^2-2xy+y^2-2xz+2yz+z^2$
(4) $9a^2+6ab+b^2-12a-4b+4$

解説▼

(1) $a+b=M$ とおくと，
$(a+b-2)(a+b-3)=(M-2)(M-3)=M^2-5M+6$
M を $a+b$ にもどすと，
$M^2-5M+6=(a+b)^2-5(a+b)+6$
$=a^2+2ab+b^2-5a-5b+6$
(2) $(2x-y+6)(2x+y-6)=\{2x-(y-6)\}\{2x+(y-6)\}$
$y-6=M$ とおくと，
$\{2x-(y-6)\}\{2x+(y-6)\}=(2x-M)(2x+M)$
$=(2x)^2-M^2=4x^2-M^2$
M を $y-6$ にもどすと，
$4x^2-M^2=4x^2-(y-6)^2=4x^2-(y^2-12y+36)$
$=4x^2-y^2+12y-36$
(3) $x-y=M$ とおくと，
$(x-y-z)^2=(M-z)^2=M^2-2zM+z^2$
M を $x-y$ にもどすと，
$M^2-2zM+z^2=(x-y)^2-2z(x-y)+z^2$
$=x^2-2xy+y^2-2xz+2yz+z^2$

(4) $3a+b=M$ とおくと，
$(3a+b-2)^2=(M-2)^2=M^2-4M+4$
M を $3a+b$ にもどすと，
$M^2-4M+4=(3a+b)^2-4(3a+b)+4$
$=9a^2+6ab+b^2-12a-4b+4$

5 (1) $3x^2$ (2) $5a-6$
(3) $2x+13$ (4) x^2
(5) $5x^2+8x-33$ (6) $2xy+9y^2$

解説▼

(1) $x(3x-2)+2x=3x^2-2x+2x=3x^2$
(2) $(a+2)(a-1)-(a-2)^2=(a^2+a-2)-(a^2-4a+4)$
$=a^2+a-2-a^2+4a-4=5a-6$
(3) $(x-1)^2-(x+2)(x-6)=(x^2-2x+1)-(x^2-4x-12)$
$=x^2-2x+1-x^2+4x+12=2x+13$
(4) $(2x-3)(x+2)-(x-2)(x+3)$
$=(2x^2+4x-3x-6)-(x^2+x-6)$
$=2x^2+x-6-x^2-x+6=x^2$
(5) $(2x-7)(2x+7)+(x+4)^2=(4x^2-49)+(x^2+8x+16)$
$=4x^2-49+x^2+8x+16=5x^2+8x-33$
(6) $x(x+2y)-(x+3y)(x-3y)=x^2+2xy-(x^2-9y^2)$
$=x^2+2xy-x^2+9y^2=2xy+9y^2$

6 (1) $ac(ab-2)$ (2) $5xy(y-3x)$
(3) $2ab(3a-2b+4)$ (4) $3a(a^2+7a-6)$

解説▼

(1) 共通因数 ac をくくりだすと，$a^2bc-2ac=ac(ab-2)$
(2) 共通因数 $5xy$ をくくりだすと，
$5xy^2-15x^2y=5xy(y-3x)$
(3) 共通因数 $2ab$ をくくりだすと，
$6a^2b-4ab^2+8ab=2ab(3a-2b+4)$
(4) 共通因数 $3a$ をくくりだすと，
$3a^3+21a^2-18a=3a(a^2+7a-6)$

くわしく

a^2+7a-6 がさらに因数分解できないかの確認も忘れずに。

7 (1) $(x+2)(x+4)$ (2) $(x+5)(x-6)$
(3) $(x-4)(x+9)$ (4) $(x+3)^2$
(5) $(x-6)^2$ (6) $(x+4)(x-4)$

解説▼

(1) 積が 8，和が 6 となる 2 つの数は 2 と 4 だから，
$x^2+6x+8=x^2+(2+4)x+2\times 4=(x+2)(x+4)$
(2) 積が -30，和が -1 となる 2 つの数は 5 と -6 だから，
$x^2-x-30=x^2+(5-6)x+5\times(-6)=(x+5)(x-6)$

(3) 積が -36，和が 5 となる 2 つの数は -4 と 9 だから，
$x^2+5x-36=x^2+(-4+9)x+(-4)\times 9=(x-4)(x+9)$
(4) $x^2+6x+9=x^2+2\times 3\times x+3^2=(x+3)^2$
(5) $x^2-12x+36=x^2-2\times 6\times x+6^2=(x-6)^2$
(6) $x^2-16=x^2-4^2=(x+4)(x-4)$

8 (1) $(a+1)(b-3)$　(2) $(a+b+4)(a+b-4)$
　　(3) $6(x+3)(x-3)$　(4) $(x+2)(x+9)$
　　(5) $(a+2b-1)(a+2b+2)$
　　(6) $(x-1)^2(x+2)(x-4)$

解説 ▼

(1) $ab-3a+b-3=a(b-3)+b-3=(a+1)(b-3)$
(2) $a+b=M$ とおくと，
$(a+b)^2-16=M^2-4^2=(M+4)(M-4)$
M を $a+b$ にもどすと，
$(M+4)(M-4)=\{(a+b)+4\}\{(a+b)-4\}$
$=(a+b+4)(a+b-4)$
(3) $6x^2-54=6(x^2-9)=6(x+3)(x-3)$
(4) $x+5=M$ とおくと，
$(x+5)^2+(x+5)-12=M^2+M-12=(M-3)(M+4)$
M を $x+5$ にもどすと，
$(M-3)(M+4)=\{(x+5)-3\}\{(x+5)+4\}$
$=(x+2)(x+9)$
(5) $a+2b=M$ とおくと，
$(a+2b)^2+a+2b-2=M^2+M-2=(M-1)(M+2)$
M を $a+2b$ にもどすと，
$(M-1)(M+2)=\{(a+2b)-1\}\{(a+2b)+2\}$
$=(a+2b-1)(a+2b+2)$
(6) $x^2-2x=M$ とおくと，
$(x^2-2x)^2-7(x^2-2x)-8=M^2-7M-8$
$=(M+1)(M-8)$
M を x^2-2x にもどすと，
$(M+1)(M-8)=\{(x^2-2x)+1\}\{(x^2-2x)-8\}$
$=(x^2-2x+1)(x^2-2x-8)=(x-1)^2(x+2)(x-4)$

9 (1) 因数分解を用いて計算すると，
$103^2-97^2=(103+97)(103-97)$
$=200\times 6=1200$
答 1200

(2) n を整数とすると，連続する 2 つの奇数は，小さい順に $2n-1$，$2n+1$ と表される。ここで，
$(2n-1)(2n+1)+2(2n+1)$
$=4n^2-1+4n+2=4n^2+4n+1=(2n+1)^2$
$2n+1$ は大きいほうの奇数だから，$(2n+1)^2$ は大きいほうの奇数の 2 乗である。したがって，連続する 2 つの奇数の積に，大きいほうの奇数を 2 倍した数を加えると，その和は，大きいほうの奇数の 2 乗になる。

(3) トラックのまん中を通る半円の弧の半径は，

$\left(\dfrac{p}{2}+\dfrac{a}{2}\right)$m だから，

$\ell=2\pi\left(\dfrac{p}{2}+\dfrac{a}{2}\right)\times\dfrac{1}{2}\times 2+q\times 2$
$=\pi(p+a)+2q$
よって，$a\ell=a\{\pi(p+a)+2q\}$
$=\pi a(p+a)+2aq$ ……①
また，トラック全体の面積は，
$S=\pi\left(\dfrac{p}{2}+a\right)^2\times\dfrac{1}{2}\times 2-\pi\left(\dfrac{p}{2}\right)^2\times\dfrac{1}{2}\times 2+a\times q\times 2$
$=\pi a(p+a)+2aq$ ……②
①，②より，$S=a\ell$

STEP 03 実戦問題　本冊038ページ

1 (1) $12x^2-4x^3$　(2) $-14x+21y$
　　(3) $-\dfrac{1}{12}x-\dfrac{17}{12}y$　(4) $-32x^5y-2$

解説 ▼

(1) $(-2x^2)^2\left(\dfrac{3}{x^2}-\dfrac{1}{x}\right)=4x^4\left(\dfrac{3}{x^2}-\dfrac{1}{x}\right)=4x^4\times\dfrac{3}{x^2}-4x^4\times\dfrac{1}{x}$
$=12x^2-4x^3$

(2) $(8x^2y-12xy^2)\div\left(-\dfrac{4}{7}xy\right)=(8x^2y-12xy^2)\times\left(-\dfrac{7}{4xy}\right)$
$=8x^2y\times\left(-\dfrac{7}{4xy}\right)-12xy^2\times\left(-\dfrac{7}{4xy}\right)=-14x+21y$

(3) $(-3x^2y+xy^2)\div 4xy-\dfrac{5y-2x}{3}$
$=(-3x^2y+xy^2)\times\dfrac{1}{4xy}-\dfrac{5y-2x}{3}$
$=(-3x^2y)\times\dfrac{1}{4xy}+xy^2\times\dfrac{1}{4xy}-\dfrac{5y-2x}{3}$
$=-\dfrac{3}{4}x+\dfrac{1}{4}y-\dfrac{5}{3}y+\dfrac{2}{3}x=-\dfrac{9}{12}x+\dfrac{8}{12}x+\dfrac{3}{12}y-\dfrac{20}{12}y$
$=-\dfrac{1}{12}x-\dfrac{17}{12}y$

(4) $\dfrac{(-4x^2y)^3-4xy^2}{2xy^2}=\dfrac{(-2^2x^2y)^3-2xy^2}{2xy^2}$
$=\dfrac{-2^6x^6y^3-2xy^2}{2xy^2}=\dfrac{-2^6x^6y^3}{2xy^2}+\dfrac{-2xy^2}{2xy^2}$
$=-2^5x^5y-2=-32x^5y-2$

2 (1) $3x^2+1$　(2) $15x^2-26y^2+10xy$
　　(3) $x^4+4x^3-2x^2-12x-16$
　　(4) x^4-17x^2+16
　　(5) $a^2-2ac+c^2-b^2$　(6) $4xy-4xz$

解説 ▼

(1) $(3x-1)^2+6x(1-x)=9x^2-6x+1+6x-6x^2$

$=3x^2+1$

(2) $(4x+y)(4x-y)-(x-5y)^2$
$=(16x^2-y^2)-(x^2-10xy+25y^2)$
$=16x^2-y^2-x^2+10xy-25y^2=15x^2-26y^2+10xy$

(3) $x^2+2x=M$ とおくと，
$(x^2+2x-8)(x^2+2x+2)=(M-8)(M+2)$
$=M^2-6M-16$
M を x^2+2x にもどすと，
$M^2-6M-16=(x^2+2x)^2-6(x^2+2x)-16$
$=(x^4+4x^3+4x^2)-(6x^2+12x)-16$
$=x^4+4x^3+4x^2-6x^2-12x-16$
$=x^4+4x^3-2x^2-12x-16$

(4) $(x+1)(x-1)(x+4)(x-4)=(x^2-1)(x^2-16)$
$=x^4-17x^2+16$

(5) $(a+b-c)(a-b-c)=(a-c+b)(a-c-b)$
$=\{(a-c)+b\}\{(a-c)-b\}$
$a-c=M$ とおくと，
$\{(a-c)+b\}\{(a-c)-b\}=(M+b)(M-b)=M^2-b^2$
M を $a-c$ にもどすと，
$M^2-b^2=(a-c)^2-b^2=(a^2-2ac+c^2)-b^2$
$=a^2-2ac+c^2-b^2$

(6) $(x+y-z)^2-(x-y+z)^2=\{x+(y-z)\}^2-\{x-(y-z)\}^2$
$y-z=M$ とおくと，
$\{x+(y-z)\}^2-\{x-(y-z)\}^2=(x+M)^2-(x-M)^2$
$=(x^2+2Mx+M^2)-(x^2-2Mx+M^2)$
$=x^2+2Mx+M^2-x^2+2Mx-M^2$
$=4Mx=4xM$
M を $y-z$ にもどすと，$4xM=4x(y-z)=4xy-4xz$

3 (1) -64　　(2) 2010
(3) 7

解説▼

(1) $(x^2-9x+2)(x^2+7x-3)$ を展開したとき，x^2 の項のみ計算すると，
$x^2 \times(-3)$, $(-9x)\times 7x$, $2\times x^2$
だから，x^2 の項の係数は $-3-63+2=-64$

(2) 2019 を x とおくと，
$2022\times 2016-2019\times 2018$
$=(x+3)(x-3)-x(x-1)$
$=(x^2-9)-(x^2-x)$
$=x^2-9-x^2+x$
$=-9+x$
x を 2019 にもどすと，
$-9+x=-9+2019=2010$

(3) $x+\dfrac{1}{x}=-3$ の両辺を 2 乗すると，$\left(x+\dfrac{1}{x}\right)^2=9$
$x^2+2\times\dfrac{1}{x}\times x+\dfrac{1}{x^2}=9$, $x^2+2+\dfrac{1}{x^2}=9$

よって，$x^2+\dfrac{1}{x^2}=9-2=7$

4 (1) $(x-12)(x+9)$　　(2) $(x-y+z)(3x-y-z)$
(3) $(x-3)(x+4)$　　(4) $(x+y+1)(x+y-5)$
(5) $x(x-16y)(x+3y)$
(6) $(x^2+4x+19)(x-5)(x+9)$

解説▼

(1) $(6-x)^2+9(x-6)-90=\{-(x-6)\}^2+9(x-6)-90$
$=(x-6)^2+9(x-6)-90$
$x-6=M$ とおくと，
$(x-6)^2+9(x-6)-90=M^2+9M-90$
$=(M-6)(M+15)$
M を $x-6$ にもどすと，
$(M-6)(M+15)=(x-6-6)(x-6+15)=(x-12)(x+9)$

(2) $2x-y$ を M, $z-x$ を N とおくと，
$(2x-y)^2-(z-x)^2=M^2-N^2=(M+N)(M-N)$
M を $2x-y$, N を $z-x$ にもどすと，
$(M+N)(M-N)$
$=\{(2x-y)+(z-x)\}\{(2x-y)-(z-x)\}$
$=(2x-y+z-x)(2x-y-z+x)=(x-y+z)(3x-y-z)$

(3) $x(x-2)+3(x-4)=x^2-2x+3x-12=x^2+x-12$
$=(x-3)(x+4)$

(4) $x+y=M$ とおくと，
$(x+y)(x+y-4)-5=M(M-4)-5=M^2-4M-5$
$=(M+1)(M-5)$
M を $x+y$ にもどすと，
$(M+1)(M-5)=(x+y+1)(x+y-5)$

(5) $x^3-13x^2y-48xy^2=x(x^2-13xy-48y^2)$
積が $-48y^2$, 和が $-13y$ となる 2 つの式は $-16y$ と $3y$ だから，
$x(x^2-13xy-48y^2)=x(x-16y)(x+3y)$

(6) $(x-3)(x-1)(x+5)(x+7)$ において，4 つの式の積を $(x-3)\times(x+7)$, $(x-1)\times(x+5)$ と組み合わせると，x^2+4x が 2 度現れる。この式を文字でおき展開する。
$(x-3)(x-1)(x+5)(x+7)-960$
$=(x-3)(x+7)(x-1)(x+5)-960$
$=\{(x-3)(x+7)\}\{(x-1)(x+5)\}-960$
$=(x^2+4x-21)(x^2+4x-5)-960$
$x^2+4x=M$ とおくと，
$(x^2+4x-21)(x^2+4x-5)-960$
$=(M-21)(M-5)-960=M^2-26M+105-960$
$=M^2-26M-855=(M+19)(M-45)$
M を x^2+4x にもどすと，
$(M+19)(M-45)=(x^2+4x+19)(x^2+4x-45)$
$=(x^2+4x+19)(x-5)(x+9)$

5 (1) $(ab-1+a)(ab-1-a)$
(2) $(x+y+1)(x-y-3)$

(3) $(3a-c)(2a+5b)(2a-5b)$
(4) $(x+2y+1)(x+2y-3)$
(5) $(ab-a+b)(a+b)(a-b)$

解説▼

(1) $a^2b^2-a^2-2ab+1=(a^2b^2-2ab+1)-a^2$
$=\{(ab)^2-2ab+1\}-a^2$
$=(ab-1)^2-a^2$
$ab-1$ を M とおくと,
$(ab-1)^2-a^2=M^2-a^2=(M+a)(M-a)$
M を $ab-1$ にもどすと,
$(M+a)(M-a)=(ab-1+a)(ab-1-a)$

(2) $x^2-2x-3-y^2-4y=(x^2-2x)-(y^2+4y)-3$
$=(x^2-2x+1-1)-(y^2+4y+4-4)-3$
$=(x^2-2x+1)-(y^2+4y+4)-3-1+4$
$=(x^2-2x+1)-(y^2+4y+4)=(x-1)^2-(y+2)^2$
$x-1$ を M, $y+2$ を N おくと,
$(x-1)^2-(y+2)^2=M^2-N^2=(M+N)(M-N)$
M を $x-1$, N を $y+2$ にもどすと,
$(M+N)(M-N)=\{(x-1)+(y+2)\}\{(x-1)-(y+2)\}$
$=(x-1+y+2)(x-1-y-2)=(x+y+1)(x-y-3)$

(3) $12a^3-4a^2c-75ab^2+25b^2c$
$=12a^3-75ab^2-4a^2c+25b^2c$
$=3a(4a^2-25b^2)-c(4a^2-25b^2)$
$=(3a-c)(4a^2-25b^2)=(3a-c)(2a+5b)(2a-5b)$

(4) $x^2+4xy+4y^2-2x-4y-3$
$=(x^2+4xy+4y^2)-2(x+2y)-3$
$=(x+2y)^2-2(x+2y)-3$
$x+2y=M$ とおくと,
$(x+2y)^2-2(x+2y)-3=M^2-2M-3$
$=(M+1)(M-3)$
M を $x+2y$ にもどすと,
$(M+1)(M-3)=(x+2y+1)(x+2y-3)$

(5) $a^3b-ab^3-a^3+ab^2+a^2b-b^3$
$=ab(a^2-b^2)-a(a^2-b^2)+b(a^2-b^2)$
$=(ab-a+b)(a^2-b^2)$
$=(ab-a+b)(a+b)(a-b)$

6 (1) 5 (2) -6
(3) 17 (4) $\dfrac{5}{2}$

解説▼

(1) $a+b=-3$ の両辺を 2 乗すると, $(a+b)^2=9$
$a^2+2ab+b^2=9$
この式に $ab=2$ を代入して, $a^2+2\times 2+b^2=9$
$a^2+4+b^2=9$, $a^2+b^2=9-4=5$

(2) $a^2b+ab^2=ab(a+b)=2\times(-3)=-6$

(3) $a^2+6ab+b^2=a^2+2ab+b^2+4ab=(a+b)^2+4ab$
$=(-3)^2+4\times 2=9+8=17$

(4) $\dfrac{b}{a}+\dfrac{a}{b}=\dfrac{b^2+a^2}{ab}=\dfrac{5}{2}$

7 11

解説▼

a を 4 でわると 1 余り, b を 6 でわると 2 余るから, m, n を整数とすると, $a=4m+1$, $b=6n+2$ と表される。
$3a^2+2b^2=3(4m+1)^2+2(6n+2)^2$
$=3(16m^2+8m+1)+2(36n^2+24n+4)$
$=48m^2+24m+3+72n^2+48n+8$
$=24(2m^2+m+3n^2+2n)+11$
$2m^2+m+3n^2+2n$ は整数だから,
$24(2m^2+m+3n^2+2n)+11$ を 24 でわったときの余りは 11 である。

8 (1) $a=x-10$
(2) ① $a=x-10$, $b=x-8$, $c=x+8$, $d=x+10$ と表されるから,
$M=(x-8)(x+10)-(x-10)(x+8)$
$=(x^2+2x-80)-(x^2-2x-80)$
$=x^2+2x-80-x^2+2x+80$
$=4x$
x は自然数だから,$4x$ は 4 の倍数である。したがって,M の値は 4 の倍数になる。
② ア…1,イ…6,ウ…14(ア,イは順不同)

解説▼

(1) a は左上の数,x はまん中の数で,a は x より 10 小さいから,$a=x-10$

(2) ① (1)と同様に,b, c, d をそれぞれ x の式で表し,$M=bd-ac$ に代入して計算する。
② x の一の位の数が 1,2,3,4,5,6,7,8,9,0 のとき,M の値の一の位の数は,4,8,2,6,0,4,8,2,6,0 となる。したがって,M の値の一の位の数が 4 になるのは,x の一の位の数が 1,6 のときである。
次に,x は 2 段目から 11 段目までにあり,(1)より,x のとりうる値で最小のものは 11,最大のものは 98 であることに注意すると,x の一の位の数が 1 のとき,x のとりうる値は,11,21,31,41,51,61,71,81,91 の 9 通り。x の一の位の数が 6 のとき,x のとりうる値は,16,26,36,46,56,66,76,86,96 の 9 通り。ただし,各段の両端は x となり得ない。右端の値は 9 の倍数,左端の値は 9 の倍数に 1 を加えた数なので,36,46,81,91 は除外する。よって,求める M の値の個数は,全部で $9+9-4=14$(通り)ある。

6 平方根

STEP01 要点まとめ　本冊040ページ

1
- 01　25
- 02　25
- 03　−5

2
- 04　$\sqrt{9}$
- 05　9
- 06　<
- 07　<

3
- 08　7
- 09　7
- 10　7
- 11　7
- 12　14
- 13　7

4
- 14　有理数
- 15　無理数

5
- 16　7
- 17　$\sqrt{42}$

6
- 18　5
- 19　8
- 20　$2\sqrt{2}$

7
- 21　$\sqrt{2}$
- 22　$\sqrt{2}$
- 23　$\dfrac{5\sqrt{2}}{2}$

8
- 24　6
- 25　$8\sqrt{7}$

9
- 26　3
- 27　4
- 28　5
- 29　$-\sqrt{3}$

10
- 30　6
- 31　$\sqrt{3}$
- 32　3
- 33　6
- 34　$9-6\sqrt{2}$

11
- 35　y
- 36　y
- 37　$\sqrt{5}+\sqrt{2}$
- 38　$-2\sqrt{2}$
- 39　$-4\sqrt{10}$

解説

1 25 の平方根 5, −5 はまとめて ±5 と表せる。

2 次のように，調べる 2 数をそれぞれ 2 乗して比べてから，平方根になおしてもよい。$3^2=9$, $(\sqrt{11})^2=11$ で，$9<11$ だから，$\sqrt{9}<\sqrt{11}$, $3<\sqrt{11}$

STEP02 基本問題　本冊042ページ

1
- (1)　$\sqrt{11}, -\sqrt{11}$
- (2)　11, −11
- (3)　0.06, −0.06
- (4)　$\dfrac{5}{7}, -\dfrac{5}{7}$

解説

(1) 11 の平方根のうち，正のほうは $\sqrt{11}$，負のほうは $-\sqrt{11}$。まとめて，$\pm\sqrt{11}$ と表してもよい。

(2) $11^2=121$, $(-11)^2=121$ だから，121 の平方根は 11, −11

(3) $0.06^2=0.0036$, $(-0.06)^2=0.0036$ だから，0.0036 の平方根は 0.06, −0.06

(4) $\left(\dfrac{5}{7}\right)^2=\dfrac{25}{49}$, $\left(-\dfrac{5}{7}\right)^2=\dfrac{25}{49}$ だから，$\dfrac{25}{49}$ の平方根は $\dfrac{5}{7}, -\dfrac{5}{7}$

2
- (1)　5
- (2)　−0.9
- (3)　$-\dfrac{8}{15}$
- (4)　−0.3

解説

(1) $\sqrt{25}$ は 25 の平方根のうち正のほうを表す。25 の平方根は 5 と −5 だから，$\sqrt{25}=5$

(2) $-\sqrt{0.81}$ は 0.81 の平方根のうち負のほうを表す。0.81 の平方根は 0.9 と −0.9 だから，$-\sqrt{0.81}=-0.9$

(3) $-\sqrt{\dfrac{64}{225}}$ は $\dfrac{64}{225}$ の平方根のうち負のほうを表す。$\dfrac{64}{225}$ の平方根は $\dfrac{8}{15}$ と $-\dfrac{8}{15}$ だから，$-\sqrt{\dfrac{64}{225}}=-\dfrac{8}{15}$

(4) $-\sqrt{(-0.3)^2}=-\sqrt{0.09}$ は 0.09 の平方根のうち負のほうを表す。0.09 の平方根は 0.3 と −0.3 だから，$-\sqrt{0.09}=-0.3$

3
- (1)　$\sqrt{23}<\sqrt{26}$
- (2)　$-7<-\sqrt{44}$
- (3)　$-\sqrt{27}<-5<-\sqrt{23}$
- (4)　$\dfrac{1}{3}<\sqrt{\dfrac{1}{5}}<\sqrt{\dfrac{1}{3}}$

解説

(1) $23<26$ だから，$\sqrt{23}<\sqrt{26}$

(2) 7 を根号を使って表すと，$7=\sqrt{49}$
$49>44$ だから，$\sqrt{49}>\sqrt{44}$
すなわち，$7>\sqrt{44}$
したがって，$-7<-\sqrt{44}$

(3) 5 を根号を使って表すと，$5=\sqrt{25}$
$23<25<27$ だから，$\sqrt{23}<\sqrt{25}<\sqrt{27}$
すなわち，$\sqrt{23}<5<\sqrt{27}$
したがって，$-\sqrt{27}<-5<-\sqrt{23}$

(4) $\dfrac{1}{3}$ を根号を使って表すと，$\dfrac{1}{3}=\sqrt{\dfrac{1}{9}}$
$\dfrac{1}{3}=\dfrac{15}{45}$, $\dfrac{1}{9}=\dfrac{5}{45}$, $\dfrac{1}{5}=\dfrac{9}{45}$ で，$\dfrac{5}{45}<\dfrac{9}{45}<\dfrac{15}{45}$ だから，
$\sqrt{\dfrac{5}{45}}<\sqrt{\dfrac{9}{45}}<\sqrt{\dfrac{15}{45}}$
すなわち，$\sqrt{\dfrac{1}{9}}<\sqrt{\dfrac{1}{5}}<\sqrt{\dfrac{1}{3}}$ で，$\dfrac{1}{3}<\sqrt{\dfrac{1}{5}}<\sqrt{\dfrac{1}{3}}$

4
- (1)　$a=5, 6, 7, 8$
- (2)　$a=2, 3$
- (3)　$x=9$
- (4)　4 個

解説

(1) $2<\sqrt{a}<3$ の各辺を 2 乗すると，$2^2<(\sqrt{a})^2<3^2$

$4 < a < 9$
これをみたす自然数 a は，小さい順に，5，6，7，8

(2) $3 < \sqrt{7a} < 5$ の各辺を2乗すると，$3^2 < (\sqrt{7a})^2 < 5^2$
$9 < 7a < 25$
これをみたす自然数 a は，2，3

(3) $x < \sqrt{91} < x+1$ の各辺を2乗すると，
$x^2 < 91 < (x+1)^2$
ここで，$9^2 = 81$，$10^2 = 100$ であるから，$81 < 91 < 100$
すなわち，$9 < \sqrt{91} < 10$
したがって，$x < \sqrt{91} < x+1$ をみたす自然数 x は 9

(4) $\sqrt{7}$ より大きく，$3\sqrt{5}$ より小さい整数を a とおくと，
$\sqrt{7} < a < 3\sqrt{5}$
$\sqrt{7} < a < 3\sqrt{5}$ の各辺を2乗すると，
$(\sqrt{7})^2 < a^2 < (3\sqrt{5})^2$
$7 < a^2 < 45$
これをみたす整数 a は，3，4，5，6 の4個。

5 (1) $n=3$　　(2) $n=4$，19，24

解説 ▼

(1) $48 = 2^2 \times 2^2 \times 3$ だから，
$\sqrt{48n} = \sqrt{2^2 \times 2^2 \times 3 \times n}$ で，$n=3$ のとき，
$\sqrt{48n} = \sqrt{2^2 \times 2^2 \times 3 \times 3} = \sqrt{2^2 \times 2^2 \times 3^2}$
　　　$= \sqrt{(2 \times 2 \times 3)^2} = \sqrt{12^2} = 12$
より，整数となる。したがって，$n=3$

(2) $\sqrt{120-5n} = \sqrt{5(24-n)}$
$\sqrt{5(24-n)}$ が整数となるのは，
$24-n=0$ または，$24-n = 5 \times (自然数)^2$ のときである。
$24-n=0$ のとき，$n=24$
$24-n=5 \times 1^2$ のとき，$n=19$
$24-n=5 \times 2^2$ のとき，$n=4$

6 (1) $36.35 \leqq a < 36.45$　　(2) 6.15×10^3 m

解説 ▼

(1) 小数第2位を四捨五入した値だから，真の値 a がもっとも小さいときは，$a=36.35$。$a=36.45$ のとき，小数第2位を四捨五入すると 36.5 となるから，a は 36.45 より小さい。したがって，$36.35 \leqq a < 36.45$

(2) 有効数字は 6，1，5 の3けただから，
$6150 = 6.15 \times 1000 = 6.15 \times 10^3$ (m)

7 (1) $\sqrt{21}$　　(2) 5
(3) $6\sqrt{6}$　　(4) 6

解説 ▼

(1) $\sqrt{3} \times \sqrt{7} = \sqrt{3 \times 7} = \sqrt{21}$

(2) $\dfrac{\sqrt{125}}{\sqrt{5}} = \sqrt{\dfrac{125}{5}} = \sqrt{25} = \sqrt{5^2} = 5$

(3) $\sqrt{12} \times \sqrt{18} = \sqrt{2^2 \times 3} \times \sqrt{3^2 \times 2} = 2 \times \sqrt{3} \times 3 \times \sqrt{2}$
　　$= 2 \times 3 \times \sqrt{3} \times \sqrt{2} = 6 \times \sqrt{3 \times 2} = 6\sqrt{6}$

(4) $\sqrt{54} \div \sqrt{3} \times \sqrt{2} = \sqrt{54} \times \dfrac{1}{\sqrt{3}} \times \sqrt{2} = \dfrac{\sqrt{54} \times \sqrt{2}}{\sqrt{3}}$
　　$= \sqrt{\dfrac{54 \times 2}{3}} = \sqrt{18 \times 2} = \sqrt{36} = \sqrt{6^2} = 6$

8 (1) $2\sqrt{2}$　　(2) $\sqrt{3}$
(3) $\sqrt{3}$　　(4) $-\dfrac{2\sqrt{3}}{3}$

解説 ▼

(1) $\sqrt{18} + \sqrt{50} - 3\sqrt{8}$
$= \sqrt{3^2 \times 2} + \sqrt{5^2 \times 2} - 3 \times \sqrt{2^2 \times 2}$
$= 3\sqrt{2} + 5\sqrt{2} - 3 \times 2\sqrt{2}$
$= 3\sqrt{2} + 5\sqrt{2} - 6\sqrt{2} = 2\sqrt{2}$

(2) $\sqrt{27} - \sqrt{12}$
$= \sqrt{3^2 \times 3} - \sqrt{2^2 \times 3}$
$= 3\sqrt{3} - 2\sqrt{3} = \sqrt{3}$

(3) $\sqrt{48} - \dfrac{9}{\sqrt{3}} = \sqrt{4^2 \times 3} - \dfrac{9 \times \sqrt{3}}{\sqrt{3} \times \sqrt{3}} = 4\sqrt{3} - \dfrac{9\sqrt{3}}{3}$
$= 4\sqrt{3} - 3\sqrt{3} = \sqrt{3}$

(4) $\dfrac{\sqrt{75}}{3} - \sqrt{\dfrac{49}{3}} = \dfrac{\sqrt{5^2 \times 3}}{3} - \dfrac{7}{\sqrt{3}} = \dfrac{5\sqrt{3}}{3} - \dfrac{7 \times \sqrt{3}}{\sqrt{3} \times \sqrt{3}}$
$= \dfrac{5\sqrt{3}}{3} - \dfrac{7\sqrt{3}}{3} = -\dfrac{2\sqrt{3}}{3}$

9 (1) $5\sqrt{2}$　　(2) $2\sqrt{2}$
(3) $5\sqrt{3}$　　(4) $-3\sqrt{2} + \dfrac{\sqrt{6}}{3}$

解説 ▼

(1) $\sqrt{18} + 2\sqrt{6} \div \sqrt{3}$
$= \sqrt{3^2 \times 2} + 2\sqrt{6} \times \dfrac{1}{\sqrt{3}} = 3\sqrt{2} + \dfrac{2\sqrt{6}}{\sqrt{3}} = 3\sqrt{2} + 2 \times \sqrt{\dfrac{6}{3}}$
$= 3\sqrt{2} + 2\sqrt{2} = 5\sqrt{2}$

(2) $\sqrt{12} \times \sqrt{6} - \dfrac{8}{\sqrt{2}}$
$= \sqrt{2^2 \times 3} \times \sqrt{2 \times 3} - \dfrac{8 \times \sqrt{2}}{\sqrt{2} \times \sqrt{2}}$
$= 2\sqrt{3} \times \sqrt{3} \times \sqrt{2} - \dfrac{8\sqrt{2}}{2} = 2 \times 3 \times \sqrt{2} - 4\sqrt{2}$
$= 6\sqrt{2} - 4\sqrt{2} = 2\sqrt{2}$

(3) $\sqrt{6}\left(\sqrt{8} + \dfrac{1}{\sqrt{2}}\right) = \sqrt{6} \times \sqrt{8} + \sqrt{6} \times \dfrac{1}{\sqrt{2}}$
$= \sqrt{2} \times \sqrt{3} \times \sqrt{2^2 \times 2} + \dfrac{\sqrt{6}}{\sqrt{2}} = \sqrt{2} \times \sqrt{3} \times 2\sqrt{2} + \sqrt{3}$
$= 2 \times 2 \times \sqrt{3} + \sqrt{3} = 4\sqrt{3} + \sqrt{3} = 5\sqrt{3}$

(4) $\sqrt{3}(\sqrt{8} - \sqrt{6}) - \dfrac{10}{\sqrt{6}}$
$= \sqrt{3} \times \sqrt{8} - \sqrt{3} \times \sqrt{6} - \dfrac{10 \times \sqrt{6}}{\sqrt{6} \times \sqrt{6}}$

$=\sqrt{3}\times\sqrt{2^2\times 2}-\sqrt{3}\times\sqrt{3}\times\sqrt{2}-\dfrac{10\sqrt{6}}{6}$

$=\sqrt{3}\times 2\times\sqrt{2}-3\times\sqrt{2}-\dfrac{5\sqrt{6}}{3}$

$=2\sqrt{6}-3\sqrt{2}-\dfrac{5\sqrt{6}}{3}=-3\sqrt{2}+\dfrac{\sqrt{6}}{3}$

10 (1) $11+2\sqrt{30}$ (2) $17-12\sqrt{2}$
(3) $-4-2\sqrt{2}$ (4) -13
(5) $6+\sqrt{2}$ (6) $20-3\sqrt{6}$

解説 ▼

(1) $(\sqrt{5}+\sqrt{6})^2=(\sqrt{5})^2+2\times\sqrt{6}\times\sqrt{5}+(\sqrt{6})^2$
$=5+2\sqrt{30}+6=11+2\sqrt{30}$

(2) $(3-2\sqrt{2})^2=3^2-2\times 2\sqrt{2}\times 3+(2\sqrt{2})^2$
$=9-12\sqrt{2}+8=17-12\sqrt{2}$

(3) $(\sqrt{8}+3)(\sqrt{8}-4)=(\sqrt{8})^2+(3-4)\sqrt{8}+3\times(-4)$
$=8-\sqrt{8}-12=-4-\sqrt{2^2\times 2}=-4-2\sqrt{2}$

(4) $(\sqrt{7}-2\sqrt{5})(\sqrt{7}+2\sqrt{5})=(\sqrt{7})^2-(2\sqrt{5})^2$
$=7-20=-13$

(5) $(2+\sqrt{2})^2-\sqrt{18}=2^2+2\times\sqrt{2}\times 2+(\sqrt{2})^2-\sqrt{3^2\times 2}$
$=4+4\sqrt{2}+2-3\sqrt{2}=6+\sqrt{2}$

(6) $(\sqrt{12}-\sqrt{8})^2+\dfrac{10\sqrt{3}}{\sqrt{2}}$
$=(\sqrt{2^2\times 3}-\sqrt{2^2\times 2})^2+\dfrac{10\sqrt{3}\times\sqrt{2}}{\sqrt{2}\times\sqrt{2}}$
$=(2\sqrt{3}-2\sqrt{2})^2+\dfrac{10\sqrt{6}}{2}$
$=(2\sqrt{3})^2-2\times 2\sqrt{2}\times 2\sqrt{3}+(2\sqrt{2})^2+5\sqrt{6}$
$=12-8\sqrt{6}+8+5\sqrt{6}=20-3\sqrt{6}$

STEP 03 実戦問題

本冊044ページ

1 (1) エ (2) 0.4
(3) ウ

解説 ▼

(1) ア $-\dfrac{3}{7}$ は有理数である。
イ 2.7 は有理数である。
ウ $\sqrt{\dfrac{9}{25}}=\dfrac{3}{5}$ より，有理数である。
エ $-\sqrt{15}$ は無理数である。
したがって，無理数はエである。

(2) $\left(\dfrac{\sqrt{6}}{5}\right)^2=\dfrac{6}{25}$, $0.4^2=\left(\dfrac{2}{5}\right)^2=\dfrac{4}{25}$, $\left(\dfrac{1}{\sqrt{5}}\right)^2=\dfrac{1}{5}=\dfrac{5}{25}$

$\dfrac{4}{25}<\dfrac{5}{25}<\dfrac{6}{25}$ だから，$\left(\dfrac{2}{5}\right)^2<\left(\dfrac{1}{\sqrt{5}}\right)^2<\left(\dfrac{\sqrt{6}}{5}\right)^2$

したがって，$\dfrac{2}{5}<\dfrac{1}{\sqrt{5}}<\dfrac{\sqrt{6}}{5}$

すなわち，$0.4<\dfrac{1}{\sqrt{5}}<\dfrac{\sqrt{6}}{5}$

したがって，最も小さい数は，0.4

(3) ア 49 の平方根は 7，-7 だから，正しくない。
イ $23<25$ より，$\sqrt{23}<\sqrt{25}$，すなわち，$\sqrt{23}<5$ だから，$\sqrt{23}$ は 5 より小さく，正しくない。
ウ $\dfrac{\sqrt{3}}{\sqrt{2}}=\dfrac{\sqrt{3}\times\sqrt{2}}{\sqrt{2}\times\sqrt{2}}=\dfrac{\sqrt{6}}{2}$ だから，正しい。
エ $\sqrt{2640}=\sqrt{26.4\times 100}=\sqrt{26.4}\times\sqrt{100}$
$=5.138\times 10=51.38$
だから，$\sqrt{264}≒51.38$ となり，正しくない。
よって，正しいのはウ。

2 (1) $n=67, 68, 69$ (2) $n=98$
(3) 10 (4) 30
(5) 4.056

解説 ▼

(1) $8.2<\sqrt{n+1}<8.4$ の各辺を 2 乗すると，
$8.2^2<(\sqrt{n+1})^2<8.4^2$, $67.24<n+1<70.56$
$66.24<n<69.56$
これをみたす自然数 n は，$n=67, 68, 69$

(2) $\dfrac{\sqrt{72n}}{7}=\dfrac{\sqrt{2^3\times 3^2\times n}}{\sqrt{7^2}}=\sqrt{\dfrac{2^3\times 3^2\times n}{7^2}}$ が自然数となる最も小さい整数 n の値は，$n=2\times 7^2=98$ である。

(3) $\sqrt{\dfrac{2016}{n+4}}=\sqrt{\dfrac{2^5\times 3^2\times 7}{n+4}}=\sqrt{\dfrac{2\times 2^4\times 3^2\times 7}{n+4}}$
$=\sqrt{\dfrac{(2^2\times 3)^2\times 2\times 7}{n+4}}=2^2\times 3\times\sqrt{\dfrac{14}{n+4}}$

この値が整数となる最も小さい n の値は
$n+4=14$，すなわち，$n=10$ である。

(4) $\sqrt{2018+a}=b\sqrt{2}$ の両辺を 2 乗すると，
$(\sqrt{2018+a})^2=(b\sqrt{2})^2$, $2018+a=2b^2$

$b^2=\dfrac{a}{2}+1009$

ここで，$b^2>1009$ だから，2 乗して 1009 より大きく 1009 に最も近い数をさがすと，$30^2=900$, $31^2=961$, $32^2=1024$ だから，a が最小となるときの b の値は，$b=32$ で，

$\dfrac{a}{2}=32^2-1009=1024-1009=15$

したがって，$a=2\times 15=30$

(5) $\dfrac{\sqrt{50}+2}{\sqrt{5}}=\dfrac{\sqrt{5^2\times 2}+2}{\sqrt{5}}=\dfrac{5\sqrt{2}+2}{\sqrt{5}}$
$=\dfrac{(5\sqrt{2}+2)\times\sqrt{5}}{\sqrt{5}\times\sqrt{5}}=\dfrac{5\sqrt{10}+2\sqrt{5}}{5}$
$=\dfrac{5\times 3.162+2\times 2.236}{5}=\dfrac{20.282}{5}=4.0564≒4.056$

3 (1) 44 (2) $10-2\sqrt{3}$
(3) $5-\sqrt{5}$ (4) $-23+7\sqrt{11}$
(5) $13-3\sqrt{11}$

解説 ▼

(1) $44^2=1936$, $45^2=2025$ だから，$1936<2019<2025$
したがって，$44^2<2019<45^2$
すなわち，$44<\sqrt{2019}<45$
よって，$\sqrt{2019}$ の整数部分は 44

(2) $9<12<16$ より，$3<\sqrt{12}<4$
したがって，$\sqrt{12}$ の整数部分は3だから，小数部分 a は，$a=\sqrt{12}-3$
このとき，
$(a+1)(a+4)=\{(\sqrt{12}-3)+1\}\{(\sqrt{12}-3)+4\}$
$=(\sqrt{12}-2)(\sqrt{12}+1)=(\sqrt{12})^2+(-2+1)\sqrt{12}-2\times1$
$=12-\sqrt{12}-2=10-\sqrt{12}=10-2\sqrt{3}$

(3) $4<5<9$ より $2<\sqrt{5}<3$ で，$1<\sqrt{5}-1<2$
したがって，$\sqrt{5}-1$ の整数部分 a は $a=1$，小数部分 b は，$b=\sqrt{5}-1-1=\sqrt{5}-2$
このとき，
$b^2+3ab+2a^2=(\sqrt{5}-2)^2+3\times1\times(\sqrt{5}-2)+2\times1^2$
$=5-4\sqrt{5}+4+3\sqrt{5}-6+2=5-\sqrt{5}$

(4) $9<11<16$ より，$3<\sqrt{11}<4$
したがって，$\sqrt{11}$ の整数部分は3，小数部分は $\sqrt{11}-3$
$-4<-\sqrt{11}<-3$ より，$3<7-\sqrt{11}<4$ だから，
$7-\sqrt{11}$ の整数部分は3，小数部分は
$7-\sqrt{11}-3=4-\sqrt{11}$
したがって，$\sqrt{11}$ の小数部分と $7-\sqrt{11}$ の小数部分との積は，
$(\sqrt{11}-3)(4-\sqrt{11})=4\sqrt{11}-11-12+3\sqrt{11}$
$=-23+7\sqrt{11}$

(5) $16<21<25$ より，$4<\sqrt{21}<5$
よって，$\sqrt{21}$ の整数部分 $[\sqrt{21}]$ は，$[\sqrt{21}]=4$
$3\sqrt{11}=\sqrt{3^2\times11}=\sqrt{99}$ で，$81<99<100$ より，$9<\sqrt{99}<10$
よって，$\sqrt{99}$ すなわち $3\sqrt{11}$ の整数部分は9だから，小数部分 $\langle 3\sqrt{11}\rangle$ は，$\langle 3\sqrt{11}\rangle=3\sqrt{11}-9$
したがって，
$[\sqrt{21}]-\langle 3\sqrt{11}\rangle=4-(3\sqrt{11}-9)=13-3\sqrt{11}$

4 (1) 7
(2) $0.\dot{3}\dot{2}=\dfrac{32}{99}$, $0.\dot{3}\dot{2}\div0.0\dot{4}=\dfrac{80}{11}$
(3) a の範囲…$4.1225 \leqq a<4.1235$
有効数字2けたの近似値…4.1

解説 ▼

(1) $\dfrac{2}{7}$ を循環小数の記号「・」を用いて表すと，$0.\dot{2}8571\dot{4}$
のように，2，8，5，7，1，4 の数字がこの順にくり返し現れる。$16=6\times2+4$ だから，小数第16位の数

字は7である。

(2) $x=0.\dot{3}\dot{2}$ とおくと，
$100x=32.3232\cdots$ ……（ⅰ）
$x=0.3232\cdots$ ……（ⅱ）
（ⅰ）−（ⅱ）より，$99x=32$, $x=\dfrac{32}{99}$
また，$y=0.0\dot{4}$ とおくと，
$100y=4.4444\cdots$ ……（ⅲ）
$y=0.0444\cdots$ ……（ⅳ）
（ⅲ）−（ⅳ）より，$99y=4.4$, $990y=44$, $y=\dfrac{44}{990}=\dfrac{2}{45}$
したがって，$0.\dot{3}\dot{2}\div0.0\dot{4}=\dfrac{32}{99}\div\dfrac{2}{45}=\dfrac{32}{99}\times\dfrac{45}{2}=\dfrac{80}{11}$

(3) 真の値 a がもっとも小さいとき，$a=4.1225$。$a=4.1235$ のとき，小数第4位を四捨五入すると4.124となるから，a は 4.1235 より小さい。したがって，
$4.1225 \leqq a<4.1235$
有効数字が2けたの場合の近似値は 4.1

5 (1) $5\sqrt{6}$ (2) $2\sqrt{2}$
(3) $-3-6\sqrt{2}$ (4) $2\sqrt{3}$
(5) 8 (6) $\dfrac{14}{3}$
(7) $11\sqrt{3}-\sqrt{5}$ (8) -4
(9) $-\dfrac{\sqrt{3}}{6}$ (10) 5

解説 ▼

(1) $4\sqrt{3}\div\sqrt{2}+\sqrt{54}=4\sqrt{3}\times\dfrac{1}{\sqrt{2}}+\sqrt{3^2\times6}$
$=\dfrac{4\sqrt{3}}{\sqrt{2}}+3\sqrt{6}=\dfrac{4\sqrt{3}\times\sqrt{2}}{\sqrt{2}\times\sqrt{2}}+3\sqrt{6}=\dfrac{4\sqrt{6}}{2}+3\sqrt{6}$
$=2\sqrt{6}+3\sqrt{6}=5\sqrt{6}$

(2) $\sqrt{6}\div\sqrt{18}\times\sqrt{24}=\sqrt{6}\times\dfrac{1}{\sqrt{18}}\times\sqrt{24}=\dfrac{\sqrt{6}\times\sqrt{24}}{\sqrt{18}}$
$=\sqrt{\dfrac{6\times24}{18}}=\sqrt{8}=\sqrt{2^2\times2}=2\sqrt{2}$

(3) $\sqrt{3}(\sqrt{27}-2\sqrt{6}-\sqrt{48})$
$=\sqrt{3}(\sqrt{3^2\times3}-2\times\sqrt{3}\times\sqrt{2}-\sqrt{4^2\times3})$
$=\sqrt{3}(3\sqrt{3}-2\times\sqrt{3}\times\sqrt{2}-4\sqrt{3})$
$=\sqrt{3}\times3\sqrt{3}-2\times3\times\sqrt{2}-4\times3$
$=3\times3-6\sqrt{2}-12=9-6\sqrt{2}-12=-3-6\sqrt{2}$

(4) $\sqrt{108}+\sqrt{48}-\sqrt{75}-\sqrt{27}$
$=\sqrt{6^2\times3}+\sqrt{4^2\times3}-\sqrt{5^2\times3}-\sqrt{3^2\times3}$
$=6\sqrt{3}+4\sqrt{3}-5\sqrt{3}-3\sqrt{3}=2\sqrt{3}$

(5) $(\sqrt{5}+\sqrt{3})(5\sqrt{3}-3\sqrt{5})+(\sqrt{3}-\sqrt{5})^2$
$=5\sqrt{15}-3\times5+5\times3-3\sqrt{15}+(3-2\sqrt{15}+5)$
$=5\sqrt{15}-15+15-3\sqrt{15}+8-2\sqrt{15}=8$

(6) $\dfrac{\sqrt{2}}{3}(\sqrt{90}-\sqrt{8})+(\sqrt{5}-1)^2$

$$=\frac{\sqrt{2}}{3}(\sqrt{3^2 \times 10} - \sqrt{2^2 \times 2}) + (5 - 2\sqrt{5} + 1)$$
$$=\frac{\sqrt{2}}{3}(3\sqrt{10} - 2\sqrt{2}) + (6 - 2\sqrt{5})$$
$$=\frac{\sqrt{2}}{3} \times 3\sqrt{10} - \frac{\sqrt{2}}{3} \times 2\sqrt{2} + 6 - 2\sqrt{5}$$
$$=\sqrt{2} \times \sqrt{10} - \frac{2 \times 2}{3} + 6 - 2\sqrt{5}$$
$$=\sqrt{2} \times \sqrt{2} \times \sqrt{5} - \frac{4}{3} + 6 - 2\sqrt{5}$$
$$=2 \times \sqrt{5} - \frac{4}{3} + 6 - 2\sqrt{5} = \frac{14}{3}$$

(7) $-3\sqrt{27} + \sqrt{60} \times 2\sqrt{5} - \sqrt{5}$
$$=-3\sqrt{3^2 \times 3} + \sqrt{2^2 \times 3 \times 5} \times 2\sqrt{5} - \sqrt{5}$$
$$=-3 \times 3\sqrt{3} + 2 \times \sqrt{3} \times \sqrt{5} \times 2\sqrt{5} - \sqrt{5}$$
$$=-9\sqrt{3} + 2 \times 2 \times 5 \times \sqrt{3} - \sqrt{5}$$
$$=-9\sqrt{3} + 20\sqrt{3} - \sqrt{5} = 11\sqrt{3} - \sqrt{5}$$

(8) $\sqrt{2}\left(\dfrac{3}{\sqrt{6}} - \dfrac{2}{\sqrt{2}}\right) - \sqrt{2}\left(\dfrac{3}{\sqrt{6}} + \dfrac{2}{\sqrt{2}}\right)$
$$=\sqrt{2} \times \frac{3}{\sqrt{6}} - \sqrt{2} \times \frac{2}{\sqrt{2}} - \sqrt{2} \times \frac{3}{\sqrt{6}} - \sqrt{2} \times \frac{2}{\sqrt{2}}$$
$$=\frac{3}{\sqrt{3}} - 2 - \frac{3}{\sqrt{3}} - 2 = -4$$

(9) $\dfrac{\sqrt{12}}{4} - \dfrac{2}{\sqrt{6}} - \dfrac{\sqrt{48}}{6} + \dfrac{\sqrt{2}}{\sqrt{3}}$
$$=\frac{\sqrt{2^2 \times 3}}{4} - \frac{2 \times \sqrt{6}}{\sqrt{6} \times \sqrt{6}} - \frac{\sqrt{4^2 \times 3}}{6} + \frac{\sqrt{2} \times \sqrt{3}}{\sqrt{3} \times \sqrt{3}}$$
$$=\frac{\sqrt{3}}{2} - \frac{\sqrt{6}}{3} - \frac{2\sqrt{3}}{3} + \frac{\sqrt{6}}{3} = \frac{3\sqrt{3}}{6} - \frac{4\sqrt{3}}{6}$$
$$=-\frac{\sqrt{3}}{6}$$

(10) $(\sqrt{2} + \sqrt{3})^2 - \sqrt{8} \times \dfrac{\sqrt{15}}{\sqrt{5}}$
$$=2 + 2\sqrt{6} + 3 - \sqrt{2^2 \times 2} \times \sqrt{\frac{15}{5}}$$
$$=5 + 2\sqrt{6} - 2\sqrt{2} \times \sqrt{3} = 5 + 2\sqrt{6} - 2\sqrt{6} = 5$$

6 (1) 2 (2) 84
(3) $\dfrac{-\sqrt{6} + \sqrt{15}}{3}$ (4) $\dfrac{-1 + 3\sqrt{6}}{3}$
(5) 36

解説▼

(1) $(\sqrt{5} - \sqrt{2} + 1)(\sqrt{5} + \sqrt{2} + 1)(\sqrt{5} - 2)$
$$=(\sqrt{5} + 1 - \sqrt{2})(\sqrt{5} + 1 + \sqrt{2})(\sqrt{5} - 2)$$
$$=\{(\sqrt{5} + 1)^2 - (\sqrt{2})^2\}(\sqrt{5} - 2)$$
$$=(5 + 2\sqrt{5} + 1 - 2)(\sqrt{5} - 2)$$
$$=(4 + 2\sqrt{5})(\sqrt{5} - 2) = 2(\sqrt{5} + 2)(\sqrt{5} - 2)$$
$$=2\{(\sqrt{5})^2 - 2^2\} = 2(5 - 4) = 2$$

(2) $\{(\sqrt{2} - 1)^2 + (\sqrt{2} + 1)^2\}^2 + \{(\sqrt{3} + 1)^2 - (\sqrt{3} - 1)^2\}^2$
$$=\{(2 - 2\sqrt{2} + 1) + (2 + 2\sqrt{2} + 1)\}^2$$
$$\quad + \{(3 + 2\sqrt{3} + 1) - (3 - 2\sqrt{3} + 1)\}^2$$
$$=(2 - 2\sqrt{2} + 1 + 2 + 2\sqrt{2} + 1)^2$$
$$\quad + (3 + 2\sqrt{3} + 1 - 3 + 2\sqrt{3} - 1)^2$$
$$=6^2 + (4\sqrt{3})^2 = 36 + 48 = 84$$

(3) $\dfrac{\sqrt{2} + \sqrt{3} - \sqrt{5}}{\sqrt{2} - \sqrt{3} + \sqrt{5}}$
$$=\frac{\{(\sqrt{2} + \sqrt{3}) - \sqrt{5}\} \times \{(\sqrt{2} - \sqrt{3}) - \sqrt{5}\}}{\{(\sqrt{2} - \sqrt{3}) + \sqrt{5}\} \times \{(\sqrt{2} - \sqrt{3}) - \sqrt{5}\}}$$
$$=\frac{\{(\sqrt{2} - \sqrt{5}) + \sqrt{3}\}\{(\sqrt{2} - \sqrt{5}) - \sqrt{3}\}}{(\sqrt{2} - \sqrt{3})^2 - (\sqrt{5})^2}$$
$$=\frac{(\sqrt{2} - \sqrt{5})^2 - (\sqrt{3})^2}{(2 - 2\sqrt{6} + 3) - 5} = \frac{(2 - 2\sqrt{10} + 5) - 3}{2 - 2\sqrt{6} + 3 - 5}$$
$$=\frac{2 - 2\sqrt{10} + 5 - 3}{-2\sqrt{6}} = \frac{4 - 2\sqrt{10}}{-2\sqrt{6}} = \frac{-2 + \sqrt{10}}{\sqrt{6}}$$
$$=\frac{(-2 + \sqrt{10}) \times \sqrt{6}}{\sqrt{6} \times \sqrt{6}} = \frac{-2\sqrt{6} + \sqrt{60}}{6} = \frac{-2\sqrt{6} + 2\sqrt{15}}{6}$$
$$=\frac{-\sqrt{6} + \sqrt{15}}{3}$$

(4) $\dfrac{2(1 + \sqrt{3})}{\sqrt{12}} - \dfrac{(\sqrt{2} - 1)^2}{\sqrt{18}} - \dfrac{(\sqrt{6} - 3)(\sqrt{2} + 2\sqrt{6})}{6}$
$$=\frac{2(1 + \sqrt{3})}{2\sqrt{3}} - \frac{2 - 2\sqrt{2} + 1}{3\sqrt{2}}$$
$$\quad - \frac{\sqrt{6} \times \sqrt{2} + \sqrt{6} \times 2\sqrt{6} - 3 \times \sqrt{2} - 3 \times 2\sqrt{6}}{6}$$
$$=\frac{1 + \sqrt{3}}{\sqrt{3}} - \frac{3 - 2\sqrt{2}}{3\sqrt{2}} - \frac{2\sqrt{3} + 12 - 3\sqrt{2} - 6\sqrt{6}}{6}$$
$$=\frac{(1 + \sqrt{3}) \times \sqrt{3}}{\sqrt{3} \times \sqrt{3}} - \frac{(3 - 2\sqrt{2}) \times \sqrt{2}}{3\sqrt{2} \times \sqrt{2}}$$
$$\quad - \frac{2\sqrt{3} + 12 - 3\sqrt{2} - 6\sqrt{6}}{6}$$
$$=\frac{\sqrt{3} + 3}{3} - \frac{3\sqrt{2} - 4}{6} - \frac{2\sqrt{3} + 12 - 3\sqrt{2} - 6\sqrt{6}}{6}$$
$$=\frac{2\sqrt{3} + 6 - (3\sqrt{2} - 4) - (2\sqrt{3} + 12 - 3\sqrt{2} - 6\sqrt{6})}{6}$$
$$=\frac{2\sqrt{3} + 6 - 3\sqrt{2} + 4 - 2\sqrt{3} - 12 + 3\sqrt{2} + 6\sqrt{6}}{6}$$
$$=\frac{-2 + 6\sqrt{6}}{6} = \frac{-1 + 3\sqrt{6}}{3}$$

(5) $\dfrac{\sqrt{3}}{\sqrt{2} + 1} = A,\ \dfrac{\sqrt{3}}{\sqrt{2} - 1} = B$ とおくと，
$$\left\{\left(\frac{\sqrt{3}}{\sqrt{2}+1}\right)^2 + \left(\frac{\sqrt{3}}{\sqrt{2}-1}\right)^2\right\}^2 - \left\{\left(\frac{\sqrt{3}}{\sqrt{2}+1}\right)^2 - \left(\frac{\sqrt{3}}{\sqrt{2}-1}\right)^2\right\}^2$$
$$=(A^2 + B^2)^2 - (A^2 - B^2)^2$$
$$=(A^4 + 2A^2B^2 + B^4) - (A^4 - 2A^2B^2 + B^4)$$
$$=A^4 + 2A^2B^2 + B^4 - A^4 + 2A^2B^2 - B^4 = 4A^2B^2$$
$$=4 \times \left(\frac{\sqrt{3}}{\sqrt{2}+1}\right)^2 \times \left(\frac{\sqrt{3}}{\sqrt{2}-1}\right)^2 = 4 \times \left\{\frac{\sqrt{3} \times \sqrt{3}}{(\sqrt{2}+1)(\sqrt{2}-1)}\right\}^2$$
$$=4 \times \left(\frac{3}{2-1}\right)^2 = 4 \times 3^2 = 36$$

7 (1) $\dfrac{\sqrt{7}}{7}$　　　　　(2) 1

(3) ア…7, イ…2, ウ…3

解説 ▼

(1) $\dfrac{\sqrt{2}\times\sqrt{3}\times\sqrt{4}\times\sqrt{5}\times\sqrt{6}}{\sqrt{7}\times\sqrt{8}\times\sqrt{9}\times\sqrt{10}}=\dfrac{\sqrt{3}\times\sqrt{5}\times\sqrt{6}}{\sqrt{7}\times\sqrt{9}\times\sqrt{10}}$

$=\dfrac{\sqrt{5}\times\sqrt{6}}{\sqrt{7}\times\sqrt{3}\times\sqrt{10}}$

$=\dfrac{\sqrt{5}\times\sqrt{2}}{\sqrt{7}\times\sqrt{10}}=\dfrac{1}{\sqrt{7}}=\dfrac{1\times\sqrt{7}}{\sqrt{7}\times\sqrt{7}}=\dfrac{\sqrt{7}}{7}$

(2) $\dfrac{\{(1+\sqrt{3})^{50}\}^2(2-\sqrt{3})^{50}}{2^{50}}=\dfrac{\{(1+\sqrt{3})^2\}^{50}(2-\sqrt{3})^{50}}{2^{50}}$

$=\dfrac{(1+2\sqrt{3}+3)^{50}(2-\sqrt{3})^{50}}{2^{50}}=\dfrac{(4+2\sqrt{3})^{50}(2-\sqrt{3})^{50}}{2^{50}}$

$=\dfrac{\{2(2+\sqrt{3})\}^{50}(2-\sqrt{3})^{50}}{2^{50}}=\dfrac{2^{50}(2+\sqrt{3})^{50}(2-\sqrt{3})^{50}}{2^{50}}$

$=(2+\sqrt{3})^{50}(2-\sqrt{3})^{50}=\{(2+\sqrt{3})(2-\sqrt{3})\}^{50}$

$=\{2^2-(\sqrt{3})^2\}^{50}=(4-3)^{50}=1^{50}=1$

確認

指数法則
・$a^m\times a^n=a^{m+n}$　・$(a^m)^n=a^{m\times n}$　・$(ab)^n=a^n b^n$
・$m>n$ のとき, $a^m\div a^n=a^{m-n}$
・$m<n$ のとき, $a^m\div a^n=\dfrac{1}{a^{n-m}}$

(3) $=A$ とおくと,

$\left(\dfrac{\sqrt{6}}{3}a^2b\right)^2\times A\div\dfrac{14}{3}a^3b^3=a^3b^2$

$\dfrac{6}{9}a^4b^2\times A\div\dfrac{14a^3b^3}{3}=a^3b^2$

$\dfrac{2a^4b^2}{3}\times A\times\dfrac{3}{14a^3b^3}=a^3b^2$

$A\times\dfrac{a}{7b}=a^3b^2$

$A=a^3b^2\times\dfrac{7b}{a}=7a^2b^3$

8 (1) 4　　　　　(2) $3+\sqrt{3}$
(3) $9\sqrt{3}$　　　　(4) 40
(5) 62

解説 ▼

(1) $a=\sqrt{7}-3$ より, $a+3=\sqrt{7}$
両辺を 2 乗すると, $(a+3)^2=(\sqrt{7})^2$
$a^2+6a+9=7$
よって, $a^2+6a+6=(a^2+6a+9)-3$
$\qquad\qquad\qquad=7-3=4$

(2) $xy+x=x(y+1)=(\sqrt{3}+1)\{(\sqrt{3}-1)+1\}$
$=(\sqrt{3}+1)\times\sqrt{3}=3+\sqrt{3}$

(3) $x^2-xy-2y^2=(x-2y)(x+y)$
$=\{(1+2\sqrt{3})-2(-1+\sqrt{3})\}\{(1+2\sqrt{3})+(-1+\sqrt{3})\}$
$=(1+2\sqrt{3}+2-2\sqrt{3})(1+2\sqrt{3}-1+\sqrt{3})$
$=3\times3\sqrt{3}=9\sqrt{3}$

(4) $a^3b+2a^2b^2+ab^3=ab(a^2+2ab+b^2)$
$=ab(a+b)^2$
$=(\sqrt{5}+\sqrt{3})(\sqrt{5}-\sqrt{3})\{(\sqrt{5}+\sqrt{3})+(\sqrt{5}-\sqrt{3})\}^2$
$=\{(\sqrt{5})^2-(\sqrt{3})^2\}(\sqrt{5}+\sqrt{3}+\sqrt{5}-\sqrt{3})^2$
$=(5-3)\times(2\sqrt{5})^2$
$=2\times20=40$

(5) $x=\dfrac{\sqrt{5}+\sqrt{3}}{\sqrt{5}-\sqrt{3}}=\dfrac{(\sqrt{5}+\sqrt{3})^2}{(\sqrt{5}-\sqrt{3})(\sqrt{5}+\sqrt{3})}$

$=\dfrac{5+2\sqrt{15}+3}{(\sqrt{5})^2-(\sqrt{3})^2}=\dfrac{8+2\sqrt{15}}{5-3}=\dfrac{8+2\sqrt{15}}{2}=4+\sqrt{15}$

$y=\dfrac{\sqrt{5}-\sqrt{3}}{\sqrt{5}+\sqrt{3}}=\dfrac{(\sqrt{5}-\sqrt{3})^2}{(\sqrt{5}+\sqrt{3})(\sqrt{5}-\sqrt{3})}$

$=\dfrac{5-2\sqrt{15}+3}{(\sqrt{5})^2-(\sqrt{3})^2}=\dfrac{8-2\sqrt{15}}{5-3}=\dfrac{8-2\sqrt{15}}{2}=4-\sqrt{15}$

$xy=\dfrac{\sqrt{5}+\sqrt{3}}{\sqrt{5}-\sqrt{3}}\times\dfrac{\sqrt{5}-\sqrt{3}}{\sqrt{5}+\sqrt{3}}=1$

よって,
$x^2+y^2=x^2+y^2+2xy-2xy=x^2+2xy+y^2-2xy$
$=(x+y)^2-2xy=(4+\sqrt{15}+4-\sqrt{15})^2-2\times1$
$=8^2-2=62$

方程式編

1　1次方程式

STEP01　要点まとめ　　本冊048ページ

1
- 01　5
- 02　5
- 03　−4

2
- 04　$5x$
- 05　−6
- 06　$5x$
- 07　6
- 08　24
- 09　−6

3
- 10　$3x$
- 11　12
- 12　$3x$
- 13　6
- 14　−18

4
- 16　10
- 17　8
- 18　11
- 19　$5x$
- 20　8
- 21　−3
- 22　1

5
- 23　12
- 24　84
- 25　$10x$
- 26　$10x$
- 27　84
- 28　84
- 29　−12

6
- 30　3
- 31　8
- 32　3
- 33　96
- 34　32

7
- 35　$60x$
- 36　5
- 37　5

8
- 38　210
- 39　6
- 40　630
- 41　630

解説▼

7 方程式は，$60x+120=420$
これを解くと，$60x=420-120$，$60x=300$，$x=5$

8 方程式は，$\dfrac{x}{210}=\dfrac{x}{70}-6$
両辺に 210 と 70 の最小公倍数 210 をかけると，
$x=3x-1260$，$-2x=-1260$，$x=630$

STEP02　基本問題　　本冊050ページ

1 ①…ア，③…エ

解説▼

① 左辺の −11 を右辺に移項するために，等式の両辺に 11 をたしている。
② 右辺を計算している。
③ x の係数を 1 にするために，両辺を 4 でわっている。

2
- (1)　$x=5$
- (2)　$x=-\dfrac{1}{3}$
- (3)　$x=-18$
- (4)　$x=-\dfrac{5}{2}$
- (5)　$x=6$
- (6)　$x=4$

解説▼

(1) $x-7=-2$
−7 を右辺に移項すると，$x=-2+7$，$x=5$

(2) $x+\dfrac{2}{3}=\dfrac{1}{3}$
$\dfrac{2}{3}$ を右辺に移項すると，$x=\dfrac{1}{3}-\dfrac{2}{3}$，$x=-\dfrac{1}{3}$

(3) $\dfrac{x}{6}=-3$
両辺に 6 をかけると，$\dfrac{x}{6}\times 6=-3\times 6$，$x=-18$

(4) $8x=-20$
両辺を 8 でわると，$8x\div 8=-20\div 8$，$x=-\dfrac{5}{2}$

(5) $2x-7=5$
−7 を移項すると，$2x=5+7$，$2x=12$，$x=6$

(6) $9=4x-7$
9 を右辺に，$4x$ を左辺に移項すると，
$-4x=-7-9$，$-4x=-16$，$x=4$

3
- (1)　$x=5$
- (2)　$x=-\dfrac{1}{3}$
- (3)　$x=-6$
- (4)　$x=0$

解説▼

(1) $x=3x-10$
$3x$ を左辺に移項すると，
$x-3x=-10$，$-2x=-10$，$x=5$

(2) $4x-5=x-6$
−5 を右辺に，x を左辺に移項すると，
$4x-x=-6+5$，$3x=-1$，$x=-\dfrac{1}{3}$

(3) $2x-15=3+5x$
−15 を右辺に，$5x$ を左辺に移項すると，
$2x-5x=3+15$，$-3x=18$，$x=-6$

(4) $7x+3=-7x+3$
3 を右辺に，$-7x$ を左辺に移項すると，
$7x+7x=3-3$，$14x=0$，$x=0$

4
- (1)　$x=-9$
- (2)　$x=-2$
- (3)　$x=-6$
- (4)　$x=2$

解説▼

(1) $4x+6=5(x+3)$

かっこをはずすと，$4x+6=5x+15$
$4x-5x=15-6$，$-x=9$，$x=-9$

(2) $x+2(x-3)=-12$
かっこをはずすと，$x+2x-6=-12$
$x+2x=-12+6$，$3x=-6$，$x=-2$

(3) $3x-24=2(4x+3)$
かっこをはずすと，$3x-24=8x+6$
$3x-8x=6+24$，$-5x=30$，$x=-6$

(4) $6(x-2)=5(x-2)$
かっこをはずすと，$6x-12=5x-10$
$6x-5x=-10+12$，$x=2$

5 (1) $x=-2$ (2) $x=-\dfrac{5}{2}$
(3) $x=2$ (4) $x=\dfrac{3}{7}$

解説▼

(1) $0.6x=0.2x-0.8$
両辺に 10 をかけると，$6x=2x-8$
$6x-2x=-8$，$4x=-8$，$x=-2$

(2) $0.7x-1=0.3x-2$
両辺に 10 をかけると，$7x-10=3x-20$
$7x-3x=-20+10$，$4x=-10$，$x=-\dfrac{5}{2}$

(3) $0.12x-0.23=0.17-0.08x$
両辺に 100 をかけると，$12x-23=17-8x$
$12x+8x=17+23$，$20x=40$，$x=2$

(4) $0.6(3x-1)=0.4x$
両辺に 10 をかけると，$6(3x-1)=4x$
かっこをはずすと，$18x-6=4x$
$18x-4x=6$，$14x=6$，$x=\dfrac{3}{7}$

6 (1) $x=3$ (2) $x=20$
(3) $x=4$ (4) $x=23$

解説▼

(1) $\dfrac{2x+9}{5}=x$
両辺に 5 をかけると，$2x+9=5x$
$2x-5x=-9$，$-3x=-9$，$x=3$

(2) $\dfrac{3}{4}x-7=\dfrac{2}{5}x$
両辺に 4 と 5 の最小公倍数 20 をかけると，
$15x-140=8x$，$15x-8x=140$，$7x=140$，$x=20$

(3) $\dfrac{3x-4}{4}=\dfrac{x+2}{3}$
両辺に 4 と 3 の最小公倍数 12 をかけると，
$3(3x-4)=4(x+2)$，$9x-12=4x+8$

$9x-4x=8+12$，$5x=20$，$x=4$

(4) $\dfrac{2x-1}{3}-\dfrac{x+3}{2}=2$
両辺に 3 と 2 の最小公倍数 6 をかけると，
$2(2x-1)-3(x+3)=12$，$4x-2-3x-9=12$
$4x-3x=12+2+9$，$x=23$

7 (1) $x=9$ (2) $x=20$
(3) $x=21$ (4) $x=9$

解説▼

(1) $6:x=2:3$，$6\times 3=x\times 2$，$18=2x$，$2x=18$，$x=9$

(2) $x:16=5:4$，$x\times 4=16\times 5$，$4x=80$，$x=20$

(3) $(x-6):9=5:3$，$(x-6)\times 3=9\times 5$，$3x-18=45$，
$3x=63$，$x=21$

(4) $4:(x-6)=8:6$，$4\times 6=(x-6)\times 8$，$24=8x-48$，
$-8x=-48-24$，$-8x=-72$，$x=9$

8 190g

解説▼

おもり A の重さを x g とすると，おもりは A，B，C の順に 50g ずつ重くなっているから，おもり B，C の重さは，それぞれ $(x+50)$ g，$(x+100)$ g と表される。したがって，方程式は，
$x+(x+50)+(x+100)+120=540$
これを解くと，$3x+270=540$，$3x=270$，$x=90$
よって，おもり A，B，C の重さは，それぞれ 90g，
$90+50=140$ (g)，$90+100=190$ (g)
これらのおもりの重さは正の数で，問題に合っている。
したがって，C の重さは 190g

9 59個

解説▼

子どもの人数を x 人とすると，1 人 6 個ずつ分けたときのりんごの個数は，$6x-7$ (個)
1 人 5 個ずつ分けたときのりんごの個数は，$5x+4$ (個)
したがって，方程式は，$6x-7=5x+4$
これを解くと，$x=11$
子どもの人数は 11 人。
このとき，りんごの個数は，$6\times 11-7=59$ (個)
りんごの個数 59 個は正の整数で，問題に合っている。

10 6分後

解説▼

お父さんが家を出発してから x 分後にあきこさんに追いつくとすると，あきこさんが進んだ道のりは，$60(14+x)$ m，
お父さんが進んだ道のりは，$200x$ m

したがって，方程式は，$60(14+x)=200x$
これを解くと，$840+60x=200x$, $-140x=-840$, $x=6$
より，6分後。お父さんがあきこさんに追いつく地点は，$200×6=1200$より，家から1200m離れた地点で，家から駅までは1800mあり，この場所は駅より手前だから，$x=6$は問題に合っている。

11 280人

解説▼

この中学校の1年生の生徒数をx人とすると，2年生の生徒数は，$x×(1+0.15)=1.15x$(人)
したがって，方程式は，$1.15x=322$
これを解くと，$115x=32200$, $x=280$
1年生の生徒数280人は正の整数で，問題に合っている。

STEP03 実戦問題 本冊052ページ

1 (1) $x=9$ (2) $t=3$
　　(3) $x=-4$ (4) $x=-\dfrac{75}{4}$
　　(5) $x=\dfrac{19}{2}$ (6) $x=-\dfrac{1}{54}$
　　(7) $x=-2$ (8) $x=-4$
　　(9) $x=\dfrac{20}{3}$ (10) $x=\dfrac{5}{2}$

解説▼

(1) $6x-7=4x+11$, $6x-4x=11+7$, $2x=18$, $x=9$
(2) $4-3t=7t-26$, $-3t-7t=-26-4$, $-10t=-30$, $t=3$
(3) $5(2x+7)+20=3(1-x)$, $10x+35+20=3-3x$
   $10x+3x=3-35-20$, $13x=-52$, $x=-4$
(4) $0.46x+8.2=1.26x+23.2$, $46x+820=126x+2320$
   $46x-126x=2320-820$, $-80x=1500$, $x=-\dfrac{75}{4}$
(5) $0.6(x-1.5)=0.4x+1$, $6(x-1.5)=4x+10$,
   $6x-9=4x+10$, $6x-4x=10+9$, $2x=19$, $x=\dfrac{19}{2}$
(6) $\dfrac{9}{500}x+\dfrac{1}{3000}=0$, $54x+1=0$, $54x=-1$, $x=-\dfrac{1}{54}$
(7) $\dfrac{2}{3}(2x-5)=\dfrac{3}{4}(x-6)$, $4×2(2x-5)=3×3(x-6)$,
   $8(2x-5)=9(x-6)$, $16x-40=9x-54$,
   $16x-9x=-54+40$, $7x=-14$, $x=-2$
(8) $\dfrac{x-6}{8}-0.75=\dfrac{1}{2}x$, $\dfrac{x-6}{8}-\dfrac{3}{4}=\dfrac{1}{2}x$, $(x-6)-6=4x$,
   $x-12=4x$, $x-4x=12$, $-3x=12$, $x=-4$
(9) $\dfrac{2}{3}:\dfrac{4}{5}=x:8$, $\dfrac{2}{3}×8=\dfrac{4}{5}×x$, $\dfrac{16}{3}=\dfrac{4}{5}x$, $x=\dfrac{16}{3}×\dfrac{5}{4}=\dfrac{20}{3}$
(10) $4:5=(2x-3):(3x-5)$, $4×(3x-5)=5×(2x-3)$,
   $12x-20=10x-15$, $12x-10x=-15+20$,
   $2x=5$, $x=\dfrac{5}{2}$

2 (1) $a=13$ (2) $a=6$
　　(3) $-\dfrac{1}{2}$ (4) $a=-6$

解説▼

(1) $5x+2a=8-x$に$x=-3$を代入すると，
   $5×(-3)+2a=8-(-3)$, $-15+2a=8+3$,
   $-15+2a=11$, $2a=26$, $a=13$
(2) $ax-12=5x-a$に$x=6$を代入すると，
   $a×6-12=5×6-a$, $6a-12=30-a$,
   $6a+a=30+12$, $7a=42$, $a=6$
(3) $x:3=(x+4):5$, $x×5=3×(x+4)$, $5x=3x+12$,
   $5x-3x=12$, $2x=12$, $x=6$
   $x=6$を$\dfrac{1}{4}x-2$に代入して，$\dfrac{1}{4}×6-2=\dfrac{3}{2}-2=-\dfrac{1}{2}$
(4) 式を簡単にしてから数を代入する。
   $\dfrac{3x-a}{6}=\dfrac{2a-x}{2}$, $3x-a=3(2a-x)$,
   $3x-a=6a-3x$
   $6x=7a$
   この式に，$x=-7$を代入すると，$6×(-7)=7a$,
   $-42=7a$, $7a=-42$, $a=-6$

3 (1) -5 (2) $x=-1$
　　(3) $x=-\dfrac{1}{2}$

解説▼

(1) $4*3=4+3-4×3=7-12=-5$
(2) $x*2=x+2-x×2=x+2-2x=-x+2$
   $x*2=3$だから，$-x+2=3$, $-x=1$, $x=-1$
(3) $3*x=3+x-3×x=3+x-3x=-2x+3$
   $2*(3*x)=2+(-2x+3)-2(-2x+3)$
   　　　　$=2-2x+3+4x-6=2x-1$
   $2*(3*x)=-2$だから，$2x-1=-2$
   $2x=-1$, $x=-\dfrac{1}{2}$

4 800円

解説▼

ハンカチ1枚の定価をx円とすると，方程式は，
$2000-2×x×(1-0.3)=880$

これを解くと，$2000-2x\times0.7=880$，$2000-1.4x=880$，
$20000-14x=8800$，$-14x=-11200$，$x=800$
ハンカチ1枚の定価800円は問題に合っている。

5 $x=7.3$

解説 ▼

木曜日から土曜日までの3日間における最低気温の平均値は，$\dfrac{7.4+6.6+x}{3}=\dfrac{14+x}{3}$（℃）

日曜日から水曜日までの4日間における最低気温の平均値は，$\dfrac{6.0+3.9+4.1+4.8}{4}=\dfrac{18.8}{4}=4.7$（℃）

したがって，方程式は，$\dfrac{14+x}{3}=4.7+2.4$

これを解くと，$\dfrac{14+x}{3}=7.1$

$14+x=3\times7.1$，$14+x=21.3$，$x=21.3-14=7.3$

$x=7.3$ は問題に合っている。

6 2400円

解説 ▼

ある金額をx円とすると，Aの金額は，
$x\times\dfrac{3}{4}-300=\dfrac{3}{4}x-300$（円），Bの金額は，
$x\times\dfrac{1}{3}+100=\dfrac{1}{3}x+100$（円）

したがって，方程式は，$\left(\dfrac{3}{4}x-300\right)+\left(\dfrac{1}{3}x+100\right)=x$

これを解くと，$\dfrac{9}{12}x-300+\dfrac{4}{12}x+100=\dfrac{12}{12}x$

$\dfrac{9}{12}x+\dfrac{4}{12}x-\dfrac{12}{12}x=-100+300$，$\dfrac{1}{12}x=200$，$x=2400$

ある金額2400円は問題に合っている。

7 40分後

解説 ▼

満水のときのこの水そうの容積をaとすると，水そうに入れる水の量は，じゃ口Aからは毎分$\dfrac{a}{90}$，じゃ口Bからは毎分$\dfrac{a}{120}$である。じゃ口Bから毎分出る水の量を半分にしたのが水を入れ始めてからx分後とすると，方程式は，
$\left(\dfrac{a}{90}+\dfrac{a}{120}\right)x+\left(\dfrac{a}{90}+\dfrac{a}{120}\times\dfrac{1}{2}\right)\times5$
$\qquad+\left(\dfrac{a}{90}\times\dfrac{1}{2}+\dfrac{a}{120}\times\dfrac{1}{2}\right)\times(60-x-5)=a$

両辺をaでわると，

$\left(\dfrac{1}{90}+\dfrac{1}{120}\right)x+\left(\dfrac{1}{90}+\dfrac{1}{240}\right)\times5$
$\qquad+\left(\dfrac{1}{180}+\dfrac{1}{240}\right)\times(55-x)=1$

両辺に720をかけると，
$(8+6)x+(8+3)\times5+(4+3)\times(55-x)=720$
$14x+55+385-7x=720$，$7x=280$，$x=40$

じゃ口Bから毎分出る水の量を半分にしたのが水を入れ始めてから40分後は，0分後から55分後までの間にあるから，問題に合っている。

8 $\dfrac{1}{4}$km

解説 ▼

幼稚園から学校までの道のりを$x$kmとすると，かかった時間の関係から，方程式は，$\dfrac{1+x}{3}+\dfrac{x}{5}=\dfrac{28}{60}$

両辺に3，5，60の最小公倍数60をかけると，
$20(1+x)+12x=28$，$20+20x+12x=28$，$32x=8$，$x=\dfrac{1}{4}$

幼稚園から学校までの道のり$\dfrac{1}{4}$kmは問題に合っている。

ミス注意

問題文中の「時速3km」，「時速5km」をそれぞれ「分速3km」，「分速5km」と間違えないように。万一，時速を分速とかん違いして計算すると，結果が$\dfrac{415}{8}$km＝51.875kmとなる。計算結果が不自然な値のときは，題意や計算を間違えていないか疑うとよい。

9 （1） $10-0.05x$ g （2） $x=\dfrac{200}{7}$

解説 ▼

（1） 容器A，Bの食塩水xgに含まれている食塩の重さは，それぞれ$x\times0.1$(g)，$x\times0.05$(g)だから，この作業後の容器Aの食塩水に含まれている食塩の重さは，
$(100-x)\times0.1+x\times0.05=10-0.05x$(g)

（2） この作業後の容器Bの食塩水に含まれている食塩の重さは，
$(200-x)\times0.05+x\times0.1=10+0.05x$(g)
この作業後の食塩水の濃度についての方程式は，
$\dfrac{10-0.05x}{100}\times100=\dfrac{10+0.05x}{200}\times100\times\dfrac{3}{2}$

$10-0.05x=\dfrac{3}{4}(10+0.05x)$

$40-0.2x=30+0.15x$

両辺に 100 をかけると，$4000-20x=3000+15x$
$-35x=-1000$，$x=\dfrac{1000}{35}=\dfrac{200}{7}$

$x=\dfrac{200}{7}$ は正の数で A の食塩水の重さ 100g より軽いので，問題に合っている。

2 連立方程式

STEP01 要点まとめ 本冊054ページ

1 01　5　　　　　　02　34
03　-2　　　　04　-2
05　-1

2 06　$2x-1$　　　07　$6x$
08　24　　　　　09　3
10　3　　　　　　11　5

3 12　$4y$　　　　　13　$4y$
14　3　　　　　　15　4
16　4　　　　　　17　-2

4 18　10　　　　　19　$2y$
20　25　　　　　21　2
22　33　　　　　23　3
24　3　　　　　　25　-2

5 26　12　　　　　27　$4x$
28　60　　　　　29　2
30　80　　　　　31　-16
32　-16　　　　33　3

6 34　14　　　　　35　18
36　4　　　　　　37　12
38　2　　　　　　39　12
40　2

解説

6 連立方程式は，
$\begin{cases} x+y=14 & \cdots\cdots① \\ \dfrac{x}{18}+\dfrac{y}{4}=\dfrac{7}{6} & \cdots\cdots② \end{cases}$
②の両辺に 18, 4, 6 の最小公倍数 36 をかけると，
$2x+9y=42\cdots\cdots②'$
①×2－②'より，$-7y=-14$，$y=2$
これを①に代入すると，$x+2=14$
よって，$x=14-2=12$

STEP02 基本問題 本冊056ページ

1 イ，エ

解説

x, y の値をそれぞれア〜エの式に代入して等式が成り立つかどうか調べればよい。
ア （左辺）＝$x+y=4+(-2)=2$，（右辺）＝-2…解ではない。
イ （左辺）＝$2x-y=2\times 4-(-2)=10$，（右辺）＝10…解である。
ウ （左辺）＝$4x-2y=4\times 4-2\times(-2)=20$，（右辺）＝$4$…解ではない。
エ （左辺）＝$x+8y=4+8\times(-2)=-12$，（右辺）＝-12…解である。

参考

連立方程式の解は必ず 1 つに定まるとはかぎらない。たとえば，連立方程式 $\begin{cases} x+y=1 & \cdots\cdots① \\ 2x+2y=2 & \cdots\cdots② \end{cases}$ では，①の両辺を 2 倍すると，$2x+2y=2$。これは②と同じ式である。すなわち，①の解はすべて②の方程式を成り立たせる。②の2元1次方程式の解は無数にあるから，この連立方程式の解は無数にある。一方，連立方程式 $\begin{cases} x+y=1 & \cdots\cdots③ \\ x+y=2 & \cdots\cdots④ \end{cases}$ では，③の左辺は④の左辺と同じである。③，④を成り立たせる連立方程式の解は 1 つもない。

2 (1)　$x=4$, $y=4$　　(2)　$x=3$, $y=-1$
(3)　$x=4$, $y=-3$　　(4)　$x=-6$, $y=3$
(5)　$x=2$, $y=6$　　(6)　$x=-1$, $y=-2$

解説

(1) $\begin{cases} 2x+y=12 & \cdots\cdots① \\ 3x-y=8 & \cdots\cdots② \end{cases}$
①+②より，$5x=20$，$x=4$
これを①に代入して，$2\times 4+y=12$，$y=12-8=4$

(2) $\begin{cases} x+4y=-1 & \cdots\cdots① \\ x-3y=6 & \cdots\cdots② \end{cases}$
①－②より，$7y=-7$，$y=-1$
これを①に代入して，$x+4\times(-1)=-1$，
$x=-1+4=3$

(3) $\begin{cases} 2x+3y=-1 & \cdots\cdots① \\ -4x-5y=-1 & \cdots\cdots② \end{cases}$
①×2+②より，$y=-3$
これを①に代入して，$2x+3\times(-3)=-1$，
$2x=-1+9$，$2x=8$，$x=4$

(4) $\begin{cases} 2x+y=-9 & \cdots\cdots① \\ 3x+5y=-3 & \cdots\cdots② \end{cases}$
①×5−②より, $7x=-42$, $x=-6$
これを①に代入して, $2\times(-6)+y=-9$,
$y=-9+12=3$

(5) $\begin{cases} 7x-y=8 & \cdots\cdots① \\ -9x+4y=6 & \cdots\cdots② \end{cases}$
①×4+②より, $19x=38$, $x=2$
これを②に代入して, $-9\times2+4y=6$, $4y=6+18$,
$4y=24$, $y=6$

(6) $\begin{cases} 3x-5y=7 & \cdots\cdots① \\ 2x-3y=4 & \cdots\cdots② \end{cases}$
①×2−②×3 より, $-y=2$, $y=-2$
これを②に代入して, $2x-3\times(-2)=4$, $2x=4-6$,
$2x=-2$, $x=-1$

3 (1) $x=3$, $y=-11$ (2) $x=1$, $y=-3$
 (3) $x=-2$, $y=-4$ (4) $x=3$, $y=-6$

解説 ▼

(1) $\begin{cases} 2x-y=17 & \cdots\cdots① \\ y=-2x-5 & \cdots\cdots② \end{cases}$
②を①に代入して, $2x-(-2x-5)=17$
$2x+2x+5=17$, $4x=12$, $x=3$
これを②に代入して, $y=-2\times3-5=-11$

(2) $\begin{cases} 2x-3y=11 & \cdots\cdots① \\ y=x-4 & \cdots\cdots② \end{cases}$
②を①に代入して, $2x-3(x-4)=11$
$2x-3x+12=11$, $-x=-1$, $x=1$
これを②に代入して, $y=1-4=-3$

(3) $\begin{cases} x=2+y & \cdots\cdots① \\ 9x-5y=2 & \cdots\cdots② \end{cases}$
①を②に代入して, $9(2+y)-5y=2$
$18+9y-5y=2$, $4y=-16$, $y=-4$
これを①に代入して, $x=2-4=-2$

(4) $\begin{cases} 2y=-x-9 & \cdots\cdots① \\ 7x+2y=9 & \cdots\cdots② \end{cases}$
①を②に代入して, $7x+(-x-9)=9$,
$7x-x-9=9$, $6x=18$, $x=3$
これを①に代入して, $2y=-3-9$, $2y=-12$, $y=-6$

4 (1) $x=9$, $y=7$ (2) $x=-1$, $y=-2$
 (3) $x=5$, $y=-3$ (4) $x=-3$, $y=6$
 (5) $x=-5$, $y=3$ (6) $x=2$, $y=0$

解説 ▼

(1) $\begin{cases} -x+y=-2 & \cdots\cdots① \\ 2x-(x-y)=16 & \cdots\cdots② \end{cases}$
②より, $2x-x+y=16$, $x+y=16\cdots\cdots②'$
①+②'より, $2y=14$, $y=7$

これを①に代入して, $-x+7=-2$, $-x=-9$, $x=9$

(2) $\begin{cases} 2(x+y)-5y=4 & \cdots\cdots① \\ 5x-(x-2y)=-8 & \cdots\cdots② \end{cases}$
①より, $2x+2y-5y=4$, $2x-3y=4\cdots\cdots①'$
②より, $5x-x+2y=-8$, $4x+2y=-8\cdots\cdots②'$
①'×2−②'より, $-8y=16$, $y=-2$
これを①'に代入して, $2x-3\times(-2)=4$, $2x=-2$,
$x=-1$

(3) $\begin{cases} 0.2x-0.3y=1.9 & \cdots\cdots① \\ -0.1x+0.2y=-1.1 & \cdots\cdots② \end{cases}$
①×10 より, $2x-3y=19\cdots\cdots①'$
②×10 より, $-x+2y=-11\cdots\cdots②'$
①'+②'×2 より, $y=-3$
これを②'に代入して, $-x+2\times(-3)=-11$,
$-x=-5$, $x=5$

(4) $\begin{cases} \dfrac{x}{6}-\dfrac{y}{4}=-2 & \cdots\cdots① \\ 3x+2y=3 & \cdots\cdots② \end{cases}$
①の両辺に 6, 4 の最小公倍数 12 をかけると,
$2x-3y=-24\cdots\cdots①'$
①'×2+②×3 より, $13x=-39$, $x=-3$
これを②に代入して, $3\times(-3)+2y=3$, $2y=12$,
$y=6$

(5) $\begin{cases} \dfrac{1}{6}(x-3)+y=\dfrac{5}{3} & \cdots\cdots① \\ -(x+y)=x+7 & \cdots\cdots② \end{cases}$
①の両辺に 6, 3 の最小公倍数 6 をかけると,
$(x-3)+6y=10$, $x+6y=13\cdots\cdots①'$
②より, $-x-y=x+7$, $-2x-y=7\cdots\cdots②'$
①'×2+②' より, $11y=33$, $y=3$
これを①'に代入して, $x+6\times3=13$, $x+18=13$,
$x=13-18=-5$

(6) $\begin{cases} 0.3x-0.2y=0.6 & \cdots\cdots① \\ x+\dfrac{1}{2}(y-1)=\dfrac{3}{2} & \cdots\cdots② \end{cases}$
①の両辺に 10 をかけると,
$3x-2y=6\cdots\cdots①'$
②×2 より, $2x+(y-1)=3$, $2x+y-1=3$,
$2x+y=4\cdots\cdots②'$
①'+②'×2 より, $7x=14$, $x=2$
これを②'に代入して, $2\times2+y=4$, $4+y=4$,
$y=4-4=0$

5 (1) $x=2$, $y=-1$ (2) $x=-1$, $y=-\dfrac{1}{2}$

解説 ▼

(1) $\begin{cases} 3x+y=5 & \cdots\cdots① \\ 2x-y=5 & \cdots\cdots② \end{cases}$ とする。
①+②より, $5x=10$, $x=2$

これを①に代入して，$3\times2+y=5$, $6+y=5$,
$y=5-6=-1$

(2) $\begin{cases} 2x+y=3x-y & \cdots\cdots① \\ x-5y-4=3x-y & \cdots\cdots② \end{cases}$ とする。

①より，$-x+2y=0\cdots\cdots①'$
②より，$-2x-4y=4$, $-x-2y=2\cdots\cdots②'$
①'$-$②'より，$4y=-2$, $y=-\dfrac{2}{4}=-\dfrac{1}{2}$

これを①'に代入して，$-x+2\times\left(-\dfrac{1}{2}\right)=0$,
$-x-1=0$, $-x=1$, $x=-1$

6 (1) $a=-1$, $b=1$　　(2) $a=2$, $b=6$

解説▼

(1) $\begin{cases} ax+by=1 \\ bx-2ay=8 \end{cases}$ に $x=2$, $y=3$ を代入すると，

$\begin{cases} 2a+3b=1 & \cdots\cdots① \\ 2b-6a=8 & \cdots\cdots② \end{cases}$

①×3+②より，$11b=11$, $b=1$
これを①に代入すると，$2a+3\times1=1$, $2a+3=1$,
$2a=1-3$, $2a=-2$, $a=-1$

(2) $\begin{cases} 3x+y=-2 & \cdots\cdots① \\ x-y=-10 & \cdots\cdots② \end{cases}$ とおく。

①+②より，$4x=-12$, $x=-3$
これを①に代入すると，$3\times(-3)+y=-2$,
$-9+y=-2$, $y=-2+9=7$

$\begin{cases} ax+by=36 \\ bx+ay=-4 \end{cases}$ に $x=-3$, $y=7$ を代入すると，

$\begin{cases} -3a+7b=36 & \cdots\cdots③ \\ -3b+7a=-4 & \cdots\cdots④ \end{cases}$

③×7+④×3 より，$40b=240$, $b=6$
これを④に代入すると，$-3\times6+7a=-4$,
$-18+7a=-4$, $7a=-4+18$, $7a=14$, $a=2$

7 $x=33$, $y=12$

解説▼

最初の状態から，姉が弟に3本の鉛筆を渡すと，姉の鉛筆の本数は，弟の鉛筆の本数の2倍になるから，
$x-3=2(y+3)$
最初の状態から，弟が姉に2本の鉛筆を渡すと，姉の鉛筆の本数は，弟の鉛筆の本数よりも25本多くなるから，
$x+2=(y-2)+25$
したがって，連立方程式は，
$\begin{cases} x-3=2(y+3) & \cdots\cdots① \\ x+2=(y-2)+25 & \cdots\cdots② \end{cases}$
①より，$x-2y=9\cdots\cdots①'$
②より，$x-y=21\cdots\cdots②'$
①'$-$②'より，$-y=-12$, $y=12$
これを②'に代入すると，$x-12=21$, $x=21+12=33$

$x=33$, $y=12$ は，x が3以上の整数，y が2以上の整数だから，問題に合っている。

8 32人

解説▼

この中学校の男子生徒の人数を x 人，女子生徒の人数を y 人とすると，この中学校の生徒数の関係より，$x+y=180$
自転車で通学している男子生徒，女子生徒の人数の関係より，$0.16x=0.2y$
したがって，連立方程式は，
$\begin{cases} x+y=180 & \cdots\cdots① \\ 0.16x=0.2y & \cdots\cdots② \end{cases}$

②×100 より，$16x=20y$, $x=\dfrac{5}{4}y\cdots\cdots②'$

②'を①に代入すると，$\dfrac{5}{4}y+y=180$, $5y+4y=720$,
$9y=720$, $y=80$

これを②'に代入すると，$x=\dfrac{5}{4}\times80=100$

このとき，自転車で通学している男子生徒は $100\times0.16=16$（人），自転車で通学している女子生徒は $80\times0.2=16$（人）で，$x=100$, $y=80$ は問題に合っている。
よって，自転車で通学している生徒の人数は，
$16+16=32$（人）

9 古新聞…540kg，古雑誌…610kg

解説▼

3か月前の古新聞の回収量を $x$kg，古雑誌の回収量を $y$kg とすると，3か月前の古新聞と古雑誌の回収量の関係より，$x+y=1150$
今月の古新聞と古雑誌の回収量の関係より，
$1.3x+0.8y=1190$
したがって，連立方程式は，
$\begin{cases} x+y=1150 & \cdots\cdots① \\ 1.3x+0.8y=1190 & \cdots\cdots② \end{cases}$
②×10 より，$13x+8y=11900\cdots\cdots②'$
①×8$-$②'より，$-5x=-2700$, $x=540$
これを①に代入すると，$540+y=1150$,
$y=1150-540=610$
3か月前の古新聞の回収量540kg，古雑誌の回収量610kg は問題に合っている。

10 自宅からバス停までと，バス停から駅までの道のりの関係より，$x+y=3600$
自宅からバス停までと，バス停から駅までのかかった時間の関係より，$\dfrac{x}{80}+5+\dfrac{y}{480}=20$
したがって，連立方程式は，

$$\begin{cases} x+y=3600 & \cdots\cdots① \\ \dfrac{x}{80}+5+\dfrac{y}{480}=20 & \cdots\cdots② \end{cases}$$

②より, $\dfrac{x}{80}+\dfrac{y}{480}=15$

両辺に 80, 480 の最小公倍数 480 をかけると,
$6x+y=7200\cdots\cdots②'$
①−②' より, $-5x=-3600$, $x=720$
これを①に代入すると, $720+y=3600$,
$y=3600-720=2880$
$x=720$, $y=2880$ は問題に合っている。

答 自宅からバス停までの道のり…720m, バス停から駅までの道のり…2880m

STEP03 実戦問題　本冊058ページ

1 (1) $x=3$, $y=-1$　(2) $x=-5$, $y=3$
(3) $x=-2$, $y=3$　(4) $x=-1$, $y=1$
(5) $x=7$, $y=-2$　(6) $x=-3$, $y=2$
(7) $x=-1$, $y=4$　(8) $x=9$, $y=4$
(9) $x=4$, $y=5$　(10) $x=8$, $y=3$

解説▼

(1) $\begin{cases} 5x+y=14 & \cdots\cdots① \\ x-4y=7 & \cdots\cdots② \end{cases}$
①×4+② より, $21x=63$, $x=3$
これを①に代入すると, $5\times3+y=14$,
$15+y=14$, $y=14-15=-1$

(2) $\begin{cases} 2x+3y=-1 & \cdots\cdots① \\ 7x+6y=-17 & \cdots\cdots② \end{cases}$
①×2−② より, $-3x=15$, $x=-5$
これを①に代入すると, $2\times(-5)+3y=-1$,
$-10+3y=-1$, $3y=-1+10$, $3y=9$, $y=3$

(3) $\begin{cases} 4x+3y=1 & \cdots\cdots① \\ 3x-2y=-12 & \cdots\cdots② \end{cases}$
①×2+②×3 より, $17x=-34$, $x=-2$
これを①に代入すると, $4\times(-2)+3y=1$,
$-8+3y=1$, $3y=1+8$, $3y=9$, $y=3$

(4) $\begin{cases} 3x+7y=4 & \cdots\cdots① \\ 5x+4y=-1 & \cdots\cdots② \end{cases}$
①×5−②×3 より, $23y=23$, $y=1$
これを①に代入すると, $3x+7\times1=4$,
$3x+7=4$, $3x=4-7$, $3x=-3$, $x=-1$

(5) $\begin{cases} x-2y=11 & \cdots\cdots① \\ y-2x=-16 & \cdots\cdots② \end{cases}$
②より, $y=2x-16\cdots\cdots②'$
②'を①に代入すると,
$x-2(2x-16)=11$, $x-4x+32=11$, $-3x=-21$,
$x=7$
これを②'に代入すると, $y=2\times7-16=-2$

(6) $\begin{cases} 17x+19y=-13 & \cdots\cdots① \\ 19x+17y=-23 & \cdots\cdots② \end{cases}$
①×19−②×17 より, $72y=144$, $y=2$
これを①に代入すると, $17x+19\times2=-13$,
$17x+38=-13$, $17x=-51$, $x=-3$

(7) $\begin{cases} -x+y=5 & \cdots\cdots① \\ x=-2y+7 & \cdots\cdots② \end{cases}$
②を①に代入すると,
$-(-2y+7)+y=5$, $2y-7+y=5$, $3y=12$, $y=4$
これを②に代入すると, $x=-2\times4+7=-1$

(8) $\begin{cases} 2x-5y=-2 & \cdots\cdots① \\ y=x-5 & \cdots\cdots② \end{cases}$
②を①に代入すると,
$2x-5(x-5)=-2$, $2x-5x+25=-2$, $-3x=-27$,
$x=9$
これを②に代入すると, $y=9-5=4$

(9) $\begin{cases} 7x-6y=-2 & \cdots\cdots① \\ 2y=3x-2 & \cdots\cdots② \end{cases}$
②を①に代入すると,
$7x-3(3x-2)=-2$, $7x-9x+6=-2$, $-2x=-8$,
$x=4$
これを②に代入すると, $2y=3\times4-2$, $2y=10$, $y=5$

(10) $\begin{cases} x=y+5 & \cdots\cdots① \\ x=3y-1 & \cdots\cdots② \end{cases}$
②を①に代入すると, $3y-1=y+5$, $2y=6$, $y=3$
これを①に代入すると, $x=3+5=8$

2 (1) $x=5$, $y=2$　(2) $x=-4$, $y=3$
(3) $x=-5$, $y=5$　(4) $x=6$, $y=-8$
(5) $x=6$, $y=3$　(6) $x=3$, $y=-1$

解説▼

(1) $\begin{cases} 3(x+y)-(x-9)=25 & \cdots\cdots① \\ 2x-y=8 & \cdots\cdots② \end{cases}$
①より, $3x+3y-x+9=25$, $2x+3y=16\cdots\cdots①'$
①'−② より, $4y=8$, $y=2$
これを②に代入すると, $2x-2=8$, $2x=10$, $x=5$

(2) $\begin{cases} 5(x-y)+6y=-17 & \cdots\cdots① \\ 8x-5(x+y)=-27 & \cdots\cdots② \end{cases}$
①より, $5x-5y+6y=-17$, $5x+y=-17\cdots\cdots①'$
②より, $8x-5x-5y=-27$, $3x-5y=-27\cdots\cdots②'$
①'×5+②' より, $28x=-112$, $x=-4$
これを①'に代入すると, $5\times(-4)+y=-17$,
$-20+y=-17$, $y=-17+20=3$

(3) $\begin{cases} \left(x+\dfrac{1}{3}\right)+2\left(y+\dfrac{1}{3}\right)=6 & \cdots\cdots① \\ 4\left(x+\dfrac{1}{3}\right)+5\left(y+\dfrac{1}{3}\right)=8 & \cdots\cdots② \end{cases}$
①より, $x+2y+\dfrac{1}{3}+\dfrac{2}{3}=6$, $x+2y=5\cdots\cdots①'$

②より, $4x+5y+\dfrac{4}{3}+\dfrac{5}{3}=8$, $4x+5y=5$……②′
①′×4−②′より, $3y=15$, $y=5$
これを①′に代入すると, $x+2\times5=5$, $x+10=5$,
$x=5-10=-5$

(4) $\begin{cases} 2(x-y)+5(x+y)=18 & \text{……①} \\ 4(x-y)-(x+y)=58 & \text{……②} \end{cases}$
①より, $2x-2y+5x+5y=18$, $7x+3y=18$……①′
②より, $4x-4y-x-y=58$, $3x-5y=58$……②′
①′×5+②′×3より, $44x=264$, $x=6$
これを①′に代入すると, $7\times6+3y=18$, $42+3y=18$,
$3y=-24$, $y=-8$

(5) $\begin{cases} (x+4):(y+1)=5:2 & \text{……①} \\ 3(x-y)+8=2x+5 & \text{……②} \end{cases}$
①より, $(x+4)\times2=(y+1)\times5$, $2x+8=5y+5$,
$2x-5y=-3$……①′
②より, $3x-3y+8=2x+5$, $x-3y=-3$……②′
①′−②′×2より, $y=3$
これを②′に代入すると, $x-3\times3=-3$
$x=-3+9=6$

(6) $\begin{cases} 3x+2y=7 & \text{……①} \\ (x+y+2):(x-2y+4)=4:9 & \text{……②} \end{cases}$
②より, $(x+y+2)\times9=(x-2y+4)\times4$
$9x+9y+18=4x-8y+16$, $5x+17y=-2$……②′
①×5−②′×3より, $-41y=41$, $y=-1$
これを①に代入すると, $3x+2\times(-1)=7$, $3x-2=7$,
$3x=9$, $x=3$

3 (1) $x=3$, $y=2$ (2) $x=-2$, $y=1$
(3) $x=2$, $y=-2$ (4) $x=8$, $y=-7$
(5) $x=\dfrac{1}{3}$, $y=-\dfrac{1}{2}$ (6) $x=1$, $y=\dfrac{1}{2}$
(7) $x=-\dfrac{1}{3}$, $y=\dfrac{2}{3}$ (8) $x=-5$, $y=4$

解説▼

(1) $\begin{cases} \dfrac{x}{2}-\dfrac{y}{4}=1 & \text{……①} \\ \dfrac{x}{3}+\dfrac{y}{2}=2 & \text{……②} \end{cases}$
①の両辺に2, 4の最小公倍数4をかけると,
$2x-y=4$……①′
②の両辺に3, 2の最小公倍数6をかけると,
$2x+3y=12$……②′
①′−②′より, $-4y=-8$, $y=2$
これを②′に代入すると, $2x+3\times2=12$, $2x+6=12$,
$2x=6$, $x=3$

(2) $\begin{cases} 1.2x-0.8y=-3.2 & \text{……①} \\ \dfrac{x-1}{3}=\dfrac{-3+y}{2} & \text{……②} \end{cases}$

①の両辺に10をかけると,
$12x-8y=-32$……①′
②の両辺に3, 2の最小公倍数6をかけると,
$2(x-1)=3(-3+y)$, $2x-2=-9+3y$,
$2x-3y=-7$……②′
①′−②′×6より, $10y=10$, $y=1$
これを②′に代入すると, $2x-3\times1=-7$, $2x-3=-7$,
$2x=-4$, $x=-2$

(3) $\begin{cases} 1.25x+0.75y=1 & \text{……①} \\ 2.1x-1.4y=7 & \text{……②} \end{cases}$
①の両辺を0.25でわると,
$5x+3y=4$……①′
②の両辺を0.7でわると,
$3x-2y=10$……②′
①′×2+②′×3より, $19x=38$, $x=2$
これを①′に代入すると, $5\times2+3y=4$, $10+3y=4$,
$3y=-6$, $y=-2$

(4) $\begin{cases} 0.3x+0.2y=1 & \text{……①} \\ \dfrac{x}{36}-\dfrac{y}{9}=1 & \text{……②} \end{cases}$
①の両辺に10をかけると,
$3x+2y=10$……①′
②の両辺に36, 9の最小公倍数36をかけると,
$x-4y=36$……②′
①′×2+②′より, $7x=56$, $x=8$
これを①′に代入すると, $3\times8+2y=10$, $24+2y=10$,
$2y=-14$, $y=-7$

(5) $\begin{cases} \dfrac{2}{x}-\dfrac{3}{y}=12 & \text{……①} \\ \dfrac{5}{x}+\dfrac{2}{y}=11 & \text{……②} \end{cases}$
$\dfrac{1}{x}=X$, $\dfrac{1}{y}=Y$とおくと,
①より, $2X-3Y=12$……①′
②より, $5X+2Y=11$……②′
①′×2+②′×3より, $19X=57$, $X=3$
$X=3$より, $\dfrac{1}{x}=3$, $x=\dfrac{1}{3}$
$X=3$を②′に代入すると, $5\times3+2Y=11$, $15+2Y=11$,
$2Y=-4$, $Y=-2$
$Y=-2$より, $\dfrac{1}{y}=-2$, $y=-\dfrac{1}{2}$

(6) $\begin{cases} \dfrac{1}{2x-3y}+\dfrac{2}{x+2y}=3 & \text{……①} \\ \dfrac{3}{2x-3y}-\dfrac{2}{x+2y}=5 & \text{……②} \end{cases}$
$\dfrac{1}{2x-3y}=X$, $\dfrac{1}{x+2y}=Y$とおくと,
①より, $X+2Y=3$……①′
②より, $3X-2Y=5$……②′

①′+②′より，$4X=8$, $X=2$

よって，$\dfrac{1}{2x-3y}=2$ ……③

$X=2$ を①′に代入すると，$2+2Y=3$, $2Y=1$, $Y=\dfrac{1}{2}$

よって，$\dfrac{1}{x+2y}=\dfrac{1}{2}$ ……④

③より，$2x-3y=\dfrac{1}{2}$ ……③′

④より，$x+2y=2$ ……④′

③′−④′×2 より，$-7y=-\dfrac{7}{2}$, $y=\dfrac{1}{2}$

これを④′に代入すると，$x+2\times\dfrac{1}{2}=2$, $x+1=2$,

$x=1$

(7) $\begin{cases} 5x+4y=1 \cdots\cdots① \\ 7x+5y=1 \cdots\cdots② \end{cases}$ とする。

①×5−②×4 より，$-3x=1$, $x=-\dfrac{1}{3}$

これを①に代入すると，$5\times\left(-\dfrac{1}{3}\right)+4y=1$,

$-\dfrac{5}{3}+4y=1$, $4y=1+\dfrac{5}{3}$, $4y=\dfrac{8}{3}$, $y=\dfrac{2}{3}$

(8) $\begin{cases} x-y+1=-2y \cdots\cdots① \\ 3x+7=-2y \quad\cdots\cdots② \end{cases}$ とする。

①より，$x+y=-1$ ……①′

②より，$3x+2y=-7$ ……②′

①′×2−②′より，$-x=5$, $x=-5$

これを①′に代入すると，$-5+y=-1$

$y=-1+5=4$

4 (1) $x=2\sqrt{2}$, $y=-1-\sqrt{2}$

(2) $x=\dfrac{5}{2}$, $y=-\dfrac{5}{8}$

(3) $x=\dfrac{3}{4}$, $y=-1$　　(4) $x=\dfrac{1}{3}$, $y=0$

(5) $x=-4$, $y=-2$　　(6) $x=-1$, $y=2$

解説 ▼

(1) $\begin{cases} (\sqrt{2}+3)x+6y=-2 \cdots\cdots① \\ (3\sqrt{2}-2)x-4y=16 \cdots\cdots② \end{cases}$

①×2+②×3 より，

$\{(2\sqrt{2}+6)+(9\sqrt{2}-6)\}x=44$, $11\sqrt{2}\,x=44$,

$x=\dfrac{44}{11\sqrt{2}}=\dfrac{4}{\sqrt{2}}=\dfrac{4\times\sqrt{2}}{\sqrt{2}\times\sqrt{2}}=\dfrac{4\sqrt{2}}{2}=2\sqrt{2}$

これを①に代入すると，

$(\sqrt{2}+3)\times 2\sqrt{2}+6y=-2$, $4+6\sqrt{2}+6y=-2$,

$6y=-6-6\sqrt{2}$, $y=-1-\sqrt{2}$

(2) $\begin{cases} 0.3(x-1)+0.4y=\dfrac{1}{5} \cdots\cdots① \\ \dfrac{x}{4}-\dfrac{y}{3}=\dfrac{5}{6} \qquad\cdots\cdots② \end{cases}$

①の両辺に 10 をかけると，

$3(x-1)+4y=2$, $3x-3+4y=2$, $3x+4y=5$ ……①′

②の両辺に 4，3，6 の最小公倍数 12 をかけると，

$3x-4y=10$ ……②′

①′+②′より，$6x=15$, $x=\dfrac{15}{6}=\dfrac{5}{2}$

これを①′に代入すると，$3\times\dfrac{5}{2}+4y=5$, $\dfrac{15}{2}+4y=5$,

$4y=5-\dfrac{15}{2}$, $4y=-\dfrac{5}{2}$, $y=-\dfrac{5}{8}$

(3) $\begin{cases} x+0.5y=0.25 \cdots\cdots① \\ \dfrac{1}{5}(x-3y)=\dfrac{3}{4} \cdots\cdots② \end{cases}$

①の両辺を 0.25 でわると，

$4x+2y=1$ ……①′

②の両辺に 5，4 の最小公倍数 20 をかけると，

$4(x-3y)=15$, $4x-12y=15$ ……②′

①′−②′より，$14y=-14$, $y=-1$

これを①′に代入すると，$4x+2\times(-1)=1$, $4x-2=1$,

$4x=3$, $x=\dfrac{3}{4}$

(4) $\begin{cases} \dfrac{1}{4}(x+1)-\dfrac{y-2}{3}=1 \cdots\cdots① \\ 0.3(x+3)-0.1y=1 \cdots\cdots② \end{cases}$

①の両辺に 4，3 の最小公倍数 12 をかけると，

$3(x+1)-4(y-2)=12$, $3x+3-4y+8=12$,

$3x-4y=1$ ……①′

②の両辺に 10 をかけると，

$3(x+3)-y=10$, $3x+9-y=10$, $3x-y=1$ ……②′

①′−②′より，$-3y=0$, $y=0$

これを①′に代入すると，$3x-4\times 0=1$, $3x=1$, $x=\dfrac{1}{3}$

(5) $\begin{cases} \dfrac{2x-y}{3}=\dfrac{y}{2}-1 \qquad\cdots\cdots① \\ (x+1):(y-2)=3:4 \cdots\cdots② \end{cases}$

①の両辺に 3，2 の最小公倍数 6 をかけると，

$2(2x-y)=3y-6$, $4x-2y=3y-6$,

$4x-5y=-6$ ……①′

②より，$(x+1)\times 4=(y-2)\times 3$,

$4x+4=3y-6$, $4x-3y=-10$ ……②′

①′−②′より，$-2y=4$, $y=-2$

これを①′に代入すると，$4x-5\times(-2)=-6$,

$4x+10=-6$, $4x=-16$, $x=-4$

(6) $\begin{cases} \dfrac{x-y}{3}+\dfrac{2}{5}(y-2)=0.2(1-3y) \cdots\cdots① \\ (3-2x):y=5:2 \qquad\cdots\cdots② \end{cases}$

①の両辺に3，5の最小公倍数15をかけると，
$5(x-y)+6(y-2)=3(1-3y)$,
$5x-5y+6y-12=3-9y$, $5x+10y=15$……①′
②より，$(3-2x)\times 2=y\times 5$, $6-4x=5y$,
$-4x-5y=-6$……②′
①′+②′×2より，$-3x=3$, $x=-1$
これを①′に代入すると，$5\times(-1)+10y=15$,
$-5+10y=15$, $10y=20$, $y=2$

5 (1) $(x=)\dfrac{1}{12}$, $(y=)\dfrac{1}{6}$, $(z=)\dfrac{1}{4}$

(2) $x=1, y=18, z=102$ または $x=2, y=9, z=51$

解説▼

(1) $\begin{cases} (3-x):(y+1)=5:2 & ……① \\ 3y+2z=1 & ……② \\ 5x+2y+z=1 & ……③ \end{cases}$

①より，$(3-x)\times 2=(y+1)\times 5$,
$6-2x=5y+5$, $-2x-5y=-1$……①′
②−③×2より，$-10x-y=-1$……④
①′×5−④より，$-24y=-4$, $y=\dfrac{4}{24}=\dfrac{1}{6}$

これを①′に代入すると，$-2x-5\times\dfrac{1}{6}=-1$,
$-2x-\dfrac{5}{6}=-1$, $-2x=-1+\dfrac{5}{6}$, $-2x=-\dfrac{1}{6}$, $x=\dfrac{1}{12}$

$y=\dfrac{1}{6}$を②に代入すると，$3\times\dfrac{1}{6}+2z=1$, $\dfrac{1}{2}+2z=1$,
$2z=\dfrac{1}{2}$, $z=\dfrac{1}{4}$

(2) $\begin{cases} 3x+6y-z=9 & ……① \\ 6x-5y+z=18 & ……② \end{cases}$

①+②より，$9x+y=27$, $y=27-9x=9(3-x)$
x, yは自然数だから，xは1，2のいずれかである。
$x=1$のとき$y=18$
これらを①に代入すると，$3\times 1+6\times 18-z=9$,
$3+108-z=9$, $z=102$（zは自然数だから適する。）
$x=2$のとき$y=9$
これらを①に代入すると，$3\times 2+6\times 9-z=9$,
$6+54-z=9$, $z=51$（zは自然数だから適する。）

6 (1) 1，7　　(2) $a=-3$

(3) $x=\dfrac{2}{5}$, $y=\dfrac{7}{5}$, $a=\dfrac{6}{7}$

(4) -6

(5) $a=2, b=0, x=1, y=7$

解説▼

(1) $\begin{cases} x+2y=15 & ……① \\ ax+y=14 & ……② \end{cases}$

①−②×2より，$(1-2a)x=-13$
$(2a-1)x=13$
13は素数で，xは自然数だから，$2a-1=1$または
$2a-1=13$となる。
$2a-1=1$より，$2a=2$, $a=1$（自然数である。）
$2a-1=13$より，$2a=14$, $a=7$（自然数である。）
$a=1$のとき，①，②より，$x=13$, $y=1$（ともに自然数となる。）
$a=7$のとき，①，②より，$x=1$, $y=7$（ともに自然数となる。）
したがって，$a=1, a=7$は問題に合っている。

(2) 連立方程式の解を$x=b, y=2b(b\neq 0)$とする。これらを連立方程式に代入すると，
$\begin{cases} 2b+2b=5a-13 & ……① \\ 3b-4b=-2a+1 & ……② \end{cases}$
①より，$-5a+4b=-13$……①′
②より，$2a-b=1$……②′
①′+②′×4より，$3a=-9$, $a=-3$
$a=-3$を②′に代入すると，$b=-7$となり，$b\neq 0$だから，$a=-3$は問題に合っている。

(3) 連立方程式の解を$x=2b, y=7b$とする。これらを連立方程式に代入すると，
$\begin{cases} 18b+14ab=6 & ……① \\ b-7ab=-1 & ……② \end{cases}$
①+②×2より，$20b=4$, $b=\dfrac{4}{20}=\dfrac{1}{5}$

これを②に代入すると，$\dfrac{1}{5}-7a\times\dfrac{1}{5}=-1$,
$\dfrac{1}{5}-\dfrac{7}{5}a=-1$, $1-7a=-5$, $-7a=-6$, $a=\dfrac{6}{7}$

$b=\dfrac{1}{5}$を$x=2b$に代入すると，$x=2\times\dfrac{1}{5}=\dfrac{2}{5}$
同様に$y=7b$に代入すると，$y=7\times\dfrac{1}{5}=\dfrac{7}{5}$

(4) $\begin{cases} 2x-y+1=0 & ……① \\ ax+3y-5=0 & ……② \end{cases}$
①×3+②より，$(6+a)x-2=0$, $(6+a)x=2$
ここで，$a=-6$とすると，（左辺）$=0$，（右辺）$=2$となり，この等式は成り立たない。したがって，$a=-6$のとき，この連立方程式は解をもたない。

(5) 2組の連立方程式の同じ解は，連立方程式
$\begin{cases} 2x-\dfrac{2}{7}y+2=x+1 & ……① \\ \dfrac{x+9y}{4}=16 & ……② \end{cases}$の解でもある。

①より，$x-\dfrac{2}{7}y=-1$, $7x-2y=-7$……①′
②より，$x+9y=64$……②′
①′−②′×7より，$-65y=-455$, $y=7$
これを②′に代入すると，$x+9\times 7=64$, $x=1$

$x=1, y=7$を連立方程式$\begin{cases} ax+by=x+1 \\ bx+ay+2=16 \end{cases}$に代入して，

$\begin{cases} a+7b=2 & \cdots\cdots③ \\ b+7a+2=16 & \cdots\cdots④ \end{cases}$ とする。

④より，$7a+b=14\cdots\cdots④'$
③×7－④'より，$48b=0$，$b=0$
これを③に代入すると，$a+7\times0=2$，$a=2$

7 K組…45人，E組…54人，I組…21人

解説▼

K組とE組の生徒人数比が5:6だからK組の生徒数を$5x$人，E組の生徒数を$6x$人とする。また，I組の生徒数をy人とすると，
3組の生徒数の関係より，$5x+6x+y=120$
3組の平均点の関係より，
$51\times5x+52\times6x+53\times y=51.8\times120$
したがって，連立方程式は，
$\begin{cases} 11x+y=120 & \cdots\cdots① \\ 567x+53y=6216 & \cdots\cdots② \end{cases}$
①×53－②より，$16x=144$，$x=9$
これを①に代入すると，$11\times9+y=120$，$y=21$
K組の生徒数は$5\times9=45$(人)，E組の生徒数は$6\times9=54$(人)，I組の生徒数は21人。これらは問題に合っている。

8 ほうれん草をxg，ごまをygとすると，
ほうれん草とごまの分量の関係より，$x+y=83$
ほうれん草とごまのカロリーの関係より，
$\dfrac{54}{270}x+\dfrac{60}{10}y=63$
したがって，連立方程式は，
$\begin{cases} x+y=83 & \cdots\cdots① \\ \dfrac{54}{270}x+\dfrac{60}{10}y=63 & \cdots\cdots② \end{cases}$

②より，$\dfrac{1}{5}x+6y=63$，$x+30y=315\cdots\cdots②'$
①－②'より，$-29y=-232$，$y=8$
これを①に代入すると，$x+8=83$，$x=83-8=75$
ほうれん草75g，ごま8gは問題に合っている。
答 ほうれん草…75g，ごま…8g

9 Aをx個，Bをy個仕入れたとすると，
1日目について，売れた総数の関係より，
$0.75x+0.3y=(x+y)\times\dfrac{1}{2}+9$

2日目について，売れた総数の関係より，
$(1-0.75)x+(1-0.3)y\times\dfrac{1}{2}=273$

したがって，連立方程式は，
$\begin{cases} 0.75x+0.3y=(x+y)\times\dfrac{1}{2}+9 & \cdots\cdots① \\ (1-0.75)x+(1-0.3)y\times\dfrac{1}{2}=273 & \cdots\cdots② \end{cases}$

①より，$0.75x+0.3y=0.5(x+y)+9$
$75x+30y=50(x+y)+900$,
$75x+30y=50x+50y+900$,
$25x-20y=900$, $5x-4y=180\cdots\cdots①'$
②より，$0.25x+0.5\times0.7y=273$
$0.25x+0.35y=273$, $25x+35y=27300$
$5x+7y=5460\cdots\cdots②'$
①'－②'より，$-11y=-5280$，$y=480$
これを①'に代入すると，$5x-4\times480=180$，
$5x-1920=180$, $5x=2100$, $x=420$
仕入れたA，Bの総数は$420+480=900$(個)で，
その半分は450個で正の整数となる。
また，1日目のA，Bの売れた総数はそれぞれ
$420\times0.75=315$(個)，$480\times0.3=144$(個)で，
ともに正の整数となる。
したがって，A 420個，B 480個は問題に合っている。
答 A…420個，B…480個

10 (1) $a+5b$ g (2) $a=\dfrac{37}{4}$，$b=\dfrac{23}{20}$

解説▼

(1) はじめに，Bの容器に含まれる食塩の重さは，
$500\times\dfrac{b}{100}=5b$(g)
Aの容器から取り出した100gの食塩水に含まれる食塩の重さは，$100\times\dfrac{a}{100}=a$(g)
したがって，これをBの容器に入れたとき，含まれる食塩の重さは，$a+5b$(g)

(2) はじめに，Aの容器に含まれる食塩の重さは，
$900\times\dfrac{a}{100}=9a$(g)
Aの容器から100gの食塩水を取り出した後の，Aの容器に含まれる食塩の重さは$9a-a=8a$(g)
Bの容器から取り出した100gの食塩水に含まれる食塩の重さは，$(a+5b)\times\dfrac{100}{600}=\dfrac{a+5b}{6}$(g)
これをAの容器に入れたとき，含まれる食塩の重さは，$8a+\dfrac{a+5b}{6}=\dfrac{49a+5b}{6}$(g)
Aの濃度は8.50%だから，
食塩の重さの関係は，$900\times\dfrac{8.50}{100}=\dfrac{49a+5b}{6}$
Bの容器500gの食塩水に含まれる食塩の重さは，
$a+5b-\dfrac{a+5b}{6}=\dfrac{5a+25b}{6}$(g)
Bの濃度は2.50%だから，
食塩の重さの関係は，$500\times\dfrac{2.50}{100}=\dfrac{5a+25b}{6}$

したがって，連立方程式は，
$$\begin{cases} \dfrac{49a+5b}{6}=76.5 \cdots\cdots ① \\ \dfrac{5a+25b}{6}=12.5 \cdots\cdots ② \end{cases}$$
①より，$49a+5b=459\cdots\cdots①'$
②より，$5a+25b=75$，$a+5b=15\cdots\cdots②'$
$①'-②'$より，$48a=444$，$a=\dfrac{37}{4}$
これを$②'$に代入すると，$\dfrac{37}{4}+5b=15$，$5b=15-\dfrac{37}{4}$，
$5b=\dfrac{23}{4}$，$b=\dfrac{23}{20}$
$a=\dfrac{37}{4}$，$b=\dfrac{23}{20}$は問題に合っている。

11 673

解説 ▼

N の百の位の数を a，十の位の数を b，一の位の数を c とする。
N を100でわった余りは百の位の数を12倍した数に1加えた数に等しいから，
$10b+c=12a+1$
N の一の位の数を十の位に，N の十の位の数を百の位に，N の百の位の数を一の位にそれぞれおきかえてできる数はもとの整数 N より63大きいから，
$100b+10c+a=100a+10b+c+63$
したがって，連立方程式は，
$$\begin{cases} 10b+c=12a+1 & \cdots\cdots① \\ 100b+10c+a=100a+10b+c+63 & \cdots\cdots② \end{cases}$$
①より，$-12a+10b+c=1\cdots\cdots①'$
②より，$-99a+90b+9c=63$，$-11a+10b+c=7\cdots\cdots②'$
$①'-②'$より，$-a=-6$，$a=6$
これを$①'$に代入すると，$-12×6+10b+c=1$
$10b+c=73$
b，c は1けたの整数を表すから，これをみたす b，c は，$b=7$，$c=3$
よって，$N=100×6+10×7+3=673$
$N=673$ は問題に合っている。

12 (1) 225　　(2) 135
　　 (3) 15

解説 ▼

(1) ①より，2人が反対方向に回るとき，8分間で2人が進んだ道のりの和が1.8kmだから，
　　$8a+8b=1800$
　　よって，$a+b=225$

(2) ②より，2人が同じ方向に回るとき，40分間で2人が進んだ道のりの差が1.8kmだから，
$40b-40a=1800$
よって，$b-a=45$
したがって，連立方程式は，
$$\begin{cases} a+b=225 & \cdots\cdots①' \\ -a+b=45 & \cdots\cdots②' \end{cases}$$
$①'+②'$より，$2b=270$
よって，$b=135$
これを$①'$に代入すると，
$a+135=225$，$a=225-135=90$
a，b は正の数で，$a<b$ をみたすから，$a=90$，$b=135$ は問題に合っている。

(3) A君が出発してから x 分後にB君が出発するとすると，B君がA君に追いつくまでに2人が進んだ道のりの関係より，方程式は，$90(x+10)=135×10$
これを解くと，$90x+900=1350$，$90x=450$，$x=5$
よって，A君が移動していた時間は，$5+10=15$（分）
15分はA君がP地点にもどる時間 $1800÷90=20$（分）より短いから，問題に合っている。

13 貨物列車の長さ…245m，速さ…毎秒21m

解説 ▼

貨物列車の長さを x m，速さを毎秒 y m とする。
長さ280mの鉄橋を渡り始めてから渡り終えるまで25秒かかるから，$280+x=25y$
速さが毎秒18mで長さが145mの特急列車と，出会ってからすれ違い終わるまでに10秒かかるから，
$145+x=10y+18×10$
したがって，連立方程式は，
$$\begin{cases} 280+x=25y & \cdots\cdots① \\ 145+x=10y+18×10 & \cdots\cdots② \end{cases}$$
①より，$x-25y=-280\cdots\cdots①'$
②より，$x-10y=35\cdots\cdots②'$
$①'-②'$より，$-15y=-315$，$y=21$
これを$①'$に代入すると，$x-25×21=-280$，
$x-525=-280$，$x=-280+525=245$
貨物列車の長さが245m，速さが毎秒21mは問題に合っている。

3　2次方程式

STEP01 要点まとめ

本冊062ページ

1 01　-9　　02　9
　　 03　9　　　04　9

2 05　25　　 06　25

	07	25	08	$\pm\dfrac{5}{2}$
3	09	X^2	10	2
	11	2	12	$3\sqrt{2}$
4	13	-7	14	2
	15	-7	16	2
	17	$\dfrac{7\pm\sqrt{33}}{4}$		
5	18	4	19	2
	20	-24	21	$7x$
	22	-24	23	6
	24	6		
6	25	-4	26	-6
	27	10	28	10
	29	24		
7	30	x	31	3
	32	21	33	12
	34	3	35	3
	36	3	37	3

STEP02 基本問題 本冊064ページ

1 (1) $x=2, x=3$ (2) $x=0, x=-7$
(3) $x=4, x=-6$ (4) $x=4$
(5) $x=-5, x=-7$ (6) $x=-4, x=5$
(7) $x=2, x=-8$ (8) $x=-5, x=7$
(9) $x=-6, x=9$ (10) $x=-2, x=12$

解説▼

(1) $(x-2)(x-3)=0$
$x-2=0$ または $x-3=0$ より，$x=2, x=3$
(2) $x^2+7x=0$，$x(x+7)=0$，$x=0, x=-7$
(3) $x^2+2x-24=0$
積が -24，和が 2 となる2数は -4 と 6 だから，
$(x-4)(x+6)=0$，$x=4, x=-6$
(4) $x^2-8x+16=0$
積が 16，和が -8 となる2数は -4 と -4 だから，
$(x-4)^2=0$，$x=4$
(5) $x^2+12x+35=0$
積が 35，和が 12 となる2数は 5 と 7 だから，
$(x+5)(x+7)=0$，$x=-5, x=-7$
(6) $x^2-x-20=0$
積が -20，和が -1 となる2数は 4 と -5 だから，
$(x+4)(x-5)=0$，$x=-4, x=5$
(7) $x^2+6x-16=0$
積が -16，和が 6 となる2数は -2 と 8 だから，
$(x-2)(x+8)=0$，$x=2, x=-8$
(8) $x^2-2x-35=0$
積が -35，和が -2 となる2数は 5 と -7 だから，
$(x+5)(x-7)=0$，$x=-5, x=7$
(9) $x^2-3x-54=0$
積が -54，和が -3 となる2数は 6 と -9 だから，
$(x+6)(x-9)=0$，$x=-6, x=9$
(10) $x^2-10x-24=0$
積が -24，和が -10 となる2数は 2 と -12 だから，
$(x+2)(x-12)=0$，$x=-2, x=12$

2 (1) $x=-2, x=5$ (2) $x=1, x=-4$
(3) $x=-3, x=-6$ (4) $x=2, x=-3$
(5) $x=-2, x=3$ (6) $x=2, x=-5$
(7) $x=3, x=5$ (8) $x=1, x=5$
(9) $x=-2, x=3$ (10) $x=-2, x=2$

解説▼

(1) $x^2-5=3x+5$，$x^2-3x-10=0$
$(x+2)(x-5)=0$，$x=-2, x=5$
(2) $(x+2)(x-2)=-3x$，$x^2-4=-3x$，
$x^2+3x-4=0$，$(x-1)(x+4)=0$，$x=1, x=-4$
(3) $(x+2)^2=-5x-14$，$x^2+4x+4=-5x-14$
$x^2+9x+18=0$，$(x+3)(x+6)=0$，$x=-3, x=-6$
(4) $(x-3)(x+4)=-6$，$x^2+x-12=-6$，$x^2+x-6=0$
$(x-2)(x+3)=0$，$x=2, x=-3$
(5) $(x+1)(x-1)=x+5$，$x^2-1=x+5$，$x^2-x-6=0$
$(x+2)(x-3)=0$，$x=-2, x=3$
(6) $x(x+6)=3x+10$，$x^2+6x=3x+10$，$x^2+3x-10=0$
$(x-2)(x+5)=0$，$x=2, x=-5$
(7) $2(x-3)=(3-x)^2$，$2x-6=9-6x+x^2$
$-x^2+8x-15=0$，$x^2-8x+15=0$
$(x-3)(x-5)=0$，$x=3, x=5$
(8) $(x-1)(x+2)=7(x-1)$，$x^2+x-2=7x-7$
$x^2-6x+5=0$，$(x-1)(x-5)=0$，$x=1, x=5$
(9) $(x+3)(x-2)-2x=0$，$x^2+x-6-2x=0$
$x^2-x-6=0$，$(x+2)(x-3)=0$，$x=-2, x=3$
(10) $(x+2)(x+1)=3(x+2)$，$(x+2)(x+1)-3(x+2)=0$
$(x+2)\{(x+1)-3\}=0, (x+2)(x-2)=0, x=-2, x=2$

3 (1) $x=\pm 13$ (2) $x=\pm 4\sqrt{2}$
(3) $x=\pm 4$ (4) $x=\pm\sqrt{10}$
(5) $x=1\pm\sqrt{2}$ (6) $x=-6\pm 3\sqrt{2}$
(7) $x=-4\pm\sqrt{5}$ (8) $x=15, x=1$

解説▼

(1) $x^2=169$，$x=\pm\sqrt{169}=\pm 13$
(2) $x^2=32$，$x=\pm\sqrt{32}=\pm 4\sqrt{2}$
(3) $3x^2-48=0$，$3x^2=48$，$x^2=16$，$x=\pm\sqrt{16}=\pm 4$
(4) $5x^2-50=0$，$5x^2=50$，$x^2=10$，$x=\pm\sqrt{10}$
(5) $(x-1)^2-2=0$，$(x-1)^2=2$，$x-1=\pm\sqrt{2}$，$x=1\pm\sqrt{2}$
(6) $(x+6)^2=18$，$x+6=\pm\sqrt{18}$，$x+6=\pm 3\sqrt{2}$，
$x=-6\pm 3\sqrt{2}$

(7) $(x+4)^2-5=0$, $(x+4)^2=5$, $x+4=\pm\sqrt{5}$, $x=-4\pm\sqrt{5}$
(8) $(x-8)^2-49=0$, $(x-8)^2=49$, $x-8=\pm\sqrt{49}$,
$x-8=\pm 7$, $x=8\pm 7$, $x=15$, $x=1$

4 (1) $x=\dfrac{-1\pm\sqrt{13}}{2}$ (2) $x=\dfrac{-5\pm\sqrt{17}}{4}$

(3) $x=1$, $x=\dfrac{2}{3}$ (4) $x=\dfrac{-3\pm\sqrt{17}}{2}$

(5) $x=-2\pm\sqrt{10}$ (6) $x=4\pm\sqrt{5}$

(7) $x=\dfrac{\sqrt{10}\pm 3\sqrt{2}}{2}$ (8) $x=\dfrac{2\pm\sqrt{19}}{3}$

解説▼

(1) $x^2+x-3=0$
解の公式より, $x=\dfrac{-1\pm\sqrt{1^2-4\times 1\times(-3)}}{2\times 1}=\dfrac{-1\pm\sqrt{13}}{2}$

(2) $2x^2+5x+1=0$
解の公式より, $x=\dfrac{-5\pm\sqrt{5^2-4\times 2\times 1}}{2\times 2}=\dfrac{-5\pm\sqrt{17}}{4}$

(3) $3x^2-5x+2=0$
解の公式より, $x=\dfrac{-(-5)\pm\sqrt{(-5)^2-4\times 3\times 2}}{2\times 3}$
$=\dfrac{5\pm\sqrt{1}}{6}=\dfrac{5\pm 1}{6}$
$x=\dfrac{5+1}{6}=\dfrac{6}{6}=1$, $x=\dfrac{5-1}{6}=\dfrac{4}{6}=\dfrac{2}{3}$

(4) $x^2+3x-2=0$
解の公式より, $x=\dfrac{-3\pm\sqrt{3^2-4\times 1\times(-2)}}{2\times 1}=\dfrac{-3\pm\sqrt{17}}{2}$

(5) $x^2+4x-6=0$
解の公式より,
$x=\dfrac{-4\pm\sqrt{4^2-4\times 1\times(-6)}}{2\times 1}=\dfrac{-4\pm\sqrt{40}}{2}=\dfrac{-4\pm 2\sqrt{10}}{2}$
$=-2\pm\sqrt{10}$

確認

2次方程式 $ax^2+2bx+c=0$ （a, b, c は定数で, $a\neq 0$)
の解は, $x=\dfrac{-b\pm\sqrt{b^2-ac}}{a}$ で求められる。

(6) $x^2-8x+11=0$
解の公式より,
$x=\dfrac{-(-8)\pm\sqrt{(-8)^2-4\times 1\times 11}}{2\times 1}=\dfrac{8\pm\sqrt{20}}{2}$
$=\dfrac{8\pm 2\sqrt{5}}{2}=4\pm\sqrt{5}$

(7) $x^2-\sqrt{10}x-2=0$
解の公式より,
$x=\dfrac{-(-\sqrt{10})\pm\sqrt{(-\sqrt{10})^2-4\times 1\times(-2)}}{2\times 1}$

$=\dfrac{\sqrt{10}\pm\sqrt{10+8}}{2}=\dfrac{\sqrt{10}\pm\sqrt{18}}{2}=\dfrac{\sqrt{10}\pm 3\sqrt{2}}{2}$

(8) $3x^2-4x=5$, $3x^2-4x-5=0$
解の公式より,
$x=\dfrac{-(-4)\pm\sqrt{(-4)^2-4\times 3\times(-5)}}{2\times 3}=\dfrac{4\pm\sqrt{76}}{6}$
$=\dfrac{4\pm 2\sqrt{19}}{6}=\dfrac{2\pm\sqrt{19}}{3}$

5 (1) $x^2-ax-12=0$ ……①
①に $x=2$ を代入して,
$2^2-a\times 2-12=0$, $4-2a-12=0$,
$-2a=8$, $a=-4$
①に $a=-4$ を代入して, $x^2+4x-12=0$,
$(x-2)(x+6)=0$, $x=2$, -6
答 $a=-4$, もう1つの解は, $x=-6$

(2) $a=2$

解説▼

(2) $2x^2-(2a-3)x-a^2-6=0$ ……①
①に $x=-2$ を代入して,
$2\times(-2)^2-(2a-3)\times(-2)-a^2-6=0$
$8+4a-6-a^2-6=0$, $-a^2+4a-4=0$,
$a^2-4a+4=0$, $(a-2)^2=0$, $a=2$

6 (1) $x=1$ (2) 5, 6, 7
(3) $x=5$ (4) $(3, 6)$

解説▼

(1) ある自然数を x とすると, 方程式は,
$2(x+4)=(x+4)^2-15$
これを解くと, $2x+8=x^2+8x+16-15$
$-x^2-6x+7=0$, $x^2+6x-7=0$
$(x-1)(x+7)=0$, $x=1$, $x=-7$
x は自然数だから, $x=1$ のみ問題に合っている。

(2) 連続する3つの自然数のまん中の数を x とすると, 3つの自然数は, $x-1$, x, $x+1$ と表される。方程式は,
$(x-1)(x+1)=2x+23$
これを解くと, $x^2-1=2x+23$
$x^2-2x-24=0$, $(x+4)(x-6)=0$, $x=-4$, $x=6$
x は自然数だから, $x=6$ のみ問題に合っている。
したがって, 求める3つの自然数は, 5, 6, 7

(3) 長方形の面積についての方程式は,
$x(x+3)=2x^2-10$
これを解くと, $x^2+3x=2x^2-10$
$-x^2+3x+10=0$, $x^2-3x-10=0$
$(x+2)(x-5)=0$, $x=-2$, $x=5$
x は正方形の1辺の長さだから, $x=5$ のみ問題に合っている。

(4) 点Pの x 座標を t とすると, 点Pは関数 $y=x+3$ のグラフ上にあるから, その座標は $(t, t+3)$ と表される。

△POQ は PO=PQ の二等辺三角形だから，点 Q の座標は $(2t, 0)$ と表される。方程式は，

$$\frac{1}{2} \times 2t \times (t+3) = 18$$

これを解くと，$t^2+3t=18$, $t^2+3t-18=0$
$(t-3)(t+6)=0$, $t=3$, $t=-6$
$t>0$ だから，$t=3$ のみ問題に合っている。
したがって，点 P の座標は $(t, t+3)$ より，$(3, 6)$

STEP03 実戦問題　　本冊066ページ

1 (1) $x=-1$, $x=4$　　(2) $x=5$, $x=-8$
(3) $x=\pm\sqrt{15}$　　(4) $x=-3$
(5) $x=2\pm\sqrt{2}$　　(6) $x=\dfrac{9\pm\sqrt{57}}{2}$
(7) $x=-2$, $x=6$　　(8) $x=\dfrac{19\pm\sqrt{29}}{2}$
(9) $x=\dfrac{-1\pm\sqrt{3}}{2}$　　(10) $x=\pm 2$

解説 ▼

(1) $x(x-3)=4$, $x^2-3x=4$, $x^2-3x-4=0$
$(x+1)(x-4)=0$, $x=-1$, $x=4$
(2) $x(x+3)-40=0$, $x^2+3x-40=0$, $(x-5)(x+8)=0$,
$x=5$, $x=-8$
(3) $(x+4)(x-4)=-1$, $x^2-16=-1$, $x^2=15$,
$x=\pm\sqrt{15}$
(4) $x^2+27=6(3-x)$, $x^2+27=18-6x$, $x^2+6x+9=0$,
$(x+3)^2=0$, $x=-3$
(5) $2x^2+6=(x+2)^2$, $2x^2+6=x^2+4x+4$, $x^2-4x+2=0$
解の公式より，
$x=\dfrac{-(-4)\pm\sqrt{(-4)^2-4\times 1\times 2}}{2\times 1}=\dfrac{4\pm\sqrt{8}}{2}=\dfrac{4\pm 2\sqrt{2}}{2}$
$=2\pm\sqrt{2}$
(6) $(x-6)(x-1)=2x$, $x^2-7x+6=2x$, $x^2-9x+6=0$
解の公式より，
$x=\dfrac{-(-9)\pm\sqrt{(-9)^2-4\times 1\times 6}}{2\times 1}=\dfrac{9\pm\sqrt{57}}{2}$
(7) $x(x-1)=3(x+4)$, $x^2-x=3x+12$, $x^2-4x-12=0$
$(x+2)(x-6)=0$, $x=-2$, $x=6$
(8) $(x-6)^2-7(x-8)-9=0$
$x^2-12x+36-7x+56-9=0$
$x^2-19x+83=0$
解の公式より，
$x=\dfrac{-(-19)\pm\sqrt{(-19)^2-4\times 1\times 83}}{2\times 1}=\dfrac{19\pm\sqrt{29}}{2}$
(9) $x(x-1)+(x+1)(x+2)=3$, $x^2-x+x^2+3x+2=3$
$2x^2+2x-1=0$
解の公式より，

$x=\dfrac{-2\pm\sqrt{2^2-4\times 2\times(-1)}}{2\times 2}=\dfrac{-2\pm\sqrt{12}}{4}=\dfrac{-2\pm 2\sqrt{3}}{4}$
$=\dfrac{-1\pm\sqrt{3}}{2}$

(10) $(x-1)^2+(x-2)^2=(x-3)^2$
$x^2-2x+1+x^2-4x+4=x^2-6x+9$
$x^2=4$, $x=\pm 2$

2 (1) $x=\dfrac{2\pm\sqrt{13}}{3}$　　(2) $x=\dfrac{3\pm\sqrt{3}}{3}$
(3) $x=\dfrac{5\pm\sqrt{13}}{6}$　　(4) $x=\dfrac{3\pm\sqrt{15}}{6}$
(5) $x=-1$, $x=-2$　　(6) $x=-2$, $x=10$
(7) $x=\dfrac{-5\pm\sqrt{5}}{2}$
(8) $x=\sqrt{2}+3$, $x=\sqrt{2}-8$
(9) $x=-1$, $x=12$　　(10) $x=\dfrac{5}{2}$, $x=2$

解説 ▼

(1) $x^2-\dfrac{4}{3}x-1=0$
両辺に 3 をかけると，$3x^2-4x-3=0$
解の公式より，
$x=\dfrac{-(-4)\pm\sqrt{(-4)^2-4\times 3\times(-3)}}{2\times 3}=\dfrac{4\pm\sqrt{52}}{6}$
$=\dfrac{4\pm 2\sqrt{13}}{6}=\dfrac{2\pm\sqrt{13}}{3}$

(2) $\dfrac{x(x-2)}{4}=-\dfrac{1}{6}$
両辺に 4, 6 の最小公倍数 12 をかけると，
$3x(x-2)=-2$, $3x^2-6x=-2$, $3x^2-6x+2=0$
解の公式より，
$x=\dfrac{-(-6)\pm\sqrt{(-6)^2-4\times 3\times 2}}{2\times 3}=\dfrac{6\pm\sqrt{12}}{6}$
$=\dfrac{6\pm 2\sqrt{3}}{6}=\dfrac{3\pm\sqrt{3}}{3}$

(3) $\left(x-\dfrac{1}{2}\right)^2-\dfrac{1}{4}x(x+1)=0$, $x^2-x+\dfrac{1}{4}-\dfrac{1}{4}x^2-\dfrac{1}{4}x=0$
両辺に 4 をかけると，$4x^2-4x+1-x^2-x=0$,
$3x^2-5x+1=0$
解の公式より，
$x=\dfrac{-(-5)\pm\sqrt{(-5)^2-4\times 3\times 1}}{2\times 3}=\dfrac{5\pm\sqrt{13}}{6}$

(4) $0.4x^2-\dfrac{2}{5}x-\dfrac{1}{15}=0$
両辺に 5, 15 の最小公倍数 15 をかけると，
$6x^2-6x-1=0$
解の公式より，

$$x=\frac{-(-6)\pm\sqrt{(-6)^2-4\times 6\times(-1)}}{2\times 6}=\frac{6\pm\sqrt{60}}{12}$$
$$=\frac{6\pm 2\sqrt{15}}{12}=\frac{3\pm\sqrt{15}}{6}$$

(5) $(x-2)^2+7(x-2)+12=0$
$x-2=X$ とおくと，$X^2+7X+12=0$，
$(X+3)(X+4)=0$
X を $x-2$ にもどすと，
$\{(x-2)+3\}\{(x-2)+4\}=0$，$(x+1)(x+2)=0$
$x=-1$，$x=-2$

(6) $(x-3)^2-2(x-3)-35=0$
$x-3=X$ とおくと，$X^2-2X-35=0$，
$(X+5)(X-7)=0$
X を $x-3$ にもどすと，
$\{(x-3)+5\}\{(x-3)-7\}=0$，$(x+2)(x-10)=0$
$x=-2$，$x=10$

(7) $(x+4)^2-3(x+4)+2=1$，$(x+4)^2-3(x+4)+1=0$
$x+4=X$ とおくと，$X^2-3X+1=0$
解の公式より，
$$X=\frac{-(-3)\pm\sqrt{(-3)^2-4\times 1\times 1}}{2\times 1}=\frac{3\pm\sqrt{5}}{2}$$
X を $x+4$ にもどすと，
$x+4=\frac{3\pm\sqrt{5}}{2}$，$x=-4+\frac{3\pm\sqrt{5}}{2}=\frac{-5\pm\sqrt{5}}{2}$

(8) $(x-\sqrt{2})^2+5(x-\sqrt{2})-24=0$
$x-\sqrt{2}=X$ とおくと，$X^2+5X-24=0$，
$(X-3)(X+8)=0$
X を $x-\sqrt{2}$ にもどすと，
$\{(x-\sqrt{2})-3\}\{(x-\sqrt{2})+8\}=0$
$(x-\sqrt{2}-3)(x-\sqrt{2}+8)=0$
$x=\sqrt{2}+3$，$x=\sqrt{2}-8$

(9) $\frac{(x+2)(x+1)}{4}+1=\frac{(x-2)(x+2)}{3}-\frac{x-11}{6}$

両辺に，4，3，6の最小公倍数12をかけると，
$3(x+2)(x+1)+12=4(x-2)(x+2)-2(x-11)$
$3(x^2+3x+2)+12=4(x^2-4)-2x+22$
$3x^2+9x+6+12=4x^2-16-2x+22$
$-x^2+11x+12=0$，$x^2-11x-12=0$，
$(x+1)(x-12)=0$
$x=-1$，$x=12$

(10) $(x-3)^2+4(x-5)(x+5)=3(x-5)(x+6)-11$
$x^2-6x+9+4(x^2-25)=3(x^2+x-30)-11$
$x^2-6x+9+4x^2-100=3x^2+3x-90-11$
$2x^2-9x+10=0$
解の公式より，
$$x=\frac{-(-9)\pm\sqrt{(-9)^2-4\times 2\times 10}}{2\times 2}=\frac{9\pm\sqrt{1}}{4}=\frac{9\pm 1}{4}$$
$x=\frac{9+1}{4}=\frac{10}{4}=\frac{5}{2}$，$x=\frac{9-1}{4}=\frac{8}{4}=2$

3 (1) $x^2+6x+2=0$ より，$x^2+6x=-2$
この両辺に，xの係数6の半分である3の2乗9を加えると，$x^2+6x+9=-2+9$
左辺を平方完成すると，$(x+3)^2=7$
よって，$x+3=\pm\sqrt{7}$ となり，$x=-3\pm\sqrt{7}$
答 $x=-3\pm\sqrt{7}$

(2) $x=4$

解説 ▼

(2) $1:(x+2)=(x+2):(5x+16)$
$1\times(5x+16)=(x+2)\times(x+2)$，$5x+16=(x+2)^2$
$5x+16=x^2+4x+4$，$-x^2+x+12=0$，
$x^2-x-12=0$
$(x+3)(x-4)=0$，$x=-3$，$x=4$
$x>0$ だから，$x=4$ のみ問題に合っている。

4 (1) $x=2\sqrt{5}$，$y=\sqrt{5}$
(2) $a=3$，$b=4$，または $a=4$，$b=3$
(3) $x=-10+4\sqrt{6}$，$y=-10-4\sqrt{6}$
(4) $x=\frac{2}{5}$，$y=\frac{13}{5}$，または $x=-\frac{10}{3}$，$y=-3$

解説 ▼

(1) $\begin{cases} x-y=\sqrt{5} \cdots\cdots① \\ x^2-y^2=15 \cdots\cdots② \end{cases}$
②より，$(x+y)(x-y)=15$
これに①を代入すると，$\sqrt{5}(x+y)=15$，
$x+y=3\sqrt{5}$ ……②'
①+②'より，$2x=\sqrt{5}+3\sqrt{5}$，$2x=4\sqrt{5}$，$x=2\sqrt{5}$
これを②'に代入すると，$2\sqrt{5}+y=3\sqrt{5}$，$y=\sqrt{5}$

(2) $\begin{cases} a^2+b^2=3(a+b)+4 \cdots\cdots① \\ a+b=7 \cdots\cdots② \end{cases}$
②より，$b=-a+7$ ……②'
②'を①に代入すると，
$a^2+(-a+7)^2=3\{a+(-a+7)\}+4$
$a^2+a^2-14a+49=21+4$
$2a^2-14a+24=0$，$a^2-7a+12=0$
$(a-3)(a-4)=0$，$a=3$，$a=4$
$a=3$ のとき，②'より，$b=-3+7=4$
$a=4$ のとき，②'より，$b=-4+7=3$

(3) $\begin{cases} \frac{1}{x}+\frac{1}{y}=-5 \cdots\cdots① \\ xy=4 \cdots\cdots② \end{cases}$

①の左辺を通分すると，$\frac{x+y}{xy}=-5$

これに②を代入すると，$\frac{x+y}{4}=-5$，
$x+y=-20$，$y=-x-20$ ……③
③を②に代入すると，
$x(-x-20)=4$，$-x^2-20x=4$，$x^2+20x=-4$

この両辺に，xの係数20の半分である10の2乗100を加えると，$x^2+20x+100=-4+100$
左辺を平方完成すると，$(x+10)^2=96$
よって，$x+10=\pm\sqrt{96}$，$x+10=\pm 4\sqrt{6}$ となり，
$x=-10\pm 4\sqrt{6}$
$x=-10+4\sqrt{6}$ のとき，
③より，
$y=-(-10+4\sqrt{6})-20=10-4\sqrt{6}-20=-10-4\sqrt{6}$
$x=-10-4\sqrt{6}$ のとき，
③より，
$y=-(-10-4\sqrt{6})-20=10+4\sqrt{6}-20=-10+4\sqrt{6}$
$x>y$ より，$x=-10+4\sqrt{6}$，$y=-10-4\sqrt{6}$ のときのみ問題に合っている。

(4) $\begin{cases}(3x-2y)^2+8(3x-2y)+16=0 & \cdots\cdots① \\ 5xy+15x-2y-6=0 & \cdots\cdots②\end{cases}$
①より，$\{(3x-2y)+4\}^2=0$，$(3x-2y+4)^2=0$
よって，$3x-2y+4=0$ $\cdots\cdots①'$
②より，$5x(y+3)-2(y+3)=0$
$(5x-2)(y+3)=0$
よって，$x=\dfrac{2}{5}$ または $y=-3$

$x=\dfrac{2}{5}$ を①'に代入すると，$3\times\dfrac{2}{5}-2y+4=0$
$\dfrac{6}{5}-2y+4=0$，$-2y=-\dfrac{26}{5}$，$y=\dfrac{13}{5}$
$y=-3$ を①'に代入すると，$3x-2\times(-3)+4=0$
$3x=-10$，$x=-\dfrac{10}{3}$

ミス注意

$x=-\dfrac{10}{3}$ のとき必ず $y=-3$ となり，$x=\dfrac{2}{5}$ のとき必ず $y=\dfrac{13}{5}$ となる。たとえば，$x=-\dfrac{10}{3}$ のとき $y=\dfrac{13}{5}$ や，$x=\dfrac{2}{5}$ のとき $y=-3$ などとはならない。

5 (1) -9 (2) $xy=\dfrac{3}{2}$

(3) $a=2$，$a=-4$ (4) $x=\dfrac{3\pm\sqrt{21}}{2}$

(5) ア…3，イ…-1 (6) $a=16$，$b=-32$

解説▼

(1) $x^2-3x-3=0$ を解の公式で解くと，
$x=\dfrac{-(-3)\pm\sqrt{(-3)^2-4\times 1\times(-3)}}{2\times 1}=\dfrac{3\pm\sqrt{21}}{2}$
よって，$a+b=\dfrac{3+\sqrt{21}}{2}+\dfrac{3-\sqrt{21}}{2}=3$

$ab=\dfrac{3+\sqrt{21}}{2}\times\dfrac{3-\sqrt{21}}{2}=\dfrac{9-21}{4}=-3$
これより，$a^2b+ab^2=ab(a+b)=-3\times 3=-9$

参考

2次方程式 $ax^2+bx+c=0$（a，b，c は定数で，$a\neq 0$）
$\cdots\cdots$①が2つの解 p，q をもつとき，この2次方程式は $a(x-p)(x-q)=0$ と表される。左辺を展開すると，$a(x-p)(x-q)=ax^2-a(p+q)x+apq$
すなわち，$ax^2-a(p+q)x+apq=0$ $\cdots\cdots$②
①，②は同じ2次方程式だから，
$b=-a(p+q)$，$c=apq$，すなわち，$p+q=-\dfrac{b}{a}$，$pq=\dfrac{c}{a}$
と表される。

(2) $\begin{cases}x^2+2xy+y^2=10 & \cdots\cdots① \\ x-y=2 & \cdots\cdots②\end{cases}$
②の両辺を2乗すると，$(x-y)^2=2^2$，
$x^2-2xy+y^2=4$ $\cdots\cdots②'$
①－②'より，$4xy=6$，$xy=\dfrac{6}{4}=\dfrac{3}{2}$

(3) $<x>=2x+6$ より，$<a^2>=2a^2+6$
$<-2a>=2\times(-2a)+6=-4a+6$
$<5>=2\times 5+6=16$
よって，
$<a^2>-<-2a>-<5>$
$=(2a^2+6)-(-4a+6)-16$
$=2a^2+6+4a-6-16$
$=2a^2+4a-16$
すなわち，$2a^2+4a-16=0$
よって，$a^2+2a-8=0$，$(a-2)(a+4)=0$
$a=2$，$a=-4$
$a=2$，$a=-4$ は問題に合っている。

(4) $\begin{vmatrix}x & x \\ 1 & 3x\end{vmatrix}=x\times x-1\times 3x=x^2-3x$

よって，$\begin{vmatrix}x & x \\ 1 & 3x\end{vmatrix}=3$ より，$x^2-3x=3$

$x^2-3x-3=0$
解の公式より，
$x=\dfrac{-(-3)\pm\sqrt{(-3)^2-4\times 1\times(-3)}}{2\times 1}=\dfrac{3\pm\sqrt{21}}{2}$

(5) ①より，$(x+3)(x-5)=0$，$x=-3$，$x=5$
$x=-3$ を②に代入すると，$(-3)^2+4\times(-3)+a=0$
$9-12+a=0$，$a=3$
$x=5$ を②に代入すると，$5^2+4\times 5+a=0$
$25+20+a=0$，$a=-45$
a は正の定数だから，$a=3$ のみ問題に合っている。
$a=3$ を②に代入すると，$x^2+4x+3=0$
$(x+1)(x+3)=0$，$x=-1$，$x=-3$

よって，②のもう1つの解は $x=-1$

(6) $c-d=\dfrac{7}{2}$ より，$c=\dfrac{7}{2}+d$ ……①

①より $d<c$ であり，この2次方程式の2つの解 c，d は異符号だから，$c>0$，$d<0$ である。c と d の絶対値の比は $11:3$ だから，$c=11k$，$d=-3k(k>0)$ とおく。

これらを①に代入すると，$11k=\dfrac{7}{2}-3k$

これを解くと，$14k=\dfrac{7}{2}$，$k=\dfrac{1}{4}$

したがって，$c=11\times\dfrac{1}{4}=\dfrac{11}{4}$，$d=-3\times\dfrac{1}{4}=-\dfrac{3}{4}$

この2次方程式の2つの解が c，d だから，$ax^2+bx-33=0$ に $x=\dfrac{11}{4}$，$x=-\dfrac{3}{4}$ を代入すると，

$\begin{cases}\dfrac{121}{16}a+\dfrac{11}{4}b-33=0 \cdots\cdots② \\ \dfrac{9}{16}a-\dfrac{3}{4}b-33=0 \quad\cdots\cdots③\end{cases}$

②より，$11a+4b=48$ ……②′
③より，$3a-4b=176$ ……③′
②′+③′ より，$14a=224$，$a=16$
これを②′に代入すると，$11\times16+4b=48$，
$176+4b=48$，$4b=-128$，$b=-32$

6 (1) 30800 円　　(2) $240+4x$ 個
　　(3) 90 円

解説 ▼

(1) 1個 120 円から 110 円に 10 円値下げして売るとき，1日あたり $240+10\times4=280$(個)売れるから，1日で売れる金額の合計は，$110\times280=30800$(円)

(2) 1個 120 円から x 円値下げして，1個 $(120-x)$ 円で売るとき，1日あたり $240+4\times x=240+4x$(個)売れる。

(3) (2)より，1個 $(120-x)$ 円で売るとき，1日あたり $240+4x$(個)売れるから，1日で売れる金額の合計は，
$(120-x)\times(240+4x)$
$=28800+480x-240x-4x^2$
$=-4x^2+240x+28800$(円)
よって，1日で売れる金額の合計についての方程式は，
$-4x^2+240x+28800=120\times240+3600$
$-4x^2+240x+28800=28800+3600$
$-4x^2+240x-3600=0$，$x^2-60x+900=0$
$(x-30)^2=0$，$x=30$
したがって，1個の値段は $120-30=90$(円)で，これは問題に合っている。

7 この長方形を，直線 AB を軸として1回転させてできる立体は円柱で，円柱の表面積についての方程式は，
$\pi x^2\times2+2\times2\pi x=96\pi$
両辺を 2π でわると，$x^2+2x=48$，$x^2+2x-48=0$
$(x-6)(x+8)=0$，$x=6$，$x=-8$
$x>0$ より，$x=6$ のみ問題に合っている。
したがって，$AD=6cm$
答 6cm

8 運賃が 200 円のときの1か月ののべ乗客数を a 人とすると，このときの総売り上げ額は，$200\times a=200a$(円)である。運賃を $x\%$ 値上げしたとき，1か月ののべ乗客数は $\dfrac{2}{3}x\%$ 減少するから，総売り上げ額は，$200\left(1+\dfrac{x}{100}\right)\times a\left(1-\dfrac{2}{3}\times\dfrac{x}{100}\right)$(円)

この1か月の総売り上げ額は 4% 増えたことから，
$200a\times\left(1+\dfrac{4}{100}\right)$(円)

したがって，総売り上げ額についての方程式は，
$200\left(1+\dfrac{x}{100}\right)\times a\left(1-\dfrac{x}{150}\right)=200a\times\left(1+\dfrac{4}{100}\right)$

両辺を $200a$ でわると，
$\left(1+\dfrac{x}{100}\right)\left(1-\dfrac{x}{150}\right)=1+\dfrac{4}{100}$

$\left(1+\dfrac{x}{100}\right)\left(1-\dfrac{x}{150}\right)=\dfrac{104}{100}$

両辺に 100×150 をかけると，
$(100+x)(150-x)=15600$
$15000-100x+150x-x^2=15600$
$-x^2+50x-600=0$，$x^2-50x+600=0$
$(x-20)(x-30)=0$，$x=20$，$x=30$
$x>0$ より，$x=20$，$x=30$ は問題に合っている。
答 $x=20$，$x=30$

9 (1) $10-\dfrac{1}{10}x$ g

(2) 2回目の操作で $2x$ g 取り出した後の，残った食塩水の食塩の重さは，
$(100-x)\times\dfrac{10}{100}\times\dfrac{100-2x}{100}$(g)

これが濃度 4.8% の食塩水 100g 中の食塩の重さに等しいから，方程式は，
$(100-x)\times\dfrac{10}{100}\times\dfrac{100-2x}{100}=100\times\dfrac{4.8}{100}$

$(100-x)\times\dfrac{1}{10}\times\dfrac{50-x}{50}=4.8$

両辺に 500 をかけると，$(100-x)(50-x)=2400$
$5000-100x-50x+x^2=2400$
$x^2-150x+2600=0$
$(x-20)(x-130)=0$，$x=20$，$x=130$

$0<x<50$ だから，$x=20$ のみ問題に合っている。
答 $x=20$

解説▼

(1) 1回目の操作で xg 取り出した後の，残った食塩水の食塩の重さは，$(100-x)\times\dfrac{10}{100}=10-\dfrac{1}{10}x$(g)

ミス注意

(2)で，$x=130$ も答えにふくめないようにする。

10 (1) ア…35　　(2) イ…4，ウ…80
(3) エ…200，オ…10

解説▼

(1) 大輔君は 2800m の距離を分速 80m で歩いているから，駅から学校まで歩くのにかかる時間は
$2800\div80=35$(分)。したがって，学校に到着するのは，駅を出発してから 35 分後である。

(2) 先生は花屋から駅まで，分速 xm の自転車で 4 分間走るから，駅から花屋までの距離は，$x\times4=4x$(m)
また，大輔君は駅から花屋まで，分速 80m で y 分間歩くから，駅から花屋までの距離は，$80\times y=80y$(m)

(3) (2)より，$4x=80y$
先生が自転車で走ったときの距離についての方程式は，
$xy+4x=2800$
したがって，連立方程式は，
$\begin{cases} 4x=80y & \cdots\cdots① \\ xy+4x=2800 & \cdots\cdots② \end{cases}$
①より，$x=20y\cdots\cdots①'$
①'を②に代入すると，$20y\times y+4\times20y=2800$
$y^2+4y=140$, $y^2+4y-140=0$, $(y-10)(y+14)=0$
$y=10$, $y=-14$
$y>0$ だから，$y=10$ のみ問題に合っている。
$y=10$ を①'に代入すると，$x=20\times10=200$

関数編

1 比例・反比例

STEP01 要点まとめ　本冊070ページ

1
- 01　6
- 02　2
- 03　3
- 04　$3x$

2
- 05　-2
- 06　4
- 07　$-2, 4$
- 08　4
- 09　0
- 10　$4, 0$
- 11　0
- 12　-3
- 13　$0, -3$

3
- 14　3
- 15　$2, 3$
- 16　**右上の図**

4
- 17　-4
- 18　3
- 19　-12
- 20　$-\dfrac{12}{x}$

5
- 21　-1
- 22　-2
- 23　-4
- 24　4
- 25　2
- 26　1
- 27　**右下の図**

6
- 28　$\dfrac{7}{3}$
- 29　$\dfrac{7}{3}x$
- 30　$\dfrac{7}{3}$
- 31　1400

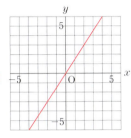

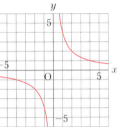

STEP02 基本問題　本冊072ページ

1
- (1) $y=60x$
- (2) 360m
- (3) 12分30秒後
- (4) $0 \leqq x \leqq 25$

解説▼

(3) 中間地点は家から750mの地点だから，$y=60x$ に $y=750$ を代入して，$750=60x$，$x=12.5$，
12.5分 = 12分30秒

(4) 家から公園まで行くのにかかる時間は，$1500=60x$，
$x=25$ より，25分。

2　④

解説▼

①$y=100-x$，②$y=\pi x^2$，③$y=4x$，④$y=\dfrac{12}{x}$ と表せる。

3
- (1) $y=4$
- (2) $y=-4$

解説▼

(1) y は x に比例するから，比例定数を a とすると，
$y=ax$ とおける。
$x=2$ のとき $y=-8$ だから，$-8=2a$，$a=-4$
$y=-4x$ に $x=-1$ を代入して，$y=-4\times(-1)=4$

(2) y は x に反比例するから，比例定数を a とすると，
$y=\dfrac{a}{x}$ とおける。
$x=-3$ のとき $y=8$ だから，$8=\dfrac{a}{-3}$，$a=-24$
$y=-\dfrac{24}{x}$ に $x=6$ を代入して，$y=-\dfrac{24}{6}=-4$

4
(1)

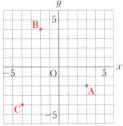

(2) x 軸について対称な点…$(3, 2)$
y 軸について対称な点…$(-3, -2)$
原点について対称な点…$(-3, 2)$

(3) 26

解説▼

(2)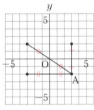
点 A(a, b) と，
x 軸について対称な点の座標は，$(a, -b)$
y 軸について対称な点の座標は，$(-a, b)$
原点について対称な点の座標は，$(-a, -b)$

(3) 右の図の長方形 PCQR の面積から直角三角形 PCB，ACQ，BAR の面積をひく。
$8\times7-\dfrac{1}{2}\times2\times8-\dfrac{1}{2}\times7\times2$
$-\dfrac{1}{2}\times5\times6$
$=56-8-7-15=26$

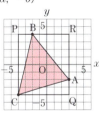

5

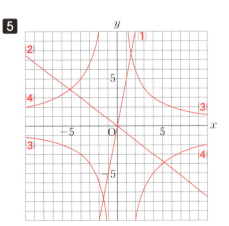

047

解説▼

(1) $x=1$ のとき $y=5\times 1=5$
よって，グラフは原点と点(1, 5)を通る直線をかく。

(2) $x=4$ のとき $y=-\dfrac{3}{4}\times 4=-3$
よって，グラフは原点と点(4, -3)を通る直線をかく。

(3) 対応する x, y の値は下の表のようになる。

x	…	-12	-6	-4	-3	-2	-1
y	…	-1	-2	-3	-4	-6	-12

0	1	2	3	4	6	12	…
×	12	6	4	3	2	1	…

(4)

x	…	-20	-10	-5	-4	-2	-1
y	…	1	2	4	5	10	20

0	1	2	4	5	10	20	…
×	-20	-10	-5	-4	-2	-1	…

6 (1) $y=\dfrac{1}{3}x$ (2) $y=-\dfrac{8}{x}$

解説▼

(1) グラフは点(3, 1)を通るから，$y=ax$ に $x=3$, $y=1$ を代入して，$1=3a$, $a=\dfrac{1}{3}$

(2) グラフは点(2, -4)を通るから，$y=\dfrac{a}{x}$ に $x=2$, $y=-4$ を代入して，$-4=\dfrac{a}{2}$, $a=-8$

別解 ⊕

(1)は，点(6, 2)，(-3, -1)，(-6, -2)の座標を，
(2)は，点(4, -2)，(-2, 4)，(-4, 2)の座標を代入して，a の値を求めてもよい。

7 (1) 450個 (2) 18人

解説▼

(1) ねじ x 個の重さを yg とすると，y は x に比例するから，$y=ax$ とおける。ねじ15個の重さが70gだから，
$70=15a$, $a=\dfrac{14}{3}$ よって，式は，$y=\dfrac{14}{3}x$
したがって，2.1kgのねじの個数は，
$2100=\dfrac{14}{3}x$, $x=2100\times\dfrac{3}{14}=450$

別解 ⊕

2.1kgは70gの何倍かを求めると，
$2100\div 70=30$(倍)
よって，ねじの個数も30倍になると考えられるから，$15\times 30=450$(個)

(2) 12人ですると9時間かかる仕事の量を，$12\times 9=108$ とする。
この仕事を x 人ですると y 時間かかるとすると，
$x\times y=108$ と考えられるから，$xy=108$
この式に $y=6$ を代入して，$6x=108$, $x=18$

8 $-\dfrac{3}{2}$

解説▼

反比例のグラフの式を $y=\dfrac{a}{x}$ とおくと，点A(2, 3)は $y=\dfrac{a}{x}$ のグラフ上の点だから，$3=\dfrac{a}{2}$, $a=6$
これより，点Bは $y=\dfrac{6}{x}$ のグラフ上の点だから，y 座標は，
$y=\dfrac{6}{-4}=-\dfrac{3}{2}$

9 点Aの x 座標を t とすると，点Aは $y=\dfrac{9}{x}$ のグラフ上の点だから，A$\left(t, \dfrac{9}{t}\right)$
点Aと点Bは原点について対称な点だから，
B$\left(-t, -\dfrac{9}{t}\right)$
点Cの x 座標は点Aの x 座標と等しいから t，y 座標は点Bの y 座標と等しいから $-\dfrac{9}{t}$
よって，C$\left(t, -\dfrac{9}{t}\right)$
BC$=t-(-t)=2t$，AC$=\dfrac{9}{t}-\left(-\dfrac{9}{t}\right)=\dfrac{18}{t}$
三角形ABCの面積は，$\dfrac{1}{2}\times 2t\times\dfrac{18}{t}=18$
よって，三角形ABCの面積は一定の値18になる。

STEP03 実戦問題

本冊074ページ

1 (1) $-\dfrac{15}{2}$ (2) 8

解説▼

(1) $y=ax$ に $x=-3$, $y=2$ を代入して，
$2=-3a$, $a=-\dfrac{2}{3}$
$y=-\dfrac{2}{3}x$ に $y=5$ を代入して，$5=-\dfrac{2}{3}x$, $x=-\dfrac{15}{2}$

(2) $y=\dfrac{a}{x}$ に $x=2$, $y=24$ を代入して，$24=\dfrac{a}{2}$, $a=48$
$y=\dfrac{48}{x}$ に $x=6$ を代入して，$y=\dfrac{48}{6}=8$

2 (1) $a=-3$, $b=2$ (2) $a=24$, $b=-6$

解説▼

(1) $y=cx$ に $x=8$, $y=-4$ を代入して，
$-4=8c$, $c=-\dfrac{1}{2}$

$y=-\dfrac{1}{2}x$ は x の値が増加すると y の値は減少するから, $x=-4$ のとき y は最大値 2, $x=6$ のとき y は最小値 -3 となるから, y の変域は $-3≦y≦2$

(2) 関数 $y=\dfrac{a}{x}$ は, $x<0$ の範囲で $y<0$ だから, $a>0$
よって, $x<0$ の範囲で, $y=\dfrac{a}{x}$ のグラフは右の図のようになる。
$x=-8$ のとき $y=-3$ だから,
$-3=\dfrac{a}{-8}$, $a=24$
$y=\dfrac{24}{x}$ で, $x=-4$ のとき $y=b$ だから, $b=\dfrac{24}{-4}=-6$

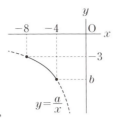

3 5

解説▼

右の図の長方形 PQCR の面積から 3 つの直角三角形 PAB, AQC, BCR の面積をひく。
$3×4-\dfrac{1}{2}×3×1-\dfrac{1}{2}×4×2$
$-\dfrac{1}{2}×1×3=12-\dfrac{3}{2}-4-\dfrac{3}{2}=5$

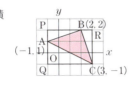

4

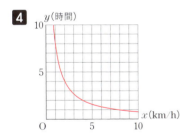

解説▼

1 時間 40 分 =100 分より, 道のりは, $80×100=8000(m)$
$8000m=8km$ だから, $xy=8$, $y=\dfrac{8}{x}$

5 (1) $y=-30$ (2) $z=-8$
   (3) $z=\dfrac{3}{2}$

解説▼

(1) y は $x-1$ に比例するから, $y=a(x-1)$ とおける。
$x=3$ のとき $y=12$ だから, $12=a(3-1)$, $a=6$
$y=6(x-1)$ に $x=-4$ を代入して,
$y=6(-4-1)=-30$

(2) y は x に反比例するから, $y=\dfrac{a}{x}$ とおける。
$x=2$ のとき $y=3$ だから, $3=\dfrac{a}{2}$, $a=6$
よって, $y=\dfrac{6}{x}$ ……①

また, z は y に比例するから, $z=by$ とおける。
$y=2$ のとき $z=8$ だから, $8=2b$, $b=4$
よって, $z=4y$ ……②
①に $x=-3$ を代入して, $y=\dfrac{6}{-3}=-2$
②に $y=-2$ を代入して, $z=4×(-2)=-8$

(3) $x=-8$ のとき, $-8:y=2:3$, $-24=2y$, $y=-12$
z は y に反比例するから, $z=\dfrac{a}{y}$ とおける。
$y=6$ のとき $z=-3$ だから, $-3=\dfrac{a}{6}$, $a=-18$
$z=-\dfrac{18}{y}$ に $y=-12$ を代入して, $z=-\dfrac{18}{-12}=\dfrac{3}{2}$

6 水を x 時間入れたときの水面の高さを $y\,cm$ とすると, $y=ax$ とおける。
水を 4 時間 30 分入れたときの水面の高さが 60cm だから, $60=4.5a$, $a=\dfrac{40}{3}$
よって, 式は, $y=\dfrac{40}{3}x$
したがって, 水を 6 時間入れたときの水面の高さは, $y=\dfrac{40}{3}×6=80$ より, 80cm

7 (1) $y=\dfrac{30}{x}$ (2) 4 時間

解説▼

(1) 2 時間 =120 分だから, 抜いた池の水の量は,
$30×120=3600(L)$
y 時間 =60y 分だから, $x×60y=\dfrac{3600}{2}$, $y=\dfrac{30}{x}$

(2) $x=10$ のとき, もとの水の量の半分を入れるのにかかる時間は, $y=\dfrac{30}{10}=3$(時間)
残りの半分の水は, 1 分間に $10×3=30(L)$ ずつ入れるから, かかる時間は, $y=\dfrac{30}{30}=1$(時間)
よって, かかる時間は全部で, $3+1=4$(時間)

8 (1) $a=18$, $p=-2$ (2) $\dfrac{18}{5}≦y≦18$

解説▼

(1) 点 A は $y=2x$ のグラフ上の点だから, $y=2×3=6$
よって, A(3, 6) また, 点 A は $y=\dfrac{a}{x}$ のグラフ上の点だから, $6=\dfrac{a}{3}$, $a=18$
点 B は $y=\dfrac{18}{x}$ のグラフ上の点だから, $p=\dfrac{18}{-9}=-2$

(2) 関数 $y=\dfrac{18}{x}$ は, x の変域が $1≦x≦5$ のとき, グラフは右の図の実線部分になる。

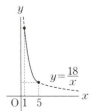

$x=1$ のとき y は最大値 18, $x=5$ のとき y は最小値 $\dfrac{18}{5}$ となるから, y の変域は $\dfrac{18}{5} \leq y \leq 18$

9 点 A の x 座標を t とする。
点 A と点 B は y 軸について対称な点だから, 点 B の x 座標は $-t$
AB＝2AO だから, AB＝$2t$
点 P は $y=\dfrac{8}{x}$ のグラフ上の点だから,
y 座標は $\dfrac{8}{t}$　よって, PA＝$\dfrac{8}{t}$
点 Q は $y=-\dfrac{4}{x}$ のグラフ上の点だから,
y 座標は $\dfrac{4}{t}$　よって, QB＝$\dfrac{4}{t}$
AP∥BQ より, 四角形 QBAP は台形だから, その面積は,
$\dfrac{1}{2}\times\left(\dfrac{8}{t}+\dfrac{4}{t}\right)\times 2t = \dfrac{1}{2}\times\dfrac{12}{t}\times 2t = 12$
よって, 台形 QBAP の面積は一定の値 12 になる。

10 (1) 直線 ℓ …$y=3x$, 直線 m …$y=\dfrac{3}{4}x$
(2) $\dfrac{45}{2}$　　(3) 12 個

解説▼

$y=\dfrac{12}{x}$ で, y の値が正の整数になるとき, x の値は 12 の約数になるから, $x=1, 2, 3, 4, 6, 12$
よって, 点 A〜F の座標は, A(1, 12), B(2, 6), C(3, 4), D(4, 3), E(6, 2), F(12, 1)
(1) ℓ の式を $y=ax$ とおくと, ℓ のグラフは点 B を通るから, $6=2a$, $a=3$
m の式を $y=bx$ とおくと, m のグラフは点 D を通るから, $3=4b$, $b=\dfrac{3}{4}$
(2) 右の図の長方形 POQR の面積から 3 つの直角三角形 POC, FOQ, CFR の面積をひく。
三角形 COF の面積は,
$4\times 12 - \dfrac{1}{2}\times 3\times 4 - \dfrac{1}{2}\times 12\times 1 - \dfrac{1}{2}\times 9\times 3$
$= 48-6-6-\dfrac{27}{2} = \dfrac{45}{2}$

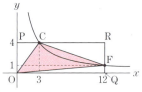

(3) 2 つの直線 ℓ, m と双曲線に囲まれた図形の中にある格子点は, 右の図のように,
x 座標が 0 の点が 1 個,
x 座標が 1 の点が 3 個,
x 座標が 2 の点が 5 個,
x 座標が 3 の点が 2 個,
x 座標が 4 の点が 1 個　の合計 12 個。

2　1 次関数

STEP01　要点まとめ　本冊076ページ

1 01　4　　02　12　　03　12　　04　4
　　05　3

2 06　0　　07　3
　　08　1　　09　5
　　10　右の図

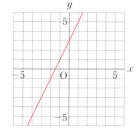

3 11　3　　12　2
　　13　−2　　14　7
　　15　−1　　16　5
　　17　$-x+5$

4 18　$-\dfrac{1}{2}x+3$
　　19　$-\dfrac{1}{2}$
　　20　3
　　21　右の図

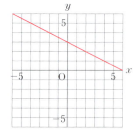

5 22　4　　23　x
　　24　$\dfrac{3}{2}x$　　25　4
　　26　7　　27　$7-x$
　　28　$-2x+14$
　　29　右の図

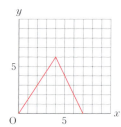

STEP02　基本問題　本冊078ページ

1 イ, エ

解説▼

ア　$y=4x+5$ に $x=4$ を代入すると, $y=4\times 4+5=21$
$y=5$ が成り立たないから, 正しくない。

イ　x の係数は 4 で, グラフの傾きは正だから, グラフは右上がりの直線である。よって, 正しい。

ウ　（変化の割合）＝$\dfrac{(y\text{の増加量})}{(x\text{の増加量})}$ だから,
$(y\text{の増加量})=(\text{変化の割合})\times(x\text{の増加量})$
$\qquad\qquad\qquad =4\times\{1-(-2)\}=12$
よって, 正しくない。

エ　右の図より, $y=4x+5$ のグラフは, $y=4x$ のグラフを y 軸の正の向きに 5 だけ平行移動させたものである。
よって, 正しい。

2

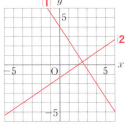

解説▼

(1) 切片は4だから，点(0, 4)を通る。

傾きは $-\dfrac{3}{2}$ だから，点(0, 4)から右へ2，下へ3進んだところにある点(2, 1)を通る。

これより，2点(0, 4)，(2, 1)を通る直線をかく。

(2) $y=\dfrac{2}{3}x-\dfrac{4}{3}$ において，

$x=-1$ のとき $y=-2$，$x=2$ のとき $y=0$

これより，2点(-1, -2)，(2, 0)を通る直線をかく。

3 (1) $a=\dfrac{1}{2}$ (2) $3\leqq y\leqq 9$

(3) $y=-\dfrac{2}{3}x-2$ (4) $y=-2x+3$

解説▼

(1) (yの増加量)=(変化の割合)×(xの増加量)だから，

$3=a\times(8-2)$，$3=6a$，$a=\dfrac{1}{2}$

(2) 右の図で，xの変域はx軸上の ——線の部分である。

$x=1$ のとき $y=3$，$x=4$ のとき $y=9$

だから，yの変域はy軸上の ——線の部分になる。

よって，yの変域は，$3\leqq y\leqq 9$

(3) 直線 $y=-\dfrac{2}{3}x+5$ に平行だから，直線の傾きは $-\dfrac{2}{3}$

これより，求める直線の式を $y=-\dfrac{2}{3}x+b$ とおける。

この直線が点(-6, 2)を通るから，

$2=-\dfrac{2}{3}\times(-6)+b$，$b=-2$ よって，$y=-\dfrac{2}{3}x-2$

(4) 求める直線の式を $y=ax+b$ とおく。

$x=1$ のとき $y=1$ だから，$1=a+b$ ……①

$x=3$ のとき $y=-3$ だから，$-3=3a+b$ ……②

①，②を連立方程式として解くと，$a=-2$，$b=3$

よって，$y=-2x+3$

くわしく

連立方程式の解き方

②-① $3a+b=-3$
    -) $a+b=1$
       $2a=-4$
        $a=-2$

①に $a=-2$ を代入して，
$-2+b=1$
$b=3$

4 $x=3$, $y=-1$

解説▼

①，②の方程式をそれぞれyについて解くと，

①は $y=-2x+5$，②は $y=\dfrac{1}{3}x-2$

よって，方程式①のグラフは直線①，方程式②のグラフは直線②になる。

2つのグラフの交点の座標は (3, -1)だから，連立方程式の解は，$x=3$, $y=-1$

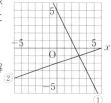

5 (1) ① 20   ② 750   (2) 分速250m

解説▼

(1)② グラフは点(15, 2250)を通っているから，太郎さんは自宅を出発してから15分後に自宅から2250mのところにいる。よって，図書館から3000-2250=750(m)のところにいる。

(2) 弟が太郎さんに追いつくのは，太郎さんが自宅を出発してから，10+10=20(分後)

グラフは点(20, 2500)を通っているから，太郎さんは自宅を出発してから20分後に自宅から2500mのところにいる。

よって，弟が自転車で移動する速さを分速xmとすると，弟が自宅を出発してから10分間に進む道のりは$10x$mだから，$10x=2500$，$x=250$

6 (1) C(3, 10)   (2) D(6, 4)

(3) 30   (4) $y=-8x+34$

(5) 23

解説▼

(1) 2直線の交点の座標は，それらの直線の式を組とする連立方程式の解である。

$\begin{cases} y=2x+4 & \cdots\cdots① \\ y=-2x+16 & \cdots\cdots② \end{cases}$

①，②を連立方程式として解くと，$x=3$, $y=10$

よって，C(3, 10)

(2) 点A(0, 4)だから，点Aを通りx軸に平行な直線は $y=4$ この直線と線分BCとの交点のx座標は，

$4=-2x+16$，$2x=12$，$x=6$

よって，D(6, 4)

(3) 右の図のように，△ABCを2つの三角形△CADと△ABDに分けて考える。

△ABC=△CAD+△ABD

$=\dfrac{1}{2}\times 6\times(10-4)+\dfrac{1}{2}\times 6\times 4$

$=18+12=30$

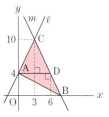

(4) 辺 AB の中点を M とすると, △CAM と △CBM は, AM=BM で底辺が等しく, 高さも等しいので,
△CAM=△CBM
これより, 点 C を通り, △ABC の面積を 2 等分する直線は直線 CM となる。
点 B の x 座標は, $0=-2x+16$, $2x=16$, $x=8$
A(0, 4), B(8, 0) より, $M\left(\dfrac{0+8}{2}, \dfrac{4+0}{2}\right)=(4, 2)$
求める直線を $y=ax+b$ とすると, この直線は 2 点 C(3, 10), M(4, 2) を通るから,
$\begin{cases} 10=3a+b & \cdots\cdots ① \\ 2=4a+b & \cdots\cdots ② \end{cases}$
①, ②を連立方程式として解くと, $a=-8$, $b=34$
よって, $y=-8x+34$

(5) 点 C を通り, AB に平行な直線と x 軸との交点を E とすると, △ABC と △ABE は, 底辺 AB が共通で, AB∥CE から高さも等しいので, △ABC=△ABE
直線 AB の傾きは, $\dfrac{0-4}{8-0}=-\dfrac{1}{2}$
これより, 点 C を通り, 直線 AB に平行な直線の式は $y=-\dfrac{1}{2}x+b$ とおける。
この式に点 C の座標を代入して,
$10=-\dfrac{1}{2}\times 3+b$, $b=\dfrac{23}{2}$
よって, この直線の式は, $y=-\dfrac{1}{2}x+\dfrac{23}{2}$
点 E は, この直線と x 軸との交点だから, その x 座標は, $0=-\dfrac{1}{2}x+\dfrac{23}{2}$, $x=23$

STEP 03 実戦問題　本冊080ページ

1 (1) $a=-4$, $b=3$ 　(2) $(3, -1)$
(3) $a=9$ 　(4) $a=-7$
(5) $a=-\dfrac{1}{2}$, $b=\dfrac{3}{2}$

解説

(1) $y=ax+3$ に $x=1$, $y=-1$ を代入して,
$-1=a\times 1+3$, $a=-4$
$y=-4x+3$ に $x=0$, $y=b$ を代入して,
$b=-4\times 0+3=3$

(2) $\begin{cases} y=-x+2 & \cdots\cdots ① \\ y=2x-7 & \cdots\cdots ② \end{cases}$
①, ②を連立方程式として解くと, $x=3$, $y=-1$
よって, 2 直線の交点の座標は $(3, -1)$

(3) 点 P の x 座標は, $6x-0=10$, $x=\dfrac{5}{3}$
よって, $P\left(\dfrac{5}{3}, 0\right)$
直線 $ax-2y=15$ は点 P を通るから,
$a\times\dfrac{5}{3}-2\times 0=15$, $\dfrac{5}{3}a=15$, $a=9$

(4) 2 点 A(1, 1), B(−4, 11) を通る直線の傾きは, $\dfrac{11-1}{-4-1}=-2$
2 点 B(−4, 11), C(5, a) を通る直線の傾きは, $\dfrac{a-11}{5-(-4)}=\dfrac{a-11}{9}$
3 点 A, B, C が一直線上にあるとき, 直線 AB と BC の傾きが等しくなるから,
$-2=\dfrac{a-11}{9}$, $a-11=-18$, $a=-7$

くわしく

3 点が一直線上にある条件
3 点 A, B, C が一直線上にあるためには, 次の 3 つのうちのいずれかが成り立てばよい。
(AB の傾き)=(BC の傾き)
(AB の傾き)=(AC の傾き)
(AC の傾き)=(BC の傾き)

別解

2 点 A(1, 1), B(−4, 11) を通る直線の式を $y=mx+n$ とおくと, $\begin{cases} 1=m+n & \cdots\cdots ① \\ 11=-4m+n & \cdots\cdots ② \end{cases}$
①, ②を連立方程式として解くと, $m=-2$, $n=3$
点 C(5, a) は, 直線 $y=-2x+3$ 上の点だから, $a=-2\times 5+3=-7$

(5) $a<0$ だから, 1 次関数 $y=ax+b$ のグラフは右下がりの直線になる。これより, 関数 $y=ax+b$ は, x の値が増加すると y の値は減少するから,
$x=1$ のとき y は最大値 1,
$x=3$ のとき y は最小値 0
をとる。
よって,
$\begin{cases} 1=a+b & \cdots\cdots ① \\ 0=3a+b & \cdots\cdots ② \end{cases}$
①, ②を連立方程式として解くと, $a=-\dfrac{1}{2}$, $b=\dfrac{3}{2}$

2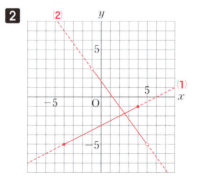

解説 ▼

(1) 関数 $y=\dfrac{1}{2}x-3$ のグラフをかき，x の変域 $-4\leqq x\leqq 4$ に対応する部分を実線で，x の変域外を破線で表す。グラフの端の点を含むので ● で表す。

(2) 関数 $y=-\dfrac{4}{3}x+\dfrac{5}{3}$ のグラフをかき，x の変域 $-1<x<5$ に対応する部分を実線で，x の変域外を破線で表す。グラフの端の点を含まないので ○ で表す。

3 (1) $y=2x+4$ (2) $D(0, -4)$
  (3) 12 (4) -6, 2

解説 ▼

(1) 直線 AB の式を $y=ax+b$ とおくと，直線 AB は，
 A(-1, 2) を通るから，$2=-a+b$ ……①
 B(2, 8) を通るから，$8=2a+b$ ……②
 ①，②を連立方程式として解くと，$a=2$，$b=4$
 よって，$y=2x+4$

(2) (1)より，C(0, 4) だから，D(0, -4)

(3) CD$=4-(-4)=8$
 △ABD$=$△ADC$+$△BCD
 $=\dfrac{1}{2}\times 8\times 1+\dfrac{1}{2}\times 8\times 2=4+8=12$

(4) 直線 AB と x 軸との交点を F とすると，F の x 座標は，
 $0=2x+4$，$x=-2$
 よって，F(-2, 0)
 点 P が点 F の右側にあるとき，点 P は点 D を通り，直線 AB に平行な直線と x 軸との交点になる。
 点 D を通り，直線 AB に平行な直線の式は，$y=2x-4$
 よって，点 P の x 座標は，$0=2x-4$，$x=2$
 点 P′ が点 F の左側にあるとき，PF$=$P′F になる。
 PF$=2-(-2)=4$ だから，P′ の x 座標は，$-2-4=-6$

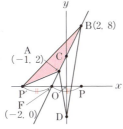

4 $y=-\dfrac{5}{2}x$

解説 ▼

右の図のように，線分 BC の中点を M とすると，M は y 軸上にあり，△ABM$=$△ACM
点 A を通り，直線 OM に平行な直線をひき，BC との交点を D とする。

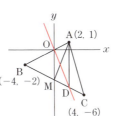

OM∥AD より，△AOM$=$△OMD だから，
 △ABM
 $=$△OBM$+$△AOM$=$△OBM$+$△OMD$=$△OBD
これより，点 O を通り，△ABC の面積を2等分する直線は，直線 OD になる。
ここで，直線 BC の式は，$y=-\dfrac{1}{2}x-4$
OM∥AD より，点 D の x 座標は 2
また，y 座標は，$y=-\dfrac{1}{2}\times 2-4=-5$ だから，D(2, -5)
よって，直線 OD は原点 O と点 D を通る直線だから，その式は，$y=-\dfrac{5}{2}x$

5 $y=-\dfrac{3}{2}x+\dfrac{7}{2}$

解説 ▼

右の図のように，y 軸について点 P と対称な点を P′，x 軸について点 Q と対称な点を Q′ とする。
直線 P′Q′ と y 軸との交点を点 A，x 軸との交点を点 B とするとき，PA$+$AB$+$BQ の長さが最短になる。
点 P′，Q′ の座標は，P′(-1, 5)，Q′(3, -1)
直線 P′Q′ の式を $y=ax+b$ とおくと，直線 P′Q′ は点 P′，Q′ を通るから，$\begin{cases} 5=-a+b & \cdots\cdots① \\ -1=3a+b & \cdots\cdots② \end{cases}$

①，②を連立方程式として解くと，$a=-\dfrac{3}{2}$，$b=\dfrac{7}{2}$
よって，$y=-\dfrac{3}{2}x+\dfrac{7}{2}$

6 (1) $\dfrac{1}{4}$ 倍 (2) $y=-\dfrac{5}{6}x-3$
  (3) $\dfrac{11}{7}$ 倍

解説 ▼

(1) 反比例の性質より，x の値が4倍になると，y の値は $\dfrac{1}{4}$ 倍になる。

(2) 点 A は $y=-\dfrac{12}{x}$ のグラフ上の点だから，x 座標は，
 $2=-\dfrac{12}{x}$，$x=-6$ よって，A(-6, 2)
 直線 AB の傾きは $\dfrac{-3-2}{0-(-6)}=-\dfrac{5}{6}$，切片は -3 だから，直線 AB の式は，$y=-\dfrac{5}{6}x-3$

(3) 点 E は $y=-\dfrac{12}{x}$ のグラフ上の点だから，
 $y=-\dfrac{12}{2}=-6$ よって，E(2, -6)
 これより，D(-4, -6)
 また，点 P，Q は $y=\dfrac{1}{2}x-2$ のグラフ上の点だから，P(-4, -4)，Q(2, -1)

よって，長方形 CDEF は右の図のようになる。
四角形 CPQF，四角形 EQPD はどちらも台形だから，
(四角形 CPQF の面積)
$=\frac{1}{2}\times(7+4)\times6=33$
(四角形 EQPD の面積)$=\frac{1}{2}\times(2+5)\times6=21$
よって，$\frac{33}{21}=\frac{11}{7}$(倍)

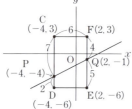
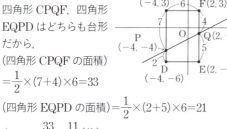

7 $\frac{5}{3}<b\leqq2$

解説▼

右の図のように，直線 $y=-\frac{1}{3}x+b$ が点(2, 1)を通るとき，x，y 座標が自然数となる点は，点(1, 1)の1個，点(3, 1)を通るとき，x，y 座標が自然数となる点は，点(1, 1)，(2, 1)の2個となる。

直線 $y=-\frac{1}{3}x+b$ が点(2, 1)を通るときの b の値は，
$1=-\frac{1}{3}\times2+b$，$b=\frac{5}{3}$
点(3, 1)を通るときの b の値は，$1=-\frac{1}{3}\times3+b$，$b=2$
よって，求める b の値の範囲は，$\frac{5}{3}<b\leqq2$

8 $a=-3$，$b=-5$

解説▼

直線 $x=1$ について，点(5, -2)と対称な点を(s, -2)とすると，
$\frac{5+s}{2}=1$，$s=-3$
よって，点(5, -2)と対称な点の座標は(-3, -2)
これより，直線 m は 2 点(-1, 4)，(-3, -2)を通る直線である。
直線 ℓ と m は $y=1$ について対称だから，直線 ℓ は $y=1$ について，点(-1, 4)と対称な点，および(-3, -2)と対称な点を通る。
直線 $y=1$ について，点(-1, 4)と対称な点を(-1, t)とすると，
$\frac{4+t}{2}=1$，$t=-2$
よって，点(-1, 4)と対称な点の座標は(-1, -2)
直線 $y=1$ について，点(-3, -2)と対称な点を(-3, u)とすると，$\frac{-2+u}{2}=1$，$u=4$

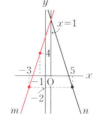
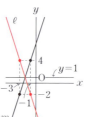

よって，点(-3, -2)と対称な点の座標は(-3, 4)
直線 ℓ：$y=ax+b$ は 2 点(-1, -2)，(-3, 4)を通るから，
$\begin{cases}-2=-a+b & \cdots\cdots① \\ 4=-3a+b & \cdots\cdots②\end{cases}$
①，②を連立方程式として解くと，$a=-3$，$b=-5$

9 (1) $y=6$ (2) $y=\frac{5}{2}x-\frac{5}{2}$
(3) ア

解説▼

(1) 3 秒後に点 P は辺 AB 上にあるから，y は △APM の面積になる。
よって，$y=\frac{1}{2}\times AM\times AP=\frac{1}{2}\times4\times3=6$

(2) 点 P が辺 BC 上にあるとき，右の図のように，y は台形 ABPM の面積になる。よって，
$y=\frac{1}{2}\times(AM+BP)\times AB$
$=\frac{1}{2}\times\{4+(x-5)\}\times5=\frac{5}{2}x-\frac{5}{2}$

(3) 点 P は A を出発して，5 秒後に B に重なり，13 秒後に C に重なる。これより，x と y の関係を表す 1 次関数のグラフは，$x=5$，$x=13$ で変化する。
(2)で求めた式から，$x=5$，$x=13$ のときの y の値を調べると，
$x=5$ のとき，$y=\frac{5}{2}\times5-\frac{5}{2}=10$
$x=13$ のとき，$y=\frac{5}{2}\times13-\frac{5}{2}=30$
よって，x と y の関係を表すグラフは，点(5, 10)，(13, 30)を通り，この点で x と y の関係を表す 1 次関数のグラフが変化するグラフだから，ア

参考

点 P が辺 CD 上にあるとき，右の図のように，y は五角形 ABCPM の面積になる。よって，
$y=$(長方形 ABCD の面積)$-△MPD$
$=AB\times BC-\frac{1}{2}\times MD\times DP$
$=5\times8-\frac{1}{2}\times4\times(18-x)=2x+4$ ($13\leqq x\leqq18$)

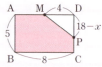

10 (1) 8 分間 (2) 毎分 80m
(3) 午前 9 時 26 分

解説▼

兄が P 地点と Q 地点の間を 1 往復するのにかかる時間は，
$2400\times2\div400=12$(分)

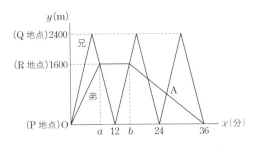

(1) 弟がR地点で休憩したのは，上の図で，弟のグラフが水平になっている部分である。
a の値は，弟が1600m進むのにかかる時間だから，
$1600 \div 200 = 8$ (分)
また，b の値は，兄が1600m進むのにかかる時間
$1600 \div 400 = 4$ (分)に12分を加えた時間だから，
$12 + 4 = 16$ (分)
よって，弟がR地点で休憩したのは，$16 - 8 = 8$ (分間)

(2) 弟は，1600mを $36 - 16 = 20$ (分間)で歩いているから，
$1600 \div 20 = 80$ (m/分)

(3) 上の図で，2つのグラフの交点Aが弟が兄とすれ違うことを表し，点Aの x 座標がすれ違う時間を示す。
このときの兄の式を $y = 400x + c$ とすると，グラフは点(24, 0)を通るから，$0 = 400 \times 24 + c$, $c = -9600$
よって，$y = 400x - 9600$ ……①
弟の式を $y = -80x + d$ とすると，グラフは点(36, 0)を通るから，$0 = -80 \times 36 + d$, $d = 2880$
よって，$y = -80x + 2880$ ……②
①，②より，$400x - 9600 = -80x + 2880$,
$480x = 12480$, $x = 26$
よって，弟が兄とすれ違う時刻は，午前9時26分。

11 (1) ① $y = 5$ ② ア…16 イ…$\dfrac{5}{4}x$ ウ…$x - 2$
グラフは下の図

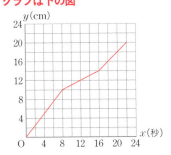

(2) $\dfrac{35}{2}$ 秒後

解説▼

(1)① $0 \leq x \leq 8$ のとき，y は x に比例するから，$y = ax$ とおける。
表1から，$x = 8$ のとき $y = 10$ だから，$10 = 8a$, $a = \dfrac{5}{4}$
よって，$y = \dfrac{5}{4}x$ に $x = 4$ を代入して，$y = \dfrac{5}{4} \times 4 = 5$

② 水面までの高さが14cmのとき，容器の中の水の量は，
$20 \times (20 - 12) \times 10 + 20 \times 20 \times (14 - 10)$
$= 1600 + 1600 = 3200 (cm^3)$
毎秒200cm^{3}の割合で，3200cm^{3}の給水をするのにかかる時間は，$3200 \div 200 = 16$ (秒)…ア
$16 \leq x \leq 22$ のとき，y は x の1次関数になるから，
$y = bx + c$ とおける。
$x = 16$ のとき $y = 14$ だから，$14 = 16b + c$ ……①
$x = 22$ のとき $y = 20$ だから，$20 = 22b + c$ ……②
①，②を連立方程式として解くと，$b = 1$, $c = -2$
よって，$y = x - 2$…ウ
グラフは，$0 \leq x \leq 8$ のとき $y = \dfrac{5}{4}x$, $8 \leq x \leq 16$ のとき $y = \dfrac{1}{2}x + 6$, $16 \leq x \leq 22$ のとき，$y = x - 2$

(2) 図4のグラフから，1秒間に給水する量は，
$(20 \times 8 \times 10) \div 5 = 320 (cm^3/秒)$
この容器を満水にしたときの水の量は，
(立方体の容器の容積) - (直方体の体積)
$= 20 \times 20 \times 20 - 20 \times 12 \times 10 = 8000 - 2400 = 5600 (cm^3)$
よって，容器が満水になるまでにかかる時間は，
$5600 \div 320 = \dfrac{35}{2}$ (秒)

12 (1) $y = \dfrac{1}{2}(x - 30)$ (2) $a = 50$, $b = 10$
(3) 2.8℃

解説▼

(2) Ⓐの関係で，b を a の式で表すと，$b = \dfrac{5}{9}(a - 32)$
Ⓑの関係で，b を a の式で表すと，$b = \dfrac{1}{2}(a - 30)$
よって，$\dfrac{5}{9}(a - 32) = \dfrac{1}{2}(a - 30)$
これを解くと，$10(a - 32) = 9(a - 30)$, $a = 50$
Ⓑの式に $a = 50$ を代入して，$b = \dfrac{1}{2}(50 - 30) = 10$

(3) ⒶとⒷの関係を使って表した摂氏 y℃の値の差は，
(Ⓐの y の値) $\geq$ (Ⓑの y の値)のとき，
$\dfrac{5}{9}(x - 32) - \dfrac{1}{2}(x - 30) = \dfrac{x - 50}{18}$
$\dfrac{x - 50}{18} \geq 0$ となる x の値の範囲は，$50 \leq x \leq 100$
よって，$x = 100$ のとき，$\dfrac{x - 50}{18}$ の値は最大となり，
最大の値は，$\dfrac{100 - 50}{18} = \dfrac{25}{9} = 2.77\cdots$
(Ⓐの y の値) $\leq$ (Ⓑの y の値)のとき，
$\dfrac{1}{2}(x - 30) - \dfrac{5}{9}(x - 32) = \dfrac{50 - x}{18}$
$\dfrac{50 - x}{18} \geq 0$ となる x の値の範囲は，$0 \leq x \leq 50$
よって，$x = 0$ のとき，$\dfrac{50 - x}{18}$ の値は最大となり，
最大の値は，$\dfrac{50 - 0}{18} = \dfrac{25}{9} = 2.77\cdots$
したがって，差の絶対値は最大で2.8℃

3 関数 $y=ax^2$

STEP01 要点まとめ　本冊084ページ

1
- 01　36
- 02　3
- 03　4
- 04　$4x^2$
- 05　4
- 06　-2
- 07　16

2
- 08　18
- 09　8
- 10　2
- 11　2
- 12　8
- 13　18
- 14　右の図

3
- 15　3
- 16　45
- 17　45
- 18　3
- 19　15

4
- 20　8
- 21　8
- 22　$2x$
- 23　$3x$
- 24　$2x$
- 25　$3x$
- 26　$3x^2$

5
- 27　9
- 28　4
- 29　$\dfrac{1}{2}$
- 30　6
- 31　6
- 32　6
- 33　4
- 34　30

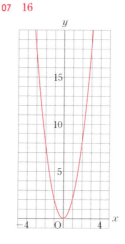

解説 ▼

5 右の図のように，点 A，B から y 軸にそれぞれ垂線をひき，y 軸との交点を H，K とすると，
$\triangle \text{AOB} \equiv \triangle \text{AOC} + \triangle \text{BOC}$
$= \dfrac{1}{2} \times \text{OC} \times \text{AH} + \dfrac{1}{2} \times \text{OC} \times \text{BK}$

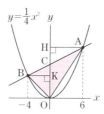

STEP02 基本問題　本冊086ページ

1 (1) $a=2$　　(2) $a=-6$，$b=0$
　(3) $a=-2$

解説 ▼

(1) $y=ax^2$ に $x=3$，$y=18$ を代入すると，
$18 = a \times 3^2$，$18 = 9a$，$a = 2$

(2) 関数 $y=-\dfrac{2}{3}x^2$ について，$-3 \leqq x \leqq 2$ に対応する部分は，右の図の実線部分になる。
$x=0$ のとき y は最大値 0
$x=-3$ のとき y は最小値 -6
をとる。
よって，y の変域は，$-6 \leqq y \leqq 0$

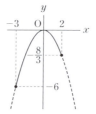

ミス注意 !

$x=-3$ のとき $y=-6$，$x=2$ のとき $y=-\dfrac{8}{3}$ だから，y の変域は，$-6 \leqq y \leqq -\dfrac{8}{3}$ としないように。
関数 $y=ax^2$ で，x の変域に 0 を含む場合，$a>0$ ならば y の最小値は 0，$a<0$ ならば y の最大値は 0 になる。

(3) x の増加量は，$5-1=4$
y の増加量は，$a \times 5^2 - a \times 1^2 = 25a - a = 24a$
よって，変化の割合は，$\dfrac{24a}{4} = 6a$
変化の割合が -12 になることから，
$6a = -12$，$a = -2$

2

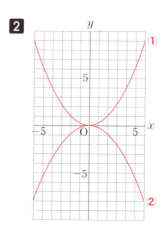

解説 ▼

(1) 対応する x，y の値は下の表のようになる。

x	-6	-4	-2	0	2	4	6
y	9	4	1	0	1	4	9

次に，上の表の x，y の値の組を座標とする点をとる。そして，とった点を通るなめらかな曲線をかく。

(2)

x	-6	-3	0	3	6
y	-8	-2	0	-2	-8

3 (1) $y=\dfrac{1}{3}x^2$　　(2) $y=-\dfrac{1}{8}x^2$

解説 ▼

(1) グラフは点 $(3, 3)$ を通る。
よって，$y=ax^2$ に $x=3$，$y=3$ を代入して，
$3 = a \times 3^2$，$3 = 9a$，$a = \dfrac{1}{3}$

(2) グラフは点 $(4, -2)$ を通る。
よって，$y=ax^2$ に $x=4$，$y=-2$ を代入して，
$-2 = a \times 4^2$，$-2 = 16a$，$a = -\dfrac{1}{8}$

別解

(1) グラフは点$(-3, 3)$を通るから，この点の座標を代入してもよい。

(2) グラフは点$(-4, -2)$を通るから，この点の座標を代入してもよい。

4 イ，エ

解説

ア $y=x^2$に$x=3$を代入すると，$y=3^2=9$
$y=6$が成り立たないから，正しくない。

イ 関数$y=ax^2$のグラフは放物線で，y軸について対称である。よって，正しい。

ウ 関数$y=x^2$について，$-1≦x≦2$に対応する部分は，右の図の実線部分になる。
$x=0$のときyは最小値0
$x=2$のときyは最大値4
をとる。yの変域は，$0≦y≦4$
よって，正しくない。

エ 変化の割合は，$\dfrac{4^2-2^2}{4-2}=\dfrac{12}{2}=6$ よって，正しい。

オ 関数$y=x^2$は，$x<0$の範囲では，xの値が増加するとき，yの値は減少するから，正しくない。

5 毎秒 3m

解説

かかった時間は，$3-1=2$(秒)
自動車が進んだ距離は，$\dfrac{3}{4}×3^2-\dfrac{3}{4}×1^2=\dfrac{27}{4}-\dfrac{3}{4}=6$(m)
よって，平均の速さは，$\dfrac{6}{2}=3$(m/秒)

くわしく

平均の速さ

平均の速さの求め方は，関数$y=\dfrac{3}{4}x^2$で，xの値が1から3まで増加するときの変化の割合の求め方と同じである。

6 (1) 4 (2) $y=12$
   (3) $x=4\sqrt{2}, \dfrac{38}{3}$

解説

(1) xの増加量は，$6-2=4$
yの増加量は，$\dfrac{1}{2}×6^2-\dfrac{1}{2}×2^2=18-2=16$
よって，変化の割合は，$\dfrac{16}{4}=4$

(2) $x=14$のとき，点P，Qは右の図のような位置にある。
よって，$y=\dfrac{1}{2}×AD×DP$
$=\dfrac{1}{2}×6×(6-2)$
$=12$(cm²)

(3) 点Pが辺BC上にあるとき，$y=\dfrac{1}{2}×6×6=18$(cm²)
で一定だから，$y=16$になるのは，点Pが辺AB上，辺CD上にあるときである。
点Pが辺AB上にある，すなわち，$0≦x≦6$のとき，
$y=\dfrac{1}{2}x^2$より，$16=\dfrac{1}{2}x^2$，$x^2=32$，$x=\sqrt{32}=4\sqrt{2}$
点Pが辺CD上にある，すなわち，$12≦x≦18$のとき，
$y=\dfrac{1}{2}×6×(18-x)=-3x+54$
よって，$16=-3x+54$，$3x=38$，$x=\dfrac{38}{3}$

7 $a=\dfrac{5}{3}$

解説

点Bは$y=ax^2$のグラフ上の点だから，y座標は，
$y=a×1^2=a$ これより，B$(1, a)$
点Aはy軸について点Bと対称な点だから，A$(-1, a)$
よって，AB$=1-(-1)=2$
点Cは$y=-ax^2$のグラフ上の点だから，y座標は，
$y=-a×1^2=-a$
よって，BC$=a-(-a)=2a$
したがって，AB+BC$=2+2a$
AB+BC$=\dfrac{16}{3}$だから，$2+2a=\dfrac{16}{3}$，$2a=\dfrac{10}{3}$，$a=\dfrac{5}{3}$

8 (1) $a=2$ (2) $y=2x+4$
   (3) 6

解説

(1) $y=ax^2$のグラフは点A$(-1, 2)$を通るから，$y=ax^2$に$x=-1$，$y=2$を代入して，$2=a×(-1)^2$，$a=2$

(2) 点Bは$y=2x^2$のグラフ上の点だから，y座標は，
$y=2×2^2=8$ これより，B$(2, 8)$
直線ℓの式を$y=ax+b$とおくと，直線ℓは，
点A$(-1, 2)$を通るから，$2=-a+b$ ……①
点B$(2, 8)$を通るから，$8=2a+b$ ……②
①，②を連立方程式として解くと，$a=2$，$b=4$
よって，$y=2x+4$

(3) 直線ℓとy軸との交点をCとすると，C$(0, 4)$
△AOB=△AOC+△BOC
$=\dfrac{1}{2}×4×1+\dfrac{1}{2}×4×2$
$=2+4=6$

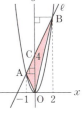

9 P$(1, -5)$

解説▼

点 A, B は $y=-\dfrac{1}{2}x^2$ のグラフ上の点だから，それぞれの y 座標は，
A…$y=-\dfrac{1}{2}\times(-2)^2=-2$
B…$y=-\dfrac{1}{2}\times 4^2=-8$
よって，A$(-2, -2)$, B$(4, -8)$
直線 OP が △OAB の面積を 2 等分するとき，直線 OP は線分 AB の中点を通るから，点 P は線分 AB の中点である。
よって，P$\left(\dfrac{-2+4}{2}, \dfrac{-2-8}{2}\right)=(1, -5)$

STEP 03 実戦問題　　本冊088ページ

1 (1) ア…-9　イ…-4　ウ…-16
(2) ①, ④
(3) $a=-3$
(4) $a=-3$
(5) $a=\dfrac{1}{4}$

解説▼

(1) y は x の 2 乗に比例するから，比例定数を a とすると，$y=ax^2$ とおける。
表から，$x=-2$ のとき $y=-1$ だから，
$-1=a\times(-2)^2$, $-1=4a$, $a=-\dfrac{1}{4}$
よって，式は，$y=-\dfrac{1}{4}x^2$
ア…$y=-\dfrac{1}{4}\times(-6)^2=-\dfrac{1}{4}\times 36=-9$
イ…$y=-\dfrac{1}{4}\times 4^2=-\dfrac{1}{4}\times 16=-4$
ウ…$y=-\dfrac{1}{4}\times 8^2=-\dfrac{1}{4}\times 64=-16$

(2) ① y は x に比例し，比例定数が正だから，x の値が増加すると，y の値も増加する。
② y は x に反比例し，比例定数が正だから，$x<0$ の範囲で，x の値が増加すると，y の値は減少する。
③ y は x の 1 次関数で，x の係数が負だから，x の値が増加すると，y の値は減少する。
④ y は x の 2 乗に比例し，比例定数が負だから，$x<0$ の範囲で，x の値が増加すると，y の値も増加する。

(3) 関数 $y=ax^2$ は，y の変域が $-12\leq y\leq 0$ より，グラフは x 軸の下側にあるから，$a<0$
これより，関数 $y=ax^2$ のグラフで，$-1\leq x\leq 2$ に対応する部分は，右の図の実線部分になる。
よって，$x=2$ のとき y は最小値 -12 をとるから，
$-12=a\times 2^2$, $-12=4a$, $a=-3$

(4) x の増加量は，$(a+1)-a=1$
y の増加量は，
$-(a+1)^2-(-a^2)=-a^2-2a-1+a^2=-2a-1$
よって，変化の割合は，$-2a-1$
これが 5 になることから，
$-2a-1=5$, $-2a=6$, $a=-3$

(5) 点 A, B は $y=ax^2$ のグラフ上の点だから，それぞれの y 座標は，
A…$y=a\times(-6)^2=36a$, B…$y=a\times 4^2=16a$
よって，A$(-6, 36a)$, B$(4, 16a)$
これより，直線 AB の傾きを a を使って表すと，
$\dfrac{16a-36a}{4-(-6)}=\dfrac{-20a}{10}=-2a$
したがって，$-2a=-\dfrac{1}{2}$, $a=\dfrac{1}{4}$

2 (1) $y=\dfrac{1}{8}x^2$, $\dfrac{3}{2}$ 倍　(2) 秒速 6m

解説▼

(1) y は x の 2 乗に比例するから，比例定数を a とすると，$y=ax^2$ とおける。
$x=2$ のとき $y=0.5$ だから，
$0.5=a\times 2^2$, $\dfrac{1}{2}=4a$, $a=\dfrac{1}{8}$
よって，式は，$y=\dfrac{1}{8}x^2$
x の増加量は，$7-5=2$
y の増加量は，$\dfrac{1}{8}\times 7^2-\dfrac{1}{8}\times 5^2=\dfrac{49}{8}-\dfrac{25}{8}=\dfrac{24}{8}=3$
よって，$\dfrac{3}{2}$ 倍。

(2) 自転車の速さを秒速 a m とすると，地点 A からブレーキをかけた地点までに進んだ道のりは，$1.5a$(m)
ブレーキをかけた地点から停止した地点まで進んだ道のりは，$\dfrac{1}{8}a^2$(m)
よって，$\dfrac{1}{8}a^2+1.5a=13.5$
これを解くと，$a^2+12a-108=0$, $(a-6)(a+18)=0$,
$a=6$, $a=-18$
$a>0$ だから，$a=6$

3 (1) $y=\dfrac{1}{2}x^2$ $(0\leq x\leq 4)$, $y=4x-8$ $(4\leq x\leq 8)$
(2) （グラフ）
(3) 5 秒後

> 解説 ▼

(1) 点Cと点Fが重なってから4秒後に、点Dは点Eに重なる。
よって、$0 \leq x \leq 4$ のとき、2つの図形が重なる部分は、直角をはさむ2辺が x cm の直角二等辺三角形になる。

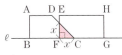

したがって、$y = \dfrac{1}{2} \times x \times x = \dfrac{1}{2}x^2$

点Cと点Fが重なってから8秒後に、点Cは点Gに重なる。
よって、$4 \leq x \leq 8$ のとき、2つの図形が重なる部分は、上底 $(x-4)$ cm、下底 x cm、高さ 4 cm の台形になる。

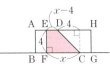

したがって、$y = \dfrac{1}{2}\{(x-4)+x\} \times 4 = 4x - 8$

(3) 2つの図形が重なる部分の面積が台形 ABCD の面積の半分になるのは、$4 \leq x \leq 8$ のときである。
台形 ABCD の面積の半分は、$\dfrac{1}{2} \times (4+8) \times 4 \times \dfrac{1}{2} = 12$
よって、$4x - 8 = 12$, $4x = 20$, $x = 5$

4 (1) ① 18cm²
② ア…9
イ…$2x^2$
ウ…$8x$
グラフは右の図
(2) **6秒後**

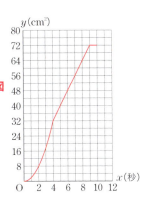

> 解説 ▼

(1) ① 3秒後の △PQR は右の図のようになる。よって、
$\triangle PQR = \dfrac{1}{2} \times 6 \times 6 = 18 (cm^2)$

② 点PがAを出発してから4秒後に点QはAに到着する。
よって、$0 \leq x \leq 4$ のとき、
AP = $2x$ cm, QR = $2x$ cm で、
△PQR は右の図のようになる。

したがって、$y = \dfrac{1}{2} \times 2x \times 2x = 2x^2$

点PがAを出発してから9秒後に点PはBに到着する。
よって、$4 \leq x \leq 9$ のとき、
AP = $2x$ cm, DQ = 8 cm で、
△PQR は右の図のようになる。

したがって、$y = \dfrac{1}{2} \times 2x \times 8 = 8x$

(2) 線分 PR が対角線 AC の中点を通るとき、長方形 ABCD は線分 PR によって2つの合同な四角形 APRD と四角形 CRPB に分けられる。
よって、RD = PB
AP = $2x$, DR = $3(x-4)$, AP + PB = 18 (cm) だから、
$2x + 3(x-4) = 18$, $5x = 30$, $x = 6$ (秒後)

5 (1) A(2, 4)   (2) $y = x + 6$
(3) 12   (4) $a = \dfrac{5}{6}$

> 解説 ▼

(1) 点A は $y = x^2$ のグラフ上の点だから、y 座標は、
$y = 2^2 = 4$ よって、A(2, 4)

(2) 点B は $y = x^2$ のグラフ上の点だから、y 座標は、
$y = 3^2 = 9$ よって、B(3, 9)
直線 BP は点 P(0, 6) を通るから、その式は、
$y = mx + 6$ とおける。
また、直線 BP は点 B(3, 9) を通るから、
$9 = 3m + 6$, $3m = 3$, $m = 1$
よって、直線 BP の式は、$y = x + 6$

(3) AB∥CP ならば、△ABC = △ABP となる。
点A, B は $y = 2x^2$ のグラフ上の点だから、座標は、
A(2, 8), B(3, 18)
直線 AB の傾きは、$\dfrac{18-8}{3-2} = 10$
これより、点 C を通り、直線 AB と傾きが等しい直線の式は、
$y = 10x + n$ とおける。
この直線は点 C(−1, 2) を通るから、$2 = 10 \times (-1) + n$, $n = 12$
よって、この直線の式は、
$y = 10x + 12$
したがって、点 P の y 座標は 12

(4) 点Bと y 軸について対称な点を D とすると、点 P は線分 AD と y 軸との交点である。
点A, B の座標はそれぞれ
A(2, 4a), B(3, 9a) と表せる。
また、D(−3, 9a)
これより、直線 AD の傾きは、
$\dfrac{9a - 4a}{-3 - 2} = -a$
直線 AD の式は、$y = -ax + b$ とおくと、$4a = -a \times 2 + b$, $b = 6a$
よって、直線 AD の式は、$y = -ax + 6a$
点Pの x 座標は 0, y 座標は 5 だから、$6a = 5$, $a = \dfrac{5}{6}$

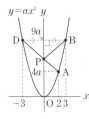

6 (1) $t^2 + 4t$ (2) ア…$t = 6$ イ…$-\dfrac{25}{2}$

解説▼

(1) $y=ax^2$ のグラフは点 A(2, 2) を通るから、
$2=a\times 2^2$, $2=4a$, $a=\dfrac{1}{2}$

点 P は $y=\dfrac{1}{2}x^2$ のグラフ上の点だから、$P\left(t, \dfrac{1}{2}t^2\right)$

点 Q は $y=x^2$ のグラフ上の点で、x 座標は t だから、$Q(t, t^2)$

点 R は y 軸について点 Q と対称な点だから、$R(-t, t^2)$

よって、$PQ=t^2-\dfrac{1}{2}t^2=\dfrac{1}{2}t^2$, $QR=t-(-t)=2t$

四角形 PQRS は長方形だから、その周の長さは、
$(PQ+QR)\times 2=\left(\dfrac{1}{2}t^2+2t\right)\times 2=t^2+4t$

(2) ア 四角形 PQRS の周の長さが 60 だから、$t^2+4t=60$
これを解くと、$t^2+4t-60=0$, $(t-6)(t+10)=0$,
$t=6$, $t=-10$ $t>0$ だから、$t=6$

イ 長方形の面積は 2 本の対角線の交点を通る直線で 2 等分される。
よって、四角形 PQRS の対角線 PR と QS の交点を M とすると、求める直線の傾きは、2 点 A, M を通る直線の傾きになる。
点 M は y 軸上の点で、P(6, 18), Q(6, 36) から、
点 M の y 座標は、$\dfrac{18+36}{2}=27$
よって、M(0, 27)
したがって、直線 AM の傾きは、$\dfrac{2-27}{2-0}=-\dfrac{25}{2}$

7 (1) $a=\dfrac{2}{9}$ (2) 12

解説▼

(1) 点 A は $y=2x^2$ のグラフ上の点だから、A(2, 8)
点 B は y 軸について点 A と対称な点だから、B(-2, 8)
よって、$AB=2-(-2)=4$
$BA=CE$ より、$CE=4$
$CD=DE$ より、$CD=ED=\dfrac{1}{2}CE=\dfrac{1}{2}\times 4=2$
また、CE と y 軸との交点を G とすると、点 C と点 D は y 軸について対称な点だから、$CG=DG$ より、
$DG=\dfrac{1}{2}CD=\dfrac{1}{2}\times 2=1$
よって、点 E の x 座標は、$DG+ED=1+2=3$
点 D の y 座標は、$y=2\times 1^2=2$
これより、点 E の y 座標も 2 だから、E(3, 2)
$y=ax^2$ のグラフは点 E を通るから、
$2=a\times 3^2$, $2=9a$, $a=\dfrac{2}{9}$

(2) BA∥CE, BA=CE より、四角形 ABCE は、1 組の向かい合う辺が平行で、その長さが等しいから、平行四辺形である。
よって、BC∥AE
△BCF と △BCE で、それぞれの底辺を BC とみると、
BC∥AE より、高さは等しいから、△BCF=△BCE
△BCE の面積は平行四辺形 ABCE の面積の半分だから、
$\triangle BCE=\dfrac{1}{2}\times 4\times (8-2)=12$ よって、$\triangle BCF=12$

8 (1) $a=2$, $b=\dfrac{9}{2}$ (2) B(2, 8)
(3) $D\left(-\dfrac{1}{2}, \dfrac{11}{2}\right)$

解説▼

(1) 点 $A\left(-\dfrac{3}{2}, b\right)$ は $y=x+6$ のグラフ上の点だから、
$b=-\dfrac{3}{2}+6=\dfrac{9}{2}$
点 $A\left(-\dfrac{3}{2}, \dfrac{9}{2}\right)$ は $y=ax^2$ のグラフ上の点だから、
$\dfrac{9}{2}=a\times\left(-\dfrac{3}{2}\right)^2$, $\dfrac{9}{2}=\dfrac{9}{4}a$, $a=\dfrac{9}{2}\times\dfrac{4}{9}=2$

(2) $y=2x^2$ と $y=x+6$ を連立させて解くと、
$2x^2=x+6$, $2x^2-x-6=0$
$x=\dfrac{-(-1)\pm\sqrt{(-1)^2-4\times 2\times(-6)}}{2\times 2}=\dfrac{1\pm\sqrt{49}}{4}$
$=\dfrac{1\pm 7}{4}$, $x=2$, $x=-\dfrac{3}{2}$
よって、点 B の x 座標は 2 だから、B(2, 8)

(3) 直線 AB と y 軸との交点を E とすると、E(0, 6)
また、$M\left(\dfrac{0+2}{2}, \dfrac{0+8}{2}\right)=(1, 4)$
$\triangle OAB=\triangle OAE+\triangle OBE$
$=\dfrac{1}{2}\times 6\times\dfrac{3}{2}+\dfrac{1}{2}\times 6\times 2=\dfrac{21}{2}$
(四角形 BECM の面積)
$=\triangle OBE-\triangle OMC$
$=\dfrac{1}{2}\times 6\times 2-\dfrac{1}{2}\times 3\times 1=\dfrac{9}{2}$
四角形 BECM の面積は △OAB の面積の半分より小さいから、
点 D は y 軸の左側にある。
すなわち、点 D の x 座標は負になる。
(四角形 BDCM の面積)$=\dfrac{1}{2}\triangle OAB=\dfrac{1}{2}\times\dfrac{21}{2}=\dfrac{21}{4}$
よって、$\triangle EDC=\dfrac{21}{4}-\dfrac{9}{2}=\dfrac{3}{4}$
△EDC で、EC を底辺とみたときの高さを h とすると、
$\dfrac{1}{2}\times 3\times h=\dfrac{3}{4}$, $\dfrac{3}{2}h=\dfrac{3}{4}$, $h=\dfrac{1}{2}$
よって、点 D の x 座標は $-\dfrac{1}{2}$, y 座標は $-\dfrac{1}{2}+6=\dfrac{11}{2}$

図形編

1 平面図形

STEP01 要点まとめ　本冊092ページ

1
- 01 右の図
- 02 B
- 03 半径
- 04 円
- 05 交点
- 06 下の左図

3
- 07 O
- 08 OB
- 09 Q
- 10 OC
- 11 下の右図

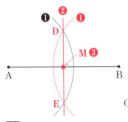
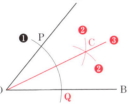

4
- 12 右の図

5
- 13 3
- 14 120
- 15 4
- 16 2
- 17 2

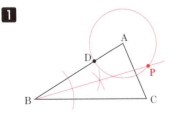

6
- 18 10
- 19 144
- 20 8π
- 21 10
- 22 144
- 23 40π

STEP02 基本問題　本冊094ページ

1

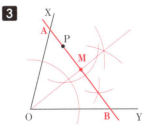

解説 ▼

条件①より，AP＝AD だから，点 P は，点 A を中心とする半径 AD の円周上にある。
また，条件②より，点 P は，直線 AB と直線 BC から等しい距離にあるから，∠ABC の二等分線上にある。

したがって，点 A を中心とする半径 AD の円と，∠ABC の二等分線をそれぞれ作図し，2つの交点のうち，△ABC の外部の点（条件②）を P とすればよい。

ミス注意

条件②の「点 P は △ABC の外部の点」を見落として，2つの交点を P としないように。

2

解説 ▼

まず，線分 BC の垂直二等分線の作図によって，辺 BC の中点 M を求める。
頂点 A が点 M の位置にくるように折るのだから，折り目の線は，線分 AM の垂直二等分線になる。
したがって，線分 AM の垂直二等分線を作図すればよい。

3

解説 ▼

OA＝OB の二等辺三角形 OAB の底辺 AB が点 P を通ると考えればよい。
△OAB は，∠AOB の二等分線を折り目にして折ると，ぴったり重なるから，まず，∠XOY の二等分線をひく。
∠XOY の二等分線と底辺 AB との交点を M とすると，△OAB は直線 OM を対称の軸とした線対称な図形で，∠OMA＝∠OMB＝180°÷2＝90°より，OM⊥AB だから，点 P を通る半直線 OM への垂線をひき，この垂線と半直線 OX，OY との交点をそれぞれ A，B とすればよい。

4

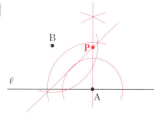

解説 ▼

円の接線は接点を通る半径に垂直だから，円の中心 P は，A を通る直線 ℓ の垂線上にある。
したがって，まず，A を通る直線 ℓ の垂線をひく。
この円は，2 点 A，B を通るから，円の中心 P は，弦 AB の垂直二等分線上にある。
したがって，弦 AB の垂直二等分線をひき，A を通る直線 ℓ の垂線との交点を P とすればよい。

5

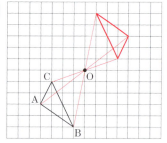

解説 ▼

点対称移動では，対応する点を結ぶ線分は回転の中心を通り，回転の中心によって 2 等分される。
したがって，頂点 A，B，C から点 O を通る直線をそれぞれひき，方眼のマス目を利用して，対応する点を決めればよい。

6 (1) △OFG
(2) **点 E を回転の中心として，時計の針の回転と同じ方向に 90° 回転させる。**
(3) **線分 HF(HO)を対称の軸として対称移動させ，線分 HE(GF)の長さだけその方向に平行移動させる。**

解説 ▼

(1) △AEH を，線分 EF の長さだけその方向に平行移動させると，△OFG に重なる。
(2) 回転の角の大きさは，辺 AE が辺 OE に重なるから，∠AEO＝90° である。
(3) △AEH を，線分 HF(HO)を対称の軸として対称移動させると，△DGH に重なる。
△DGH を，線分 HE(GF)の長さだけその方向に平行移動させると，△OFE に重なる。

7 (1) **弧の長さ…8π cm，面積…40π cm²**
(2) **150°**

解説 ▼

(1) このおうぎ形の弧の長さは，
$2\pi \times 10 \times \dfrac{144}{360} = 8\pi$ (cm)
このおうぎ形の面積は，
$\pi \times 10^2 \times \dfrac{144}{360} = 40\pi$ (cm²)

(2) このおうぎ形の中心角を $x°$ とすると，
$2\pi \times 6 \times \dfrac{x}{360} = 5\pi$，$x = \dfrac{5\pi \times 360}{2\pi \times 6} = 150$

8 (1) 120° (2) 36π cm²

解説 ▼

(1) 辺 AC が辺 A'C に重なるから，回転した角度は，
∠ACA'＝180°－60°＝120°

(2) 右の図のように一部分の面積を移すと，辺 AB が通過した部分の面積は，中心角が 120° の 2 つのおうぎ形の面積の差で求められるから，

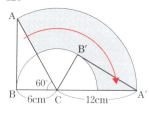

$\pi \times 12^2 \times \dfrac{120}{360} - \pi \times 6^2 \times \dfrac{120}{360}$
$= 48\pi - 12\pi = 36\pi$ (cm²)

STEP 03 実戦問題

本冊096ページ

1 エ

解説 ▼

アの位置のひし形は，①の回転移動でウの位置に，②の平行移動でキの位置に，③の対称移動でエの位置にくる。

2

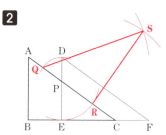

解説 ▼

P を中心として半径 PD の円をかき，線分 AP との交点のうち，点 A に近いほうの点を Q とする。
P を中心として半径 PE の円をかき，線分 PC との交点のうち，点 C に近いほうの点を R とする。
Q を中心とした半径 DF の円と，R を中心とした半径 EF の円をかき，辺 AC について頂点 D と同じ側の交点を S とする。

3 (例)

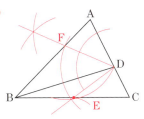

解説▼

角の二等分線の作図と正三角形の作図を利用する。
∠ADBの二等分線を作図し，辺ABとの交点をFとすると，
∠FDB=80°÷2=40°
正三角形の1つの角は60°だから，20°=60°-40° より，
辺DFを1辺とする正三角形を頂点Aの反対側に作図し，この正三角形と辺BCとの交点のうち，頂点Cに近いほうの点をEとすればよい。

別解

∠BDC=180°-80°=100°，
100°-60°=40°，
40°÷2=20° より，
辺CDを1辺とする正三角形を頂点Bのあるほうに作図し，この正三角形の辺と線分BDがつくる角の二等分線を作図し，辺BCとの交点をEとしてもよい。

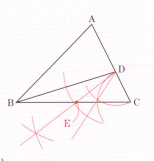

4 (1) $\frac{1}{2}\pi$　(2) 12倍　(3) $\frac{49}{4}\pi$

解説▼

(1) AB=8 より，OA=OB=8÷2=4，OC=CB=4÷2=2，OD=DC=2÷2=1
したがって，中心がDの半円の面積は，
$\pi \times 1^2 \times \frac{1}{2} = \frac{1}{2}\pi$

(2) 斜線部分の面積は，
$\pi \times 4^2 \times \frac{1}{2} - \pi \times 2^2 \times \frac{1}{2} = 8\pi - 2\pi = 6\pi$
したがって，斜線部分の面積は，中心がDの半円の面積の
$6\pi \div \frac{1}{2}\pi = 12$(倍)

(3) $\overparen{AB} + \overparen{OB} + \overparen{OC} = 8\pi \times \frac{1}{2} + 4\pi \times \frac{1}{2} + 2\pi \times \frac{1}{2}$
$= 4\pi + 2\pi + \pi = 7\pi$
これが円周となる円の半径は，
$7\pi \div \pi \div 2 = \frac{7}{2}$

したがって，この円の面積は，
$\pi \times \left(\frac{7}{2}\right)^2 = \frac{49}{4}\pi$

5 $\frac{7}{2}\pi$

解説▼

右の図のように，半直線OO_1と$\overparen{AB}$との交点をP，円O_1と円O_2との接点をQとする。
また，点O_1，O_2から辺OAにひいた垂線と辺OAとの交点をそれぞれR，Sとすると，点R，Sはそれぞれ2つの円と辺OAの接点である。

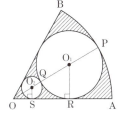

∠AOB=60° より，∠O_1OR=60°÷2=30°
これより，△O_1ORは正三角形の半分の形だから，
$OO_1 : O_1R = OO_1 : O_1P = 2 : 1$
OP=9 より，
$O_1P = 9 \times \frac{1}{2+1} = 9 \times \frac{1}{3} = 3$ ←円O_1の半径
同様に，△O_2OSで，
$OO_2 : O_2S = OO_2 : O_2Q = 2 : 1$
$OQ = 9 - 3 \times 2 = 9 - 6 = 3$ より，
$O_2Q = 3 \times \frac{1}{2+1} = 3 \times \frac{1}{3} = 1$ ←円O_2の半径
したがって，斜線部分の面積は，
$\pi \times 9^2 \times \frac{60}{360} - (\pi \times 3^2 + \pi \times 1^2) = \frac{27}{2}\pi - 10\pi = \frac{7}{2}\pi$

6 (1) $\frac{5}{72}\pi$　(2) $\frac{11}{10}\pi$　(3) 5秒後

解説▼

(1) 円O_1の面積は，$\pi \times 1^2 = \pi$
点Pは72秒で円O_1の周を1周するから，点Pが点Aを出発してから5秒後(点Qはまだ出発していない)に黒く塗りつぶされている図形(おうぎ形OAP)の面積は，
$\pi \times \frac{5}{72} = \frac{5}{72}\pi$

(2) 黒く塗りつぶされている図形の面積は，
(おうぎ形OAPの面積)+(おうぎ形OBQの面積)
-(おうぎ形OARの面積)
で求められる。
点Pは点Qが点Bを出発する27秒前に点Aを出発しているから，おうぎ形OAPの面積は，
$\pi \times \frac{27+9}{72} = \pi \times \frac{36}{72} = \frac{1}{2}\pi$
円O_2の面積は，$\pi \times 2^2 = 4\pi$
点Qは45秒で円O_2の周を1周するから，点Qが点Bを出発してから9秒後のおうぎ形OBQの面積は，
$4\pi \times \frac{9}{45} = \frac{4}{5}\pi$

おうぎ形 OAR の面積は,
$\pi \times \dfrac{9}{45} = \dfrac{1}{5}\pi$
したがって, 点 Q が点 B を出発してから9秒後に黒く塗りつぶされている図形の面積は,
$\dfrac{1}{2}\pi + \dfrac{4}{5}\pi - \dfrac{1}{5}\pi = \dfrac{5}{10}\pi + \dfrac{8}{10}\pi - \dfrac{2}{10}\pi = \dfrac{11}{10}\pi$

(3) $S_1 = S_2$ より,
$S_1 +$ (おうぎ形 OAR の面積)
$= S_2 +$ (おうぎ形 OAR の面積)
すなわち,
(おうぎ形 OBQ の面積)=(おうぎ形 OAP の面積)
だから, 点 Q が点 B を出発してから t 秒後に $S_1 = S_2$ となるとすると,
$4\pi \times \dfrac{t}{45} = \pi \times \dfrac{27+t}{72}$
両辺に $\dfrac{360}{\pi}$ をかけて,
$32t = 5(27+t)$, $27t = 135$, $t = 5$
これは問題にあっている。

2 空間図形

STEP01 要点まとめ　本冊098ページ

1　01　4　　　　　02　四
　　03　**正三角錐**　04　**正四面体**

2　05　5　　　　06　10π
　　07　12　　　　08　10π
　　09　150

3　10　DC, EF, HG
　　11　CG, DH, EH, FG
　　12　EF, FG, HG, HE
　　13　AE, BF, CG, DH

4　14　10　　　　15　300
　　16　12　　　　17　30
　　18　300　　　　19　30
　　20　360　　　　21　4
　　22　16π　　　23　16π
　　24　48π

5　25　4　　　　26　3
　　27　36π　　　28　$\dfrac{4}{3}$
　　29　3　　　　30　36π

解説 ▼

3 空間内の2直線の位置関係は,
①交わる　②平行である　③ねじれの位置にある
空間内の直線と平面の位置関係は,
①交わる　②平行である　③直線は平面上にある
空間内の2平面の位置関係は,
①交わる　②平行である

STEP02 基本問題　本冊100ページ

1　③

解説 ▼

展開図を組み立てたとき, 辺 AB と辺 CD が交わらず, 平行でもないものを選べばよい。
① 点 B と点 D が重なるから, 辺 AB と辺 CD は交わる。
② 辺 AB と辺 CD は平行になる。
③ 辺 AB と辺 CD は交わらず, 平行でもない。
④ 点 A と点 D が重なるから, 辺 AB と辺 CD は交わる。

2 (1)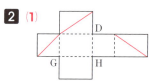

(2) 16cm³

解説 ▼

(1) 図2の展開図に, 図1の見取図に対応する頂点の記号を書き入れると, 右のようになる。
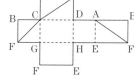
面 ABCD の A と C,
面 AEFB の A と F,
面 BFGC の C と F をそれぞれ線分で結べばよい。

(2) 三角錐 ABCF の底面を △BFC, 高さを AB と考えると, その体積は,
$\dfrac{1}{3} \times \dfrac{1}{2} \times 4 \times 4 \times 6 = 16 (\text{cm}^3)$

3 (1) 144°　　(2) 6cm

解説 ▼

(1) 側面になるおうぎ形の中心角を $x°$ とすると, 側面のおうぎ形の弧の長さと底面の円周の長さは等しいから,
$2\pi \times 5 \times \dfrac{x}{360} = 2\pi \times 2$, $\dfrac{x}{360} = \dfrac{2\pi \times 2}{2\pi \times 5} = \dfrac{2}{5}$,
$x = 360 \times \dfrac{2}{5} = 144$

(2) 底面の円の半径を r cm とすると,
$2\pi \times 16 \times \dfrac{135}{360} = 2\pi r$, $r = 16 \times \dfrac{3}{8} = 6$

4 (1) $112\pi \text{cm}^3$　　(2) $30\pi \text{cm}^3$

解説 ▼
(1) 大きい円柱から小さい円柱をくりぬいた立体ができる。
EF＝BE＝4cm, AE＝AB+BE＝4+4＝8(cm)
BG＝BE＝4cm, CG＝BG÷2＝4÷2＝2(cm)
DC＝AB＝4cm
したがって，できる立体の体積は，
$\pi \times 4^2 \times 8 - \pi \times 2^2 \times 4 = 128\pi - 16\pi = 112\pi$(cm³)

(2) 半球と円錐を組み合わせた立体ができるから，体積は，
$\frac{1}{2} \times \frac{4}{3} \pi \times 3^3 + \frac{1}{3} \pi \times 3^2 \times 4 = 18\pi + 12\pi = 30\pi$(cm³)

5 (1) 144cm²　　(2) 12πcm²

解説 ▼
(1) 上下の面の面積の和は，
$2 \times 10 \times 2 = 40$(cm²)
左右の面の面積の和は，
$(4+2) \times 2 \times 2 = 6 \times 2 \times 2 = 24$(cm²)
手前と奥の面の面積の和は，
$(4 \times 5 + 2 \times 10) \times 2 = (20+20) \times 2 = 40 \times 2 = 80$(cm²)
したがって，この立体の表面積は，
$40 + 24 + 80 = 144$(cm²)

(2) この円錐の側面積は，公式を利用して，
$\pi \times 2 \times 4 = 8\pi$(cm²)
したがって，この円錐の表面積は，
$8\pi + \pi \times 2^2 = 8\pi + 4\pi = 12\pi$(cm²)

別解 ＋

円錐の側面積を求める公式を忘れたときは，次のように，側面となるおうぎ形の中心角を利用すればよい。側面のおうぎ形の中心角を $x°$ とすると，側面のおうぎ形の弧の長さと底面の円周の長さは等しいから，
$2\pi \times 4 \times \frac{x}{360} = 2\pi \times 2$, $\frac{x}{360} = \frac{2\pi \times 2}{2\pi \times 4} = \frac{1}{2}$
したがって，この円錐の表面積は，
$\pi \times 4^2 \times \frac{1}{2} + \pi \times 2^2 = 8\pi + 4\pi = 12\pi$(cm²)

6 $x=15$

解説 ▼
切る前の木材の表面積は，
$(20 \times 30 + 30x + 20x) \times 2 = (600 + 50x) \times 2 = 1200 + 100x$(cm²)
木材を10個に切り分けるとき，切る回数は，10−1＝9(回)で，1回切るごとに，表面積の和は，（切り口の面積）×2ずつ増える。
切り分けた10個の木材の表面積の和が，切る前の木材の表面積の3倍になるから，
$1200 + 100x + 20x \times 2 \times 9 = 3(1200 + 100x)$,
$1200 + 100x + 360x = 3600 + 300x$, $160x = 2400$, $x = 15$
これは問題にあっている。

STEP03 実戦問題　本冊102ページ

1 (1) 7本
(2) ① ア…B, イ…D
② 14cm
③ 最長…34cm, 最短…22cm

解説 ▼
(1) 立方体の辺を1本切ると，展開図では2本の辺になる。
展開図の周の辺の数は14本だから，切った辺の数は，
$14 \div 2 = 7$(本)

別解 ＋

立方体の辺の数は12本で，展開図で切っていない辺は破線で表された5本だから，切った辺の数は，
$12 - 5 = 7$(本)

(2) ① 図3の展開図に，図2の見取図に対応する頂点の記号を書き入れると，次のようになるから，アの点はB，イの点はDに対応する。

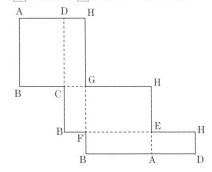

② 次の図のように考えると，展開図の周の長さの合計は，縦が$3+2+1=6$(cm)，横が$2+1+3+2=8$(cm)の長方形の周の長さと等しいから，
$(6+8) \times 2 = 14 \times 2 = 28$(cm)
したがって，切った辺の長さの合計は，
$28 \div 2 = 14$(cm)

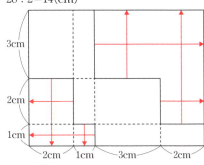

ミス注意 ！

展開図の周の長さの合計を答えとしないように。求めるのは，切った辺の長さの合計だから，展開図の

周の長さの合計を2でわること。

③ 展開図の周の長さの合計が最長となるのは，面が切れて落ちないように長い辺から順に7本切ったとき，つまり，図2の見取図で，例えば，辺 AB, EF, HG, DC, BC, FG, BF を切ったときで，その長さは，
$(3×4+2×2+1×1)×2=17×2=34$(cm)
展開図の周の長さの合計が最短となるのは，面が切れて落ちないように短い辺から順に7本切ったとき，つまり，図2の見取図で，例えば，辺 AE, BF, CG, DH, AD, BC, AB を切ったときで，その長さは，
$(1×4+2×2+3×1)×2=11×2=22$(cm)

ミス注意

②とは逆に，切った辺の長さの合計を答えとしないように。求めるのは，展開図の周の長さの合計だから，切った辺の長さの合計を2倍すること。

2 **面イと面コ，面ウと面サ，面エと面キ，面オと面ク，面カと面ケ**

解説

問題の展開図で，面アと面シのような位置関係(間に面を2つはさむ位置関係)にある面は，平行であると考えられるから，まず，面エと面キ，面カと面ケはそれぞれ平行である。
また，右の図で，面イの赤い辺と面キの赤い辺は重なるから，面イと面コも，面アと面シと同じような位置関係にあり，平行である。
同様に考えると，面ウと面サ，面オと面クもそれぞれ平行である。

3 **16cm²**

解説

この三角錐 B-AFC を辺 AB, BC, BF で切り開いた展開図は，右の図のように，1辺が 4cm の正方形になるから，この三角錐の表面積は，
$4×4=16$(cm²)

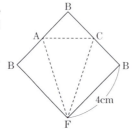

参考

底面が1辺 a の正方形で，高さが $2a$ の直方体を，この問題のように3つの頂点を通る平面で切ってできる三角錐は，展開図が1辺 $2a$ の正方形になる。

4 (1) ① **72πcm³**　② **$\frac{32}{3}π$cm³**

(2) **あふれない**
(理由)容器 A の容積は，
$\frac{1}{3}π×5^2×5=\frac{125}{3}π$(cm³)
容器 B の容積は，
$π×5^2×5-\frac{1}{2}×\frac{4}{3}π×5^3=\frac{125}{3}π$(cm³)
したがって，容器 A と容器 B の容積は等しいから，水はあふれない。

(3) **$\frac{17}{3}π$cm³**

解説

(1) ① $\frac{1}{3}π×6^2×6=72π$(cm³)

② 容器を真正面から見た右の図より，球は完全に水の中に沈むから，あふれ出た水の体積は球の体積に等しく，
$\frac{4}{3}π×2^3=\frac{32}{3}π$(cm³)

この部分は直角二等辺三角形

(3) 下の図4や図5で，斜線部分の三角形は直角二等辺三角形だから，直角をはさむ2辺の長さは等しい。

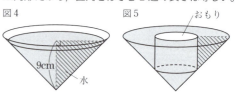

図4の水面の円の半径は，水の深さと等しく 9cm だから，図4の水の体積は，
$\frac{1}{3}π×9^2×9=243π$(cm³)
図5の円柱の底面の半径は 4cm だから，高さは，
$10-4=6$(cm)
図5の水の体積は，
$\frac{1}{3}π×10^2×10-π×4^2×6=\frac{712}{3}π$(cm³)
したがって，あふれ出た水の体積は，
$243π-\frac{712}{3}π=\frac{17}{3}π$(cm³)

5 **$\frac{7}{2}$**

解説

次の図のように，この直方体を，さらに点 K を通り面

ABCDに平行な面で切って3つの立体に分け，それぞれの立体を**ア**，**イ**，**ウ**とする。体積の比について，
(**ア**+**イ**)：**ウ**=5：3で，
イ=**ウ**だから，
ア：**イ**：**ウ**=(5-3)：3：3
　　　　　=2：3：3
これより，
CK：KG=**ア**：(**イ**+**ウ**)=2：(3+3)=2：6=1：3
CG=AE=8より，
KG=$8 \times \frac{3}{1+3} = 8 \times \frac{3}{4} = 6$
ここで，IF=xとすると，JH=IF-1=$x-1$
JH+IF=KGより，
$x-1+x=6$, $2x=7$, $x=\frac{7}{2}$
これは問題にあっている。

3 平行と合同

STEP01 要点まとめ　本冊104ページ

1
- 01　180
- 02　60
- 03　**同位角**
- 04　60
- 05　60
- 06　130
- 07　**錯角**
- 08　130
- 09　130

2
- 10　65
- 11　180
- 12　180
- 13　65
- 14　75

3
- 15　145
- 16　145
- 17　70

4
- 18　8
- 19　1080
- 20　1080
- 21　135

5
- 22　DC
- 23　6
- 24　H
- 25　85

6
- 26　DE
- 27　**対頂角**
- 28　DEC
- 29　**錯角**
- 30　BAE
- 31　**1組の辺とその両端の角**

解説▼

4 多角形の外角の和は360°であることを利用すると，次のように求めることができる。
正八角形の1つの外角の大きさは，360°÷8=45°
よって，1つの内角の大きさは，180°-45°=135°

6 すでに正しいと認められたことがらを根拠にして，す

じ道を立てて，仮定から結論を導くことを証明という。

STEP02 基本問題　本冊106ページ

1　80°

解説▼

対頂角は等しいことと，一直線の角は180°であることから，
30°+∠x+70°=180°, ∠x=80°

2　(1) 130°　(2) 75°
　　(3) 77°　(4) 43°

解説▼

(1) 平行線の同位角(錯角)は等しいことと，一直線の角は180°であることから，
∠x+50°=180°, ∠x=130°

(2) (1)と同様に，
∠x+105°=180°, ∠x=75°

(3) 右の図のように，直線ℓに平行な直線をひくと，平行線の錯角は等しいから，
∠x=21°+56°=77°

(4) 151°の角のとなりの角は，
180°-151°=29°
右の図のように，直線ℓに平行な直線をひくと，平行線の同位角・錯角は等しいから，
∠x+29°=72°, ∠x=43°

3　(1) 70°　(2) 32°
　　(3) 80°　(4) 34°

解説▼

(1) 三角形の3つの内角の和は180°だから，
∠x+48°+62°=180°, ∠x=180°-110°=70°

(2) 三角形の内角の和より，
58°+∠x+90°=180°, ∠x=180°-148°=32°

(3) 三角形の1つの外角は，それととなり合わない2つの内角の和に等しいから，
∠x=44°+36°=80°

(4) 2つの三角形に共通な外角に着目すると，三角形の内角と外角の関係より，
56°+60°=82°+∠x,
∠x=116°-82°=34°

共通な外角

4 (1) 900° (2) 70°

解説 ▼

(1) $180°×(7-2)=180°×5=900°$
(2) 多角形の外角の和は360°だから、
$∠x+60°+90°+35°+105°=360°$，
$∠x=360°-290°=70°$

5 △ACM≡△BDM
合同条件…2組の辺とその間の角がそれぞれ等しい

解説 ▼

△ACMと△BDMにおいて，
点Mは線分AB, CDの中点だから，
　　　AM=BM　……①
　　　CM=DM　……②
対頂角は等しいから，
　　　∠AMC=∠BMD　……③
①，②，③より，2組の辺とその間の角がそれぞれ等しいから，△ACM≡△BDM

ミス注意

対応する頂点の順に，△ACM≡△BDMと書くこと。
△ACM≡△DBMなどとしないように。また，頂点が対応していれば，△AMC≡△BMDなどでもよい。

6 (1) 仮定…AC=AE, ∠C=∠E
　　　結論…△ABC≡△ADE
(2) ア　AC=AE
　　イ　∠A=∠A
　　ウ　1組の辺とその両端の角

解説 ▼

(1) 「○○○ならば●●●」で，「ならば」の前の○○○が仮定，「ならば」のあとの●●●が結論である。
(2) 三角形の合同の証明では，③の根拠のように，共通な角や共通な辺がよく使われる。

7 (証明)△ABMと△CDNにおいて，
長方形の向かい合う辺だから，
　　　　AB=CD　　　　……①
　　　　AD=BC　　　　……②
点M, Nはそれぞれ辺AD, BCの中点だから，
　　　　AM=$\frac{1}{2}$AD, CN=$\frac{1}{2}$BC……③
②，③より，AM=CN　　　　……④
長方形の角だから，
　　　　∠A=∠C=90°　　　　……⑤
①，④，⑤より，2組の辺とその間の角がそれぞれ

等しいから，△ABM≡△CDN
合同な図形の対応する角の大きさは等しいから，
　　　　∠ABM=∠CDN

STEP 03　実戦問題

本冊108ページ

1 (1) 110°　(2) 150°
(3) 45°　(4) 61°

解説 ▼

(1) 平行線の錯角は等しいことと，三角形の内角と外角の関係より，
$∠x=63°+47°=110°$

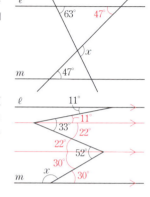

(2) 右の図のように，直線ℓに平行な2本の直線をひくと，平行線の錯角は等しいから，
$∠x$のとなりの角は，
$33°-11°=22°$，
$52°-22°=30°$
$∠x=180°-30°=150°$

(3) 三角形の内角と外角の関係より，$∠x$のとなりの角の大きさは，
$137°-51°=86°$
平行線の同位角は等しいから，
$∠x=131°-86°=45°$

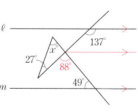

(4) 右の図のように，直線ℓに平行な直線をひくと，平行線の同位角・錯角は等しいことと，三角形の内角と外角の関係より，
$∠x+27°=137°-49°$，$∠x=88°-27°=61°$

2 (1) 40°　(2) 100
(3) 33°

解説 ▼

(1) ∠E=45°だから，三角形の内角と外角の関係より，
$∠EGB+45°=25°+60°$，$∠EGB=85°-45°=40°$
対頂角は等しいから，
$∠x=∠EGB=40°$

(2) 右の図のように，頂点BとEを結ぶと，三角形の内角と外角の関係と，四角形の

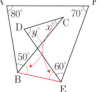

内角の和より，
80+50+x+y+60+70=360,
x+y=360−260=100

(3) ∠ACB=$x°$ とすると，合同な図形の対応する角の大きさは等しいことと，平行線の錯角は等しいことから，各角の大きさは，右の図のようになる。

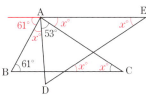

61°+$x°$+53°+$x°$=180°，2$x°$=66°，$x°$=33°

3 (1) 14 個　　(2) n=360，x=179

解説 ▼

(1) この正多角形の頂点の数(角の数)を n 個とすると，
180°×(n−2)=2160°，n−2=12，n=14

(2) x=$\frac{180(n-2)}{n}$=180−$\frac{360}{n}$
これより，x の値が自然数となる n のうち，最も大きい n の値は，n=360
このときの x の値は，180−$\frac{360}{360}$=180−1=179

別解 ⊕

正 n 角形の1つの外角の大きさは$\frac{360°}{n}$だから，
x=180−$\frac{360}{n}$と考えてもよい。

4 (1) ア　AB=BC
　　　イ　2組の辺とその間の角
(2) 120°

解説 ▼

(2) △ABD≡△BCE より，
∠FAB=∠FBD
正三角形の1つの内角は，
180°÷3=60° だから，
△ABF の内角と外角の関係より，
∠BFD
=∠ABF+∠FAB=∠ABF+∠FBD=60°
∠AFB=180°−60°=120°

5 ア　90
　　イ　2組の辺とその間の角
　　ウ　45

解説 ▼

ア　正方形の1つの内角は 90° である。

ウ　∠DCG=∠DAE=90°÷2=45°

6 (1) ア　d　　イ　b
(2) 四角形 ABCD と四角形 AEFG は長方形だから，
∠ABG＝∠GFH=90°……②
長方形の向かい合う辺だから，
AB=DC=3cm
GF=3cm だから，
AB=GF=3cm……③
①，②，③より，1組の辺とその両端の角がそれぞれ等しいから，
△ABG≡△GFH

7 (説明)右の図のように，△ABC の辺 BC の延長線上に点 D をとる。また，BA∥CE となる半直線 CE をひくと，平行線の錯角は等しいから，
∠A＝∠ACE
平行線の同位角は等しいから，
∠B＝∠ECD
一直線の角は 180° だから，
∠A+∠B+∠ACB=∠ACE+∠ECD+∠ACB=180°
したがって，△ABC の3つの内角の和は 180° である。

別解 ⊕

(説明)右の図のように，△ABC の頂点 A を通り，BC∥DE となる直線 DE をひくと，平行線の錯角は等しいから，
∠B＝∠DAB，
∠C＝∠EAC
一直線の角は 180° だから，
∠BAC+∠B+∠C=∠BAC+∠DAB+∠EAC=180°
したがって，△ABC の3つの内角の和は 180° である。

8

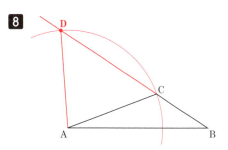

解説 ▼

辺 BC を延長する。

点 A を中心として半径 AC の円をかき，辺 BC の延長線との交点を D とする。
△ABC と △ABD は，
AB=AB，AC=AD，∠ABC=∠ABD で，
対応する2組の辺と1つの角がそれぞれ等しいが，合同ではない。

別解 ＋

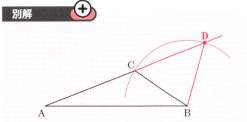

辺 AC を延長する。
点 B を中心として半径 BC の円をかき，辺 AC の延長線との交点を D とする。
△ABC と △ABD は，
AB=AB，BC=BD，∠BAC=∠BAD で，
対応する2組の辺と1つの角がそれぞれ等しいが，合同ではない。

9 (証明) △ABD と △ACE において，
仮定より，　　　AB=AC　　　……①
　　　　　　　　AD=AE　　　……②
　　　　　　　　∠BAC=∠EAD　……③
また，　∠BAD=180°−∠BAC　……④
　　　　∠CAE=180°−∠EAD　……⑤
③，④，⑤より，∠BAD=∠CAE　……⑥
①，②，⑥より，2組の辺とその間の角がそれぞれ等しいから，　△ABD≡△ACE
合同な図形の対応する辺の長さは等しいから，
　　　　　　　　BD=CE

解説 ▼

結論が BD=CE だから，BD を1辺とする △ABD と，CE を1辺とする △ACE に着目し，この2つの三角形の合同から，結論を導く。

10 (証明) △ABF と △BCE において，
四角形 ABCD は正方形だから，
　　　　　　AB=BC　　　……①
　　　∠FAB=∠EBC=90°　……②
また，　∠ABF=∠ABC−∠FBC
　　　　　　　=90°−∠FBC　……③
BF⊥EC より，∠BCE=180°−90°−∠FBC
　　　　　　　　　　=90°−∠FBC　……④
③，④より，∠ABF=∠BCE　……⑤
①，②，⑤より，1組の辺とその両端の角がそれぞれ等しいから，△ABF≡△BCE

11 (証明) △ABD と △ACF において，
△ABC は ∠A=90° の直角二等辺三角形だから，
　　　　　　　AB=AC　　　……①
四角形 ADEF は正方形だから，
　　　　　　　AD=AF　　　……②
また，　∠DAB=∠CAB−∠CAD
　　　　　　　=90°−∠CAD　……③
　　　　∠FAC=∠FAD−∠CAD
　　　　　　　=90°−∠CAD　……④
③，④より，∠DAB=∠FAC　……⑤
①，②，⑤より，2組の辺とその間の角がそれぞれ等しいから，△ABD≡△ACF

12 (証明) △AEF と △CDF において，
四角形 ABCD は長方形だから，
　　　　　　AB=CD　　　……①
　　　　∠B=∠D=90°　　……②
折り返した辺や角は等しいから，
　　　　　　AE=AB　　　……③
　　　　　　∠E=∠B　　 ……④
①，③より，　AE=CD　　　……⑤
②，④より，　∠E=∠D　　 ……⑥
また，対頂角は等しいから，
　　　　　∠AFE=∠CFD　……⑦
⑥，⑦より，残りの角も等しいから，
　　　　　　∠EAF=∠DCF　……⑧
⑤，⑥，⑧より，1組の辺とその両端の角がそれぞれ等しいから，△AEF≡△CDF

13 (証明) 右の図のように，
点 E から辺 BC に垂線をひき，BC との交点を I とする。また，CG と EF，EI の交点をそれぞれ J，K とする。△CGB と △EFI において，四角形 ABCD は正方形，四角形 EICD は長方形だから，CB=DC，DC=EI より，
　　　　CB=EI　　　……①
　　∠CBG=∠EIF=90°　……②

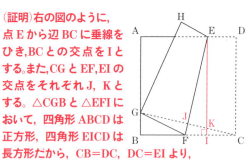

四角形 EDCF と四角形 EHGF は線分 EF について対称で，対応する点を結ぶ線分は，対称の軸 EF によって垂直に2等分されるから，CG⊥EF
ここで，△CKI と △EKJ において，
　∠CIK=∠EJK=90°，∠CKI=∠JKE（対頂角）
より，残りの角も等しいから，
　　　　　∠ICK=∠KEJ
すなわち，　∠BCG=∠IEF　　　……③

①, ②, ③より, 1組の辺とその両端の角がそれぞれ等しいから, △CGB≡△EFI
合同な図形の対応する辺の長さは等しいから,
CG=EF

解説 ▼

結論が CG=EF だから, 辺 CG, EF をそれぞれ 1 辺とする三角形に着目する。この問題では, 点 E から辺 BC に垂線をひいて, 辺 EF を 1 辺とする三角形をつくる。

14 (証明)∠BPR=∠QPR=∠x, ∠PQR=∠DQR=∠y とする。
AB∥CD より, 平行線の錯角は等しいから,
∠PQD=∠APQ
∠PQD+∠BPQ=∠APQ+∠BPQ=180° より,
$2∠x+2∠y=180°$, $2(∠x+∠y)=180°$,
$∠x+∠y=180°÷2=90°$
△PQR の内角の和より,
∠PRQ+∠x+∠y=180°
∠PRQ=180°−(∠x+∠y)=180°−90°=90°

4 図形の性質

STEP01 要点まとめ　本冊112ページ

1　01　C
　　03　50
　　02　80

2　04　CDB　　05　90
　　06　CB　　　07　EBC
　　08　DCB　　09　斜辺と1つの鋭角
　　10　ECB　　11　DBC

3　12　対角　　13　130
　　14　65　　　15　65
　　16　対辺　　17　8
　　18　5　　　19　8
　　20　5　　　21　3

4　22　角　　　23　等しい
　　24　辺　　　25　垂直

5　26　AP　　　27　BC
　　28　AC　　　29　AC
　　30　CQ　　　31　CQ(AB)
　　32　BA(QC)
　　33　△ACP, △ACQ, △BCQ

解説 ▼

5 △PABと△QABの頂点 P, Q が, 直線 AB に関して同じ側にあるとき,

① PQ∥AB ならば, △PAB=△QAB
② △PAB=△QAB ならば, PQ∥AB

STEP02 基本問題　本冊114ページ

1 (1) 80°　　(2) 74°

解説 ▼

二等辺三角形の底角は等しい。
(1) AB=AC より, ∠B=∠C=50° だから,
∠x=180°−50°×2=180°−100°=80°
(2) AB=BC より, ∠A=∠C=∠x だから,
∠x=(180°−32°)÷2=148°÷2=74°

くわしく

二等辺三角形の底角と頂角
頂角が $a°$ の二等辺三角形の底角は,
$(180°−a°)÷2$
底角が $b°$ の二等辺三角形の頂角は,
$180°−b°×2$

2 仮定から,　　　∠ADB=∠ADC=90°……①
　　　　　　　　　　AB=AC　　　　　　……②
共通な辺だから,　　AD=AD　　　　　　……③
①, ②, ③より, 直角三角形の斜辺と他の1辺がそれぞれ等しいから, △ABD≡△ACD

3 (1) $x=42$　　(2) $x=36$

解説 ▼

(1) 平行四辺形の対角は等しいから,
∠C=∠A=110°
△BCD の内角の和より,
28+110+x=180, x=180−138=42
(2) 平行四辺形のとなり合う2つの角の大きさの和は180° だから,
$2x+3x=180$, $5x=180$, $x=36$

4 仮定から,　　　∠AEB=∠CFD=90°……①
平行四辺形の対辺は等しいから,
　　　　　　　　　　AB=CD　　　　　　……②
AB∥DC より, 平行線の錯角は等しいから,
　　　　　　　　　　∠BAE=∠DCF　　　……③
①, ②, ③より, 直角三角形の斜辺と1つの鋭角がそれぞれ等しいから, △ABE≡△CDF

5 ウ, エ

解説 ▼

ア，イは，次の図のような台形も考えられるので，必ず平行四辺形になるとはいえない。

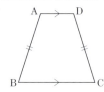

ウ 右の図で，AD∥BC より，
平行線の錯角は等しいから，
∠A=∠ABE
∠A=∠C より，
∠ABE=∠C
同位角が等しいから，
AB∥DC
したがって，四角形 ABCD は，2 組の対辺がそれぞれ平行だから，平行四辺形である。

エ 4つの角がすべて等しいから，四角形 ABCD は長方形で，特別な平行四辺形である。

6 (証明)四角形 ABCD は平行四辺形だから，
　　　AD∥BC ……①　　AD=BC ……②
四角形 BEFC は平行四辺形だから，
　　　BC∥EF ……③　　BC=EF ……④
①，③より，AD∥EF
②，④より，AD=EF
したがって，四角形 AEFD は，1 組の対辺が平行でその長さが等しいから，平行四辺形である。

7 (1) ア…A　　　　　イ…PM
(2)

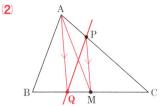

解説 ▼

点 M は辺 BC の中点だから，
△ABM=△ACM
AQ∥PM より，
△AMP=△PQM
△AMC=△AMP+△PMC
　　　=△PQM+△PMC=△PQC
したがって，直線 PQ は △ABC の面積を 2 等分する。

STEP03 実戦問題　　本冊116ページ

1 (1) 27°　　　　　(2) 105°
(3) 24°　　　　　(4) 35°
(5) 54°

解説 ▼

(1) AB=AC より，
∠ABC=(180°−42°)÷2=138°÷2=69°
AD=BD より，∠ABD=∠A=42° だから，
∠x=69°−42°=27°

(2) AB=AC=AE，∠BAE=60°+90°=150° より，
∠AEF=(180°−150°)÷2=30°÷2=15°
△AEF の内角と外角の関係より，
∠EFC=15°+90°=105°

(3) ℓ∥m より，平行線の錯角は等しいことから，
∠BAC=114°−45°=69°
AB=BC より，
∠ABC=180°−69°×2=180°−138°=42°
∠x=180°−(114°+42°)=180°−156°=24°

(4) AB=AC より，
∠ACB=∠B=65°
△CEF の内角と外角の関係より，
∠CEF=65°−30°=35°
対頂角は等しいから，
∠DEA=∠CEF=35°

(5) ∠OAC=∠x，∠OBD=∠y
とする。
点 O と C，点 O と D を
結ぶと，OA=OC より，
∠AOC=180°−2∠x
OB=OD より，
∠BOD=180°−2∠y
OA=5cm，⌢CD=2πcm より，
∠COD=360°×$\frac{2\pi}{2\pi\times 5}$=360°×$\frac{1}{5}$=72°
∠AOB=180° より，
180°−2∠x+72°+180°−2∠y=180°，
2∠x+2∠y=252°，∠x+∠y=252°÷2=126°
△EAB の内角の和より，
∠CED+∠x+∠y=180°，∠CED=180°−126°=54°

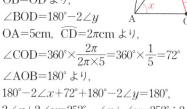

2 (1) 112°　　　　　(2) 21°
(3) x=50, y=41

解説 ▼

(1) 平行四辺形の対角は等しいから，
∠B=∠D=65°
△ABE の内角と外角の関係より，
∠x=47°+65°=112°

(2) ひし形の対角は等しいから，
∠ADC=∠ABC=48°
∠CDF=90°−48°=42°

DA=DC，DA=DF より，DC=DF だから，
∠DFC=(180°−42°)÷2=138°÷2=69°
∠CFE=90°−69°=21°

(3) AE=CE だから，△ABE と
△CFE を，辺 AE と辺 CE
が重なるように合わせると，
△ABF は，AB=CF より，
頂角が 48°+32°=80° の二等
辺三角形になる。

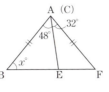

∠B は，この二等辺三角形の底角だから，
x=(180−80)÷2=100÷2=50
もとの図の平行四辺形 ABCD で，となり合う角の大
きさの和は 180° だから，
∠ECD=180°−50°=130°
∠FCD=130°−32°=98°
ここで，AB=CD，AB=CF より，CD=CF
したがって，△CDF は二等辺三角形だから，
y=(180−98)÷2=82÷2=41

3 (1) 3cm² (2) $\frac{1}{3}$倍
(3) 10cm

解説 ▼

(1) 平行四辺形の面積は，
1本の対角線によっ
て2等分されるから，
△ABD=△DBC
また，右の図で，同じ
印をつけた部分の面積は等しいから，
▱PTCR=▱AQPS=6cm²
△RTC=6÷2=3(cm²)

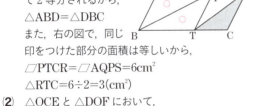

(2) △OCE と △DOF において，
仮定から， ∠OEC=∠DFO=90° ……①
おうぎ形の半径だから，OC=DO ……②
また，仮定から，
∠BOC=∠COD=∠DOA=90°÷3=30° だから，
∠EOC=30°
∠FDO=180°−(90°+30°×2)=180°−150°=30°
よって， ∠EOC=∠FDO ……③
①，②，③より，直角三角形の斜辺と1つの鋭角が
それぞれ等しいから，△OCE≡△DOF
したがって， △OCE=△DOF
ここで，△OGF は2つの三角形に共通だから，共
通部分を除いた四角形 EFGC と △ODG の面積は
等しい。
これより，
■部分の面積=(四角形 EFGC+図形 CGD)の面積
=(△ODG+図形 CGD)の面積
= おうぎ形 ODC の面積

=(おうぎ形 OAB の面積)×$\frac{30}{90}$
=(おうぎ形 OAB の面積)×$\frac{1}{3}$

(3) ∠A+∠C
=360°−90°×2
=360°−180°=180°
DA=DC より，
△DAB を，辺 DA が
辺 DC に重なるように移すと，できた三角形は，
直角二等辺三角形になる。

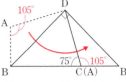

面積は変わらないから，
BD×BD÷2=50, BD×BD=100
10×10=100 より，BD=10(cm)

4 a…90 b…180
Ⅰ，Ⅱ，Ⅲの組み合わせ…ウ

5 (1) (証明)折り返した角は等しいから，
∠FAC=∠DAC ……①
AD∥BC より，平行線の錯角は等しいから，
∠DAC=∠FCA ……②
①，②より， ∠FAC=∠FCA
したがって，2つの角が等しいから，△FAC
は二等辺三角形である。

(2) (証明)△ABF と △CEF において，
四角形 ABCD は長方形だから，
AB=CD ……①
∠B=∠D ……②
折り返した辺や角は等しいから，
CE=CD ……③
∠D=∠E ……④
①，③より， AB=CE ……⑤
②，④より， ∠B=∠E ……⑥
また，対頂角は等しいから，
∠AFB=∠CFE ……⑦
⑥，⑦より，残りの角も等しいから，
∠BAF=∠ECF ……⑧
⑤，⑥，⑧より，1組の辺とその両端の角がそ
れぞれ等しいから，△ABF≡△CEF
合同な図形の対応する辺の長さは等しいから，
FA=FC
したがって，2つの辺が等しいから，△FAC
は二等辺三角形である。

参考
実際の入試問題では，特にことわりがない限り，(1)，
(2)のどちらの考え方で証明してもかまわない。

6 (証明)△EBG と △FBD において，

AC∥FB より，平行線の錯角は等しいから，
　　　　　∠EBF=∠DAE=60°……①
　　　　　∠EFB=∠ADE=60°……②
①，②より，△EBF は正三角形だから，
　　　　　EB=FB　　　　……③
AC∥EG より，平行線の同位角は等しいから，
　　　　　∠GEB=∠DAE=60°……④
②，④より，∠GEB=∠DFB　……⑤
また，　　∠EBG=∠EBD+∠DBG
　　　　　　　 =∠EBD+60°
　　　　　　　 =∠EBD+∠FBE
　　　　　　　 =∠FBD　　……⑥
③，⑤，⑥より，1 組の辺とその両端の角がそれぞれ等しいから，△EBG≡△FBD

7 (証明)△ABB′ と △D′BC′ において，
正方形の辺だから，　　AB′=D′C′　……①
∠BAD′=90°−30°=60°，AB=AD′ より，
△ABD′ は正三角形だから，AB=D′B　……②
∠BAB′=∠B′AD′−∠BAD′=90°−60°=30°
∠BD′C′=∠AD′C′−∠AD′B=90°−60°=30° より，
　　　　　　∠BAB′=∠BD′C′　……③
①，②，③より，2 組の辺とその間の角がそれぞれ等しいから，　　　△ABB′≡△D′BC′
合同な図形の対応する辺の長さは等しいから，
　　　　　　BB′=BC′

解説 ▼
結論が BB′=BC′ だから，BB′ を 1 辺とする △ABB′ と，BC′ を 1 辺とする △D′BC′ に着目し，この 2 つの三角形の合同から，結論を導く。

8 (証明)△EBA と △DBC において，
正三角形 ABC の辺だから，BA=BC　……①
正三角形 BDE の辺だから，EB=DB　……②
正三角形の 1 つの内角は 60°だから，
　　　　　∠EBA=60°−∠ABD
　　　　　∠DBC=60°−∠ABD
よって，　∠EBA=∠DBC　……③
①，②，③より，2 組の辺とその間の角がそれぞれ等しいから，　　　△EBA≡△DBC
合同な図形の対応する辺の長さは等しいから，
　　　　　　AE=CD　　　　……④
正三角形 DCF の辺だから，CD=FD　……⑤
④，⑤より，　AE=FD　　　……⑥
次に，△DBC と △FAC において，
同様に，　　△DBC≡△FAC
　　　　　　BD=AF　　　　……⑦
正三角形 BDE の辺だから，BD=ED　……⑧
⑦，⑧より，　AF=ED　　　……⑨

⑥，⑨より，四角形 AEDF は 2 組の対辺がそれぞれ等しいから，平行四辺形である。

9 (証明)右の図のように，AC の延長と BE の延長との交点を F とする。△ADC と △FEC において，仮定から，
DC=EC……①
∠ADC=∠FEC
　　　=90°……②

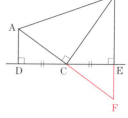

対頂角は等しいから，∠ACD=∠FCE　……③
①，②，③より，1 組の辺とその両端の角がそれぞれ等しいから，　　△ADC≡△FEC
合同な図形の対応する辺の長さは等しいから，
　　　　　　AC=FC　　　　……④
　　　　　　AD=FE　　　　……⑤
次に，△BAC と △BFC において，
共通な辺だから，　　BC=BC　　　　……⑥
仮定から，　∠BCA=∠BCF=90°……⑦
④，⑥，⑦より，2 組の辺とその間の角がそれぞれ等しいから，　　　△BAC≡△BFC
合同な図形の対応する辺の長さは等しいから，
　　　　　　AB=FB　　　　……⑧
⑤，⑧より，　AB=FB=FE+BE
　　　　　　　　=AD+BE

10 (1) 対角線 AC と BD の交点を O とする。
直線 PO をひき，辺 BC との交点を S とする。点 P を通り，線分 QS に平行な直線をひき，辺 BC との交点を R とする。

(2) (証明)長方形の面積は，対角線の交点を通る直線によって 2 等分されるから，

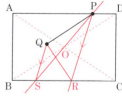

　四角形 PSCD
$=\frac{1}{2}×$(長方形 ABCD)
△PQR と △PSR は底辺 PR が共通で，
QS∥PR より高さが等しいから，
　△PQR=△PSR
したがって，
　五角形 PQRCD=△PQR+四角形 PRCD
　　　　　　　　=△PSR+四角形 PRCD
　　　　　　　　=四角形 PSCD
　　　　　　　　$=\frac{1}{2}×$(長方形 ABCD)

5 円

STEP 01 要点まとめ　本冊120ページ

1. 01 130　　02 65
2. 03 BAD　　04 30
   05 DEF　　06 40
   07 30　　　08 40
   09 70
3. 10 直径　　11 90
   12 45
4. 13 垂直　　14 PBO
   15 90　　　16 半径
   17 OB　　　18 斜辺と他の1辺
5. 19 180　　 20 180
   21 100　　 22 DCE
   23 85
6. 24 ABS　　25 70
   26 70　　　27 70
   28 40

解説

3. 半円の弧に対する中心角は180°だから，同じ弧に対する円周角は，$\frac{1}{2}×180°=90°$ である。

STEP 02 基本問題　本冊122ページ

1. (1) 133°　　(2) 30°
   (3) 65°　　(4) 130°

解説

1つの弧に対する円周角の大きさは一定で，その弧に対する中心角の半分である。
また，半円の弧に対する円周角は90°である。

(1) 点Bをふくまない $\stackrel{\frown}{AC}$ に対する中心角は，
$360°-94°=266°$
$\angle x = \frac{1}{2}\angle AOC = \frac{1}{2}×266°=133°$

(2) $\angle AOB=2\angle ACB=2×20°=40°$
2つの三角形の共通な外角より，
$\angle x+40°=50°+20°$，$\angle x=70°-40°=30°$

(3) ABは円Oの直径だから，
$\angle ADB=90°$
△ABDの内角の和より，

$\angle ABD=180°-(25°+90°)=180°-115°=65°$
$\stackrel{\frown}{AD}$ に対する円周角は等しいから，
$\angle x=\angle ABD=65°$

(4) 点AとDを結ぶと，BDは円Oの直径だから，
$\angle BAD=90°$
$\stackrel{\frown}{ED}$ に対する円周角は等しいから，
$\angle EAD=\angle ECD=40°$
$\angle x=\angle BAD+\angle EAD$
　　$=90°+40°=130°$

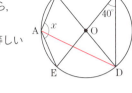

2. (1) 20°　　(2) 20°

解説

(1) 1つの円で，等しい弧に対する円周角は等しい。
$\stackrel{\frown}{AD}$ に対する円周角は等しいから，
$\angle ACD=\angle ABD=35°$
$\stackrel{\frown}{AD}=\stackrel{\frown}{DC}$ より，等しい弧に対する円周角は等しいから，
$\angle DAC=\angle ACD=35°$
ABは半円の直径だから，
$\angle ADB=90°$
△ABDの内角の和より，
$\angle x=180°-(90°+35°+35°)=180°-160°=20°$

(2) 1つの円で，弧の長さと円周角の大きさは比例する。
点BとCを結ぶと，
$\stackrel{\frown}{AD}:\stackrel{\frown}{DC}=2:3$，
$\angle ABD=28°$ より，
$\angle DBC=28°×\frac{3}{2}=42°$
BDは円Oの直径だから，
$\angle BCD=90°$
△EBCの内角の和より，
$\angle x=180°-(28°+42°+90°)$
　　$=180°-160°=20°$

3. (1) 点B, C, D, E　　(2) 64°

解説

(1) 2点D, Eは直線BCについて同じ側にあって，$\angle BDC=\angle BEC=65°$ だから，円周角の定理の逆より，4点B, C, D, Eは1つの円周上にある。

(2) (1)より，$\stackrel{\frown}{BD}$ に対する円周角は等しいから，
$\angle BED=\angle BCD=51°$
$\angle AEC=180°$ より，
$\angle x=180°-(51°+65°)=180°-116°=64°$

4. (1) 24cm　　(2) 24cm²

解説 ▼

(1) 右の図のように，三角形の頂点を A, B, C, 円の中心を O, 三角形の辺と円の接点を P, Q, R とする。

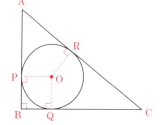

円外の1点からその円にひいた2つの接線の長さは等しいから，
AP=AR, CQ=CR
AP+CQ=AR+CR=AC=10cm,
BP=BQ=OP=2cm より，
この直角三角形の周の長さは，
AB+BC+CA=(AP+BP)+(BQ+CQ)+CA
　　　　　　＝(AP+CQ)+BP+BQ+CA
　　　　　　＝10+2+2+10=24(cm)

(2) △ABC=△OAB+△OBC+△OCA
　　　＝$\frac{1}{2}$×AB×2+$\frac{1}{2}$×BC×2+$\frac{1}{2}$×CA×2
　　　＝AB+BC+CA=24(cm²)

5 **49°** ※解き方は解説参照

解説 ▼

(1) 点 A と C を結ぶと，$\overparen{AB}$ に対する円周角は等しいから，
∠ACB=∠ADB=41°
BC は円 O の直径だから，
∠BAC=90°
△ABC の内角の和より，
∠ABC=180°−(90°+41°)
　　　＝180°−131°=49°

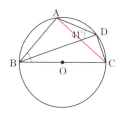

(2) BC は円 O の直径だから，
∠BDC=90°
∠ADC=41°+90°=131°
四角形 ABCD は円 O に内接し，対角の和は 180° だから，
∠ABC+131°=180°，∠ABC=180°−131°=49°

6 **62°** ※解き方は解説参照

解説 ▼

(1) 点 O と A，点 O と B をそれぞれ結ぶと，円の接線は接点を通る半径に垂直だから，
∠PAO=∠PBO=90°
四角形 PAOB の内角の和より，
∠AOB=360°−(56°+90°+90°)=360°−236°=124°

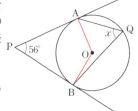

$\overparen{AB}$ に対する中心角と円周角の関係より，
∠x=$\frac{1}{2}$×124°=62°

(2) 点 A と B を結ぶと，円外の1点からその円にひいた2つの接線の長さは等しいから，△PAB は二等辺三角形で，
∠PAB=(180°−56°)÷2
　　　＝124°÷2=62°
接弦定理より，
∠x=∠PAB=62°

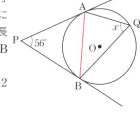

7 **40°**

解説 ▼

点 O と C を結ぶと，円の接線は接点を通る半径に垂直だから，
∠OCD=90°
OB=OC より，
∠OCB=∠OBC=25°
∠BCD=25°+90°=115°
△BCD の内角の和より，
∠BDC=180°−(25°+115°)=180°−140°=40°

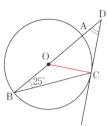

別解 ⊕

点 A と C を結ぶと，AB は円 O の直径だから，
∠ACB=90°
接弦定理より，
∠ACD=∠ABC=25°
∠BCD=90°+25°=115°
△BCD の内角の和より，
∠BDC=180°−(25°+115°)=180°−140°=40°

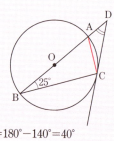

STEP03 実戦問題

本冊124ページ

1 (1) 100°　　　(2) 112°
(3) ∠x=28°, ∠y=52°
(4) ∠ACD=23°, ∠AED=69°
(5) 67°

解説 ▼

(1) BD は円 O の直径だから，
∠BAD=90°
∠CAD=90°−32°=58°
$\overparen{AB}$ に対する円周角は等しいから，
∠ADB=∠ACB=42°

三角形の内角と外角の関係より、
∠x＝58°＋42°＝100°
(2) $\overparen{AD}$ に対する円周角は等しいから、
∠ABD＝∠ACD＝28°
∠ABC＝42°＋28°＝70°
AB＝AC より、
∠ACB＝∠ABC＝70°
三角形の内角と外角の関係より、
∠x＝42°＋70°＝112°
(3) △ACE の内角と外角の関係より、
∠x＋24°＝∠y……①
$\overparen{AB}$ に対する円周角は等しいから、
∠ADB＝∠ACB＝∠y
△ADF の内角と外角の関係より、
80°－∠x＝∠y……②
①，②を連立方程式として解くと、
∠x＝28°，∠y＝52°
(4) AB＝AC より、
∠ACB＝(180°－46°)÷2＝134°÷2＝67°
BD は円 O の直径だから、
∠BCD＝90°
∠ACD＝90°－67°＝23°
$\overparen{BC}$ に対する円周角は等しいから、
∠BDC＝∠BAC＝46°
△CDE の内角と外角の関係より、
∠AED＝23°＋46°＝69°
(5) 右の図のように、点 E と A、B、C をそれぞれ結び、BC と ED の交点を M とする。
$\overparen{BC}$ に対する円周角は等しいから、
∠BEC＝∠BAC＝46°
△EBM≡△ECM より、△EBC
は EB＝EC の二等辺三角形で、
∠BCE＝(180°－46°)÷2＝134°÷2＝67°
$\overparen{BE}$ に対する円周角は等しいから、
∠BAE＝∠BCE＝67°

2 (1) 56° (2) 75°
(3) 72° (4) 78°
(5) 58° (6) 51°

解説 ▼

(1) ∠AEB＝180°－80°＝100°
△BCE の内角と外角の関係より、
∠CBE＝100°－76°＝24°
$\overparen{BC}$＝$\overparen{CD}$ より、
∠BAE＝∠CBE＝24°
△ABE の内角と外角の関係より、
∠ABE＝80°－24°＝56°

(2) 点 C と E を結ぶと、$\overparen{BC}$ に対する円周角は等しいから、
∠BEC＝∠BAC＝15°
AC は円 O の直径だから、
∠AEC＝90°
∠AEF＝90°－15°＝75°
$\overparen{BC}$＝$\overparen{CD}$＝$\overparen{DE}$ より、$\overparen{CE}$＝2$\overparen{BC}$ だから、
∠CAE＝2∠BAC＝2×15°＝30°
△AEF の内角の和より、
∠AFE＝180°－(75°＋30°)＝180°－105°＝75°

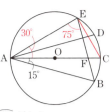

(3) 点 B と C を結ぶと、1 つの円で、円周角の和は 180° で、
$\overparen{AB}$：$\overparen{BC}$：$\overparen{CD}$：$\overparen{DA}$＝1：2：3：4 だから、
∠ACB＝180°×$\frac{1}{1+2+3+4}$
＝180°×$\frac{1}{10}$＝18°
∠CBD＝180°×$\frac{3}{1+2+3+4}$
＝180°×$\frac{3}{10}$＝54°
三角形の内角と外角の関係より、
∠x＝18°＋54°＝72°

(4) 点 O と B を結ぶと、
$\overparen{AB}$：$\overparen{BC}$：$\overparen{CA}$＝4：6：5 より、
∠AOB＝360°×$\frac{4}{4+6+5}$
＝360°×$\frac{4}{15}$＝96°
OA＝OB より、
∠OBA＝(180°－96°)÷2
＝84°÷2＝42°
∠ABC＝180°×$\frac{5}{4+6+5}$＝180°×$\frac{5}{15}$＝60°
∠OBC＝60°－42°＝18°
三角形の内角と外角の関係より、
∠x＝96°－18°＝78°

(5) 点 B と点 D を結ぶと、
AB：DE＝3：4 より、
∠DBE＝$\frac{4}{3}$∠ACB
＝$\frac{4}{3}$×24°＝32°
AD は円 O の直径だから、
∠ABD＝90°
∠x＝90°－32°＝58°

(6) 円の中心を O とし、点 O と A、点 O と F をそれぞれ結ぶと、
大きいほうの ∠AOF は、
95°×2＝190°
小さいほうの ∠AOF は、
360°－190°＝170°
$\overparen{AB}$＝$\overparen{BC}$＝$\overparen{CD}$＝$\overparen{DE}$＝$\overparen{EF}$ より、
∠BOE＝170°×$\frac{3}{5}$＝102°
∠BFE＝$\frac{1}{2}$∠BOE＝$\frac{1}{2}$×102°＝51°

3 (1) $40\pi \text{cm}^2$ (2) $\dfrac{3}{5}\pi$
  (3) $\dfrac{48}{5}\pi \text{cm}$

解説▼

(1) ∠BOC=2∠BAC=2×72°=144°
斜線部分の面積は，
$\pi \times 10^2 \times \dfrac{144}{360} = 40\pi (\text{cm}^2)$

(2) 点AとQを結ぶと，AB
は半円の直径だから，
∠AQB=90°
△AQRの内角と外角の関
係より，
∠PAQ=90°−72°=18°
∠POQ=2∠PAQ=2×18°=36°
$\overparen{PQ} = 2\pi \times 3 \times \dfrac{36}{360} = \dfrac{3}{5}\pi$

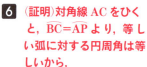

(3) ∠AOB=2∠APB=2×75°=150°
円Oの周の長さを$x$cmとすると，$\overparen{AB}=4\pi$cm より，
$x:4\pi = 360:150$, $x = 4\pi \times 360 \div 150 = \dfrac{48}{5}\pi (\text{cm})$

4 (1) 44° (2) $\dfrac{23}{10}\pi \text{cm}^2$

解説▼

(1) 点O′とDを結ぶと，円の
接線は接点を通る半径に
垂直だから，
∠O′DC=90°
O′D=O′E，∠DEA=56°
より，
∠DO′E=180°−56°×2
　　　=180°−112°=68°
△O′CDの内角の和より，
∠DCO′=180°−(90°+68°)=180°−158°=22°
∠BOA=2∠BCA=2∠DCO′=2×22°=44°

(2) OC=OA より，△BCO≡△BOA だから，図の2つ
の斜線部分の面積の差は，おうぎ形OBCとおうぎ
形OABの面積の差になる。
(1)より，∠BOA=44°
∠BOC=180°−44°=136° だから，面積の差は，
$\pi \times 3^2 \times \dfrac{136}{360} - \pi \times 3^2 \times \dfrac{44}{360}$
$= \pi \times 3^2 \times \dfrac{92}{360} = \pi \times 9 \times \dfrac{23}{90} = \dfrac{23}{10}\pi (\text{cm}^2)$

5 95°

解説▼

∠ABC=∠DEC より，
∠FBC=∠FEC

2点B, Eは線分CFの同じ側にあって，∠FBC=∠FEC
だから，円周角の定理の逆より，
4点B, C, F, Eは1つの円
周上にある。
したがって，
∠BEC=∠BFC だから，
△FBCの内角の和より，
　∠BEC+∠ECF
=∠BFC+∠ECF
=180°−(60°+25°)=180°−85°
=95°

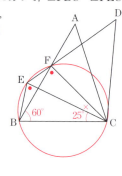

6 (証明)対角線ACをひく
と，$\overparen{BC}=\overparen{AP}$ より，等し
い弧に対する円周角は等
しいから，
　　∠BAC=∠PCA
錯角が等しいから，
　　PC∥AE……①
また，仮定から，
　　PC=AE……②
①，②より，四角形AECPは1組の対辺が平行で
その長さが等しいから，平行四辺形である。

7 (1) 120°
  (2) (証明)△BCDは正三角形だから，
　　∠BDC=60°
$\overparen{BC}$ に対する円周角は等しいから，
　　∠BAP=∠BDC=60°　……①
仮定より，AP=BP だから，
　　∠ABP=∠BAP=60°　……②
△PABの内角の和より，
　　∠APB=180°−60°×2=60° ……③
①，②，③より，△PABは3つの角が等しい
から，正三角形である。

解説▼

(1) △BCDは正三角形だから，
　∠BDC=∠CBD=60°
$\overparen{BC}$ に対する円周角は等しいから，
　∠BAC=∠BDC=60°
$\overparen{CD}$ に対する円周角は等しいから，
　∠CAD=∠CBD=60°
∠BAD=∠BAC+∠CAD=60°+60°=120°

別解

三角形 BCD は正三角形だから，
∠BCD＝60°
四角形 ABCD は円に内接し，対角の和は 180° だから，
∠BAD＝180°－∠BCD＝180°－60°＝120°

8 (1) 43cm　　(2) 10cm

解説 ▼
(1) 円に外接する四角形の対辺の和は等しいから，
　　AD＋BC＝AB＋DC＝86÷2＝43(cm)
(2) 円 O の半径を r cm とすると，四角形 ABCD の各辺と円の半径は垂直だから，
四角形 ABCD＝△OAB＋△OBC＋△OCD＋△ODA
$=\frac{1}{2}×AB×r+\frac{1}{2}×BC×r+\frac{1}{2}×CD×r+\frac{1}{2}×DA×r$
$=\frac{1}{2}×r×(AB+BC+CD+DA)=\frac{1}{2}×r×86=43r$ (cm²)
四角形 ABCD の面積は 430cm² だから，
43r＝430，r＝10(cm)

くわしく 🔍

円に外接する四角形の対辺の和は等しい

右の図のように，四角形 ABCD の各辺と円 O の接点をそれぞれ P，Q，R，S とすると，円外の 1 点からその円にひいた 2 つの接線の長さは等しいから，
AP＝AS，BP＝BQ，CQ＝CR，DR＝DS
したがって，
AB＋CD＝(AP＋BP)＋(CR＋DR)
　　　　＝AS＋BQ＋CQ＋DS
　　　　＝(BQ＋CQ)＋(AS＋DS)
　　　　＝BC＋DA

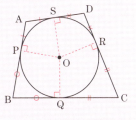

9 104°

解説 ▼
点 A と D を結ぶと，$\stackrel{\frown}{CD}$ に対する円周角は等しいから，
∠CAD＝∠CED＝32°
∠BAD＝44°＋32°＝76°
四角形 ABCD は円に内接し，対角の和は 180° だから，
∠BCD＝180°－76°＝104°

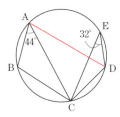

10 42°

解説 ▼
AB＝AC より，
∠ACB＝∠ABC＝74°
∠BAC＝180°－74°×2＝180°－148°＝32°
接弦定理より，
∠ABX＝∠ACB＝74°
AD∥XY より，平行線の錯角は等しいから，
∠DAB＝∠ABX＝74°
∠DAC＝∠DAB－∠BAC＝74°－32°＝42°

6 相似な図形

STEP 01　要点まとめ　本冊128ページ

1
01	DE	02	20
03	3	04	5
05	3	06	5
07	15	08	3
09	5	10	6

2
11	4	12	3
13	2	14	6
15	3	16	2
17	2 組の辺の比とその間の角		

3
18	15	19	12
20	18	21	5
22	8	23	4

4
24	8	25	4
26	180	27	180
28	70	29	∥
30	70		

5
31	12	32	3
33	4	34	3
35	4	36	9
37	16	38	16
39	9	40	48

STEP 02　基本問題　本冊130ページ

1 (1) 2：3　　(2) 29°
　　(3) 18cm

解説 ▼
(1) △ABC∽△DEF で，辺 AB と辺 DE が対応するから，相似比は，AB：DE＝10：15＝2：3
(2) 相似な図形の対応する角の大きさは等しく，

∠Bと∠Eが対応するから，
∠B＝∠E＝180°－(126°＋25°)＝180°－151°＝29°
(3) 相似比が2：3で，辺ACと辺DFが対応するから，
AC：DF＝2：3，12：DF＝2：3，
DF＝12×3÷2＝18(cm)

2 (1) (証明)△ABCと△EBDにおいて，
AB：EB＝(6＋4)：5＝10：5＝2：1 ……①
BC：BD＝(5＋3)：4＝8：4＝2：1 ……②
共通な角だから，
∠ABC＝∠EBD ……③
①，②，③より，2組の辺の比とその間の角がそれぞれ等しいから，
△ABC∽△EBD
(2) (証明)△ACEと△FDEにおいて，
$\widehat{AE}$ に対する円周角は等しいから，
∠ACE＝∠FDE ……①
$\widehat{AB}＝\widehat{BC}＝\widehat{CD}$ より，$\widehat{AC}＝\widehat{BD}$ で，
1つの円で等しい弧に対する円周角は等しいから，
∠AEC＝∠FED ……②
①，②より，2組の角がそれぞれ等しいから，
△ACE∽△FDE
(3) (証明)△PABと△PDCにおいて，
$\widehat{BC}$ に対する円周角は等しいから，
∠BAP＝∠CDP ……①
対頂角は等しいから，
∠APB＝∠DPC ……②
①，②より，2組の角がそれぞれ等しいから，
△PAB∽△PDC
相似な図形の対応する辺の長さの比は等しいから，
PA：PD＝PB：PC

3 (1) $x＝\dfrac{72}{5}$(14.4)，$y＝12$
(2) $x＝4$，$y＝12$

解説▼

(1) DE∥BCより，AD：AB＝DE：BC
12：20＝x：24，$x＝12×24÷20＝\dfrac{72}{5}$
また，AD：DB＝AE：EC
12：(20－12)＝18：y，$y＝8×18÷12＝12$
(2) ED∥BCより，AD：AB＝AE：AC
x：8＝5：10，$x＝8×5÷10＝4$
また，AE：AC＝DE：BC
5：10＝6：y，$y＝10×6÷5＝12$

4 (1) $x＝10.8$ (2) $x＝10$

解説▼

(1) $\ell \parallel m \parallel n$ より，9：6＝x：7.2，$x＝9×7.2÷6＝10.8$
(2) $\ell \parallel m \parallel n$ より，x：25＝8：(8＋12)，$x＝25×8÷20＝10$

5 (証明)点EとFを結ぶと，
△ADCにおいて，点E，F
はそれぞれ辺AD，ACの中
点だから，中点連結定理より，
EF∥DC
すなわち， EF∥BD
……①
また， EF＝$\dfrac{1}{2}$DC ……②
BD：DC＝1：2より，
BD＝$\dfrac{1}{2}$DC ……③
②，③より，EF＝BD ……④
①，④より，四角形EBDFは，1組の対辺が平行で，その長さが等しいから，平行四辺形である。
平行四辺形の対辺は等しいから，
BE＝DF

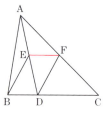

6 (1) 18cm² (2) $\dfrac{117}{8}$倍

解説▼

(1) △ABC∽△DEFで，相似比が2：3だから，
面積の比は，
△ABC：△DEF＝2²：3²＝4：9
△ABCの面積が8cm²だから，
8：△DEF＝4：9，△DEF＝8×9÷4＝18(cm²)
(2) 面ABCと面DEFは平行だから，
三角錐OABCと三角錐ODEFは相似で，
相似比は，AB：DE＝5：2
体積の比は，5³：2³＝125：8
立体PとQの体積の比は，8：(125－8)＝8：117
したがって，Qの体積はPの体積の$\dfrac{117}{8}$倍。

STEP 03 実戦問題

本冊132ページ

1 (1) 4m (2) 5.2m

解説▼

1mの棒とその影がつくる三角形を△PQRとする。
(1) 右の図で，
△AGC∽△PQRより，
AG：PQ＝GC：QR
(AB＋0.8)：1
＝(4＋3.2)：1.5
AB＋0.8＝1×7.2÷1.5
＝4.8

080

AB=4.8−0.8=4(m)
(2) 右の図で，
△DHF∽△PQR より，
DH：PQ=HF：QR
(DE−1.2)：1=6：1.5
DE−1.2=1×6÷1.5=4
DE=4+1.2=5.2(m)

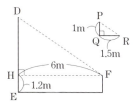

2 (1) $\dfrac{5}{2}$ cm (2.5cm)　　(2) 4：5
　　(3) 11：6

解説▼

(1) DF∥BC より，DF：BC=DE：EC
　　DF：5=(3−2)：2，DF=5×1÷2=$\dfrac{5}{2}$(cm)
(2) AB∥EC より，BG：GE=AB：EC=3：2
　　また，BE：EF=CE：ED=2：1
　　ここで，BE の長さを(3+2=)5 と 2 の最小公倍数 10 にそろえると，
　　BG：GE=3：2=6：4
　　BE：EF=2：1=10：5
　　したがって，BG：GE：EF=6：4：5 だから，
　　GE：EF=4：5
(3) △ABG∽△CEG で，AB：CE=3：2 より，
　　△ABG：△CEG=3²：2²=9：4
　　△ABG=9s，△CEG=4s(s は定数)とすると，
　　AG：GC=3：2 より，
　　△BCG=$\dfrac{2}{3}$△ABG=$\dfrac{2}{3}$×9s=6s
　　△ABC=9s+6s=15s，△ACD=△ABC=15s
　　(四角形 AGED)：△BCG=(15−4)s：6s=11：6

3 (1) 3：1　　(2) 7：6
　　(3) 18：7　　(4) 1：4

解説▼

(1) AD∥EG より，
　　AE：DG=BA：BD=6：2=3：1
(2) FG∥AD より，
　　AF：DG=AC：DC=7：(8−2)=7：6
(3) (1)と(2)の結果から，DG の長さを 1 と 6 の最小公倍数 6 にそろえると，
　　AE：DG=3：1=18：6
　　AF：DG=7：6
　　したがって，AE：AF=18：7
(4) △CFG と △AEF は，底辺の比を CF：FA とすると，高さの比は，GF：FE となるから，面積の比は，
　　三角形の面積の比 ＝(底辺×高さ)の比より，
　　△CFG：△AEF=(CF×GF)：(FA×FE)
　　まず，CF：FA を求めると，FG∥AD，DG=3cm より，

CF：FA=CG：GD=(8−3−2)：3=3：3=1：1
次に，GF：FE を求めると，
FG：AD=CF：CA=1：(1+1)=1：2
AD：EG=BD：BG=2：(2+3)=2：5 より，
FG：EG=1：5 だから，
GF：FE=1：(5−1)=1：4
△CFG：△AEF=(CF×GF)：(FA×FE)
　　　　　　=(1×1)：(1×4)=1：4

4 (1) 2：3　　(2) $\dfrac{10}{3}$cm
　　(3) 8：15

解説▼

(1) FE∥CD より，AF：AC=FE：CD=2：5
　　AF：FC=2：(5−2)=2：3
(2) FE∥AG より，FE：AG=CF：CA
　　2：AG=3：5，AG=2×5÷3=$\dfrac{10}{3}$(cm)
(3) AB=DC，AB=DE より，
　　DC=DE だから，
　　△DCE は二等辺三角形
　　である。
　　したがって，点 H は線分
　　CE の中点で，EH=HC
　　EF∥GA より，
　　GE：EC=AF：FC=2：3 だから，
　　GE：EH：HC=2：$\dfrac{3}{2}$：$\dfrac{3}{2}$=4：3：3
　　また，AE：ED=AF：FC=2：3 より，
　　AE：BC=AE：AD=2：(2+3)=2：5
　　△AEG：△BCH=(AE×GE)：(BC×HC)
　　　　　　　＝(2×4)：(5×3)=8：15

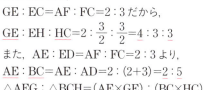

5 (1) 9cm　　(2) $\dfrac{32}{5}$倍

解説▼

(1) DE∥BC より，AD：AB=DE：BC
　　AD：12=2：8，AD=12×2÷8=3(cm)
　　DB=12−3=9(cm)
　　ここで，線分 BG は ∠ABC の二等分線だから，
　　∠DBG=∠GBC
　　DG∥BC より，平行線の錯角は等しいから，
　　∠DGB=∠CBG
　　したがって，∠DBG=∠DGB だから，
　　△DBG は二等辺三角形で，
　　DG=DB=9cm
(2) EG∥BC より，
　　EF：FC=EG：BC=(9−2)：8=7：8
　　DE∥BC より，

AE：EC＝AD：DB＝3：9＝1：3
EC の長さを(7+8=)15 と 3 の最小公倍数 15 にそろえると，
AE：EC＝1：3＝5：15
これより，AE：EF：FC＝5：7：8
△FBC：△ADE＝(BC×FC)：(DE×AE)
＝(8×8)：(2×5)＝32：5
したがって，△FBC の面積は △ADE の面積の $\frac{32}{5}$ 倍。

6 (1) 5：3　　(2) $\frac{24}{5}$ cm

解説▼

(1) 線分 CF は ∠ACD の二等分線だから，
AF：FD＝AC：CD＝5：3

(2) 題意より，等しい角に同じ印をつけると，右の図のようになる。
△ABD の内角と外角の関係より，
∠CDF＝▲+○
△ACF の内角と外角の関係より，
∠CFD＝▲+○
したがって，∠CDF＝∠CFD だから，
CF＝CD＝3cm
2 組の角がそれぞれ等しいから，△ABD∽△ACF で，相似比は，AD：AF＝(5+3)：5＝8：5 だから，
BD：CF＝8：5，BD：3＝8：5
BD＝3×8÷5＝$\frac{24}{5}$(cm)

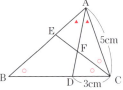

7 (例)

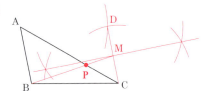

解説▼

平行四辺形 ABCD をつくり，辺 CD の中点を M とする。辺 AC と線分 BM の交点を P とすると，AB∥MC より，
AP：PC＝AB：MC＝1：$\frac{1}{2}$＝2：1
作図は，次の手順でかけばよい。
❶点 A を中心として，半径 BC の円をかく。
❷点 C を中心として，半径 BA の円をかき，❶の円との交点を D とする。
❸辺 CD の垂直二等分線をひき，辺 CD との交点を M とする。
❹辺 AC と線分 BM との交点を P とする。

8 (1) 3cm
(2) ① (証明)△BAC において，点 P，Q はそれぞれ辺 BA，BC の中点だから，中点連結定理より，
PQ∥AC，PQ＝$\frac{1}{2}$AC
△DAC において，点 S，R はそれぞれ辺 DA，DC の中点だから，中点連結定理より，
SR∥AC，SR＝$\frac{1}{2}$AC
よって，PQ∥SR，PQ＝SR
したがって，四角形 PQRS は，1 組の対辺が平行でその長さが等しいから，平行四辺形である。
② I イ
II △ABD において，点 P，S はそれぞれ辺 AB，AD の中点だから，中点連結定理より，
PS∥BD，PS＝$\frac{1}{2}$BD
AC⊥BD，PQ∥AC，PS∥BD より，
PQ⊥PS
AC＝BD，PQ＝$\frac{1}{2}$AC，PS＝$\frac{1}{2}$BD より，
PQ＝PS

解説▼

(1) △BAC において，中点連結定理より，
PQ＝$\frac{1}{2}$AC＝$\frac{1}{2}$×6＝3(cm)

(2) ② 正方形は特別な平行四辺形で，長方形とひし形の性質をもっている。
平行四辺形 PQRS が正方形になる条件は，長方形になる条件より，PQ⊥PS
かつ，ひし形になる条件より，PQ＝PS

9 (1) $\frac{1}{2}$　　(2) 9：1
(3) 1

解説▼

(1) 線分 AP は ∠BAC の二等分線だから，
BP：PC＝AB：AC＝10：8＝5：4
BC＝9 より，BP＝9×$\frac{5}{9}$＝5，BM＝9×$\frac{1}{2}$＝$\frac{9}{2}$
MP＝BP−BM＝5−$\frac{9}{2}$＝$\frac{1}{2}$

(2) 右の図のように，AC の延長と BD の延長の交点を E とする。
△ABD と △AED において，
AD＝AD(共通)
∠BAD＝∠EAD(仮定)
∠ADB＝∠ADE＝90°

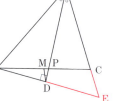

より，1 組の辺とその両端の角がそれぞれ等しいから，
△ABD≡△AED
合同な図形の対応する辺の長さは等しいから，
AE=AB=10
CE=AE−AC=10−8=2
△BCE において，点 M，D はそれぞれ辺 BC，BE の中点だから，中点連結定理より，
MD=$\frac{1}{2}$CE=$\frac{1}{2}$×2=1 ←(3)の解答
MD∥CE，すなわち，MD∥AC より，
AP：PD=AC：MD=8：1 だから，
AD：PD=(8+1)：1=9：1
(3) (2)の解説より，MD=1

10 (1) 4：1   (2) $\frac{9}{7}$倍
  (3) 27cm³

解説 ▼

(1) FC=AC−AF=12−9=3(cm)
△ABC∽△DCE より，∠ACB=∠DEC で，同位角が等しいから，FC∥HE
したがって，FC：HE=BC：BE
BC：CE=6：5 より，
3：HE=6：(6+5)，HE=3×11÷6=$\frac{11}{2}$(cm)
DE=$\frac{5}{6}$AC=$\frac{5}{6}$×12=10(cm)
DH=DE−HE=10−$\frac{11}{2}$=$\frac{9}{2}$(cm)
△ABF と △DGH において，
∠A=∠D(相似な図形の対応する角)
∠AFB=∠DHG(平行線の同位角)
より，2 組の角がそれぞれ等しいから，
△ABF∽△DGH
相似比は，AF：DH=9：$\frac{9}{2}$=2：1 だから，
面積の比は，$S：T=2^2：1^2=4：1$

(2) △APQ と △ACD において，
AP：AC=3：(3+1)=3：4
AQ：AD=3：(3+1)=3：4
∠A=∠A
2 組の辺の比とその間の角がそれぞれ等しいから，
△APQ∽△ACD で，相似比は 3：4 だから，
面積の比は，$3^2：4^2=9：16$
△APQ と四角形 PCDQ の面積の比は，
9：(16−9)=9：7
三角錐 A-BPQ と四角錐 B-PCDQ は，底面積の比が 9：7 で，高さが等しいから，体積の比は，9：7
したがって，三角錐 A-BPQ の体積は，四角錐 B-PCDQ の体積の $\frac{9}{7}$ 倍。

(3) 正四面体 ACFH の体積は，
$6^3-\frac{1}{3}×\frac{1}{2}×6^3×4=216-144=72$(cm³)
立体 PQTSHF の体積は，立体 PQTSCA と同じ形の立体だから，
72÷2=36(cm³)
立体 ARQP は正四面体 ACFH と相似で，
相似比が，AR：AC=$\frac{1}{2}$：1=1：2 だから，
体積の比は，$1^3：2^3=1：8$
立体 ARQP の体積は，
72×$\frac{1}{8}$=9(cm³)
したがって，立体 PQR-STC の体積は，
72−(36+9)=72−45=27(cm³)

11 (1) 6：1   (2) 3：1
  (3) 2：3

解説 ▼

(1) △ABC：△ADC=AB：AD=(1+2)：1=3：1
△ADC：△AEC=DC：EC=(1+1)：1=2：1
△ADC の面積を 1 と 2 の最小公倍数 2 にそろえると，
△ABC：△ADC：△AEC=6：2：1
したがって，△ABC：△AEC=6：1

(2) △PBQ=$\frac{BQ}{BC}×\frac{PB}{AB}$×△ABC
=$\frac{2}{3}×\frac{1}{3}$×△ABC=$\frac{2}{9}$△ABC
同様に，△QCR=△RAP=$\frac{2}{9}$△ABC だから，
△ABC：△PQR=1：$\left(1-\frac{2}{9}×3\right)$=1：$\frac{1}{3}$=3：1

(3) 線分 AE，BF，CD の交点を P とする。
△PAB：△PBC=AF：FC
     =4：3
△PCA：△PBC=AD：DB
     =2：1
△PBC の面積を 3 と 1 の最小公倍数 3 にそろえると，
△PAB：△PBC：△PCA=4：3：6 だから，
BE：EC=△PAB：△PCA=4：6=2：3

別解

チェバの定理より，
$\frac{AD}{DB}×\frac{BE}{EC}×\frac{CF}{FA}=1$
$\frac{2}{1}×\frac{BE}{EC}×\frac{3}{4}=1$
$\frac{BE}{EC}=\frac{2}{3}$ より，BE：EC=2：3

12 (1) (証明)△GAD と △GBF において，

共通な角だから，∠AGD=∠BGF ……①
$\overparen{DE}=\overparen{EC}$ より，等しい弧に対する中心角は等しいから， ∠GAD=$\frac{1}{2}$∠CAD ……②
$\overparen{CD}$ に対する円周角と中心角の関係より，
∠GBF=$\frac{1}{2}$∠CAD ……③
②，③より， ∠GAD=∠GBF ……④
①，④より，2組の角がそれぞれ等しいから，
△GAD∽△GBF

(2) $\frac{32}{5}$ cm

解説 ▼

(2) △CAF と △GBF において，
$\overparen{CE}=\overparen{ED}$ より，等しい弧に対する中心角は等しいから， ∠CAF=∠GAD……⑤
⑤と(1)の証明の④より，∠CAF=∠GBF……⑥
対頂角は等しいから，∠CFA=∠GFB……⑦
⑥，⑦より，2組の角がそれぞれ等しいから，
△CAF∽△GBF
(1)の証明より，△GAD∽△GBF だから，
△CAF∽△GAD
相似な図形の対応する辺の長さの比は等しいから，
CA：GA=AF：AD
AC=AE=AD=8cm，EG=2cm より，
8：(8+2)=AF：8，AF=8×8÷10=$\frac{32}{5}$(cm)

13 (1) (証明)△ABC と △DAF において，
半円の弧に対する円周角だから，∠ACB=90°
仮定から，∠DFA=90°
よって，∠ACB=∠DFA ……①
∠CAB+∠CBA=90°，∠CAB+∠FAD=90° より，
∠CBA=∠FAD ……②
①，②より，2組の角がそれぞれ等しいから，
△ABC∽△DAF

(2) $\frac{32}{35}$ cm

解説 ▼

(2) 相似な図形の対応する辺の長さの比は等しいから，
AB：DA=BC：AF
DA=AC=8cm より，
10：8=6：AF，AF=8×6÷10=$\frac{24}{5}$(cm)
また，∠DAC=∠ACB=90° より，AD∥CB だから，
AE：EB=AD：CB=8：6=4：3
AE=$\frac{4}{7}$AB=$\frac{4}{7}$×10=$\frac{40}{7}$(cm)
FE=AE−AF=$\frac{40}{7}$−$\frac{24}{5}$=$\frac{200}{35}$−$\frac{168}{35}$=$\frac{32}{35}$(cm)

14 (証明)△GHI と △GED において，

∠GAD+∠GDA=$\frac{1}{2}$∠BAD+$\frac{1}{2}$∠CDA
=$\frac{1}{2}$(∠BAD+∠CDA)
=$\frac{1}{2}$×180°=90°
∠AGD=180°−90°=90°
よって， ∠IGH=∠DGE ……①
対頂角は等しいから，∠HIG=∠CID ……②
AD∥BC より，平行線の錯角は等しいから，
∠CID=∠ADG……③
DI は ∠D の二等分線だから，
∠ADG=∠EDG ……④
②，③，④より， ∠HIG=∠EDG ……⑤
①，⑤より，2組の角がそれぞれ等しいから，
△GHI∽△GED

15 (証明)点 A と C，点 B と D をそれぞれ結ぶ。
△EPG と △FQG において，対頂角は等しいから，
∠EGP=∠FGQ…①

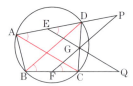

△DAC において，点 E，G は，それぞれ線分 DA，DC の中点だから，中点連結定理より，EG∥AC
平行線の同位角は等しいから，∠PEG=∠DAC…②
△CBD において，同様に， ∠QFG=∠CBD…③
$\overparen{CD}$ に対する円周角だから，∠DAC=∠CBD…④
②，③，④より， ∠PEG=∠QFG…⑤
①，⑤より，2組の角がそれぞれ等しいから，
△EPG∽△FQG
相似な図形の対応する角の大きさは等しいから，
∠EPG=∠FQG
すなわち， ∠APF=∠BQE

16 (1) 108°
(2) (証明)△ABE と △CAG において，
$\overparen{AF}$ に対する円周角は等しいから，
∠ABE=∠ACF ……①
仮定から， ∠ADB=90°
半円の弧に対する円周角だから，
∠FCB=90°
よって，∠ADB=∠FCB より，AD∥FC で，
平行線の錯角は等しいから，
∠CAG=∠ACF ……②
①，②より， ∠ABE=∠CAG ……③
△OFC において，EG∥FC より，
OE：OF=OG：OC
OF=OC より，OE=OG だから，
∠OEG=∠OGE ……④
ここで， ∠AEB=180°−∠OEG ……⑤
∠CGA=180°−∠OGE ……⑥

④, ⑤, ⑥より, ∠AEB=∠CGA ……⑦
③, ⑦より, 2組の角がそれぞれ等しいから,
△ABE∽△CAG

(3) $\frac{16}{3}$ cm

解説▼

(1) $\overparen{AB}:\overparen{AF}=4:1$ より,
∠ACF=$\frac{1}{5}$∠FCB=$\frac{1}{5}×90°=18°$
∠ADB=∠FCB=90° より, AD∥FC で,
平行線の錯角は等しいから,
∠DAC=∠ACF=18°
∠BAC=∠BAD+∠DAC=36°+18°=54°
$\overparen{BC}$ に対する中心角と円周角の関係より,
∠BOC=2∠BAC=2×54°=108°

(3) AE=4cm, AE:EG=3:1 より,
AG=$\frac{4}{3}$AE=$\frac{4}{3}×4=\frac{16}{3}$(cm)
OG=GC より, OE=OG=GC=$x$cm とおくと,
BE=BO+OE=CO+OE=2x+x=3x(cm)
(2)より, △ABE∽△CAG だから, AE:CG=BE:AG
4:x=3x:$\frac{16}{3}$, 3x^2=$\frac{64}{3}$, x^2=$\frac{64}{9}$, x=±$\frac{8}{3}$
$x>0$ より, x=$\frac{8}{3}$
したがって, 円 O の半径は,
OC=2x=2×$\frac{8}{3}$=$\frac{16}{3}$(cm)

17 (1) 7:5:16 (2) 3:35

解説▼

(1) 接点 A を通る 2 円 C_1, C_2 の共通接線 ST をひくと, 接弦定理より,
∠FEA=∠FAS ……①
∠CBA=∠CAT ……②
対頂角は等しいから,
∠FAS=∠CAT ……③ 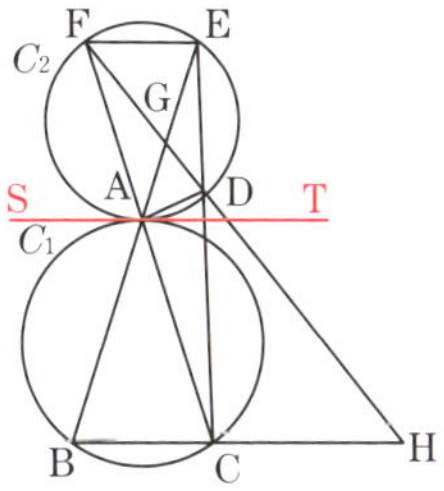
①, ②, ③より,
∠FEA=∠CBA
よって, 錯角が等しいから, FE∥BH
三角形と線分の比より,
EA:AB=EF:BC=3:4
EG:GB=EF:BH=3:(4+5)=3:9=1:3
EB の長さを(3+4=)7 と(1+3=)4 の最小公倍数 28 にそろえると,
EA:AB=3:4=12:16
EG:GB=1:3=7:21
したがって,
EG:GA:AB=7:(12−7):16=7:5:16

(2) △GAD と △DCH は, 底辺の比を GD:DH とすると,
高さの比は, FA:FC となるから, 面積の比は,
三角形の面積の比 =(底辺×高さ)の比より,
△GAD:△DCH=(GD×FA):(DH×FC)
まず, GD:DH を求めると, 三角形と線分の比より,
FG:GH=EG:GB=1:3 ←(1)より
FD:DH=EF:CH=3:5
FH の長さを(1+3=)4 と(3+5=)8 の最小公倍数 8 にそろえると,
FG:GH=2:6
FG:GD:DH=2:(3−2):5=2:1:5 だから,
GD:DH=1:5
次に, FA:FC を求めると,
FA:AC=EF:BC=3:4 だから,
FA:FC=3:(3+4)=3:7
△GAD:△DCH=(GD×FA):(DH×FC)
=(1×3):(5×7)=3:35

くわしく

三角形の面積と底辺, 高さの比

右の図の △GAD と △DCH において, 底辺をそれぞれ GD, DH とすると, 高さはそれぞれ h, h'
高さの比は,
$h:h'$=FA:FC だから,
面積の比は,
(底辺×高さ)の比で,
△GAD:△DCH=(GD×FA):(DH×FC)

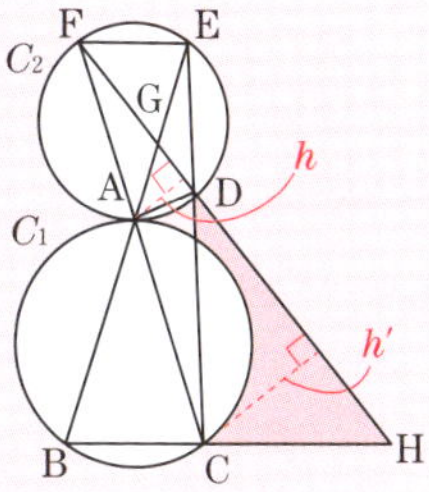

7 三平方の定理

STEP01 要点まとめ 本冊138ページ

1 01 6   02 45
03 45   04 $3\sqrt{5}$
05 $3\sqrt{5}$ 06 4
07 4   08 2

2 09 49   10 74
11 81   12 キ
13 (は)ない 14 >
15 48   16 64
17 64   18 =
19 ある

3 20 4   21 2
22 2   23 $2\sqrt{3}$

4 24 $\sqrt{2}$ 25 $\sqrt{2}$
26 $\sqrt{2}$ 27 $3\sqrt{2}$

5	28	6	29	3
	30	$\sqrt{61}$		
6	31	13	32	5
	33	144	34	12
	35	5	36	12
	37	100π		

STEP02 基本問題　本冊140ページ

1 (1) $x=\sqrt{13}$　　(2) $x=4$

解説 ▼

(1) $2^2+3^2=x^2$, $4+9=x^2$, $x^2=13$
$x>0$ より, $x=\sqrt{13}$

(2) $x^2+(4\sqrt{3})^2=8^2$, $x^2+48=64$, $x^2=16$
$x>0$ より, $x=\sqrt{16}=4$

2 (1) a, b, c の間に, $a^2+b^2=c^2$ が成り立つかどうかを調べる。
(2) イ, ウ

解説 ▼

(1) 三平方の定理の逆を利用する。
(2) ア　$4^2=16$, $6^2=36$, $7^2=49$
　　　$16+36≠49$ だから，これは直角三角形ではない。
　　イ　$8^2=64$, $15^2=225$, $17^2=289$
　　　$64+225=289$ だから，これは 17cm の辺を斜辺とする直角三角形である。
　　ウ　$(\sqrt{7})^2=7$, $(\sqrt{5})^2=5$, $(2\sqrt{3})^2=12$
　　　$7+5=12$ だから，これは $2\sqrt{3}$ cm の辺を斜辺とする直角三角形である。
　　エ　$5^2=25$, $(2\sqrt{5})^2=20$, $(\sqrt{6})^2=6$
　　　$20+6≠25$ だから，これは直角三角形ではない。

3 (1) $x=2\sqrt{2}$　　(2) $x=2\sqrt{2}$, $y=4\sqrt{2}$
(3) $x=6\sqrt{3}$　　(4) $x=4\sqrt{6}$, $y=6\sqrt{2}+2\sqrt{6}$

解説 ▼

(1) $x:4=1:\sqrt{2}$, $x=4\times1\div\sqrt{2}=2\sqrt{2}$
(2) $x:2\sqrt{6}=1:\sqrt{3}$, $x=2\sqrt{6}\times1\div\sqrt{3}=2\sqrt{2}$
$x:y=1:2$, $2\sqrt{2}:y=1:2$, $y=2\sqrt{2}\times2\div1=4\sqrt{2}$
(3) 右の図で，
$h:6=\sqrt{3}:2$,
$h=6\times\sqrt{3}\div2=3\sqrt{3}$
$h:x=1:2$,
$3\sqrt{3}:x=1:2$,
$x=3\sqrt{3}\times2\div1=6\sqrt{3}$

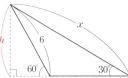

(4) 右の図で，
$a:12=1:\sqrt{2}$,
$a=12\times1\div\sqrt{2}=6\sqrt{2}$
$x:a=2:\sqrt{3}$,
$x:6\sqrt{2}=2:\sqrt{3}$,
$x=6\sqrt{2}\times2\div\sqrt{3}=4\sqrt{6}$
$x:b=2:1$,
$4\sqrt{6}:b=2:1$,
$b=4\sqrt{6}\times1\div2=2\sqrt{6}$
$y=a+b=6\sqrt{2}+2\sqrt{6}$

4 (1) $x=3\sqrt{5}$　　(2) $x=24$

解説 ▼

(1) 円の中心 O から弦 AB にひいた垂線を OH とすると，
△OAH≡△OBH より，
AH=BH=12÷2=6
$x^2+6^2=9^2$, $x^2+36=81$,
$x^2=45$
$x>0$ より, $x=\sqrt{45}=3\sqrt{5}$

(2) 円の接線は，接点を通る半径に垂直だから，
∠OPA=90°
$x^2+10^2=26^2$, $x^2+100=676$, $x^2=576$
$x>0$ より, $x=\sqrt{576}=24$

5 (AB＝BC，∠B＝90°の)**直角二等辺三角形**

解説 ▼

$AB^2=\{1-(-3)\}^2+(1-4)^2=4^2+(-3)^2=16+9=25$
$BC^2=(4-1)^2+(5-1)^2=3^2+4^2=9+16=25$
$CA^2=(-3-4)^2+(4-5)^2=(-7)^2+(-1)^2=49+1=50$
$AB^2=BC^2$ より，AB＝BC
$AB^2+BC^2=CA^2$ より，∠B＝90°
したがって，△ABC は，AB＝BC，∠B＝90°の直角二等辺三角形である。

6 12

解説 ▼

BH＝x とすると，CH＝14－x
△ABH において，三平方の定理より，
$AH^2=13^2-x^2$
△ACH において，三平方の定理より，
$AH^2=15^2-(14-x)^2$
したがって，
$13^2-x^2=15^2-(14-x)^2$, $169-x^2=225-(196-28x+x^2)$,
$169-x^2=29+28x-x^2$, $28x=140$, $x=5$
これより，△ABH において，
$AH^2=13^2-5^2=169-25=144$

AH>0 より，AH=$\sqrt{144}$=12

7 (1) $5\sqrt{5}$ cm (2) $5\sqrt{3}$ cm

解説▼

(1) $\sqrt{5^2+8^2+6^2}=\sqrt{25+64+36}=\sqrt{125}=5\sqrt{5}$ (cm)
(2) $\sqrt{5^2+5^2+5^2}=\sqrt{5^2\times3}=5\sqrt{3}$ (cm)

8 (1) 100π cm³ (2) $36\sqrt{7}$ cm³

解説▼

(1) 底面の円の半径は，
$\sqrt{13^2-12^2}=\sqrt{169-144}=\sqrt{25}=5$ (cm)
この円錐の体積は，
$\frac{1}{3}\pi\times5^2\times12=100\pi$ (cm³)

(2) 底面の正方形の対角線の交点をHとすると，AH がこの正四角錐の高さである。
BH:BC=1:$\sqrt{2}$，
BH:6=1:$\sqrt{2}$，
BH=6×1÷$\sqrt{2}$
　　=$3\sqrt{2}$ (cm)
△ABH において，三平方の定理より，
AH²+($3\sqrt{2}$)²=9²，AH²+18=81，AH²=63
AH>0 より，AH=$3\sqrt{7}$ (cm)
この正四角錐の体積は，
$\frac{1}{3}\times6^2\times3\sqrt{7}=36\sqrt{7}$ (cm³)

STEP03 実戦問題
本冊142ページ

1 (1) $2\sqrt{6}$ (2) $7\sqrt{7}$

解説▼

(1) GE=AE=AB−BE=12−5=7
△EBG において，三平方の定理より，
$5^2+BG^2=7^2$，$25+BG^2=49$，$BG^2=24$
BG>0 より，BG=$\sqrt{24}=2\sqrt{6}$

(2) 点 F から辺 BC にひいた垂線を FH とする。
GF=AF=x とすると，
GH=BH−BG
　　=AF−BG
　　=$x-2\sqrt{6}$
△FGH において，三平方の定理より，
$(x-2\sqrt{6})^2+12^2=x^2$，$x^2-4\sqrt{6}x+24+144=x^2$，
$4\sqrt{6}x=168$，$x=7\sqrt{6}$
△EFG において，三平方の定理より，

$7^2+(7\sqrt{6})^2=EF^2$，$EF^2=49+294=343$
EF>0 より，EF=$\sqrt{343}=7\sqrt{7}$

2 (1) $x-1$　または，$\sqrt{2-x^2}$

(2) ① （証明）AB=FE，AF∥BE で，点 S, U は それぞれ辺 AB, FE の中点だから，
AF∥SU∥BE
△BFA において，SP∥AF だから，
BP：PF=BS：SA=1：1
したがって，点 P は線分 BF の中点である。

② $\dfrac{4\sqrt{15}}{3}$　　③ $\dfrac{25\sqrt{3}}{2}$

解説▼

(1) △CEF は直角二等辺三角形だから，
CE：EF=1：$\sqrt{2}$
EF=$\sqrt{2}$ より，CE=1
BE=BC−CE=$x-1$

別解

△ABE において，三平方の定理より，
$BE^2=AE^2-AB^2=(\sqrt{2})^2-x^2$
BE>0 より，BE=$\sqrt{2-x^2}$

(2) ② 正六角形は，合同な 6 つの正三角形に分けることができる。
正六角形 ABCDEF の面積は $40\sqrt{3}$ だから，正六角形 ABCDEF の 1 辺の長さを x とすると，
$\dfrac{1}{2}\times x\times\dfrac{\sqrt{3}}{2}x\times6=40\sqrt{3}$，$x^2=\dfrac{80}{3}$
$x>0$ より，$x=\sqrt{\dfrac{80}{3}}=\dfrac{4\sqrt{5}}{\sqrt{3}}=\dfrac{4\sqrt{15}}{3}$

③ 正三角形 BDF の面積は正六角形 ABCDEF の面積の $\dfrac{3}{6}=\dfrac{1}{2}$ で，
$40\sqrt{3}\times\dfrac{1}{2}=20\sqrt{3}$
右の図の正三角形 PQR の面積は正三角形 BDF の面積の $\dfrac{1}{4}$ で，
$20\sqrt{3}\times\dfrac{1}{4}=5\sqrt{3}$

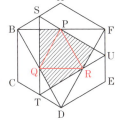

したがって，斜線部分の面積は，
$5\sqrt{3}\times\left(1+\dfrac{1}{2}\times3\right)=5\sqrt{3}\times\dfrac{5}{2}=\dfrac{25\sqrt{3}}{2}$

参考

正六角形は，次の図のように，合同な 6 つの正三角形や，合同な 6 つの二等辺三角形に分割できる。

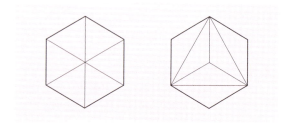

3 (例)

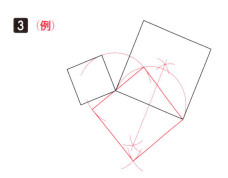

解説 ▼

小さい正方形の1辺の長さを a，大きい正方形の1辺の長さを b とすると，2つの正方形の面積の差は，b^2-a^2
作図する正方形の1辺の長さを x とすると，$b^2-a^2=x^2$
これより，$a^2+x^2=b^2$
したがって，まず，大きい正方形の1辺の長さを斜辺とし，直角をはさむ1辺が小さい正方形の1辺の長さとなるような直角三角形を作図する。直角の作図は，半円の弧に対する円周角は90°であることを利用すればよい。
次に，もう一方の直角をはさむ辺を1辺の長さとする正方形を作図する。

別解 ➕

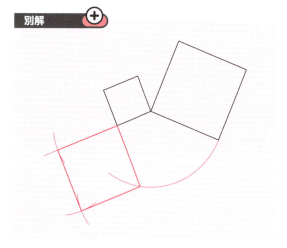

4 (1) $2\sqrt{7}$ cm (2) $\dfrac{18\sqrt{7}}{7}$ cm^3

解説 ▼

(1) 辺 BC の中点を M とすると，
AM⊥BC
BM$=6\div 2=3$(cm)
BD$=\dfrac{1}{3}\times 6=2$(cm)
DM$=3-2=1$(cm)
AM$=\dfrac{\sqrt{3}}{2}\times 6=3\sqrt{3}$(cm)

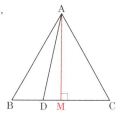

△ADM において，三平方の定理より，
$1^2+(3\sqrt{3})^2=$AD^2，$1+27=$AD^2，AD$^2=28$
AD>0 より，AD$=\sqrt{28}=2\sqrt{7}$(cm)

(2) 頂点 C から線分 AD にひいた垂線を CH とすると，できる立体は，底面が △ABD で，高さが CH の三角錐である。
AH$=x$cm とすると，
HD$=2\sqrt{7}-x$(cm)
AC$=6$cm，DC$=6-2=4$(cm)
△CAH において，三平方の定理より，
CH$^2=6^2-x^2$
△CDH において，三平方の定理より，
CH$^2=4^2-(2\sqrt{7}-x)^2$
したがって，$6^2-x^2=4^2-(2\sqrt{7}-x)^2$，
$36-x^2=16-(28-4\sqrt{7}x+x^2)$，$4\sqrt{7}x=48$，
$\sqrt{7}x=12$，$x=\dfrac{12}{\sqrt{7}}$

△CAH において，三平方の定理より，
$\left(\dfrac{12}{\sqrt{7}}\right)^2+CH^2=6^2$，$\dfrac{144}{7}+CH^2=36$，CH$^2=\dfrac{108}{7}$

CH>0 より，CH$=\sqrt{\dfrac{108}{7}}=\dfrac{6\sqrt{3}}{\sqrt{7}}=\dfrac{6\sqrt{21}}{7}$

△ABD$=\dfrac{1}{3}$△ABC$=\dfrac{1}{3}\times\dfrac{1}{2}\times 6\times\dfrac{\sqrt{3}}{2}\times 6=3\sqrt{3}$(cm^2)

したがって，求める立体の体積は，
$\dfrac{1}{3}\times 3\sqrt{3}\times\dfrac{6\sqrt{21}}{7}=\dfrac{18\sqrt{7}}{7}$(cm^3)

5 (1) $\sqrt{3}$ cm

(2) ① (説明)∠OBP$=60°$，OP$=$OB より，
△OBP は正三角形である。
また，(1)より，PM$=\sqrt{3}$ cm
PB の長さを求めると，AB：PB$=2:1$ より，
$6:$PB$=2:1$，PB$=6\times 1\div 2=3$(cm)
PM：PB$=\sqrt{3}:3=1:\sqrt{3}$ だから，
∠PBM$=30°$
したがって，線分 BQ は ∠OBP の二等分線で，OB$=$BP だから，点 P は点 O と重なる。

② $\dfrac{3\pi-3\sqrt{3}}{2}$ cm^2

解説▼

(1) ABは半円Oの直径だから、∠APB=90°
∠ABP=60°より、AB：AP=2：$\sqrt{3}$、6：AP=2：$\sqrt{3}$
AP=6×$\sqrt{3}$÷2=3$\sqrt{3}$（cm）
AM：MP=2：1より、
MP=$\frac{1}{3}$AP=$\frac{1}{3}$×3$\sqrt{3}$=$\sqrt{3}$（cm）

(2) ① △OBPは正三角形、∠PBM=30°まで導いたら、「線分BQは線分OPの垂直二等分線となるから、点Pは点Oと重なる。」としてもよい。

② △ABPと△BAQにおいて、
∠APB=∠BQA=90°、AB=BA、
∠PAB=∠QBA=30°だから、
△ABP≡△BAQ（直角三角形の斜辺と1つの鋭角）
したがって、△OAQは正三角形で、△OPQも正三角形になるから、∠POQ=60°
ここで、QP∥ABより、△OPQ=△BPQだから、かげをつけた部分の面積は、おうぎ形OPQの面積から、△BPMの面積をひいて求めることができる。
AB=6cmより、OP=6÷2=3（cm）だから、
おうぎ形OPQの面積は、
π×3²×$\frac{60}{360}$=$\frac{3\pi}{2}$（cm²）
△BPMは∠BPM=90°の直角三角形で、
MP=$\sqrt{3}$cm、PB=3cmだから、
△BPM=$\frac{1}{2}$×$\sqrt{3}$×3=$\frac{3\sqrt{3}}{2}$（cm²）
したがって、かげをつけた部分の面積は、
$\frac{3\pi}{2}$－$\frac{3\sqrt{3}}{2}$＝$\frac{3\pi-3\sqrt{3}}{2}$（cm²）

6 (1) 9　　(2) 3$\sqrt{34}$
　　(3) 255　(4) $\frac{425}{2}\pi$

解説▼

(1) 右の図のように、点Bから半径ADにひいた垂線をBHとし、円Bの半径をrとすると、
AB=AC+CB=25+r
HB=DE=30
AH=AD－HD=AD－BE=25－r
△ABHにおいて、三平方の定理より、
30²+(25－r)²=(25+r)²、
900+625－50r+r²=625+50r+r²、100r=900、r=9

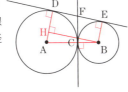

(2) 円外の1点から円にひいた接線の長さは等しいから、
DF=CF=EF=30÷2=15
△BEFにおいて、三平方の定理より、
15²+9²=BF²、225+81=BF²、BF²=306

BF>0より、BF=$\sqrt{306}$=3$\sqrt{34}$

(3) △ADF≡△ACF、△BCF≡△BEFより、
△AFB=△ACF+△BCF
=$\frac{1}{2}$×(台形ABED)=$\frac{1}{2}$×$\frac{1}{2}$×(9+25)×30=255

(4) ∠ACF=∠ADF=90°より、対角の和が180°だから、四角形ACFDは円に内接し、AFは円の直径である。
△ADFにおいて、三平方の定理より、
25²+15²=AF²、625+225=AF²、AF²=850
AF>0より、AF=$\sqrt{850}$=5$\sqrt{34}$
したがって、求める円の面積は、
π×$\left(\frac{5\sqrt{34}}{2}\right)^2$=$\frac{425}{2}\pi$

7 (1) 12$\sqrt{5}$ cm²　　(2) $\sqrt{5}$ cm
　　(3) $\frac{21\sqrt{5}}{10}$ cm　(4) 3$\sqrt{5}$ cm

解説▼

(1) 右の図のように、頂点Aから辺BCにひいた垂線をAHとし、BH=xcmとすると、
CH=8－x(cm)
△ABHにおいて、三平方の定理より、
AH²=9²－x²
△ACHにおいて、三平方の定理より、
AH²=7²－(8－x)²
したがって、9²－x²=7²－(8－x)²、
81－x²=49－(64－16x+x²)、
81－x²=49－64+16x－x²、16x=96、x=6
AH²=9²－6²=81－36=45
AH>0より、AH=$\sqrt{45}$=3$\sqrt{5}$（cm）
△ABC=$\frac{1}{2}$×8×3$\sqrt{5}$=12$\sqrt{5}$（cm²）

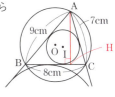

(2) 円Iの半径をrcmとすると、
△ABC=△IAB+△IBC+△ICAより、
$\frac{1}{2}$×9×r+$\frac{1}{2}$×8×r+$\frac{1}{2}$×7×r=12$\sqrt{5}$
(9+8+7)×r=12$\sqrt{5}$×2、24r=24$\sqrt{5}$、r=$\sqrt{5}$（cm）

(3) 右の図のように、円Oの直径をADとすると、
△ABH∽△ADCより、
AB：AD=AH：AC、
9：AD=3$\sqrt{5}$：7、
AD=9×7÷3$\sqrt{5}$
　　=$\frac{21\sqrt{5}}{5}$（cm）
したがって、円Oの半径は、
$\frac{1}{2}$AD=$\frac{1}{2}$×$\frac{21\sqrt{5}}{5}$=$\frac{21\sqrt{5}}{10}$（cm）

(4) 円 E の半径を $s$cm として, 四角形 ABEC の面積を2通りの式で表すと,
四角形 ABEC
$= \triangle \text{ABC} + \triangle \text{EBC}$
$= 12\sqrt{5} + \dfrac{1}{2} \times 8 \times s$

四角形 ABEC
$= \triangle \text{ABE} + \triangle \text{ACE}$
$= \dfrac{1}{2} \times 9 \times s + \dfrac{1}{2} \times 7 \times s$

したがって,
$12\sqrt{5} + 4s = \dfrac{9}{2}s + \dfrac{7}{2}s$, $4s = 12\sqrt{5}$, $s = 3\sqrt{5}$ (cm)

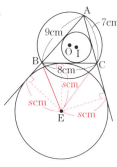

参考

この問題で, 点 I, 点 O, 点 E を, それぞれ △ABC の内心, 外心, 傍心という。

三角形の五心

・**内心**…3つの角の二等分線の交点。
　　　　　内心は内接円の中心である。
・**外心**…3つの辺の垂直二等分線の交点。
　　　　　外心は外接円の中心である。
・**重心**…3つの中線(頂点と向かい合う辺の中点を結んだ線)の交点。
　　　　　重心は中線を 2:1 に分ける。
・**垂心**…3つの頂点から向かい合う辺にひいた垂線の交点。
・**傍心**…1つの角の二等分線と残りの2つの角の外角の二等分線の交点。
　　　　　傍心は傍接円(この問題の円 E)の中心である。

8 (1) $x > 2$　(2) $x = \dfrac{7+\sqrt{17}}{4}$, $x = \dfrac{7+\sqrt{33}}{2}$

解説▼

(1) 三角形が成り立つ条件は,
(1辺の長さ)<(他の2辺の長さの和)だから,
・$x < x+1+2x-3$, $2x > 2$ より, $x > 1$
・$x+1 < x+2x-3$, $2x > 4$ より, $x > 2$
・$2x-3 < x+x+1$, $-3 < 1$ より, つねに成り立つ。
したがって, x の範囲は, $x > 2$

(2) $x < x+1$ だから, この三角形が直角三角形になるとき, 斜辺(最長の辺)は, $x+1$ か $2x-3$ である。
・斜辺が $x+1$ のとき, $x+1 > 2x-3$ より, $x < 4$
　(1)より, $x > 2$ だから, $2 < x < 4$
　三平方の定理より, $x^2 + (2x-3)^2 = (x+1)^2$
　整理して, $2x^2 - 7x + 4 = 0$, $x = \dfrac{7 \pm \sqrt{17}}{4}$
　$2 < x < 4$ だから, $4 < \sqrt{17} < 5$ を考えると,

$x = \dfrac{7+\sqrt{17}}{4}$

・斜辺が $2x-3$ のとき, $2x-3 > x+1$, $x > 4$
　(1)より, $x > 2$ だから, $x > 4$
　三平方の定理より, $x^2 + (x+1)^2 = (2x-3)^2$
　整理して, $x^2 - 7x + 4 = 0$, $x = \dfrac{7 \pm \sqrt{33}}{2}$
　$x > 4$ だから, $5 < \sqrt{33} < 6$ を考えると,

$x = \dfrac{7+\sqrt{33}}{2}$

したがって, $x = \dfrac{7+\sqrt{17}}{4}$, $x = \dfrac{7+\sqrt{33}}{2}$

9 正しい。
(証明) △ABC と △A′B′C′ において,
仮定より, AB:AC = A′B′:A′C′ だから,
AB:A′B′ = AC:A′C′ ……①
ここで, AB:AC = A′B′:A′C′ = 1:k とすると,
AC = kAB, A′C′ = kA′B′
∠C = ∠C′ = 90° だから,
△ABC において, 三平方の定理より,
$BC^2 = AB^2 - AC^2 = AB^2 - (k\text{AB})^2 = (1-k^2)AB^2$
BC > 0 より, $BC = \sqrt{1-k^2}\,\text{AB}$
△A′B′C′ において, 三平方の定理より,
$B'C'^2 = A'B'^2 - A'C'^2 = A'B'^2 - (k\text{A'B'})^2 = (1-k^2)A'B'^2$
B′C′ > 0 より, $B'C' = \sqrt{1-k^2}\,\text{A'B'}$
よって,
BC:B′C′ = $\sqrt{1-k^2}$AB : $\sqrt{1-k^2}$A′B′
　　　　 = AB:A′B′ ……②
①, ②より, AB:A′B′ = BC:B′C′ = AC:A′C′
したがって, 3組の辺の比がすべて等しいから,
△ABC ∽ △A′B′C′

10 (1) EG = 10cm, EC = $10\sqrt{2}$ cm
(2) $\dfrac{5}{2}$ cm　(3) $\dfrac{25}{4}$ cm²
(4) 10cm³

解説▼

(1) 2辺が 8cm, 6cm の長方形の対角線だから,
$EG = \sqrt{8^2 + 6^2} = \sqrt{64+36} = \sqrt{100} = 10$ (cm)
1辺が 10cm の正方形の対角線だから,
$EC = \sqrt{2} \times 10 = 10\sqrt{2}$ (cm)

(2) $EP = \dfrac{1}{2}EG = \dfrac{1}{2} \times 10 = 5$ (cm)
△CEP において, 点 M, N はそれぞれ辺 CE, CP の中点だから, 中点連結定理より,
$MN = \dfrac{1}{2}EP = \dfrac{1}{2} \times 5 = \dfrac{5}{2}$ (cm)

(3) △ENM の底辺を MN とすると,
高さは, $\dfrac{1}{2}AE = \dfrac{1}{2} \times 10 = 5$ (cm) だから,

△ENM の面積は，$\frac{1}{2} \times \frac{5}{2} \times 5 = \frac{25}{4}$(cm²)

(4) 三角錐 BENM の底面を △ENM とすると，高さは頂点 B から面 AEGC にひいた垂線の長さ，すなわち，頂点 B から線分 AC にひいた垂線の長さとなる。この垂線の長さを $h$cm とすると，△ABC の面積より，
$\frac{1}{2} \times AC \times h = \frac{1}{2} \times AB \times BC$，$\frac{1}{2} \times 10 \times h = \frac{1}{2} \times 8 \times 6$，
$5h = 24$，$h = \frac{24}{5}$(cm)
したがって，三角錐 BENM の体積は，
$\frac{1}{3} \times \frac{25}{4} \times \frac{24}{5} = 10$(cm³)

11 (1) $6\sqrt{3}$ cm
(2) ① 2：3　　② $32\sqrt{2}$ cm³

解説▼

(1) OM = $\frac{\sqrt{3}}{2}$OB = $\frac{\sqrt{3}}{2} \times 12 = 6\sqrt{3}$(cm)

(2) ① この正四面体を，辺 OB を切らないように展開図に表したとき，点 E は，AD と OB の交点である。点 D, E, R のようすは，次の図のようになる。

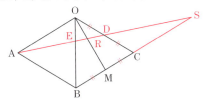

AD の延長と BC の延長の交点を S とすると，
OD = CD(仮定)，∠ADO = ∠SDC(対頂角)，
∠AOD = ∠SCD(平行線の錯角)より，
△AOD ≡ △SCD(1組の辺とその両端の角)だから，
CS = OA = 12cm
MC = 12 ÷ 2 = 6(cm)，AO // MC より，
OR：RM = AO：MS = 12：(6+12)
　　　　　　　　= 12：18 = 2：3

② 正四面体 OABC を，線分 OM，AM をふくむ平面で切ったときの切断面は，次の図のようになり，点 Q は線分 OP と AR の交点である。点 O を通り AM に平行な直線と AR の延長との交点を T とすると，
OT：AM
= OR：RM = 2：3
AP：PM = 4：5
だから，
AM = 4 + 5 = 9 とすると，
OT = $9 \times \frac{2}{3} = 6$

OQ：QP = OT：AP = 6：4 = 3：2
三角錐 QPBC と正四面体 OABC は，底面積の比が，
△PBC：△ABC = PM：AM = 5：(4+5) = 5：9
高さの比が，QP：OP = 2：(3+2) = 2：5
だから，体積の比は，(5×2)：(9×5) = 2：9
ここで，正四面体 OABC の体積は，BM = CM，面 MOA ⊥ BC だから，三角錐 BOAM の体積を2倍すれば求められる。
底面の △MOA は，MO = MA の二等辺三角形だから，OA を底辺としたときの高さを $h$cm とすると，三平方の定理より，
$h^2 + \left(\frac{12}{2}\right)^2 = (6\sqrt{3})^2$，$h^2 + 36 = 108$，$h^2 = 72$
$h > 0$ より，$h = \sqrt{72} = 6\sqrt{2}$(cm)
これより，△MOA の面積は，
$\frac{1}{2} \times 12 \times 6\sqrt{2} = 36\sqrt{2}$(cm²)
BM = 12 ÷ 2 = 6(cm)より，正四面体 OABC の体積は，
$\frac{1}{3} \times 36\sqrt{2} \times 6 \times 2 = 144\sqrt{2}$(cm³)
したがって，三角錐 QPBC の体積は，
$144\sqrt{2} \times \frac{2}{9} = 32\sqrt{2}$(cm³)

参考

1辺が a の正四面体の高さを h，体積を V とすると，
$h = \frac{\sqrt{6}}{3}a$　$V = \frac{\sqrt{2}}{12}a^3$

12 (1) $36\sqrt{2}$　　(2) 2
(3) $6\sqrt{2}$

解説▼

(1) 底面の対角線の交点を O とすると，AO が正四角錐 P の高さである。
BD = $\sqrt{2}$BC = $6\sqrt{2}$ より，
BO = $6\sqrt{2} \div 2 = 3\sqrt{2}$
AO ⊥ BO で，AB：BO = 6：$3\sqrt{2}$ = $\sqrt{2}$：1 だから，
△ABO は，∠O = 90°の直角二等辺三角形である。
したがって，AO = BO = $3\sqrt{2}$ だから，立体 P の体積は，
$\frac{1}{3} \times 6^2 \times 3\sqrt{2} = 36\sqrt{2}$

(2) 立体 P を真横から見た図 (AD ⊥ CE に見える図)に，点 G, H を書き入れると，右の図のようになり，辺 AC, AE, CE の見た目の長さは，実際の長さと

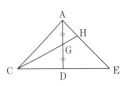

等しい。
これを平面と考えて，点Aを通りCEに平行な直線と，CHの延長との交点をIとすると，

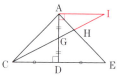

△GAI≡△GDC より，IA=CD
CD=DE より，IA：CE=1：2 だから，
AH：HE=IA：CE=1：2
AE=6，AH：HE=1：2 より，
AH=$\frac{1}{3}$AE=$\frac{1}{3}$×6=2

(3) AG：AD=1：2，AH：AE=1：3 より，
三角錐ACGHと三角錐ACDEの底面をそれぞれ△AGH，△ADEと考えると，高さは等しいから，体積の比は，底面積の比に等しく，
(AG×AH)：(AD×AE)=(1×1)：(2×3)=1：6
よって，四角錐ACGHFと四角錐ACDEBの体積の比も1：6だから，点Aをふくむほうの立体の体積は，
36$\sqrt{2}$×$\frac{1}{6}$=6$\sqrt{2}$

13 (1) 2：1
(2) $\frac{5\sqrt{39}}{12}$
(3) $\frac{19\sqrt{3}}{36}$

解説▼

(1) 投影図に表すと，右のようになる。
平面図で，RX=1 だから，
立面図で，RY=$\frac{1}{2}$
立面図で，
XA：AY=XQ：RY
　　　=1：$\frac{1}{2}$=2：1

(2) 立面図の△AQXにおいて，
三平方の定理より，
AQ=$\sqrt{\left(\frac{2}{3}\right)^2+1^2}$
　=$\sqrt{\frac{13}{9}}$=$\frac{\sqrt{13}}{3}$

立面図の△ARYにおいて，三平方の定理より，
AR=$\sqrt{\left(\frac{1}{3}\right)^2+\left(\frac{1}{2}\right)^2}$=$\sqrt{\frac{13}{36}}$=$\frac{\sqrt{13}}{6}$

PQ=$\frac{\sqrt{3}}{2}$×2=$\sqrt{3}$ より，切断面の面積は
$\sqrt{3}$×$\frac{\sqrt{13}}{3}$+$\frac{1}{2}$×$\sqrt{3}$×$\frac{\sqrt{13}}{6}$=$\frac{\sqrt{39}}{3}$+$\frac{\sqrt{39}}{12}$=$\frac{5\sqrt{39}}{12}$

(3) 点Xをふくむほうの立体を，右の図のように，2つの三角柱ア，イと1つの三角錐ウに分けると，
三角柱アの体積は，
$\frac{1}{2}$×1×$\frac{2}{3}$×$\sqrt{3}$
三角柱イの体積は，
$\frac{1}{2}$×$\sqrt{3}$×$\frac{1}{2}$×$\frac{2}{3}$
三角錐ウの体積は，
$\frac{1}{3}$×$\frac{1}{2}$×$\sqrt{3}$×$\frac{1}{2}$×$\frac{1}{3}$
ア，イ，ウの体積の和を求めると，
$\frac{\sqrt{3}}{3}$+$\frac{\sqrt{3}}{6}$+$\frac{\sqrt{3}}{36}$=$\frac{19\sqrt{3}}{36}$

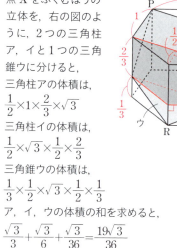

14 (1) 4$\sqrt{5}$cm　(2) 10cm
(3) 9cm　(4) 25：8
(5) 3cm

解説▼

(1) 円錐Aの底面の半径をrcm，母線の長さをℓcmとすると，底面の周の長さは側面のおうぎ形の弧の長さに等しいから，
2πr=2$\pi\ell$×$\frac{240}{360}$，r=$\frac{2}{3}\ell$ より，ℓ=$\frac{3}{2}$r
図1の長方形の横の長さより，
2r+$\frac{3}{2}$r+$\frac{1}{2}$×$\frac{3}{2}$r=17$\sqrt{5}$，$\frac{17}{4}$r=17$\sqrt{5}$，
r=4$\sqrt{5}$(cm)

(2) ℓ=$\frac{3}{2}$r=$\frac{3}{2}$×4$\sqrt{5}$=6$\sqrt{5}$(cm)
円錐Aの高さをhcmとすると，三平方の定理より，
h^2=ℓ^2-r^2，h^2=(6$\sqrt{5}$)^2-(4$\sqrt{5}$)^2=180-80=100
h>0 より，h=$\sqrt{100}$=10(cm)

(3) 球Oの半径をscmとすると，三平方の定理より，
(4$\sqrt{5}$)^2+(10-s)^2=s^2，
80+100-20s+s^2=s^2，
20s=180，s=9(cm)

(4) 球O'の半径をtcmとすると，1つの角を共有する直角三角形の相似より，
(10-t)：6$\sqrt{5}$=t：4$\sqrt{5}$，
6$\sqrt{5}$t=4$\sqrt{5}$(10-t)，10$\sqrt{5}$t=40$\sqrt{5}$，t=4
円錐Aの体積Vは，$\frac{1}{3}\pi$×(4$\sqrt{5}$)^2×10=$\frac{800}{3}\pi$(cm^3)
球O'の体積Wは，$\frac{4}{3}\pi$×4^3=$\frac{256}{3}\pi$(cm^3)
したがって，V：W=800：256=25：8

(5) 球Oの半径は9cm，球O'の半径は4cmだから，中心間の距離は，9-(10-4)=9-6=3(cm)

15 (1) 27cm³　　(2) √15cm
(3) 9cm³

解説▼

(1) 辺BCの中点をMとすると，
AM=DM=$6\times\dfrac{\sqrt{3}}{2}$
　　　　　$=3\sqrt{3}$(cm)
AM：DM：AD
$=3\sqrt{3}:3\sqrt{3}:3\sqrt{6}$
$=1:1:\sqrt{2}$

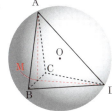

より，△AMDは，AM=DM，∠AMD=90°の直角二等辺三角形である。
したがって，四面体ABCDの体積は，
$\dfrac{1}{3}\times\dfrac{1}{2}\times 6\times 3\sqrt{3}\times 3\sqrt{3}=27$(cm³)

(2) 球Oの半径を$r$cmとすると，
(1)の図の△OMCにおいて，三平方の定理より，
OM²=r^2-3^2……①
次に，3点A，D，Oを通る平面で球Oを切ると，切断面は，右の図のようになる。
ここで，OからAMにひいた垂線をOHとし，
HM=$x$cmとすると，
△OAHと△OMHにおいて，
共通な辺OHについて，三平方の定理より，
$r^2-(3\sqrt{3}-x)^2=OM^2-x^2$……②

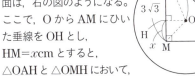

②に①を代入すると，$r^2-(3\sqrt{3}-x)^2=(r^2-3^2)-x^2$
整理して，$6\sqrt{3}x=18$，$x=\sqrt{3}$(cm)
ここで，△MADは直線MOを対称の軸とする線対称な図形で，∠OMH=90°÷2=45°だから，
OM=$\sqrt{2}$HM=$\sqrt{2}\times\sqrt{3}=\sqrt{6}$(cm)
①より，$(\sqrt{6})^2=r^2-3^2$，$6=r^2-9$，$r^2=15$
$r>0$より，$r=\sqrt{15}$(cm)

(3) 3点O，C，Dを通る平面と線分AMとの交点をIとすると，右の図のようになる。
HO=HM=$\sqrt{3}$cm
HO∥MDより，
IH：IM=HO：MD
$=\sqrt{3}:3\sqrt{3}=1:3$

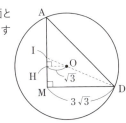

IM：HM=3：(3-1)=3：2より，
IM=$\dfrac{3}{2}$HM=$\dfrac{3}{2}\times\sqrt{3}=\dfrac{3\sqrt{3}}{2}=\dfrac{1}{2}$AM
したがって，点Iは線分AMの中点である。

次に，△ABCで考える。
3点O，C，Dを通る平面と辺ABとの交点をJとし，CJ∥MNとなる点Nを辺AB上にとると，右の図のようになる。

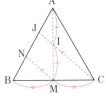

△AMNにおいて，
AI=IM，IJ∥MNより，AJ=JN
また，△BCJにおいて，
BM=MC，MN∥CJより，BN=NJ
よって，AJ=JN=NBだから，AJ=$\dfrac{1}{3}$AB
したがって，求める立体の体積は，
$\dfrac{1}{3}\times$（四面体ABCDの体積）=$\dfrac{1}{3}\times 27=9$(cm³)

データの活用編

1 資料の整理

STEP01 要点まとめ　　本冊148ページ

1
- 01　5m
- 02　20
- 03　25
- 04　20
- 05　25
- 06　22.5
- 07　6
- 08　30
- 09　0.2
- 10　右の図

2
- 11　17
- 12　23
- 13　0.32
- 14　0.92

3
- 15　62
- 16　6.2
- 17　3, 4, 5, 6, 6, 7, 7, 7, 8, 9
- 18　6
- 19　7
- 20　6.5
- 21　7

4
- 22　8
- 23　12
- 24　15
- 25　15
- 26　8
- 27　7
- 28　下の図

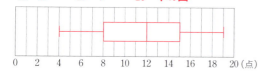

解説▼

4

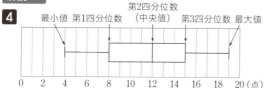

STEP02 基本問題　　本冊150ページ

1 (1) 6人　　(2) 7人

解説▼

(1) 資料の記録を度数分布表に整理すると、右のようになる。よって、7.0秒以上8.0秒未満の階級の度数は6人。

記録(秒)	度数(人)
以上　未満	
6.0～7.0	1
7.0～8.0	6
8.0～9.0	4
9.0～10.0	2
10.0～11.0	1
合計	14

(2) 9.0秒以上10.0秒未満の階級に入っている女子の人数を x 人とする。この階級の相対度数は0.3だから、$\dfrac{2+x}{14+16}=0.3$
これを解いて、$\dfrac{2+x}{30}=\dfrac{3}{10}$, $2+x=9$, $x=7$(人)

2 (1) ア…0.18　イ…0.22　(2) ウ…21　エ…45
(3) オ…0.42　カ…0.90
(4)

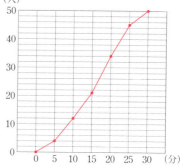

解説▼

(1)(2)(3) 度数分布表に整理すると、次のようになる。

通学時間 (分)	度数(人)	相対度数	累積度数 (人)	累積 相対度数
以上　未満				
0～5	4	0.08	4	0.08
5～10	8	0.16	12	0.24
10～15	9	0.18	21	0.42
15～20	13	0.26	34	0.68
20～25	11	0.22	45	0.90
25～30	5	0.10	50	1.00
合計	50	1.00		

(4) 累積度数折れ線は、累積度数を表したヒストグラムの各長方形の右上の頂点を順に結ぶ。

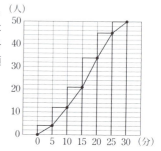

3 18人

解説▼

7.4秒以上7.8秒未満の階級の人数を x 人とすると、この階級の相対度数が0.15だから、
$\dfrac{x}{120}=0.15$, $x=120\times 0.15=18$(人)

4 (1) 30人　　(2) 3冊
(3) 120人

解説▼

(1) ヒストグラムの各階級の人数をたすと、
2+7+3+4+5+4+3+2=30(人)
(2) (1)より、1年1組の生徒の人数は30人だから、中央値は、15番目の冊数と16番目の冊数の平均値である。15番目の冊数も16番目の冊数も3冊だから、中央値は3冊。

(3) 1年1組で3冊以上の本を読んだ生徒の人数は，
4+5+4+3+2=18(人)
よって，1年1組で3冊以上の本を読んだ生徒の相対度数は，$\frac{18}{30}=0.6$
この中学校で読んだ本が3冊以上の生徒の人数を x 人とすると，$\frac{x}{200}=0.6$，$x=200\times 0.6=120$(人)

5 (1) **75%**　　(2) **イ，オ**

解説▼

(1) 利用した回数が1回以上の生徒の人数は，
11+7+2+3+1=24(人)
よって，$\frac{24}{32}=0.75$

(2) ア （範囲）=（最大の値）−（最小の値）だから，利用した回数の範囲は，5−0=5(回)

イ 利用した回数の平均値は，
$\frac{0\times 8+1\times 11+2\times 7+3\times 2+4\times 3+5\times 1}{32}$
$=\frac{0+11+14+6+12+5}{32}=\frac{48}{32}=1.5$(回)

ウ 利用した回数の最頻値は，1回。

エ 利用した回数の中央値は，16番目の回数と17番目の回数の平均値である。16番目の回数も17番目の回数も1回だから，中央値は，1回。

オ 利用した回数の最小値は，0回。

6 (1)

最小値	第1四分位数	第2四分位数	第3四分位数	最大値
14	20	27	31.5	37

(2) **11.5kg**

(3)

解説▼

(1) データを小さい順に並べると，

第2四分位数は，中央値だから，27kg
第1四分位数は，$\frac{18+22}{2}=20$(kg)
第3四分位数は，$\frac{30+33}{2}=31.5$(kg)

(2) （四分位範囲）=（第3四分位数）−（第1四分位数）だから，31.5−20=11.5(kg)

参考

下の図のように，箱ひげ図に+印を使って，平均値の位置を表すこともある。

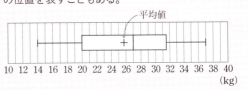

STEP 03　実戦問題　本冊152ページ

1 (1) **9分**
(2) **右の図**
(3) **イ，ウ，オ**

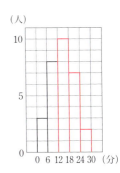

解説▼

(1) 3年1組の生徒の人数は29人だから，中央値は，15番目の通学時間である。15番目の通学時間は6分以上12分未満の階級に含まれるから，中央値が含まれる階級の階級値は，$\frac{6+12}{2}=9$(分)

(2) 3年2組の通学時間を度数分布表に表すと，右のようになる。

通学時間(分)	度数(人)
以上　未満	
0～6	3
6～12	8
12～18	10
18～24	7
24～30	2
合計	30

(3) ア 通学時間が18分未満の生徒の人数は，
1組…5+11+6=22(人)
2組…3+8+10=21(人)
より，1組のほうが2組より1人多い。

イ 通学時間が24分以上の生徒の，学級全体の生徒に対する割合は，1組は $\frac{2}{29}$，2組は $\frac{2}{30}$ より，1組のほうが2組より大きい。

ウ 1組の通学時間が6分以上18分未満の生徒の人数は，11+6=17(人)，2組の通学時間が12分以上24分未満の生徒の人数は，10+7=17(人)より，等しい。

エ 1組の通学時間が最も短い生徒は0分以上6分未満の階級の中にいるから，この中に3分未満の生徒がいるかもしれない。

オ 1組と2組を合わせた生徒について，24分以上30分未満の生徒の人数は，2+2=4(人)，18分以上24分未満の生徒の人数は，5+7=12(人)より，値の大きいほうから数えて16番目の通学時間は，18分以上24

分未満の階級の中で，最も小さい値になる。2組の資料から，この階級に含まれる最も小さい値は18分。

2 (1) $a=4$　　(2) 4.5点

解説▼

(1) $\dfrac{3+5+2+7+6+5+4+4+9+a}{10}=4.9$,
$\dfrac{45+a}{10}=4.9$, $45+a=49$, $a=4$

(2) $a=4$のとき，得点を小さい順に並べると，
2, 3, 4, 4, 4, 5, 5, 6, 7, 9
中央値は5番目の得点と6番目の得点の平均値だから，
$\dfrac{4+5}{2}=4.5$(点)

3 誤っていた得点…72点, 正しい得点…67点

解説▼

訂正前の5人の得点の合計は，
$72+84+81+70+68=375$(点)
訂正後の5人の得点の合計は，$74\times5=370$(点)
$375-370=5$より，正しい得点は誤っていた得点より5点低い。訂正前の得点を小さい順に並べると，
68, 70, 72, 81, 84
訂正後に中央値が70点になるためには，72点の得点を，$72-5=67$(点)に訂正すればよい。

4 (1) 30kg　　(2) ア…10 イ…8
(3) 30人の握力の平均値が29kgであることから，30人の(階級値)×(度数)の合計は，$29\times30=870$
2, 3年生24人の(階級値)×(度数)の合計との差は，$870-720=150$
1年生6人の握力が入った階級の階級値は，$150\div6=25$(kg)
よって，1年生6人の握力が入った階級は，20kg以上30kg未満の階級である。

解説▼

(1) (平均値)$=\dfrac{\{(階級値)\times(度数)\}の合計}{(度数の合計)}$より，
(平均値)$=\dfrac{720}{24}=30$(kg)

(2) ア，イにあてはまる数をそれぞれx, yとして，(階級値)×(度数)を求めると，次のようになる。

階級(kg)	階級値(kg)	度数(人)	(階級値)×(度数)
以上　未満			
10～20	15	3	45
20～30	25	x	$25x$
30～40	35	y	$35y$
40～50	45	2	90
50～60	55	1	55
合計		24	720

度数から，$3+x+y+2+1=24$, $x+y=18$ ……①
(階級値)×(度数)から，
$45+25x+35y+90+55=720$, $5x+7y=106$ ……②
①，②を連立方程式として解くと，$x=10$, $y=8$

5 (1) 16人　　(2) 38%
(3) 33番目から38番目の間
(4) 8.5秒以上9.0秒未満の階級
(5) 7.75秒

解説▼

(1) グラフから7.5秒未満に対応する人数は16人。

(2) 8.0秒未満の生徒の人数は25人。
男子生徒の人数は40人だから，8.0秒以上の生徒の人数は，$40-25=15$(人)だから，$\dfrac{15}{40}\times100=37.5$(%)
小数第1位を四捨五入して，38%

(3) 8.5秒未満の生徒の人数は32人，9.0秒未満の生徒の人数は38人だから，8.5秒の生徒は，記録が速いほうから33番目から38番目の間にいる。

(4) $40\times0.9=36$(人)だから，記録の速いほうから90%の生徒が含まれるのは，記録の速いほうから36番目の記録が入る階級である。

(5) 例えば，6.0秒以上6.5秒未満の階級の度数は，
(6.5秒の累積度数)−(6.0秒の累積度数)$=3-0=3$(人)
と求められる。
このように，各階級の度数を求め，度数分布表に整理すると，右のようになる。よって，度数の最も大きい階級は7.5秒以上8.0秒未満の階級だから，この階級の階級値は，$\dfrac{7.5+8.0}{2}=7.75$(秒)

記録(秒)	度数(人)
以上　未満	
6.0～6.5	3
6.5～7.0	5
7.0～7.5	8
7.5～8.0	9
8.0～8.5	7
8.5～9.0	6
9.0～9.5	2
合計	40

6 (1) 19m　　(2) 0.25
(3) $a=17$, $b=19$ と $a=18$, $b=18$
(4) 19.6m

解説▼

(1) ヒストグラムから，度数が最も多い階級は17m以上21m未満の階級である。最頻値は，この階級の階級値だから，$\dfrac{17+21}{2}=19$(m)

(2) 記録が25m以上の人数は，$7+3=10$(人)
よって，相対度数は，$\dfrac{10}{40}=0.25$

(3) 中央値18mは記録が小さいほうから20番目の値aと21番目の値bの平均値だから，$\dfrac{a+b}{2}=18$, $a+b=36$
また，17m以上21m未満の階級に，記録が小さいほうから14番目から24番目までの値が入るから，a,

b はどちらもこの階級に入る。
この2つの条件を満たす自然数 a, b の値の組は，
$a=17$, $b=19$ と $a=18$, $b=18$

(4) $\dfrac{7\times3+11\times4+15\times6+19\times11+23\times6+27\times7+31\times3}{40}$
$=\dfrac{21+44+90+209+138+189+93}{40}=\dfrac{784}{40}=19.6(\text{m})$

7 $x=16$

解説▼

1年生の記録を小さい順に並べると，
9, 10, 11, 15, 16, 18, 20
よって，1年生の記録の中央値は15m
2年生の記録を，x を除いて小さい順に並べると，
10, 12, 13, 14, 17, 20, 22
2年生の記録の中央値も15mになるから，14とxの平均値が15になればよい。
よって，$\dfrac{14+x}{2}=15$，$x=16$

8 0.32

解説▼

$a:b=4:3$ より，$a=4x$, $b=3x$ と表せる。
度数の合計は100人だから，
$23+4x+3x+15+6=100$，$7x=56$，$x=8$
よって，$a=4\times8=32$，$b=3\times8=24$
中央値は，50番目の通学時間と51番目の通学時間の平均値である。50番目の通学時間も51番目の通学時間も10分以上20分未満の階級に入るから，中央値が含まれる階級は，この階級である。
よって，中央値が含まれる階級の相対度数は，$\dfrac{32}{100}=0.32$

9 ④

解説▼

① 12冊以上16冊未満の階級の相対度数は，
A中学校…$\dfrac{8}{25}=0.32$，B中学校…$\dfrac{9}{40}=0.225$
よって，相対度数はA中学校よりもB中学校のほうが小さい。
② ヒストグラムから，分布の範囲はA中学校よりもB中学校のほうが大きい。
③ A中学校の最頻値は，12冊以上16冊未満の階級値だから14冊，B中学校の最頻値は，16冊以上20冊未満の階級値だから18冊。
よって，最頻値はA中学校よりもB中学校のほうが大きい。
④ A中学校の中央値は，13番目の冊数で，この冊数を含む階級は12冊以上16冊未満の階級。よって，中央値を含む階級値は14冊。B中学校の中央

値は，20番目の冊数と21番目の冊数の平均値で，20番目の冊数と21番目の冊数を含む階級は12冊以上16冊未満の階級。よって，中央値を含む階級の階級値は14冊。したがって，A中学校の中央値とB中学校の中央値は等しい。

10 エ

解説▼

各ヒストグラムの最頻値は，
ア…8点，イ…8点，ウ…9点，エ…8点
よって，最頻値が8点のヒストグラムは，ア，イ，エ
ア，イ，エについて，中央値を求めると，
ア…20番目の得点は8点，21番目の得点は9点だから，中央値は8.5点。
イ…20番目の得点は8点，21番目の得点は8点だから，中央値は8点。
エ…20番目の得点は8点，21番目の得点は9点だから，中央値は8.5点。
よって，中央値が8.5点のヒストグラムは，ア，エ
ア，エについて，平均値を求めると，
ア…$\dfrac{6\times1+7\times5+8\times14+9\times9+10\times11}{40}$
$=\dfrac{6+35+112+81+110}{40}=\dfrac{344}{40}=8.6(\text{点})$
エ…$\dfrac{4\times1+6\times2+7\times4+8\times13+9\times12+10\times8}{40}$
$=\dfrac{4+12+28+104+108+80}{40}=\dfrac{336}{40}=8.4(\text{点})$
よって，平均値が8.4点のヒストグラムは，エ

11 3組

解説▼

中央値は，得点の低いほうから数えて9番目の得点である。
中央値が2点であるためには，ア≥2 ……①
度数の合計から，$3+4+$ア$+$イ$+4+2=17$，ア$+$イ$=4$
ア，イは0または自然数だから，ア≤4 ……②
①，②を満たす自然数アの値は，ア$=2, 3, 4$
したがって，ア，イの値の組は，
(ア，イ)$=(2, 2), (3, 1), (4, 0)$の3組。

12 $a=8$

解説▼

東軍の点数の中央値をa点として，小さい順に並べると，
5, 5, a, 8, 9
aは整数だから，$a=5, 6, 7, 8$のいずれかである。
aのそれぞれの値について，東軍と西軍の得点を求める。
$a=5$のとき，
東軍…$\dfrac{5+5+8}{3}=6(\text{点})$，西軍…$\dfrac{5+7+7}{3}=6.3\cdots(\text{点})$

$a=6$ のとき，

東軍…$\dfrac{5+6+8}{3}=6.3\cdots$(点)，西軍…$\dfrac{6+7+7}{3}=6.6\cdots$(点)

$a=7$ のとき，

東軍…$\dfrac{5+7+8}{3}=6.6\cdots$(点)，西軍…$\dfrac{7+7+7}{3}=7$(点)

$a=8$ のとき，

東軍…$\dfrac{5+8+8}{3}=7$(点)，西軍…$\dfrac{7+7+7}{3}=7$(点)

よって，得点が同じになるのは，$a=8$

13 3, 6, 6, 7, 8, 9, 10

解説 ▼

得点の最小値を a 点とする。
最小値と最頻値の差は3だから，最頻値は $a+3$(点)
中央値は最頻値より1大きいから，中央値は $a+4$(点)
中央値は4番目の値，最頻値は1つだけだから，7人の得点は，小さい順に，$a,\ a+3,\ a+3,\ a+4,\ b,\ c,\ d$ と表せる。
点数は0以上10以下の整数だから，
$a\geq 0$，$d\leq 10$ より，$4\leq a+4<b<c<d\leq 10$ ……①
①より，$b,\ c,\ d$ は5以上10以下の異なる整数である。
よって，$b=5,\ c=6,\ d=7$ のとき，$b+c+d$ は最小値18，$b=8,\ c=9,\ d=10$ のとき，$b+c+d$ は最大値27となるから，$18\leq b+c+d\leq 27$ ……②
また，7人の得点の平均値が7だから，
$\dfrac{a+(a+3)+(a+3)+(a+4)+b+c+d}{7}=7$
$4a+b+c+d=39$，$b+c+d=39-4a$ ……③
②，③より，$18\leq 39-4a\leq 27$
この不等式を満たす整数 a の値は，$a=3,\ 4,\ 5$
$a=3$ のとき，$a+4=7$
よって，①より，$b=8,\ c=9,\ d=10$
$a=4$ のとき，$a+4=8$
よって，①を満たす $b,\ c,\ d$ の値はない。
$a=5$ のときも同様に，①を満たす $b,\ c,\ d$ の値はない。
したがって，$a=3$ だから，7人の得点は小さい順に，
3, 6, 6, 7, 8, 9, 10

14 ①…ウ，②…エ，③…イ，④…ア

解説 ▼

ヒストグラムが1つの山の形になる分布では，ヒストグラムの形から箱ひげ図のおよその形を推測することができる。ヒストグラムの形が①や④のように，左右対称になる場合，箱ひげ図も左右対称になる。そして，①のように中央の山が高い分布ほど箱ひげ図の箱は短く，④のように中央の山が低い分布ほど箱ひげ図の箱は長くなる。
よって，①に対応するのはウ，④に対応するのはア。
また，ヒストグラムの形が②や③のように，左右非対称になる場合，箱ひげ図も左右非対称になる。そして，②のように山が左に寄るほど箱ひげ図の箱も左に寄り，③のように山が右に寄るほど箱ひげ図の箱も右に寄る。
よって，②に対応するのはエ，③に対応するのはイ。

15 3番目…4点，5番目…5点，7番目…7点

解説 ▼

箱ひげ図から，最小値3，第1四分位数3.5，第2四分位数5，第3四分位数7.5，最大値8
これより，9人の得点を小さい順に並べると，

小さいほうの半分　　　　大きいほうの半分
3　a | b　c　5　d　e | f　8
　　↑　　　　　　　　　↑
第1四分位数3.5　　　　第3四分位数7.5

($a,\ b,\ c,\ d,\ e,\ f$ は整数)

第1四分位数3.5より，$\dfrac{a+b}{2}=3.5$
また，$3\leq a\leq b\leq 5$ だから，$a=3,\ b=4$
第3四分位数7.5より，$\dfrac{e+f}{2}=7.5$
また，$5\leq e\leq f\leq 8$ だから，$e=7,\ f=8$
よって，9人の生徒の得点は小さいほうから順に，
3, 3, 4, c, 5, d, 7, 8, 8

2 確率

STEP 01 要点まとめ　本冊156ページ

1
01	6	02	6
03	1	04	0
05	0		

2
| 06 | 36 | 07 | 4 |
| 08 | 4 | 09 | $\dfrac{1}{9}$ |

3
10	6	11	6
12	$\dfrac{1}{6}$	13	$\dfrac{1}{6}$
14	$\dfrac{5}{6}$		

4
| 15 | 10 | 16 | 6 |
| 17 | 6 | 18 | $\dfrac{3}{5}$ |

5
19	12	20	12, 21, 24, 42
21	4	22	4
23	$\dfrac{1}{3}$		

解説 ▼

2 大小2つのさいころを同時に投げるとき，大のさいころの目の出方が6通りあり，そのおのおのについ

て，小のさいころの目の出方が6通りずつあるから，目の出方は全部で，6×6=36(通り)

STEP02 基本問題
本冊158ページ

1 (1) $\dfrac{7}{8}$ (2) $\dfrac{3}{8}$

解説▼

(1) 3枚の硬貨をA，B，Cとすると，右の樹形図より，3枚の硬貨の表裏の出方は，全部で8通り。

3枚とも裏が出る確率は，$\dfrac{1}{8}$

よって，
(少なくとも1枚は表が出る確率)
＝1−(3枚とも裏が出る確率)

だから，$1-\dfrac{1}{8}=\dfrac{7}{8}$

(2) 4枚の硬貨をA，B，C，Dとすると，下の樹形図より，4枚の硬貨の表裏の出方は，全部で16通り。

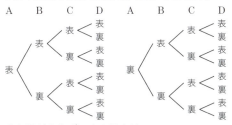

表と裏が2枚ずつ出る場合は，
(表，表，裏，裏)，(表，裏，表，裏)，
(表，裏，裏，表)，(裏，表，表，裏)，
(裏，表，裏，表)，(裏，裏，表，表)の6通り。

よって，求める確率は，$\dfrac{6}{16}=\dfrac{3}{8}$

参考

n枚の硬貨の表裏の出方は，全部で，2^n通り。
例えば，3枚の硬貨の表裏の出方は，$2^3=8$(通り)
4枚の硬貨の表裏の出方は，$2^4=16$(通り)

2 (1) $\dfrac{5}{36}$ (2) $\dfrac{5}{12}$
　　(3) $\dfrac{11}{36}$ (4) $\dfrac{3}{4}$

解説▼

大小2つのさいころの目の出方は全部で36通り。

(1) 目の数の和が8になるのは，(2, 6)，(3, 5)，(4, 4)，(5, 3)，(6, 2)の5通り。

よって，求める確率は，$\dfrac{5}{36}$

(2) 2以上12以下の素数は，2, 3, 5, 7, 11
目の数の和が素数になるのは，下の表の■の場合で，
(1, 1)，(1, 2)，(1, 4)，(1, 6)，
(2, 1)，(2, 3)，(2, 5)，(3, 2)，
(3, 4)，(4, 1)，(4, 3)，(5, 2)，
(5, 6)，(6, 1)，(6, 5)の15通り。

よって，求める確率は，$\dfrac{15}{36}=\dfrac{5}{12}$

参考

1とその数自身のほかに約数がない数を素数という。ただし，1は素数ではない。

(3) 目の数の積が5の倍数になるのは，下の表の■の場合で，
(1, 5)，(2, 5)，(3, 5)，(4, 5)，
(5, 5)，(6, 5)，(5, 1)，(5, 2)，
(5, 3)，(5, 4)，(5, 6)の11通り。

よって，求める確率は，$\dfrac{11}{36}$

(4) 目の数の積が偶数になるのは，右の表の■の場合で，27通り。

よって，求める確率は，$\dfrac{27}{36}=\dfrac{3}{4}$

別解

目の数の積が奇数になるのは，
(1, 1)，(1, 3)，(1, 5)，(3, 1)，(3, 3)，
(3, 5)，(5, 1)，(5, 3)，(5, 5)の9通り。

目の数の積が奇数になる確率は，$\dfrac{9}{36}=\dfrac{1}{4}$

目の数の積が偶数になる確率は，$1-\dfrac{1}{4}=\dfrac{3}{4}$

3 (1) $\dfrac{2}{5}$ (2) $\dfrac{2}{5}$
　　(3) $\dfrac{21}{25}$

解説▼

(1) 白玉を①，②，③，赤玉を①，②とし，2回の玉の取り出し方を樹形図に表すと，次のようになる。

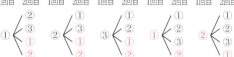

2回の玉の取り出し方は，全部で20通り。
玉の色が同じ取り出し方は，
(①, ②)，(①, ③)，(②, ①)，(②, ③)，(③, ①)，
(③, ②)，(①, ②)，(②, ①)
の8通り。

よって，求める確率は，$\dfrac{8}{20}=\dfrac{2}{5}$

(2) 赤球を①,②,③,青球を❶,白球を①とし,2個の球の取り出し方を樹形図に表すと,次のようになる。

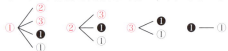

2個の球の取り出し方は,全部で10通り。
白球が含まれる取り出し方は,(①, ①),(②, ①),(③, ①),(❶, ①)の4通り。
よって,求める確率は,$\frac{4}{10} = \frac{2}{5}$

(3) 赤玉を①,②,③,白玉を①,②とし,2回の玉の取り出し方を樹形図に表すと,次のようになる。

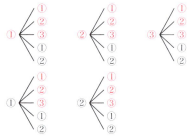

2回の玉の取り出し方は,全部で25通り。
2回とも白玉を取り出す取り出し方は,(①, ①),(①, ②),(②, ①),(②, ②)の4通りだから,2回とも白玉を取り出す確率は,$\frac{4}{25}$
よって,少なくとも1回は赤玉が出る確率は,
$1 - \frac{4}{25} = \frac{21}{25}$

4 $\frac{3}{10}$

解説▼

2枚のカードの取り出し方と,カードの数の和を樹形図に表すと,次のようになる。

2枚のカードの取り出し方は,全部で10通り。
2枚のカードの和が3の倍数になるのは3通り。
よって,求める確率は,$\frac{3}{10}$

5 $\frac{1}{2}$

解説▼

2個のボールの取り出し方と,できる2けたの整数を樹形図に表すと,次のようになる。

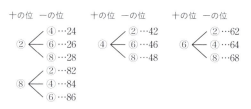

2個のボールの取り出し方は,全部で12通り。
2けたの整数が4の倍数になるのは,2けたの整数が24, 28, 48, 64, 68, 84の6通り。
よって,求める確率は,$\frac{6}{12} = \frac{1}{2}$

6 イ,確率…$\frac{8}{15}$

解説▼

4人の男子を①,②,③,④,2人の女子を⑤,⑥とし,2人の選び方を樹形図に表すと,次のようになる。

2人の選び方は,全部で15通り。
ア 2人とも男子が選ばれるのは6通りだから,この確率は,$\frac{6}{15}$
イ 男子と女子が1人ずつ選ばれるのは8通りだから,この確率は,$\frac{8}{15}$
ウ 2人とも女子が選ばれるのは1通りだから,この確率は,$\frac{1}{15}$

7 (1) $\frac{1}{6}$　　(2) ① $\frac{1}{36}$　② $\frac{11}{36}$

解説▼

(1) 点Pが3の位置にあるのは,さいころの目が3のときである。よって,求める確率は,$\frac{1}{6}$
(2)①点Pが2の位置にあるのは,さいころの目が(1, 1)の1通り。
よって,求める確率は,$\frac{1}{36}$
②点Pが-2, -1, 0, 1, 2の位置にあるときである。
点Pが-2の位置にあるような目の出方はない。
点Pが-1の位置にあるのは,(1, 2), (2, 1), (3, 4), (4, 3), (5, 6), (6, 5)の6通り。
点Pが0の位置にあるような目の出方はない。
点Pが1の位置にあるのは,(2, 3), (3, 2), (4, 5), (5, 4)の4通り。
点Pが2の位置にあるのは,①より,1通り。
したがって,目の出方は全部で,6+4+1=11(通り)
よって,求める確率は,$\frac{11}{36}$

STEP03 実戦問題

本冊160ページ

1 (1) $\dfrac{1}{4}$　(2) $\dfrac{1}{6}$
(3) $\dfrac{29}{36}$　(4) $\dfrac{4}{5}$
(5) $\dfrac{7}{15}$　(6) $\dfrac{3}{5}$

解説 ▼

(1) 右の樹形図より，4枚の硬貨の表裏の出方は，全部で16通り。
表の出た硬貨の合計金額が600円以上になるのは4通り。
よって，求める確率は，
$\dfrac{4}{16} = \dfrac{1}{4}$

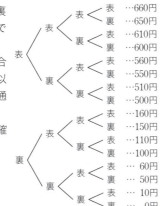

別解 ＋

4枚の硬貨の表裏の出方は，全部で，$2^4 = 16$（通り）
500円硬貨，100円硬貨，50円硬貨，10円硬貨の表裏の出方を（500円，100円，50円，10円）と表す。表の出た硬貨の合計金額が600円以上になるとき，500円硬貨，100円硬貨は必ず表だから，4枚の硬貨の表裏の出方は，
（表，表，表，表），（表，表，表，裏），
（表，表，裏，表），（表，表，裏，裏）の4通り。
よって，求める確率は，$\dfrac{4}{16} = \dfrac{1}{4}$

(2) 2つのさいころの目の出方は全部で36通り。
十の位，一の位がどちらも1から6までの整数で，7の倍数となる2けたの整数は，14, 21, 35, 42, 56, 63の6通り。
よって，求める確率は，$\dfrac{6}{36} = \dfrac{1}{6}$

(3) 2つのさいころの目の出方は全部で36通り。
積abの約数の個数が2個以下になるのは，abが1，またはabが素数のときだから，右の表の■の場合で，
(1, 1), (1, 2), (1, 3), (1, 5),
(2, 1), (3, 1), (5, 1)の7通り。

abの約数の個数が2個以下になる確率は，$\dfrac{7}{36}$
よって，求める確率は，$1 - \dfrac{7}{36} = \dfrac{29}{36}$

(4) 赤玉を①，青玉を❶, ❷，白玉を①, ②, ③とし，2個の玉の取り出し方を樹形図に表すと，次のようになる。

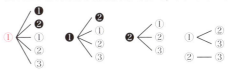

2個の玉の取り出し方は，全部で15通り。
2個の玉が赤玉または青玉である取り出し方は，
(①, ❶), (①, ❷), (❶, ❷)の3通り。
赤玉または青玉を取り出す確率は，$\dfrac{3}{15} = \dfrac{1}{5}$
よって，少なくとも1個は白玉である確率は，
$1 - \dfrac{1}{5} = \dfrac{4}{5}$

(5) 2枚のカードの取り出し方と，大きいほうの数aを樹形図に表すと，次のようになる。

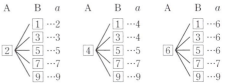

2枚のカードの取り出し方は，全部で15通り。
aが3の倍数になるのは7通り。
よって，求める確率は，$\dfrac{7}{15}$

(6) 3枚のカードの取り出し方と，3つの数の積を樹形図に表すと，次のようになる。

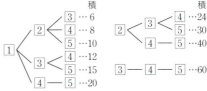

3枚のカードの取り出し方は，全部で10通り。
積が3の倍数になるのは6通り。
よって，求める確率は，$\dfrac{6}{10} = \dfrac{3}{5}$

2 $\dfrac{3}{16}$

解説 ▼

4枚のコインの表裏の出方は，全部で16通り。
点Pが2を表す点の位置にあるのは，表が3回，裏が1回出たときだから，(表, 表, 表, 裏), (表, 表, 裏, 表), (表, 裏, 表, 表), (裏, 表, 表, 表)の4通り。
このうち，(裏, 表, 表, 表)のとき，点Pははじめに -1 を表す点の位置に移動する。
よって，一度も負の数を表す点に移動しない表裏の出方は，
(表, 表, 表, 裏), (表, 表, 裏, 表), (表, 裏, 表, 表)の3通り。
したがって，求める確率は，$\dfrac{3}{16}$

3 (1) 1　　　(2) $\dfrac{1}{3}$
(3) $\dfrac{5}{18}$

解説▼

(1) さいころの目と塗りつぶされるマスは次のようになる。

1の目　2の目　3の目　4の目　5の目　6の目

よって、どの目が出ても塗りつぶされることのないマスは1のマス。

(2) (1)より、ビンゴになるのは、さいころの目が1, 3の2通り。
よって、求める確率は、$\dfrac{2}{6}=\dfrac{1}{3}$

(3) さいころを2回投げたときの目の出方は全部で36通り。(1)より、1回目にビンゴにならないのは、さいころの目が2, 4, 5, 6の4通り。
このそれぞれの目について、2回目にビンゴになるような目の出方を考える。
1回目が2の場合…2回目は1, 3, 5の3通り。
1回目が4の場合…2回目は1, 3の2通り。
1回目が5の場合…2回目は1, 2, 3の3通り。
1回目が6の場合…2回目は1, 3の2通り。
これより、2回目にビンゴになるような目の出方は、
3+2+3+2=10(通り)
よって、求める確率は、$\dfrac{10}{36}=\dfrac{5}{18}$

4 (1) $\dfrac{5}{12}$　　　(2) ア…4　イ…$\dfrac{7}{12}$

解説▼

(1) 箱Aのカードは5, 6, 7,
箱Cのカードは3, 4になる。
これより、3枚のカードの取り出し方と、計算の結果を樹形図に表すと、右のようになる。
3枚のカードの取り出し方は、全部で12通り。
このうち、計算の結果が素数になるのは5通り。
よって、求める確率は、$\dfrac{5}{12}$

(2) (1)より、箱Aに5を入れたとき、計算の結果が正の奇数になるのは6通り。
箱Aに3または4を入れたとき、3枚のカードの取り出し方と、計算の結果を樹形図に表すと、それぞれ次のようになる。

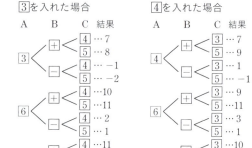

箱Aに3を入れたとき、計算の結果が正の奇数になるのは5通り。
箱Aに4を入れたとき、計算の結果が正の奇数になるのは7通り。
よって、計算の結果が正の奇数になる確率は、箱Aに4を入れたときに最も高くなり、その確率は、$\dfrac{7}{12}$

5 $\dfrac{7}{10}$

解説▼

2枚のカードの取り出し方と、カードと同じ文字の点と点Aの3点を頂点とする三角形を樹形図に表すと、右のようになる。
2枚のカードの取り出し方は、全部で10通り。
このうち、できる三角形が直角三角形になるのは、
△ABC, △ABD, △ABE, △ABF, △ACF, △ADE, △ADFの7通り。
よって、求める確率は、$\dfrac{7}{10}$

くわしく

直角三角形の見つけ方
△ACFにおいて、
∠CAB=45°, ∠BAF=45°だから、
∠CAF=90°
△ADFにおいて、
∠AFB=45°, ∠DFE=45°だから、
∠AFD=180°−(45°+45°)=90°

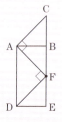

6 $\dfrac{7}{72}$

解説▼

3つのさいころの目の出方は、全部で、
6×6×6=216(通り)

102

点 P が点 A の位置にあるのは，出た目の数の積 n が 60 の倍数になるときである。
また，n の最大値は $6\times6\times6=216$ だから，$n\leq216$
よって，$n=60$，120，180
大中小 3 つのさいころの目の数を (大，中，小) と表す。
$n=60$ となる 3 つのさいころの目の数の組は，
2，5，6 と 3，4，5
2，5，6 となる目の出方は，(2, 5, 6)，(2, 6, 5)，
(5, 2, 6)，(5, 6, 2)，(6, 2, 5)，(6, 5, 2) の 6 通り。
3，4，5 となる目の出方は，(3, 4, 5)，(3, 5, 4)，
(4, 3, 5)，(4, 5, 3)，(5, 3, 4)，(5, 4, 3) の 6 通り。
$n=120$ となる 3 つのさいころの目の数の組は，4，5，6
このような目の出方は，(4, 5, 6)，(4, 6, 5)，(5, 4, 6)，
(5, 6, 4)，(6, 4, 5)，(6, 5, 4) の 6 通り。
$n=180$ となる 3 つのさいころの目の数の組は，5，6，6
このような目の出方は，(5, 6, 6)，(6, 5, 6)，(6, 6, 5) の 3 通り。
以上から，$n=60$，120，180 となる目の出方は，
$6+6+6+3=21$ (通り)
よって，求める確率は，$\dfrac{21}{216}=\dfrac{7}{72}$

くわしく

3 つのさいころの目の出方
大のさいころの目の出方は 6 通りある。そのそれぞれについて，中のさいころの目の出方は 6 通りずつある。さらに，そのそれぞれについて，小のさいころの目の出方は 6 通りずつあるから，全部で，$6\times6\times6=216$ (通り)

3 標本調査

STEP 01 要点まとめ 本冊162ページ

1 01 全数調査　02 標本調査
　03 母集団　04 標本
　05 標本の大きさ
2 06 5　07 200
　08 $\dfrac{1}{40}$　09 $\dfrac{1}{40}$
　10 75
3 11 50　12 23
　13 30　14 23
　15 690　16 345
　17 350

STEP 02 基本問題 本冊163ページ

1 (1) 全数調査　(2) 標本調査
　(3) 標本調査　(4) 全数調査

解説 ▼

(1) 全部の生徒について行う調査である。
(2) テレビのある全世帯について調査することは，多くの手間や時間，費用などがかかるので現実的でない。
(3) 全部のタイヤを検査すると，販売する製品がなくなってしまうので現実的でない。
(4) 国勢調査は，すべての世帯について行う調査である。

2 エ

解説 ▼

標本はかたよりなく選ばなければならない。アは 1 日 2 時間以上テレビを見る人，イは女子，ウは運動部員とかたよった選び方をしている。

3 (1) この都市の有権者　(2) 2000 人
　(3) およそ 3710 人

解説 ▼

(1) 母集団は，標本調査における集団全体である。
(2) 標本の大きさは，世論調査した有権者の人数である。
(3) $10587\times0.35=3705.4\cdots$(人)
四捨五入して，十の位までの概数で表すと約 3710 人。

4 およそ 360 個

解説 ▼

無作為に抽出した 500 個を標本とする。
500 個の製品における不良品の割合は，$\dfrac{6}{500}=\dfrac{3}{250}$
30000 個の製品における不良品の割合は，標本における不良品の割合とほぼ等しいと考えられる。
よって，30000 個の製品に含まれる不良品の個数は，
$30000\times\dfrac{3}{250}=360$(個)

5 およそ 600 個

解説 ▼

無作為に抽出した 30 個の球を標本とする。
30 個の球における赤球の割合は，$\dfrac{12}{30}=\dfrac{2}{5}$
1500 個の球における赤球の割合は，標本における赤球の割合とほぼ等しいと考えられる。
よって，1500 個の球に含まれる赤球の個数は，
$1500\times\dfrac{2}{5}=600$(個)

6 およそ 600 本

解説 ▼

48 人がひいた 48 本のくじを標本とする。
48 本のくじにおける当たりくじの割合は，$2:48=1:24$
箱の中のくじにおける当たりくじの割合は，標本における当たりくじの割合にほぼ等しいと考えられる。
箱の中のくじの本数を x 本とすると，
$25:x=1:24$，$x=600$

別解 ⊕

48 本における当たりくじの割合は，$\dfrac{2}{48}=\dfrac{1}{24}$
箱の中のくじの本数を x 本とすると，
$x \times \dfrac{1}{24}=25$，$x=25 \times 24=600$（本）

STEP 03 実戦問題 本冊164ページ

1 (1) 母集団…ア，標本…ウ
(2) およそ 15000 個

解説 ▼

(2) 無作為に抽出した 300 個のネジを標本とする。
300 個のネジにおける印のついたネジの割合は，
$12:300=1:25$
箱の中のネジにおける印のついたネジの割合は，標本における印のついたネジの割合にほぼ等しいと考えられる。箱の中のネジの個数を x 個とすると，
$600:x=1:25$，$x=15000$

2 およそ 420 匹

解説 ▼

数日後に捕獲した 27 匹のアユを標本とする。
27 匹のアユにおける目印のついたアユの割合は，
$3:27=1:9$
養殖池にいる目印のついたアユの割合は，標本における目印のついたアユの割合にほぼ等しいと考えられる。
養殖池にいるアユを x 匹とすると，$47:x=1:9$，$x=423$
よって，養殖池にいるアユはおよそ 420 匹。

3 およそ 3000 個

解説 ▼

無作為に抽出した 80 個の玉を標本とする。
80 個の玉における白玉と黒玉の個数の割合は，
$5:(80-5)=5:75=1:15$
箱の中の玉における白玉と黒玉の割合は，標本における白玉と黒玉の割合とほぼ等しいと考えられる。

箱の中の黒玉の個数を x 個とすると，
$200:x=1:15$，$x=3000$

別解 ⊕

無作為に抽出した 80 個の玉に対する白玉の割合は，
$\dfrac{5}{80}=\dfrac{1}{16}$
箱の中の黒玉の個数を x 個とすると，
$(x+200) \times \dfrac{1}{16}=200$，$x+200=3200$，$x=3000$

4 およそ 560 個

解説 ▼

はじめに袋の中に入っていた黒色の碁石を x 個，白色の碁石を y 個とする。
はじめに無作為に抽出した 40 個の碁石における黒色の碁石と白色の碁石の個数の割合は，$32:8=4:1$
これより，はじめに袋の中に入っていた黒色の碁石と白色の碁石の個数の割合は 4：1 と考えられるから，
$x:y=4:1$，$x=4y$，$y=\dfrac{x}{4}$ ……①
100 個の白色の碁石を加えた後に無作為に抽出した 40 個の碁石における黒色の碁石と白色の碁石の個数の割合は，
$28:12=7:3$
これより，白色の碁石を加えた後に袋の中に入っていた黒色の碁石と白色の碁石の個数の割合は 7：3 と考えられるから，$x:(y+100)=7:3$，$3x=7y+700$ ……②
②に①を代入して，$3x=7 \times \dfrac{x}{4}+700$，$\dfrac{5}{4}x=700$，
$x=700 \times \dfrac{4}{5}=560$（個）

総合問題

本冊166ページ

1 (1) $x=7$

(2) 6段目の式…$10a+5b+32$

（説明） b は2以上の偶数だから，n を自然数とすると，$b=2n$ と表せる。
$10a+5b+32=10a+10n+32=10(a+n+3)+2$
$a+n+3$ は自然数だから，$10(a+n+3)$ は10の倍数となる。よって，$10(a+n+3)+2$ の一の位の数は常に2になる。

解説 ▼

(1) 右の図から，3段目の式は，
$2x+13$
よって，$2x+13=27$，$x=7$

8	x	5
$8+x$	$x+5$	
$2x+13$		

(2) 5段目の左の式は，
$(3a+12)+(3a+b+6)=6a+b+18$
5段目の右の式は，
$(3a+b+6)+(a+3b+8)=4a+4b+14$
よって，6段目の式は，
$(6a+b+18)+(4a+4b+14)=10a+5b+32$

2 (1) ① C, F ② 16回目 ③ C, E, F, H

(2) 9個

解説 ▼

(1) ① 1回目から6回目までに裏返す駒は，右の表のようになる。

回目	1	2	3	4	5	6
駒	A	D	G	B	E	H

これより，6回目まで1回裏返した駒は，右の図のようになる。
よって，表が白の駒は，C, F

② 7回目にC, 8回目にFを裏返し，8個の駒がすべて黒になる。
この状態から8個の駒をすべて裏返し白にするには，9回目からさらに8回裏返せばよいから，すべての駒が再び白になるのは，$8+8=16$(回目)

③ $100÷16=6\cdots4$ より，100回目は図1の配置に6回戻り，図1の配置から駒を4回目まで裏返した場合である。
これは①の表から右の図のようになる。
よって，表が白の駒は，C, E, F, H

(2) 1回目から11回目までに裏返す駒は，下の表のようになる。

回目	1	2	3	4	5	6	7	8	9	10	11
駒	A	D	G	J	C	F	I	B	E	H	A

これより，10回目までで10個の駒を1回ずつ裏返し，すべての駒が黒になる。さらに，20回目までで再び10個の駒を1回ずつ裏返し，すべての駒が白になり，はじめの状態にもどる。
$2019÷20=100\cdots19$ より，2019回目はすべての駒が白の状態から駒を19回目まで裏返した場合である。19回目は20回目の1回前だから，Hの駒だけが黒である。このとき，H以外の駒はすべて白だから，表が白の駒の個数は，$10-1=9$(個)

3 (1) およそ3000個

(2) ① 2000個
② 機械A…2台，機械B…6台

解説 ▼

(1) 無作為に取り出した150個の品物を標本とする。
150個の品物における印のついた品物の個数の割合は，
$5:150=1:30$
製造した品物における印のついた品物の個数の割合は，標本における印のついた品物の個数の割合とほぼ等しいと考えられる。製造した品物の個数を x 個とすると，
$100:x=1:30$，$x=3000$

(2) ① 1台の機械Bが1日に製造した品物の個数を x 個とする。

機械Aから出た不良品の個数は，$3000×\dfrac{2}{100}$(個)

機械Bから出た不良品の個数は，$x×\dfrac{0.5}{100}$(個)

機械A, Bの2台から出た不良品の個数は，
$(3000+x)×\dfrac{1.4}{100}$(個)

よって，$3000×\dfrac{2}{100}+x×\dfrac{0.5}{100}=(3000+x)×\dfrac{1.4}{100}$

これを解くと，
$60000+5x=42000+14x$，$9x=18000$，$x=2000$

② 機械Aが a 台，機械Bが b 台あるとする。
品物の個数の関係から，$3000a+2000b=18000$
これを整理して，$3a+2b=18$ ……①
不良品の個数の関係から，
$3000a×\dfrac{2}{100}+2000b×\dfrac{0.5}{100}=18000×\dfrac{1}{100}$
これを整理して，$6a+b=18$ ……②
①，②を連立方程式として解くと，$a=2$，$b=6$
a, b は正の整数だから，問題に合っている。

4 (1) A会場…$\left(\dfrac{9}{20}x-y\right)$人，B会場…$\left(\dfrac{5}{12}x+2y\right)$人
C会場…$\left(\dfrac{2}{15}x-y\right)$人

(2) $x=1200$，$y=40$

解説 ▼

(1) 受付からP地点に行く人数とQ地点に行く人数の比は $3:2$ だから，

P地点に進む人は，$x×\dfrac{3}{3+2}=\dfrac{3}{5}x$(人)

Q地点に進む人は，$x \times \dfrac{2}{3+2} = \dfrac{2}{5}x$(人)

P地点からA会場に行く人数とB会場に行く人数の比は3:1だから，

A会場に進む人は，$\dfrac{3}{5}x \times \dfrac{3}{3+1} = \dfrac{9}{20}x$(人)

B会場に進む人は，$\dfrac{3}{5}x \times \dfrac{1}{3+1} = \dfrac{3}{20}x$(人)

Q地点からB会場に行く人数とC会場に行く人数の比は2:1だから，

B会場に進む人は，$\dfrac{2}{5}x \times \dfrac{2}{2+1} = \dfrac{4}{15}x$(人)

C会場に進む人は，$\dfrac{2}{5}x \times \dfrac{1}{2+1} = \dfrac{2}{15}x$(人)

さらに，A会場とC会場からそれぞれy人ずつB会場に移動させるから，

A会場の人数は，$\dfrac{9}{20}x - y$(人)

C会場の人数は，$\dfrac{2}{15}x - y$(人)

B会場の人数は，$\dfrac{3}{20}x + \dfrac{4}{15}x + 2y = \dfrac{5}{12}x + 2y$(人)

参考

A会場，B会場，C会場の人数の和がx人になることから，次のように検算することができる。

$\left(\dfrac{9}{20}x - y\right) + \left(\dfrac{5}{12}x + 2y\right) + \left(\dfrac{2}{15}x - y\right)$
$= \dfrac{27}{60}x + \dfrac{25}{60}x + \dfrac{8}{60}x = \dfrac{60}{60}x = x$

(2) B会場の人数の関係から，$\dfrac{5}{12}x + 2y = 580$

これを整理して，$5x + 24y = 6960$ ……①

A会場とC会場の人数の関係から，

$\left(\dfrac{9}{20}x - y\right) : \left(\dfrac{2}{15}x - y\right) = 25 : 6$

これを整理して，$6\left(\dfrac{9}{20}x - y\right) = 25\left(\dfrac{2}{15}x - y\right)$，

$\dfrac{54}{20}x - 6y = \dfrac{50}{15}x - 25y$，$x - 30y = 0$ ……②

①，②を連立方程式として解くと，$x = 1200$，$y = 40$
x，yは正の整数だから，問題に合っている。

5 (1) **10枚**　　　(2) **98**
(3) **2が書かれた円盤は4枚，3が書かれた円盤は$4(x-2)$枚，4が書かれた円盤は$(x-2)^2$枚。**
これより，円盤に書かれた数の合計は，
$2 \times 4 + 3 \times 4(x-2) + 4(x-2)^2$
よって，方程式は，
$8 + 12(x-2) + 4(x-2)^2 = 440$
これを解くと，
$8 + 12x - 24 + 4x^2 - 16x + 16 = 440$，
$4x^2 - 4x - 440 = 0$，$x^2 - x - 110 = 0$，
$(x+10)(x-11) = 0$，$x = -10$，$x = 11$
xは3以上の整数だから，$x = 11$
(4) ① **13** ② **15** ③ **168**

解説

(1) $m=4$，$n=5$のとき，円盤に書かれる数字は，右の図のようになる。
よって，3が書かれた円盤の枚数は10枚。

(2) $m=5$，$n=6$のとき，円盤に書かれる数字は，右の図のようになる。
2が書かれた円盤は4枚，3が書かれた円盤は14枚，4が書かれた円盤は12枚だから，数の合計は，
$2 \times 4 + 3 \times 14 + 4 \times 12 = 8 + 42 + 48 = 98$

(3) $m=x$，$n=x$のとき，円盤に書かれる数字は，右の図のようになる。

(4) a，bは2以上の整数で，$a<b$だから，m，nは3以上の整数で，$m<n$
4つの角にある円盤の中心を結んでできる長方形の縦の長さは，
$2(m-2) + 1 \times 2$
$= 2(m-1)$(cm)
横の長さは，
$2(n-2) + 1 \times 2 = 2(n-1)$(cm)
長方形の面積が780cm²になるから，
$2(m-1) \times 2(n-1) = 780$
$m = a+1$より，$m-1 = a$，$n = b+1$より，$n-1 = b$
だから，$2a \times 2b = 780$，$4ab = 780$，$ab = 195$
195を素因数分解すると，$ab = 3 \times 5 \times 13$
$2 \leq a < b$だから，
$(a, b) = (3, 65)$，$(5, 39)$，$(13, 15)$
ここで，4が書かれた円盤の枚数をS枚とすると，
$S = (m-2)(n-2)$
$a=3$，$b=65$のとき，$m=4$，$n=66$だから，
$S = (4-2) \times (66-2) = 128$(枚)
$a=5$，$b=39$のとき，$m=6$，$n=40$だから，
$S = (6-2) \times (40-2) = 152$(枚)
$a=13$，$b=15$のとき，$m=14$，$n=16$だから，
$S = (14-2) \times (16-2) = 168$(枚)
よって，4が書かれた円盤の枚数は，$a=13$，$b=15$のとき最も多くなり，その枚数は168枚。

6 (1) **216匹**　　　(2) **5匹**
(3) **16通り**

解説

(1) 室温30℃未満の環境でn時間増殖させると，微生物はもとの数の2^n倍，室温30℃以上の環境でn時間増殖させると，微生物はもとの数の3^n倍になる。
よって，$2 \times 2^2 \times 3^3 = 2 \times 4 \times 27 = 216$(匹)

(2) x 匹の微生物を5時間増殖させたあとの微生物の数は，
$x \times 2^m \times 3^n$（匹）　ただし，$m+n=5$
360を素因数分解すると，$360=2^3 \times 3^2 \times 5$
よって，x 匹の微生物を5時間増殖させたあと 360 匹になるとき，$x=5$

(3) 微生物が5時間後にはじめて50匹を超えるということは，4時間後に50匹以下で，5時間後に50匹を超えるということである。1匹の微生物の4時間後の数は，$1 \times 2^m \times 3^n$（匹）　ただし，$m+n=4$
4時間後の微生物の数が50匹以下である m，n の値は，$1 \times 2^4=16$，$1 \times 2^3 \times 3^1=24$，$1 \times 2^2 \times 3^2=36$
このうち，5時間後の微生物の数が50匹を超える室温の組み合わせを考える。5時間の室温の設定を(1時間，2時間，3時間，4時間，5時間)と表す。
$(1 \times 2^4) \times 3=48$ より，4時間後までの室温がすべて 30℃ 未満のとき，微生物の数が 50 匹を超えない。
$(1 \times 2^3 \times 3^1) \times 3=72$ より，4時間後までの室温が 30℃ 未満が 3 時間，30℃ 以上が 1 時間，5時間後の室温が 30℃ 以上の場合だから，
(2, 2, 2, 3, 3), (2, 2, 3, 2, 3), (2, 3, 2, 2, 3), (3, 2, 2, 2, 3) の 4 通り。
$(1 \times 2^2 \times 3^2) \times 2=72$ より，4時間後までの室温は 30℃ 未満が 2 時間，30℃ 以上が 2 時間，5時間後の室温が 30℃ 未満の場合だから，
(2, 2, 3, 3, 2), (2, 3, 2, 3, 2), (2, 3, 3, 2, 2), (3, 2, 2, 3, 2), (3, 2, 3, 2, 2), (3, 3, 2, 2, 2) の 6 通り。
$(1 \times 2^2 \times 3^2) \times 3=108$ より，4時間後までの室温は 30℃ 未満が 2 時間，30℃ 以上が 2 時間，5時間後の室温が 30℃ 以上の場合だから，
(2, 2, 3, 3, 3), (2, 3, 2, 3, 3), (2, 3, 3, 2, 3), (3, 2, 2, 3, 3), (3, 2, 3, 2, 3), (3, 3, 2, 2, 3) の 6 通り。
よって，全部で，$4+6+6=16$（通り）

7 (1) (1, 0)　　(2) $y=-\dfrac{2}{5}x+2$
(3) $P\left(\dfrac{14}{3}, 2\right)$, $Q\left(\dfrac{1}{3}, 0\right)$

解説 ▼

(1) $AP=AB=2$ より，$AQ=2 \times 2=4$
よって，点 Q は点 A(5, 0) から x 軸上を左へ 4 進んだところにある点だから，Q(1, 0)

(2) 点 P が頂点 C と重なったとき，点 Q は点 P の 2 倍の距離を進むから，長方形の辺上を 1 周して頂点 A と重なる。直線 PQ の傾きは，$\dfrac{2-0}{0-5}=-\dfrac{2}{5}$
また，点 P(0, 2) を通るから，切片は 2
よって，直線 PQ の方程式は，$y=-\dfrac{2}{5}x+2$

(3) 線分 PQ が長方形 OABC の面積を 2 等分するとき，点 P は線分 BC 上，点 Q は線分 OA 上にある。
このとき，下の図のように，長方形 OABC は線分 PQ によって，合同な 2 つの四角形 COQP と四角形 ABPQ に分けられる。

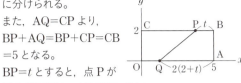

また，$AQ=CP$ より，
$BP+AQ=BP+CP=CB=5$ となる。
$BP=t$ とすると，点 P が進んだ距離は，$AB+BP=2+t$
このとき，点 Q が進んだ距離は点 P が進んだ距離の 2 倍だから，$AQ=2(2+t)$
$BP+AQ=5$ より，$t+2(2+t)=5$，$3t=1$，$t=\dfrac{1}{3}$
よって，点 P の x 座標は，$5-\dfrac{1}{3}=\dfrac{14}{3}$ より，$P\left(\dfrac{14}{3}, 2\right)$
点 Q の x 座標は，$5-2\left(2+\dfrac{1}{3}\right)=\dfrac{1}{3}$ より，$Q\left(\dfrac{1}{3}, 0\right)$

8 (1) $y=7$　　(2) $5 \leqq x \leqq 10$
(3)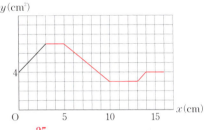
(4) $x=2, \dfrac{25}{4}$

解説 ▼

(1) 点 P は線分 BC の中点だから，$y=\dfrac{1}{2} \times 2 \times 7=7$

(2) 三平方の定理より，$CD=\sqrt{3^2+4^2}=5$
$AB+BC=5$ より，点 P が点 C 上にあるとき $x=5$，
$AB+BC+CD=10$ より，点 D 上にあるとき $x=10$
よって，$5 \leqq x \leqq 10$

(3) $0 \leqq x \leqq 3$ のとき，点 P は線分 AB 上にある。
このとき，$y=\dfrac{1}{2} \times 2 \times (x+4)=x+4$
$3 \leqq x \leqq 5$ のとき，点 P は線分 BC 上にある。
このとき，$y=\dfrac{1}{2} \times 2 \times 7=7$
$5 \leqq x \leqq 10$ のとき，点 P は線分 CD 上にある。
右の図で，$PC=x-5$（cm）
$PC:PK=CD:CE$ より，
$(x-5):PK=5:4$，
$4(x-5)=5PK$，
$PK=\dfrac{4}{5}(x-5)=\dfrac{4}{5}x-4$
よって，$PH=7-\left(\dfrac{4}{5}x-4\right)=-\dfrac{4}{5}x+11$
このとき，$y=\dfrac{1}{2} \times 2 \times \left(-\dfrac{4}{5}x+11\right)=-\dfrac{4}{5}x+11$
$10 \leqq x \leqq 13$ のとき，点 P は線分 DE 上にある。
このとき，$y=\dfrac{1}{2} \times 2 \times 3=3$

$13 \leq x \leq 14$ のとき，点 P は線分 EF 上にある。
PE=$x-13$(cm)
このとき，$y=\frac{1}{2}\times 2\times\{(x-13)+3\}=x-10$
$14 \leq x \leq 16$ のとき，点 P は線分 FA 上にある。
このとき，$y=\frac{1}{2}\times 2\times 4=4$

くわしく

x 軸に平行なグラフ

$y=p$ のグラフは，点$(0, p)$を通り，x 軸に平行な直線だから，$3 \leq x \leq 5$，$10 \leq x \leq 13$，$14 \leq x \leq 16$ のとき，グラフは x 軸に平行な直線になる。

(4) △PQR の面積が $6cm^2$ となるのは，(3)のグラフから，$0 \leq x \leq 3$ のときと，$5 \leq x \leq 10$ のときである。
$0 \leq x \leq 3$ のとき，$6=x+4$，$x=2$
$5 \leq x \leq 10$ のとき，$6=-\frac{4}{5}x+11$，$\frac{4}{5}x=5$，$x=\frac{25}{4}$

9 (1) 10　　(2) $y=-\frac{4}{5}x+20$
(3) $10\sqrt{41}$

解説▼

(1) △DES と △ROS において，
∠DES＝∠ROS，∠DSE＝∠RSO
で，2 組の角がそれぞれ等しいから，△DES∽△ROS
よって，DE：RO＝ES：OS，DE：15＝(20-12)：12，
12DE＝120，DE＝10

(2) 直線 SD の傾きは，$\frac{20-12}{10-0}=\frac{8}{10}=\frac{4}{5}$
直線 RQ は直線 SD に平行だから，直線 RQ の式は，
$y=\frac{4}{5}x+b$ と表せる。点 R は直線 RQ 上の点だから，
$0=\frac{4}{5}\times 15+b$，$b=-12$
よって，直線 RQ の式は，$y=\frac{4}{5}x-12$
点 Q の y 座標は，$y=\frac{4}{5}\times 20-12=4$
よって，Q(20, 4)
直線 SR の傾きは，$\frac{0-12}{15-0}=-\frac{12}{15}=-\frac{4}{5}$
直線 PQ は直線 SR に平行だから，
$y=-\frac{4}{5}x+b'$ と表せる。点 Q は直線 PQ 上の点だから，
$4=-\frac{4}{5}\times 20+b'$，$b'=20$
したがって，直線 PQ の式は，$y=-\frac{4}{5}x+20$

参考

直線 SD と直線 SR は，点 S を通り x 軸に平行な直線について対称である。このような 2 つの直線の傾きは，絶対値が等しく，符号が反対になる。

(3) 右の図のように，点 Q と直線 CB について対称な点を Q'，直線 OA について対称な点を Q'' とする。
PQ＝PQ'，QR＝Q''R だから，
点 P が O から D まで動いた距離は，OQ'＋SQ''＋SD となる。
△OAQ' において，
また，(1)より，DE＝BC＝CD＝AB＝10
OA＝20，AQ'＝AB＋BQ'＝10＋6＝16 だから，
OQ'＝$\sqrt{20^2+16^2}=\sqrt{656}=4\sqrt{41}$
また，SQ''＝OQ'＝$4\sqrt{41}$
△DES において，DE＝10，ES＝8 だから，
SD＝$\sqrt{10^2+8^2}=\sqrt{164}=2\sqrt{41}$
したがって，求める距離は，
OQ'＋SQ''＋SD＝$4\sqrt{41}+4\sqrt{41}+2\sqrt{41}=10\sqrt{41}$

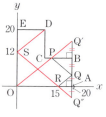

10 (1) ア…2　イ…4
あ…$y=x^2$　い…$y=4x-4$　う…$y=3x$
(2) $\frac{14}{3}$ 秒後

解説▼

(1) P と Q が重なる部分の図形を S とする。
$0 \leq x \leq 2$ のとき，S は
CB＝$x$cm，EC＝$2x$cm
の直角三角形になる。
このとき，
$y=\frac{1}{2}\times x\times 2x=x^2$

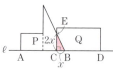

$2 \leq x \leq 4$ のとき，S は
CB＝$x$cm，
FG＝$(x-2)$cm，
FC＝4cm の台形 FCBG
になる。
このとき，$y=\frac{1}{2}\times\{(x-2)+x\}\times 4=4x-4$

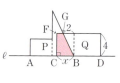

$4 \leq x \leq 8$ のとき，S は台形 FCBG から ▨ の長方形を取り除いた図形である。
このとき，
$y=(4x-4)-(x-4)=3x$

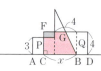

(2) 図形 P の面積は，
$3\times 4+\frac{1}{2}\times(8-4)\times(5+3)=12+16=28$(cm^2)
これより，図形 P の面積の半分は，$28\div 2=14$(cm^2)
$0 \leq x \leq 2$ のとき，y は $x=2$ で，最大値 $y=2^2=4$(cm^2)
をとる。
よって，$0 \leq x \leq 2$ のとき $y=14$ となることはない。
$2 \leq x \leq 4$ のとき，y は $x=4$ で，最大値 $4\times 4-4=12$
(cm^2)をとる。
よって，$2 \leq x \leq 4$ のとき $y=14$ となることはない。

$4≦x≦8$ のとき，$3x=14$，$x=\dfrac{14}{3}$

これは答えとして適しているから，$\dfrac{14}{3}$ 秒後。

11 (1) ア…2 イ…3 ウ…4 エ…6 オ…1 カ…2
(2) キ…1 ク…2 ケ…3
(3) コ…3 サ…3 シ…8
(4) ス…3 セ…3 ソ…2 タ…1 チ…3 ツ…2

解説▼

(1) 点 A は関数 $y=\dfrac{1}{6}x^2$ のグラフ上の点だから，
$2=\dfrac{1}{6}x^2$，$x^2=12$，$x=\pm\sqrt{12}=\pm2\sqrt{3}$
$x>0$ だから，$x=2\sqrt{3}$ よって，A$(2\sqrt{3}, 2)$
$OA=\sqrt{(2\sqrt{3})^2+2^2}=\sqrt{12+4}=\sqrt{16}=4$
点 B の y 座標は，点 A の y 座標より 4 大きいから，
B$(2\sqrt{3}, 6)$
点 B は関数 $y=ax^2$ のグラフ上の点だから，
$6=a\times(2\sqrt{3})^2$，$6=12a$，$a=\dfrac{1}{2}$

(2) $AB=4$ だから，$OC=2AB=2\times4=8$
よって，台形 OABC の面積は，
$\dfrac{1}{2}\times(AB+OC)\times(点 A の x 座標)$
$=\dfrac{1}{2}\times(4+8)\times2\sqrt{3}=12\sqrt{3}$

(3) 直線 BC は，点 C$(0, 8)$ を通るから，$y=mx+8$ と表せる。また，直線 BC は点 B を通るから，
$6=2\sqrt{3}m+8$，$2\sqrt{3}m=-2$，$m=-\dfrac{1}{\sqrt{3}}=-\dfrac{\sqrt{3}}{3}$
よって，直線 BC の式は，$y=-\dfrac{\sqrt{3}}{3}x+8$

(4) 直線 ℓ と線分 BC の交点 F の x 座標を t とすると，
$\triangle OFC=\dfrac{1}{2}\times OC\times(点 F の x 座標)=\dfrac{1}{2}\times8\times t=4t$
(2)より，台形 OABC の面積は $12\sqrt{3}$ だから，
$4t=\dfrac{1}{2}\times12\sqrt{3}$，$4t=6\sqrt{3}$，$t=\dfrac{6\sqrt{3}}{4}=\dfrac{3\sqrt{3}}{2}$
点 F は直線 BC 上の点だから，y 座標は，
$y=-\dfrac{\sqrt{3}}{3}\times\dfrac{3\sqrt{3}}{2}+8=-\dfrac{3}{2}+\dfrac{16}{2}=\dfrac{13}{2}$
よって，F$\left(\dfrac{3\sqrt{3}}{2}, \dfrac{13}{2}\right)$

12 $\dfrac{4\sqrt{3}}{9}$

解説▼

点 P から OA に垂線をひき，その交点を H とする。
$\triangle APQ$ は正三角形だから，$\angle AQP=60°$
よって，$\angle POH=30°$
これより，$\triangle POH$ は 3 辺の長さが $2:1:\sqrt{3}$ の直角三角形になる。

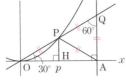

点 P の x 座標を p とすると，点 P は放物線 $y=\dfrac{1}{2}x^2$ 上の点だから，P$\left(p, \dfrac{1}{2}p^2\right)$
よって，$PH:OH=1:\sqrt{3}$，$\dfrac{1}{2}p^2:p=1:\sqrt{3}$，$\dfrac{\sqrt{3}}{2}p^2=p$，
$\dfrac{\sqrt{3}}{2}p\left(p-\dfrac{2}{\sqrt{3}}\right)=0$，$p=0$，$p=\dfrac{2}{\sqrt{3}}=\dfrac{2\sqrt{3}}{3}$
$p\neq0$ だから，$p=\dfrac{2\sqrt{3}}{3}$
$OP:OH=2:\sqrt{3}$ だから，$OP:\dfrac{2\sqrt{3}}{3}=2:\sqrt{3}$，
$\sqrt{3}OP=\dfrac{4\sqrt{3}}{3}$，$OP=\dfrac{4}{3}$
$OP=PA$ だから，$\triangle APQ$ は 1 辺が $\dfrac{4}{3}$ の正三角形になる。
1 辺が $\dfrac{4}{3}$ の正三角形の高さは $\dfrac{2\sqrt{3}}{3}$ だから，
$\triangle APQ=\dfrac{1}{2}\times\dfrac{4}{3}\times\dfrac{2\sqrt{3}}{3}=\dfrac{4\sqrt{3}}{9}$

13 (1) 直線の式…$y=x+5$，線分の長さ…$5\sqrt{2}$
(2) 11
(3) $a=\dfrac{1\pm\sqrt{21}}{2}$
(4) $\dfrac{1-\sqrt{21}}{2}<a<\dfrac{-1+\sqrt{17}}{2}$

解説▼

(1) ①，②を連立方程式として解くと，
$x^2=x+6$，$(x+2)(x-3)=0$，$x=-2, 3$
$x=-2$ のとき $y=4$，$x=3$ のとき $y=9$ だから，
A$(-2, 4)$，B$(3, 9)$
点 Q が動いてできる線分は，右の図の線分 QQ' である。
直線 QQ' は，直線①を y 軸の負の方向に 1 だけ平行移動したものだから，$y=x+5$
また，四角形 AQQ'B は平行四辺形だから，線分 QQ' の長さは線分 AB の長さに等しい。線分 AB は 1 辺が 5 の正方形の対角線だから，$AB=5\sqrt{2}$ よって，$QQ'=5\sqrt{2}$

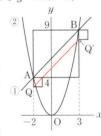

(2) 正方形 PQRS が動いてできる図形は，右の図の ▨ の六角形になる。
この六角形は，1 辺が 6 の正方形から，合同な 2 つの直角二等辺三角形を取り除いたものだから，その面積は，
$6\times6-\dfrac{1}{2}\times5\times5\times2=36-25=11$

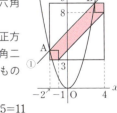

(3) (1)より，点 Q は直線 $y=x+5$ 上の点だから，y 座標は，$a+5$ よって，Q$(a, a+5)$
点 Q が放物線②上にあることから，$a+5=a^2$
これを解くと，$a^2-a-5=0$
$a=\dfrac{-(-1)\pm\sqrt{(-1)^2-4\times1\times(-5)}}{2\times1}=\dfrac{1\pm\sqrt{21}}{2}$

(4) 正方形 PQRS が放物線②と交わらないのは，右の図のように，点 Q が放物線②上を離れてから，点 R が放物線②上に到着する前までである。

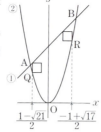

(3)より，点 Q が放物線②上にあるとき，$a=\dfrac{1\pm\sqrt{21}}{2}$

図から，$a<0$ だから，

$a=\dfrac{1-\sqrt{21}}{2}$

点 R の x 座標は点 Q の x 座標より 1 大きく，y 座標は点 Q の y 座標と等しいから，R$(a+1, a+5)$

点 R が放物線②上にあるとき，$a+5=(a+1)^2$

これを解くと，$a^2+a-4=0$

$a=\dfrac{-1\pm\sqrt{1^2-4\times1\times(-4)}}{2\times1}=\dfrac{-1\pm\sqrt{17}}{2}$

$-2\leqq a\leqq 3$ だから，$a=\dfrac{-1+\sqrt{17}}{2}$

よって，$\dfrac{1-\sqrt{21}}{2}<a<\dfrac{-1+\sqrt{17}}{2}$

14 (1) $y=\dfrac{24}{5}$　　(2) $(x-10)$cm

(3) ① $y=\dfrac{3}{10}x^2$　② $y=5x-20$

(4) $x=\dfrac{38}{3}, y=\dfrac{130}{3}$

解説▼

(1) PQ∥DB だから，AP:AD=AQ:AB

AP=4cm だから，$4:10=$AQ$:6$，$24=10$AQ，

AQ$=\dfrac{24}{10}=\dfrac{12}{5}$(cm)

よって，$y=\dfrac{1}{2}\times$AP$\times$AQ$=\dfrac{1}{2}\times4\times\dfrac{12}{5}=\dfrac{24}{5}$

(2) DP=（点 P の点 A からの道のり）-AD$=x-10$(cm)

(3) ① $0<x\leqq 10$ のとき，点 P は辺 AD 上にあるから，y は△APQ の面積になる。

PQ∥DB だから，$x:10=$AQ$:6$，$6x=10$AQ，

AQ$=\dfrac{6}{10}x=\dfrac{3}{5}x$(cm)

よって，$y=\dfrac{1}{2}\times x\times\dfrac{3}{5}x=\dfrac{3}{10}x^2$

② $10<x\leqq 16$ のとき，点 P は辺 CD 上にあるから，y は台形 ABPD の面積になる。

よって，$y=\dfrac{1}{2}\times\{6+(x-10)\}\times 10=5x-20$

参考

点 P が点 D 上にあるときの y の値は，$x=10$ を①，②で求めたどちらの式に代入しても求めることができる。

(4) △BEC と △CFP において，∠BEC=∠CFP$(=90°)$

∠ECB=$180°-90°-$∠PCF=$90°-$∠PCF=∠FPC

より，2 組の角がそれぞれ等しいから，

△BEC∽△CFP

台形 ABPD≡台形 EBPF

だから，

EB=AB=6cm，

EF=AD=10cm，

FP=DP=$(x-10)$cm

△BEC で，三平方の定理より，

EC=$\sqrt{10^2-6^2}=\sqrt{64}=8$

FC=$10-8=2$(cm)

△BEC∽△CFP だから，EB:FC=EC:FP，

$6:2=8:(x-10)$，$6(x-10)=16$，$6x-60=16$，

$6x=76$，$x=\dfrac{76}{6}=\dfrac{38}{3}$

(3)②より，$y=5\times\dfrac{38}{3}-20=\dfrac{190}{3}-\dfrac{60}{3}=\dfrac{130}{3}$

15 (1) （証明）△ADF と △BED において，

$\overset{\frown}{DE}$ に対する円周角だから，

∠DAF=∠EBD　　……①

四角形 ABCD は長方形だから，∠ADC=$90°$

よって，∠ADF=$180°-90°=90°$　　……②

また，∠BAD=$90°$ だから，BD は円 O の直径である。

よって，∠BED は半円の弧に対する円周角だから，∠BED=$90°$　　……③

②，③より，∠ADF=∠BED　　……④

①，④より，2 組の角がそれぞれ等しいから，

△ADF∽△BED

(2) ア　円 O の半径…$\sqrt{3}$cm，

　　　DE の長さ…$\dfrac{2\sqrt{3}}{3}$cm

イ　$\dfrac{8\sqrt{2}}{3}$cm²

解説▼

(2)ア　△BCD で，三平方の定理より，

BD=$\sqrt{2^2+(2\sqrt{2})^2}=\sqrt{12}=2\sqrt{3}$(cm)

BD は円 O の直径だから，円 O の半径は，

$2\sqrt{3}\div 2=\sqrt{3}$(cm)

△ADF で，三平方の定理より，

AF=$\sqrt{1^2+(2\sqrt{2})^2}=\sqrt{9}=3$(cm)

(1)より，△ADF∽△BED だから，

FD:DE=AF:BD，$1:$DE$=3:2\sqrt{3}$，$2\sqrt{3}=3$DE，

DE=$\dfrac{2\sqrt{3}}{3}$(cm)

イ　点 E から BC に垂線をひき，BC との交点を H とする。

△ADF と △CEF において，

AF=CF$(=3$cm$)$　　……①

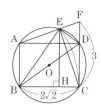

∠AFD=∠CFE ……②
$\widehat{DE}$ に対する円周角だから,
∠FAD=∠FCE ……③
①, ②, ③より, 1組の辺とその両端の角がそれぞれ等しいから, △ADF≡△CEF
よって, AD=CE だから, CE=$2\sqrt{2}$ cm
△EHC と △CEF において,
△ADF≡△CEF より,
∠ADF=∠CEF=90° ……④
EH⊥BC より, ∠EHC=90° ……⑤
④, ⑤より, ∠EHC=∠CEF ……⑥
EH∥FC で, 錯角は等しいから,
∠HEC=∠ECF ……⑦
⑥, ⑦より, 2組の角がそれぞれ等しいから,
△EHC∽△CEF
よって, EH:CE=CE:FC, EH:$2\sqrt{2}$=$2\sqrt{2}$:3,
3EH=8, EH=$\frac{8}{3}$(cm)
したがって, △BCE=$\frac{1}{2}$×$2\sqrt{2}$×$\frac{8}{3}$=$\frac{8\sqrt{2}}{3}$(cm²)

16 (1) $x=4$ (2) $0<x\leq 8$
(3) (証明) △PBC と △PCQ において,
共通な角だから, ∠BPC=∠CPQ ……①
四角形 ABCD は長方形だから,
∠BCP=90° ……②
∠BQC は半円の弧に対する円周角だから,
∠BQC=90°
よって, ∠CQP=180°−90°=90° ……③
②, ③より, ∠BCP=∠CQP ……④
①, ④より, 2組の角がそれぞれ等しいから,
△PBC∽△PCQ

解説 ▼

(1) AP=$x$cm, DP=$(8-x)$cm と表せる。
△ABP∽△DPC のとき,
AB:DP=AP:DC,
4:$(8-x)$=x:4,
16=$x(8-x)$, $x^2-8x+16=0$,
$(x-4)^2=0$, $x=4$

(2) 点 P が辺 AD 上にある場合
(点 A 上は含まない)
四角形 ABCD は長方形だから,
∠PAB=90°
∠BQC は半円の弧に対する円周角だから,
∠BQC=90°
よって, ∠PAB=∠BQC ……①
また,
∠ABP=∠ABC−∠QBC=90°−∠QBC
∠QCB=180°−90°−∠QBC=90°−∠QBC

よって, ∠ABP=∠QCB ……②
①, ②より, 2組の角がそれぞれ等しいから,
△ABP∽△QCB
よって, 点 P が辺 AD 上にあるとき,
△ABP∽△QCB
点 P が辺 DC 上にある場合
(点 D, C 上は含まない)
△QCB において, ∠BQC=90°
一方, △ABP は鋭角三角形で,
90° の角はないから, △ABP と △QCB は相似でない。
したがって, △ABP∽△QCB となる x の値の範囲は, $0<x\leq 8$

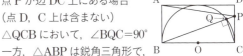

(3) $8\leq x<12$ のとき, 点 P が
辺 DC 上にある。

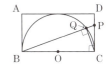

17 (1) 150π cm²
(2) ∠AOP=60°, PB=$5\sqrt{5}$ cm
(3) 9 秒後, 18 秒後, 27 秒後
(4) あ 10 い $10\sqrt{2}$

解説 ▼

(1) 底面積は, $\pi\times 5^2=25\pi$ (cm²)
側面積は, $10\times(2\pi\times 5)=100\pi$ (cm²)
表面積は, $25\pi\times 2+100\pi=150\pi$ (cm²)

(2) ∠AOP は 30 秒で 360° になるから, 5 秒後には,
∠AOP=$360°\times\frac{5}{30}=60°$
このとき, △AOP は正三角形になるから, AP=5cm
△ABP で, 三平方の定理より,
PB=$\sqrt{10^2+5^2}=\sqrt{125}=5\sqrt{5}$ (cm)

(3) 円 O の周上に, AB∥Q'Q となる点 Q' をとると,
OP∥O'Q となるのは, ∠POQ'=180°, 360° のときである。これより, 点 P が A を出発して x 秒後に ∠POQ'=180°, 360° となる x の値を, $0<x\leq 30$ の範囲で求める。
∠AOP は 1 秒間に, 360°÷30=12°, ∠AOQ' は 1 秒間に, 360°÷45=8° ずつ大きくなるから, ∠POQ' は, 1 秒間に, 12°+8°=20° ずつ大きくなる。
よって, x 秒後の ∠POQ' の大きさは,
∠POQ'=$20x°$
はじめに ∠POQ'=180° になるのは, $20x°=180°$,
$x=9$ (秒後)
そして, ∠POQ'=360° になるのは, $20x°=360°$,
$x=18$ (秒後)
再び, ∠POQ'=180° になるのは, ∠POQ'=360° となったときから 9 秒後だから, 18+9=27 (秒後)

(4) (3)と同様に, AB∥Q'Q となる点 Q' をとる。
線分 PQ の長さは, ∠POQ'=0° または 360° のとき最小値となる。このとき, PQ=AB=10 (cm)

また，線分PQの長さは，
∠POQ'=180°のとき最大値となる。
このとき，1辺が10cmの正方形の
対角線の長さになるから，
PQ=10$\sqrt{2}$(cm)

18 (1) ① $\sqrt{34}$cm ② 14cm³

(2) **BQ=$x$cmとすると，AQ=PQより，AP=$2x$cmと表せる。**

$△APQ=\frac{1}{2}×2x×3=3x$(cm²)

QF=$(7-x)$cmだから，

$△QFG=\frac{1}{2}×4×(7-x)=14-2x$(cm²)

△APQ=△QFGだから，$3x=14-2x$，$x=\frac{14}{5}$

よって，PE=$7-2x=7-2×\frac{14}{5}=\frac{35}{5}-\frac{28}{5}=\frac{7}{5}$

QF=$7-x=7-\frac{14}{5}=\frac{35}{5}-\frac{14}{5}=\frac{21}{5}$

よって，四角形PEFQの面積は，

$\frac{1}{2}×\left(\frac{7}{5}+\frac{21}{5}\right)×3=\frac{42}{5}$(cm²)

$△QBD=\frac{1}{2}×5×\frac{14}{5}=7$(cm²)

したがって，四角形PEFQの面積と△QBDの面積の比は，$\frac{42}{5}:7=42:35=6:5$

解説▼

(1) AQ+QGの長さが最も短くなるとき，点Qは線分AGとBFの交点になる。

① BQ∥CGだから，
AB:AC=BQ:CG, 3:7=BQ:7,
BQ=3(cm)
△ABDで，三平方の定理より，
DB=$\sqrt{4^2+3^2}=\sqrt{25}=5$(cm)
△DQBで，三平方の定理より，
DQ=$\sqrt{5^2+3^2}=\sqrt{34}$(cm)

② 3点P, Q, Gを通る平面
と辺EHの交点をRとする。
また，直線EF, PQ, RG
は1点で交わり，その交点
をSとする。
求める立体の体積は，三角錐S-QFGの体積から三角錐S-PERの体積をひいたものである。
PE=7-5=2(cm), QF=7-3=4(cm), RE=2cm
だから，
$\frac{1}{3}×\left(\frac{1}{2}×4×4\right)×(3+3)-\frac{1}{3}×\left(\frac{1}{2}×2×2\right)×3$
=16-2=14(cm³)

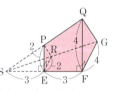

参考

平面AEHDと平面BFGCは平行だから，PR∥QGになる。
すなわち，点Rは点Pを通り，QGに平行な直線と辺EHの交点である。
よって，切り口は台形PRGQになる。

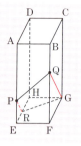

19 (1) $\frac{4}{5}\pi$cm² (2) $\frac{25}{72}$倍

解説▼

(1) BC=$\sqrt{3^2-2^2}=\sqrt{5}$(cm)
円外の1点からその円にひいた
接線の長さは等しいから，
AD=AB=2cm,
DC=3-2=1(cm)
△ABCと△ODCにおいて，
共通な角だから，∠ACB=∠OCD ……①
円の接線は，その接点を通る半径に垂直だから，
∠ABC=∠ODC(=90°) ……②
①，②より，2組の角がそれぞれ等しいから，
△ABC∽△ODC
よって，AB:OD=BC:DC, 2:OD=$\sqrt{5}$:1,
2=$\sqrt{5}$OD, OD=$\frac{2}{\sqrt{5}}=\frac{2\sqrt{5}}{5}$
したがって，円Oの面積は，$\pi×\left(\frac{2}{\sqrt{5}}\right)^2=\frac{4}{5}\pi$(cm²)

(2) 点DからBCに垂線をひき，BC
との交点をHとする。
AB∥DHだから，
CD:CA=DH:AB,
1:3=DH:2, 2=3DH,
DH=$\frac{2}{3}$
△DBCを辺BCを回転の軸として
1回転させてできる立体は，右の
図のように，2つの円錐を底面で
合わせた立体だから，その体積は，
$\frac{1}{3}×\left\{\pi×\left(\frac{2}{3}\right)^2\right\}×\sqrt{5}=\frac{4\sqrt{5}}{27}\pi$(cm³)

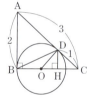

円Oを辺BCを回転の軸として1回転させてできる立体は球だから，その体積は，
$\frac{4}{3}\pi×\left(\frac{2\sqrt{5}}{5}\right)^3=\frac{4}{3}\pi×\frac{8\sqrt{5}}{25}=\frac{32\sqrt{5}}{75}\pi$(cm³)
したがって，$\frac{4\sqrt{5}}{27}:\frac{32\sqrt{5}}{75}=\frac{4\sqrt{5}}{27}×\frac{75}{32\sqrt{5}}=\frac{25}{72}$(倍)

20 (1) 8点 (2) 6人
(3) ① 7点 ② イ，エ

解説 ▼

(1) （範囲）＝10－2＝8（点）
(2) 1回でも5点の部分にボールが止まった生徒の得点は5点以上になるから，5点，6点，8点，10点のいずれかになる。
このうち，6点の生徒には，2回とも3点の部分にボールが止まった2人の生徒が含まれている。この2人の生徒以外の残りの生徒は，いずれも1回以上5点の部分にボールが止まったと考えられるから，その人数は，1＋4＋2＋1－2＝6（人）
(3)① 5点の部分を1点，1点の部分を5点として得点を計算すると，下の表のようになる。例えば，もとの得点が4点のとき2回の点数は1点と3点なので，新しい得点では2回の点数は5点と3点となり，得点は8点になる。

もとの得点(点)	0	1	2	3	4	5	6	8	10
新しい得点(点)	0	5	10	3	8	1	6	4	2

新しい得点と人数の関係は，下の表のようになる。

新しい得点(点)	0	1	2	3	4	5	6	8	10
人数(人)	0	1	1	2	2	0	4	5	5

20人の得点の中央値は，10番目の得点と11番目の得点の平均値だから，$\frac{6+8}{2}=7$（点）

② ア 2ゲーム目の範囲はわからないから，1ゲーム目と2ゲーム目のそれぞれの得点の範囲が同じ値であるとはいえない。
イ 中央値が5.5点だから，得点が6点以上の生徒の人数は10人。得点が6点の生徒はBさん1人だから，残りの9人の生徒の得点は8点または10点である。得点が8点，10点の生徒は，5点の部分に1回はボールが止まっているので，5点の部分に1回でもボールが止まった生徒の人数は9人以上である。
よって，2ゲーム目のほうが多い。
ウ 2ゲーム目の中央値はわかっているが，最頻値はわからないので，最頻値は中央値より大きいとはいえない。
エ イから，得点が6点以上の生徒の人数は10人。また，中央値が5.5点で，得点が6点の生徒がいるから，得点が5点の生徒が1人以上いる。これより，得点が5点以上の生徒が11人以上いると考えられる。
よって，Aさんの得点4点を上回っている生徒は11人以上いる。

21 (1) $\frac{1}{10}$

(2) 赤球の出る確率は，$1-\frac{3}{10}=\frac{7}{10}$
赤球の出る確率と白球の出る確率の比は，
$\frac{7}{10}:\frac{3}{10}=7:3$

これより，Bの袋の中の赤球の個数と白球の個数の比が7：3になればよいから，
赤球の個数は，$20\times\frac{7}{7+3}=14$（個）
白球の個数は，$20\times\frac{3}{7+3}=6$（個）
よって，赤球の個数は14個，白球の個数は6個。

(3) Cの袋の中の白球の個数は$(20-m)$個，Dの袋の中の白球の個数は$(20-n)$個と表せる。
Cの袋から赤球の出る確率は，$\frac{m}{20}$
Dの袋から赤球の出る確率は，$\frac{n}{20}$
よって，$\frac{m}{20}=\frac{n}{20}+\frac{2}{5}$
これを整理すると，$m-n=8$ ……①
Cの袋から白球の出る確率は，$\frac{20-m}{20}$
Dの袋から白球の出る確率は，$\frac{20-n}{20}$
よって，$\frac{20-m}{20}+\frac{20-n}{20}=\frac{6}{5}$
これを整理すると，$m+n=16$ ……②
①，②を連立方程式として解くと，$m=12$，$n=4$

解説 ▼

(1) 赤球の個数は2個だから，$\frac{2}{20}=\frac{1}{10}$

22 (1) $\frac{5}{36}$ (2) $\frac{7}{36}$

解説 ▼

大小2個のさいころの目の出方は36通り。
(1) ①に$x=1$を代入しても成り立つから，
$1^2-a\times1+b=0$，$a-b=1$
この式を満たすa，bの値の組は，
$(a, b)=(2, 1), (3, 2), (4, 3), (5, 4), (6, 5)$
の5通り。
よって，求める確率は，$\frac{5}{36}$

(2) (1)より，$x=1$を解にもつとき，2次方程式①は，
$(a, b)=(2, 1)$のとき，
$x^2-2x+1=0$，$(x-1)^2=0$，$x=1$
$(a, b)=(3, 2)$のとき，
$x^2-3x+2=0$，$(x-1)(x-2)=0$，$x=1, x=2$
$(a, b)=(4, 3)$のとき，
$x^2-4x+3=0$，$(x-1)(x-3)=0$，$x=1, x=3$
$(a, b)=(5, 4)$のとき，
$x^2-5x+4=0$，$(x-1)(x-4)=0$，$x=1, x=4$
$(a, b)=(6, 5)$のとき，
$x^2-6x+5=0$，$(x-1)(x-5)=0$，$x=1, x=5$
よって，$x=1$を解にもつとき，①の解はすべて整数となるから，このときのa，bの値の組は5通り。
次に，①のすべての解が2以上の整数である場合について考える。

$x=2$ を解にもつとき，
$(x-2)^2=0$, $x^2-4x+4=0$ から，$(a, b)=(4, 4)$
$(x-2)(x-3)=0$, $x^2-5x+6=0$ から，
$(a, b)=(5, 6)$
このときの a, b の値の組は 2 通り。
①のすべて解が 3 以上の整数になる場合について考えると，このとき，b の値は必ず 6 よりも大きくなる。
よって，①の 2 つの解がどちらも 3 以上の整数になることはないから，①は $x=1$ または $x=2$ を解にもつ。
以上から，①の解がすべて整数となる a, b の値の組は 7 通り。
よって，求める確率は，$\dfrac{7}{36}$

くわしく
2 次方程式の解の符号
①の 2 つの解が負の数のとき，x の係数の符号は $+$。すなわち，$a<0$
①の 2 つの解が正の数，負の数のとき，定数の符号は $-$。すなわち，$b<0$
$a<0$ または $b<0$ となることはないので，①の解が負の整数であることはない。

23 (1) $\dfrac{1}{18}$ (2) $\dfrac{1}{6}$

解説
大小 2 つのさいころの目の出方は 36 通り。
p, q の値の組を (p, q) と表す。
(1) 直線 AB の傾きは，$\dfrac{1-4}{5-3}=-\dfrac{3}{2}$
直線 PQ と直線 AB の傾きは等しいから，
$\dfrac{q-0}{0-p}=-\dfrac{3}{2}$, $-\dfrac{q}{p}=-\dfrac{3}{2}$, $\dfrac{q}{p}=\dfrac{3}{2}$
この式を満たす p, q の値の組は，
$(p, q)=(2, 3)$, $(4, 6)$ の 2 通り。
よって，求める確率は，$\dfrac{2}{36}=\dfrac{1}{18}$

(2) 放物線 $y=\dfrac{q}{p}x^2$ が点 A(3, 4)，B(5, 1) を通るときの $\dfrac{q}{p}$ の値をそれぞれ求める。
点 A を通るとき，
$4=\dfrac{q}{p}\times 3^2$, $\dfrac{q}{p}=\dfrac{4}{9}$
点 B を通るとき，
$1=\dfrac{q}{p}\times 5^2$, $\dfrac{q}{p}=\dfrac{1}{25}$
よって，放物線が線分 AB と交わるときの $\dfrac{q}{p}$ の値の範囲は，$\dfrac{1}{25}\leqq \dfrac{q}{p}\leqq \dfrac{4}{9}$
この不等式を満たす $\dfrac{q}{p}$ の値は，

$\dfrac{1}{3}$, $\dfrac{1}{4}$, $\dfrac{1}{5}$, $\dfrac{2}{5}$, $\dfrac{1}{6}$, $\dfrac{2}{6}$
すなわち，p, q の値の組は，$(p, q)=(3, 1)$, $(4, 1)$, $(5, 1)$, $(5, 2)$, $(6, 1)$, $(6, 2)$ の 6 通り。
よって，求める確率は，$\dfrac{6}{36}=\dfrac{1}{6}$

24 (1) $\dfrac{3}{4}$ (2) $\dfrac{1}{3}$
(3) $\dfrac{7}{9}$

解説
大小 2 つのさいころの目の出方は 36 通り。
a, b の値の組を (a, b) と表す。
また，直線 ℓ と m の交点を R とする。

(1) △OPQ が 3 つの図形に分けられるのは，点 R が △OPQ の外部または辺上にあるときである。
このような点 R は，右の図のように 27 個ある。
よって，求める確率は，$\dfrac{27}{36}=\dfrac{3}{4}$

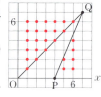

別解
△OPQ が 4 つの図形に分けられるのは，点 R が △OPQ の内部にあるときである。ただし，△OPQ の辺上にある場合は含まない。
このような点 R は 9 個だから，点 R が △OPQ の内部にある確率は，$\dfrac{9}{36}=\dfrac{1}{4}$
よって，求める確率は，$1-\dfrac{1}{4}=\dfrac{3}{4}$

(2) S が台形になるのは，点 R が右の図のような位置にあるときで，12 個ある。
よって，求める確率は，$\dfrac{12}{36}=\dfrac{1}{3}$

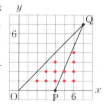

(3) 点 R(4, 4) のとき，S の面積は 8cm^2
よって，$a=1$, 2, 3, 4 のとき，b はどの値でも S の面積は 8cm^2 以下である。
$a=5$ のとき，S の面積が 8cm^2 以下である b の値は，$b=1$, 2
$a=6$ のとき，S の面積が 8cm^2 以下である b の値は，$b=1$, 2
S の面積が 8cm^2 以下となる点 R は，上の図のように 28 個ある。
よって，求める確率は，$\dfrac{28}{36}=\dfrac{7}{9}$

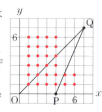

入試予想問題 No.1 本冊176ページ

1 (1) $-\dfrac{1}{24}$ (2) 15
　　(3) $-12x^3y$ (4) $2a-b$
　　(5) $-\sqrt{7}$ (6) $\sqrt{2}-3$

解説▼

(1) $\dfrac{5}{6}-\left(+\dfrac{7}{8}\right)=\dfrac{5}{6}-\dfrac{7}{8}=\dfrac{20}{24}-\dfrac{21}{24}=-\dfrac{1}{24}$

(2) $4^2+8\div(-2)^3=16+8\div(-8)=16+(-1)=15$

(3) $(-2xy)^3\div\dfrac{2}{3}y^2=(-8x^3y^3)\times\dfrac{3}{2y^2}=-\dfrac{8x^3y^3\times3}{2y^2}$
　　$=-12x^3y$

(4) $3(2a-7b)-4(a-5b)=6a-21b-4a+20b=2a-b$

(5) $\sqrt{28}-\sqrt{63}=\sqrt{2^2\times7}-\sqrt{3^2\times7}=2\sqrt{7}-3\sqrt{7}=-\sqrt{7}$

(6) $\dfrac{6}{\sqrt{2}}-(1+\sqrt{2})^2$
　　$=\dfrac{6\times\sqrt{2}}{\sqrt{2}\times\sqrt{2}}-\{1^2+2\times\sqrt{2}\times1+(\sqrt{2})^2\}$
　　$=\dfrac{6\sqrt{2}}{2}-(1+2\sqrt{2}+2)=3\sqrt{2}-3-2\sqrt{2}=\sqrt{2}-3$

2 (1) $(x+3)(x-7)$ (2) 4個
　　(3) $x=\dfrac{3\pm3\sqrt{5}}{2}$ (4) $b=\dfrac{a-c}{8}$
　　(5) $y=3$

解説▼

(1) $(x+2)(x-6)-9=x^2-4x-12-9=x^2-4x-21$
　　$=(x+3)(x-7)$

(2) それぞれの数を2乗しても大小関係は変わらないから，
　　$3^2<(\sqrt{a})^2<\left(\dfrac{11}{3}\right)^2$, $9<a<\dfrac{121}{9}$, $9<a<13.4\cdots$
　　a は正の整数だから，$a=10$, 11, 12, 13 の4個。

(3) $(x+3)(x-5)=x-6$, $x^2-2x-15=x-6$,
　　$x^2-3x-9=0$　解の公式より，
　　$x=\dfrac{-(-3)\pm\sqrt{(-3)^2-4\times1\times(-9)}}{2\times1}=\dfrac{3\pm\sqrt{9+36}}{2}$
　　$=\dfrac{3\pm\sqrt{45}}{2}=\dfrac{3\pm3\sqrt{5}}{2}$

(4) (わられる数)=(わる数)×(商)+(余り)
　　　　⋮　　　⋮　　⋮　　⋮
　　　　a　　$=$　b　$\times8+$　c
　　$a=8b+c$ を b について解くと，$8b=a-c$, $b=\dfrac{a-c}{8}$

(5) y は x に反比例するから，$y=\dfrac{a}{x}$ とおける。
　　$x=2$ のとき $y=-9$ だから，$-9=\dfrac{a}{2}$, $a=-18$
　　$y=-\dfrac{18}{x}$ に $x=-6$ を代入して，$y=-\dfrac{18}{-6}=3$

3 (1) 175人 (2) ① $\dfrac{10}{3}$ cm ② $\dfrac{2}{3}$ cm
　　(3) イ，オ

解説▼

(1) 2年生の生徒の人数を x 人，9月に3冊以上借りた生徒の人数を y 人とする。
　9月の調査の人数の関係から，$x\times\dfrac{60}{100}=50+35+y$,
　これを整理すると，$0.6x=85+y$,
　$3x-5y=425$　……①
　11月の調査の人数の関係から，
　$x\times\dfrac{60}{100}+22=50\times\left(1-\dfrac{10}{100}\right)+35\times\left(1+\dfrac{20}{100}\right)+2y$
　これを整理すると，$0.6x+22=45+42+2y$,
　$3x-10y=325$　……②
　①，②を連立方程式として解くと，$x=175$, $y=20$
　よって，2年生の生徒の人数は175人。

(2)① $AE=\dfrac{1}{2}\times6=3$ (cm)
　△ABE で，三平方の定理より，
　$BE=\sqrt{4^2+3^2}=\sqrt{25}=5$ (cm)
　AE∥BC だから，$EH:BH=AE:BC$,
　$(5-BH):BH=3:6$, $6(5-BH)=3BH$, $30=9BH$,
　$BH=\dfrac{30}{9}=\dfrac{10}{3}$ (cm)

② $EH=BE-BH=5-\dfrac{10}{3}=\dfrac{5}{3}$ (cm)
　右の図のように，
　直線 AF と直線 BC
　の交点を I とすると，
　$BI=6\times2=12$ (cm)

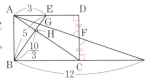

　AE∥BC だから，
　$EG:GB=AE:BI$, $EG:(5-EG)=3:12$,
　$12EG=3(5-EG)$, $15EG=15$, $EG=1$
　よって，$GH=EH-EG=\dfrac{5}{3}-1=\dfrac{2}{3}$ (cm)

(3)ア　1組，2組のどちらも最小値，最大値がわからないので，1組，2組のどちらも範囲はわからない。
　イ　5分以上10分未満の階級の相対度数は，
　　1組…8÷40=0.2，2組…7÷35=0.2
　　よって，1組と2組の相対度数は等しい。
　ウ　15分以上の生徒の学級全体に対する割合は，
　　1組…(10+6+3)÷40=0.475,
　　2組…(6+9+4)÷35=0.542…
　　よって，割合は2組のほうが大きい。
　エ　1組の中央値は，20番目と21番目の時間の平均値である。20番目と21番目の時間を含む階級は，10分以上15分未満の階級だから，中央値を含む階級値は12.5分。2組の中央値は,18番目の時間である。18番目の時間を含む階級は，15分以上20分未満の階級だから，中央値を含む階級値は17.5分。
　　よって，1組のほうが2組より小さい。
　オ　1組の最頻値は15分以上20分未満の階級の階級値だから，17.5分。2組の最頻値は20分以上25分未満の階級の階級値だから，22.5分。
　　よって，1組のほうが2組より小さい。

4 (1) $a=\dfrac{1}{2}$　　(2) $(-2, 2)$
(3) 48　　(4) $(8, 0)$

解説 ▼

(1) 点 A, B は関数 $y=ax^2$ のグラフ上の点だから, A$(6, 36a)$, B$(4, 16a)$ と表せる。
直線 AB の傾きは 5 だから,
$\dfrac{36a-16a}{6-4}=5$, $10a=5$, $a=\dfrac{1}{2}$

(2) 点 A, B の x 座標の差は, $6-4=2$
四角形 ABCD は平行四辺形だから, 点 D, C の x 座標の差は, 点 A, B の x 座標の差と等しく 2
点 D の x 座標は 0 だから, 点 C の x 座標は -2
点 C は関数 $y=\dfrac{1}{2}x^2$ のグラフ上の点だから, y 座標は,
$y=\dfrac{1}{2}\times(-2)^2=2$
よって, C$(-2, 2)$

(3) 直線 BC の式を $y=ax+b$ とおく。
B$(4, 8)$だから, $8=4a+b$ ……①
C$(-2, 2)$だから, $2=-2a+b$ ……②
①, ②を連立方程式として解くと, $a=1$, $b=4$
よって, 直線 BC の式は, $y=x+4$
直線 BC と y 軸との交点を E とすると, E$(0, 4)$
点 A, B の y 座標の差は, $18-8=10$
点 D, C の y 座標の差は, 点 A, B の y 座標の差と等しく 10 だから, 点 D の y 座標は, $2+10=12$
よって, DE$=12-4=8$
△CBD$=$△DCE$+$△DEB
$=\dfrac{1}{2}\times 8\times 2+\dfrac{1}{2}\times 8\times 4$
$=8+16=24$
△CBD$\equiv$△ADB より,
平行四辺形 ABCD
$=2$△CBD$=2\times 24=48$

(4) 右の図のように, CO の延長上に, CF$=$3CO となる点 F をとると,
△OBC : △FBC$=1:3$
このような点 F の座標は,
F$(4, -4)$
点 F を通り, 直線 BC に平行な直線を ℓ とし, ℓ と x 軸との交点を P とすると,
△FBC$=$△PBC だから, 求める点 P は, 直線 ℓ と x 軸との交点となる。
直線 ℓ は直線 BC に平行だから, $y=x+c$ とおける。
点 F は直線 $y=x+c$ 上の点だから,
$-4=4+c$, $c=-8$　よって, $y=x-8$
この式に $y=0$ を代入して, $0=x-8$, $x=8$
したがって, P$(8, 0)$

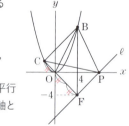

5 (1) $0, 1, 4, 5, 6$　　(2) $\dfrac{5}{36}$
(3) $\dfrac{5}{12}$

解説 ▼

(1) $a=4$ より, 左端から4番目のカードを取り除くと,
$\boxed{0}, \boxed{1}, \boxed{2}, \boxed{3}, \boxed{4}, \boxed{5}, \boxed{6}$
$\to \boxed{0}, \boxed{1}, \boxed{2}, \boxed{4}, \boxed{5}, \boxed{6}$
$b=4$ より, 右端から4番目のカードを取り除くと,
$\boxed{0}, \boxed{1}, \boxed{2}, \boxed{4}, \boxed{5}, \boxed{6} \to \boxed{0}, \boxed{1}, \boxed{4}, \boxed{5}, \boxed{6}$

(2) 大小2つのさいころの目の出方は36通り。
右端が $\boxed{5}$ になるのは, ①の操作で, $\boxed{0}, \boxed{1}, \boxed{2}, \boxed{3}, \boxed{4}$ のいずれかのカードを取り除き, ②の操作で, $\boxed{6}$ のカードを取り除く場合である。
このような a, b の値の組は,
$(a, b)=(1, 1), (2, 1), (3, 1), (4, 1), (5, 1)$ の5通り。
よって, 求める確率は, $\dfrac{5}{36}$

(3) 5枚のカードの合計が奇数になるのは, 残りの5枚のカードの中に奇数のカードが奇数枚, すなわち, 1枚または3枚になる場合である。
奇数のカードが1枚残るのは, 奇数のカードを2枚取り除く場合である。
例えば, $\boxed{1}, \boxed{3}$ のカードを取り除く a, b の値の組は,
$(a, b)=(2, 4), (4, 5)$ の2通り。
同様に, 2枚の奇数のカードの取り除き方は,
$\boxed{1}, \boxed{5}$ …2通り, $\boxed{3}, \boxed{5}$ …2通り
だから, 奇数のカードが1枚残るのは6通り。
奇数のカードが3枚残るのは, 偶数のカードを2枚取り除く場合である。
例えば, $\boxed{0}, \boxed{2}$ のカードを取り除く a, b の値の組は,
$(a, b)=(1, 5), (3, 6)$ の2通り。
同様に, 2枚の偶数のカードの取り除き方は,
$\boxed{0}, \boxed{4}$ …2通り, $\boxed{0}, \boxed{6}$ …1通り, $\boxed{2}, \boxed{4}$ …2通り,
$\boxed{2}, \boxed{6}$ …1通り, $\boxed{4}, \boxed{6}$ …1通り
だから, 奇数のカードが3枚残るのは9通り。
以上から, 全部で15通り。
よって, 求める確率は, $\dfrac{15}{36}=\dfrac{5}{12}$

くわしく

$\boxed{6}$ のカードを取り除く a, b の値の組

$\boxed{6}$ のカードは左端から7番目にあるので, ①の操作で $\boxed{6}$ のカードを取り除くことはできない。
よって, $\boxed{6}$ のカードを取り除く場合は, ②の操作で取り除くので, $b=1$ になる。これより,
$\boxed{0}, \boxed{6}$ を取り除くとき, $(a, b)=(1, 1)$
$\boxed{2}, \boxed{6}$ を取り除くとき, $(a, b)=(3, 1)$
$\boxed{4}, \boxed{6}$ を取り除くとき, $(a, b)=(5, 1)$

6 (1) (証明) △AFC と △BED において，
仮定から，AC=BD ……①
$\overset{\frown}{CE}$ に対する円周角だから，
∠CAF=∠DBE ……②
半円の弧に対する円周角は 90° だから，
∠DEB=90° ……③
CG∥EB で，錯角は等しいから，
∠DEB=∠DFC ……④
③，④より，∠DFC=90° だから，
∠CFA=180°−∠DFC=90° ……⑤
③，⑤より，∠CFA=∠DEB=90° ……⑥
①，②，⑥より，直角三角形の斜辺と1つの鋭角がそれぞれ等しいから，△AFC≡△BED

(2) ① $\dfrac{16}{3}$ cm ② $\dfrac{154}{3}$ cm²

解説 ▼

(2)① △AFC で，三平方の定理より，
CF=$\sqrt{5^2-3^2}$=$\sqrt{16}$=4(cm)
また，△AFC≡△BED だから，
DE=CF=4cm，BE=AF=3cm
CF∥EB だから，CF：EB=FD：DE，4：3=FD：4，
16=3FD，FD=$\dfrac{16}{3}$(cm)

② EF=FD+DE=$\dfrac{16}{3}$+4=$\dfrac{28}{3}$(cm)
2 組の角がそれぞれ等しいから，△AFC∽△GFE で，
相似比は，
CF：EF=4：$\dfrac{28}{3}$=3：7
これより，
GF=$\dfrac{7}{3}$AF=$\dfrac{7}{3}$×3=7(cm)
よって，CG=4+7=11(cm)
△CGE=$\dfrac{1}{2}$×CG×EF=$\dfrac{1}{2}$×11×$\dfrac{28}{3}$=$\dfrac{154}{3}$(cm²)

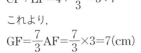

別解 ➕

△AFC=$\dfrac{1}{2}$×3×4=6(cm²)
相似な図形の面積の比は，相似比の 2 乗だから，
△AFC：△GFE=3^2：7^2=9：49
よって，△GFE=6×$\dfrac{49}{9}$=$\dfrac{98}{3}$(cm²)
また，△CFE=$\dfrac{1}{2}$×$\dfrac{28}{3}$×4=$\dfrac{56}{3}$(cm²)
△CGE=△GFE+△CFE=$\dfrac{98}{3}$+$\dfrac{56}{3}$=$\dfrac{154}{3}$(cm²)

7 (1) 7：2 (2) 4 秒後，$\dfrac{22}{3}$ 秒後
(3) $2\sqrt{39}$ cm²

解説 ▼

(1) 底面の正三角形の面積は，
$\dfrac{1}{2}$×4×$2\sqrt{3}$=$4\sqrt{3}$(cm²)
三角柱 ABC−DEF の体積は，
$4\sqrt{3}$×6=$24\sqrt{3}$(cm³)
2 秒後の三角錐 PDEF の体積は，
$\dfrac{1}{3}$×$4\sqrt{3}$×(6−2)=$\dfrac{16\sqrt{3}}{3}$(cm³)
これより，2 秒後の立体 ABC−PEF の体積は，
$24\sqrt{3}$−$\dfrac{16\sqrt{3}}{3}$=$\dfrac{72\sqrt{3}}{3}$−$\dfrac{16\sqrt{3}}{3}$=$\dfrac{56\sqrt{3}}{3}$(cm³)
よって，2 秒後の立体 ABC−PEF と立体 PDEF の体積の比は，$\dfrac{56\sqrt{3}}{3}$：$\dfrac{16\sqrt{3}}{3}$=7：2

(2) 点 P が辺 AD 上にあるとき，t 秒後に AP=$t$cm より，四角形 APEB は右の図のようになる。
四角形 APEB の面積が 20cm² になるから，
$\dfrac{1}{2}$×(t+6)×4=20
これを解くと，t=4(秒後)
点 P が辺 DE 上にあるとき，t 秒後に PE=(10−t)cm より，四角形 APEB は右の図のようになる。
同様にして，
$\dfrac{1}{2}$×{4+(10−t)}×6=20
これを解くと，t=$\dfrac{22}{3}$(秒後)

(3) 12 秒後に，点 P は辺 EF の中点になる。
DP=$2\sqrt{3}$cm だから，
AP=$\sqrt{AD^2+DP^2}$=$\sqrt{6^2+(2\sqrt{3})^2}$=$\sqrt{48}$=$4\sqrt{3}$(cm)
FP=2cm だから，
CP=$\sqrt{CF^2+FP^2}$=$\sqrt{6^2+2^2}$=$\sqrt{40}$=$2\sqrt{10}$(cm)
よって，△APC は右の図のようになる。点 P から辺 AC に垂線をひき，AC との交点を H とする。
AH=$x$cm とすると，
AP^2−AH^2=PC^2−CH^2，
$(4\sqrt{3})^2$−x^2=$(2\sqrt{10})^2$−$(4-x)^2$，
48−x^2=40−(16−8x+x^2)，8x=24，x=3
よって，PH=$\sqrt{(4\sqrt{3})^2-3^2}$=$\sqrt{39}$(cm)
したがって，△APC=$\dfrac{1}{2}$×4×$\sqrt{39}$=$2\sqrt{39}$(cm²)

入試予想問題 No.2　本冊180ページ

1 (1) $-\dfrac{3}{10}$　　(2) -2
　　(3) $\dfrac{7a+7b}{12}$　　(4) $3x-19$
　　(5) $\sqrt{5}$　　(6) $-\sqrt{3}$

解説▼

(1) $\dfrac{4}{15}\div\left(-\dfrac{8}{9}\right)=\dfrac{4}{15}\times\left(-\dfrac{9}{8}\right)=-\left(\dfrac{\overset{1}{4}}{\underset{5}{15}}\times\dfrac{\overset{3}{9}}{\underset{2}{8}}\right)=-\dfrac{3}{10}$

(2) $1+2\times(-3^2)\div 6=1+2\times(-9)\div 6=1+(-18)\div 6$
　　$=1+(-3)=-2$

(3) $\dfrac{3a-b}{4}-\dfrac{a-5b}{6}=\dfrac{3(3a-b)-2(a-5b)}{12}$
　　$=\dfrac{9a-3b-2a+10b}{12}=\dfrac{7a+7b}{12}$

(4) $(x+2)(x-5)-(x-3)^2$
　　$=x^2+(2-5)x+2\times(-5)-(x^2-2\times 3\times x+3^2)$
　　$=x^2-3x-10-(x^2-6x+9)=x^2-3x-10-x^2+6x-9$
　　$=3x-19$

(5) $\sqrt{45}-\dfrac{10}{\sqrt{5}}=\sqrt{3^2\times 5}-\dfrac{10\times\sqrt{5}}{\sqrt{5}\times\sqrt{5}}=3\sqrt{5}-\dfrac{10\sqrt{5}}{5}$
　　$=3\sqrt{5}-2\sqrt{5}=\sqrt{5}$

(6) $(\sqrt{2}+\sqrt{3})(\sqrt{6}-3)=\sqrt{12}-3\sqrt{2}+\sqrt{18}-3\sqrt{3}$
　　$=2\sqrt{3}-3\sqrt{2}+3\sqrt{2}-3\sqrt{3}=-\sqrt{3}$

別解
$(\sqrt{2}+\sqrt{3})(\sqrt{6}-3)=(\sqrt{2}+\sqrt{3})\times\sqrt{3}(\sqrt{2}-\sqrt{3})$
$=\sqrt{3}(\sqrt{2}+\sqrt{3})(\sqrt{2}-\sqrt{3})=\sqrt{3}\{(\sqrt{2})^2-(\sqrt{3})^2\}$
$=\sqrt{3}\times(2-3)=\sqrt{3}\times(-1)=-\sqrt{3}$

2 (1) 7　　(2) $x=3,\ y=-6$
　　(3) ウ　　(4) およそ700個

解説▼

(1) $x=-4+\sqrt{7}$ より，$x+4=\sqrt{7}$
　　$x^2+8x+16=(x+4)^2=(\sqrt{7})^2=7$

(2) $\begin{cases} 5x+2y=3 & \cdots\text{①} \\ 4x-3y=30 & \cdots\text{②}\end{cases}$

　　①×3　　$15x+6y=9$　　　①に $x=3$ を代入して，
　　②×2 +) $\underline{8x-6y=60}$　　$5\times 3+2y=3,\ 15+2y=3,$
　　　　　　　$23x\ \ =69$　　　$2y=-12,\ y=-6$
　　　　　　　　$x=3$

(3) （払った金額）＞（ノートの代金）
　　　　　⋮　　　　　　⋮
　　　　　1000　＞　　$a\times 5$
　　よって，$1000>5a,\ 1000-5a>0$

(4) 無作為に抽出した60個の玉を標本とする。
　　60個の玉における赤玉と白玉の個数の割合は，
　　$4:(60-4)=4:56=1:14$

箱の中の玉における白玉の割合は，標本における白玉の割合とほぼ等しいと考えられる。
箱の中の白玉の個数を x 個とすると，
$50:x=1:14,\ x=700$

別解
無作為に抽出した60個の玉に対する赤玉の割合は，
$\dfrac{4}{60}=\dfrac{1}{15}$
箱の中の白玉の個数を x 個とすると，
$(x+50)\times\dfrac{1}{15}=50,\ x+50=750,\ x=700$

3 (1) 75m　　(2) $\dfrac{1}{4}$
　　(3) ① 2cm　② 7cm
　　(4) ① 6cm　② $3\sqrt{13}\text{cm}^2$

解説▼

(1) 球を打ち上げてから x 秒後の球の高さは $(40x-5x^2)$m，このとき，風船は放してから $(x+12)$ 秒たっているから，その高さは $5(x+12)$m
球の高さと風船の高さが同じになるとき，球は風船に当たるから，$40x-5x^2=5(x+12)$
これを解くと，$40x-5x^2=5x+60,\ 5x^2-35x+60=0,$
$x^2-7x+12=0,\ (x-3)(x-4)=0,\ x=3,\ x=4$
よって，球を打ち上げてから3秒後に球は風船に当たり，風船はわれる。
このときの高さは，$5\times(3+12)=75$(m)

(2) 大小2つのさいころの目の出方は36通り。
点Pと点Qが同じ頂点上にあるのは，$a+b$ の値が4の倍数になるときである。
$a,\ b$ の値の組を $(a,\ b)$ と表す。
$a+b=4$ のとき，$(a,\ b)=(1,\ 3),\ (2,\ 2),\ (3,\ 1)$ の3通り。
$a+b=8$ のとき，$(a,\ b)=(2,\ 6),\ (3,\ 5),\ (4,\ 4),$
$(5,\ 3),\ (6,\ 2)$ の5通り。
$a+b=12$ のとき，$(a,\ b)=(6,\ 6)$ の1通り。
よって，$3+5+1=9$(通り)
したがって，求める確率は，$\dfrac{9}{36}=\dfrac{1}{4}$

(3)① △ABEと△ACDにおいて，
AB＝AC……①，∠BAC＝∠CAD……②
$\overset{\frown}{\text{AD}}$ に対する円周角だから，∠ABE＝∠ACD……③
①，②，③より，1組の辺とその両端の角がそれぞれ等しいから，△ABE≡△ACD
よって，AE＝AD＝6cm
したがって，EC＝AC－AE＝8－6＝2(cm)

② △ABCと△AEDにおいて，∠BAC＝∠EAD
$\overset{\frown}{\text{AB}}$ に対する円周角だから，∠ACB＝∠ADE
より，2組の角がそれぞれ等しいから，
△ABC∽△AED

△AEDと△BECにおいて，∠ADE＝∠ACB
$\overset{\frown}{DC}$に対する円周角だから，∠DAE＝∠CBE
より，2組の角がそれぞれ等しいから，
△AED∽△BEC
よって，△ABC∽△BEC だから，
AC：BC＝BC：EC，8：BC＝BC：2，BC^2＝16，
BC＝±4，BC＞0 だから，BC＝4
これより，BE＝BC＝4cm
また，△ABC∽△AED だから，
AB：AE＝BC：ED，8：6＝4：ED，8ED＝24，
ED＝3
したがって，BD＝BE＋ED＝4＋3＝7(cm)

(4)① AE＝$x$cm とすると，AB＝2$x$cm と表せる。
$AD^2+AB^2+AE^2=AG^2$ だから，
$2^2+(2x)^2+x^2=7^2$，$4+4x^2+x^2=49$，$5x^2=45$，$x^2=9$，
$x=±3$，$x>0$ だから，$x=3$
よって，AB＝2×3＝6(cm)

② BC＝2cm，CG＝3cm だから，
BG＝$\sqrt{2^2+3^2}=\sqrt{13}$(cm)
AB⊥面 BFGC
BG は面 BFGC 上の直線だから，
∠ABG＝90°
したがって，△ABG＝$\frac{1}{2}×6×\sqrt{13}=3\sqrt{13}$($cm^2$)

4 (1) 15cm (2) 12秒後
(3) ① 11秒後 ② 13秒後

解説▼

(1) 9秒後の線分 AP，BQ の
長さは，
AP＝2×9＝18(cm)
BQ＝3×9＝27(cm)
これより，点 P，Q の位置
は右の図のようになる。
よって，PQ＝$\sqrt{12^2+(27-18)^2}=\sqrt{225}=15$(cm)

(2) 点 P が A を出発してから x 秒後に四角形 ABQP が長方形になるとする。
四角形 ABQP が長方形になるとき，AP＝BQ
AP＝BQ となるのは，点 P が A から D まで動き，点 Q が C から B まで動くときである。点 Q は 10 秒後に C に到着し，点 P は 15 秒後に D に到着するから，
x の値の範囲は，10≦x≦15
このときの線分 AP，BQ
の長さは，
AP＝2x，BQ＝60－3x(cm)
よって，
2x＝60－3x，5x＝60，x＝12(秒後)

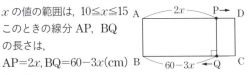

(3) 5秒後の点 P，Q の位置は
右の図のようになるから，
このときの a の値は，
$a=\sqrt{12^2+(15-10)^2}$
$=\sqrt{169}=13$(cm)

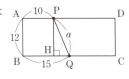

点 P から辺 BC に垂線 PH をひくと，a＝13cm となるとき，HQ＝5cm である。また，2回目と3回目に a＝13cm となるのは，点 P が A から D まで動き，点 Q が C から B まで動くときである。

① s 秒後に2回目の PQ＝13 となるとする。
右の図のように，
2s＜60－3s のとき，
HQ＝5cm となる s の値
を求めると，
(60－3s)－2s＝5，－5s＝－55，s＝11(秒後)

② t 秒後に3回目の PQ＝13 となるとする。
右の図のように，
2t＞60－3t のとき，
HQ＝5cm となる t の値
を求めると，
2t－(60－3t)＝5，5t＝65，t＝13(秒後)

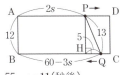

5 (1) 2a＋3b (2) －2
(3) 1番目の数…－4，2番目の数…3

解説▼

(1) 3番目の数は $a+b$，4番目の数は，$b+(a+b)=a+2b$，
5番目の数は，$(a+b)+(a+2b)=2a+3b$

(2) 1番目の数を x とすると，2番目の数は $x+1$ と表せる。
(1)より，4番目の数は，$x+2(x+1)=3x+2$
5番目の数は，$2x+3(x+1)=5x+3$
6番目の数は，$(3x+2)+(5x+3)=8x+5$
よって，$8x+5=-11$，$8x=-16$，$x=-2$

(3) 1番目の数を a，2番目の数を b とすると，(1)より，
6番目の数は，$(a+2b)+(2a+3b)=3a+5b$
7番目の数は，$(2a+3b)+(3a+5b)=5a+8b$
8番目の数は，$(3a+5b)+(5a+8b)=8a+13b$
9番目の数は，$(5a+8b)+(8a+13b)=13a+21b$
10番目の数は，$(8a+13b)+(13a+21b)=21a+34b$
よって，$3a+5b=3$……①，$21a+34b=18$……②
①，②を連立方程式として解くと，$a=-4$，$b=3$

6 (1) (証明) △EBF と △FHG において，
長方形の 4 つの角は 90° だから，
∠EBF＝∠FHG ……①
∠EFB＝180°－∠EFD－∠HFG
＝180°－90°－∠HFG＝90°－∠HFG ……②
∠FGH＝180°－∠FHG－∠HFG
＝180°－90°－∠HFG＝90°－∠HFG ……③
②，③より，∠EFB＝∠FGH ……④

①，④より，2組の角がそれぞれ等しいから，
△EBF∽△FHG
(2) $\dfrac{17}{4}$ cm

解説 ▼

(1) ∠EFB=∠FGH は，次のように求めることもできる。
EF⊥DF，HG⊥DF だから，EF∥HG
平行線の同位角は等しいから，∠EFB=∠FGH
(2) DC=AB=15cm，DF=DA=17cm
△DFC で，三平方の定理より，
FC=$\sqrt{17^2-15^2}$=$\sqrt{64}$=8(cm)
DH=DC=15cm だから，
HF=DF−DH=17−15=2(cm)
また，GH=GC=FC−FG=8−FG(cm)
△HFG で，三平方の定理より，HF²+GH²=FG²，
$2^2+(8-FG)^2=FG^2$，$4+64-16FG+FG^2=FG^2$，
16FG=68，FG=$\dfrac{17}{4}$(cm)

7 (1) $y=\dfrac{1}{4}x+5$ (2) $a=\dfrac{3}{4}$
(3) $a=\dfrac{5}{8}$ (4) $a=\dfrac{1}{2}$

解説 ▼

(1) 点 B は関数 $y=\dfrac{3}{8}x^2$ のグラフ上の点だから，y 座標は，
$y=\dfrac{3}{8}\times 4^2=6$
よって，B(4，6)
点 A と点 D は y 軸について対称だから，点 D の x 座標は −4
y 座標は，$y=\dfrac{1}{4}\times(-4)^2=4$
よって，D(−4，4)
直線 BD の式を $y=mx+n$ とおくと，
点 B を通るから，6=4m+n ……①
点 D を通るから，4=−4m+n ……②
①，②を連立方程式として解くと，$m=\dfrac{1}{4}$，$n=5$
したがって，$y=\dfrac{1}{4}x+5$
(2) AD=4−(−4)=8
点 A は関数 $y=\dfrac{1}{4}x^2$ のグラフ上の点だから，y 座標は，
$y=\dfrac{1}{4}\times 4^2=4$
点 B は関数 $y=ax^2$ のグラフ上の点だから，y 座標は，
$y=a\times 4^2=16a$
よって，AB=16a−4
四角形 ABCD が正方形になるとき，AB=AD だから，
16a−4=8，16a=12，$a=\dfrac{3}{4}$
(3) △ABD で，三平方の定理より，
AB=$\sqrt{BD^2-AD^2}$=$\sqrt{10^2-8^2}$=$\sqrt{36}$=6

よって，点 B の y 座標は，4+6=10
点 B(4，10)は関数 $y=ax^2$ のグラフ上の点だから，
10=a×4²，16a=10，$a=\dfrac{5}{8}$
(4) 点 E から AD，AB に垂線 EH，EK をひく。
DE：EB=1：7 より，
DE：DB=1：(1+7)
　　　=1：8
EH∥BA だから，
DH：DA=DE：DB
　　　=1：8
よって，DH=$\dfrac{1}{8}$DA=$\dfrac{1}{8}\times 8$=1
これより，点 E の x 座標は，−4+1=−3
EK∥DA だから，AK：AB=1：8
よって，AK=$\dfrac{1}{8}$AB=$\dfrac{1}{8}\times(16a-4)=\dfrac{4a-1}{2}$
これより，点 E の y 座標は，$4+\dfrac{4a-1}{2}=\dfrac{4a+7}{2}$
点 E は関数 $y=ax^2$ のグラフ上の点だから，
$\dfrac{4a+7}{2}=a\times(-3)^2$，$\dfrac{4a+7}{2}=9a$，14a=7，$a=\dfrac{1}{2}$

GAKKEN
PERFECT
COURSE